한국수학교육학회 수학교사 시리즈 1

제2판 교사를 위한

추상대수학

신현용 지음

부록 : 과제 풀이집 CD 첨부

教友社

서 문

외국에는 물론 우리나라에도 훌륭한 추상(현대)대수학 교재가 이미 여러 권 출간되었다. 그러나 대부분의 경우 그 내용이 지나치게 깊거나 또는 분량이 너무 많아 초/중등학교 수학 교사 양성 또는 재교육 과정의 교재로 사용하기에는 다소 불편하다. 교사양성대학에서 개설되는 추상대수학 강좌 수가 극히 제한되기 때문이다. 따라서 초/중등학교 수학 교사 양성을 위한 대학이나 교사 재교육을 목표로 하는 교육대학원의 교육과정과 강좌 운영은 일반 대학이나 일반 대학원의 그것과 달라야 하며 그러한 차별성을 뒷받침할 수 있는 적절한 교재가 개발되는 것이 바람직할 것이다.

이 책은 그러한 요구에 부응하기 위한 시도로서 한국수학교육학회가 수학교사 시리즈 중 하나로 개발한 것이다. 이 책은 사범대학이나 교육대학원에 개설되는 추상대수학 강좌를 위한 강의록 형태이므로 자연(이과)대학의 추상대수학 교재로는 물론 초등학교 교사를 양성하는 교육대학교 교재로서는 적절하지 않을 것이다.

이 책을 집필할 때 다음 사항을 유념하였다.

- 이 책을 통하여 수학의 한 영역으로서 대수학의 본질과 특성을 이해하게 한다. 특히 이 강좌를 통하여 '이야기로서의 추상대수학(abstract algebra as a story)'을 이해하게 한다. 이를 위하여 작문(에세이)이나 논술 형식의 문항을 제시하고 그 문

항에 대한 답의 모형을 제공한다.

- 이 책의 내용을 선형대수학, 정수론, 응용대수학 등 대수학 분야의 다른 강좌, 기하학 등 수학의 다른 영역의 강좌, 그리고 초/중등학교 학교수학, 더 나아가 실생활과 연계한다.
- 수학 교사의 양성과 재교육 등 이 책의 목적에 부합할 수 있는 토의 및 참고 자료를 '뒷 이야기'로 제시한다.

이 책의 집필을 위하여 오랜 기간에 걸쳐 구상하였고, 나름대로 많은 노력을 기울였으나 저자의 능력 한계로 부족한 모습임을 부끄럽게 생각한다. 일단 내놓고 활용해 가며 충분한 기간에 걸쳐 계속 다듬어 나갈 계획이다.

이 책을 집필하는 과정에서 많은 격려와 조언을 아끼지 아니한 박기양 교수, 이기석 교수, 유익승 박사, 한인기 교수, 그리고 량도형 박사에게 감사하고, 과제 등 이 책에 있는 문제를 푸는데 저자와 함께 한 조현득 선생, 주수진 선생, 이슬기 선생, 김지은 양, 성지아 양, 그리고 신윤정 양에게 감사한다.

수학교사 시리즈를 기획하고 졸고의 출판을 허락한 교우사에 감사한다.

끝으로, 이 책이 교사양성대학이나 교육대학원 수학교육과에 조금이나마 도움이 된다면 큰 보람이겠다.

2010년 12월 聖住골에서
지은이

참고 사항

이 책은 내용 전개에 필요한 최소한의 내용을 포함한다. 더 깊이 있고 폭넓은 논의를 위해 김응태·박승안(2005a)과 다음 홈페이지를 추천한다.

http://home.freechal.com/parksahn/

사실, 이 책에 포함된 많은 정리는 김응태·박승안(2005a)의 증명에 따른다.

이 책에는 과제와 토의 문제가 많이 제시된다. 과제의 대부분의 풀이는 CD를 통하여 별도로 제공된다. 다음은 저자의 홈페이지로서 이 강좌에 필요한 자료를 제공한다. 이 홈페이지를 이 책에서는 간단히 '자료'라고 표기한다.

http://teacheredu.co.kr/논문 및 교수학습 자료

이 강좌의 제1부에서는 대표적인 대수적 구조로서 군, 환, 벡터공간을 병열로 다룬다. 대수적 구조의 종합적인 이해를 도모하기 위함이다. 이러한 접근은 학생에게 부담이 될 수 있지만 수강생의 적극적인 참여와 협조로 극복될 수 있을 것이다.

이 강좌의 제2부에서는 대수적 구조의 응용을 다룬다. 3대 작도불가능 문제를 중심으로 작도가능성을 다루고 갈로아 이론을

중심으로 다항식의 풀이를 논한다. 갈로아 이론은 표수가 0인 경우로 제한하여 논의의 효율을 높인다.

이 강좌의 과제나 토의 및 참고 자료 중 '알아보아라' 나 '확인하여라'는 증명이 가능한 경우도 있지만 증명 없이 대략 이해하는 것을 뜻한다. * 표가 된 과제나 토의 및 참고 자료는 생략하여도 무방하다.

이 강좌에서는 수학적 명제를 기술할 때 보편적으로 사용되는 수학적 기호(예를 들어, '임의의'를 뜻하는 '∀' 나 '존재한다'를 뜻하는 '∃' 등)는 특별한 설명 없이 사용한다. 사람 이름은 참고문헌을 나타낼 때에는 영어로, 그렇지 않은 경우는 한국어로 표기한다.

이 강좌의 선수과목으로서 한 학기 정도의 기초적인 집합론, 정수론, 선형대수학을 요구한다. 한편, 이 책은 현직 수학교사와 예비 수학교사를 돕기 위함이지만 '임용고사'를 특별히 고려하지 아니하였다. 다만 몇 개의 기출 문제를 소개하였다.

이 책을 교재로 사용하는 경우에는 '여는 이야기'부터 '뒷 이야기' 전까지의 본문(과제 제외)만을 강의하고, 과제는 수강생 스스로 하도록 하면 좋을 것이다. 특히, '뒷 이야기'는 단순한 참고자료로 취급하여도 무난하다.

권장 사항

채점이나 성적 처리 과정에서 조교의 지원을 받을 수 있는 경우에는 다음과 같은 강좌 운영을 권장한다.

이 강좌의 내용과 관계있는 몇 권의 교양도서를 필독서로 지정한다. 이는 학생들로 하여금 보다 넓은 (대)수학적 지식을 종합적으로 습득하도록 도울 것이다. 강의 첫 시간에 필독서의 전체 내용을 간략히 소개하고, 이 강좌와의 관련성을 설명한다. 필독서로 지정할 수 있는 도서 목록에 관해서는 다음을 참고할 수 있다.

http://teacheredu.co.kr/수학교사를 위한 추천도서

이 책은 수강생의 적극적인 동참을 전제하고 구성하였다. 정기적(예를 들어, 격주로)으로 전에 학습한 내용을 간단히 평가한다. 이러한 사실을 학기 초에 공지함으로 강의에 성실히 임하도록 한다. 중간평가와 기말평가를 통하여서는 학습 내용을 종합적으로 이해하도록 유도한다.

강의가 진행되는 동안 수시로 초/중등학교 교과서와 교육과정 해설서를 살펴보도록 한다. 이 강좌는 본 강의록에 의한 강사의 강의, CD, 적절한 웹 사이트의 활용, 필독서를 위시한 폭넓은 독서, 그리고 초/중등학교 교과서 연구 등으로 이루어진다.

기 호

$\mathbb{N}$: 자연수 전체로 이루어진 집합

$\mathbb{Z}$: 정수 환(정수 전체로 이루어진 환)

$\mathbb{Q}$: 유리수 체(유리수 전체로 이루어진 체)

$\mathbb{R}$: 실수 체(실수 전체로 이루어진 체)

$\mathbb{C}$: 복소수 체(복소수 전체로 이루어진 체)

V_4 : 클라인의 사원군

D_n, $n \geq 3$: 정이면체(dihedral) 군

Q_8 : 사원수 군

$\mathbb{H}$: 사원수 환

$F_2 = \mathbb{Z}_2 = \{0, 1\}$: 위수가 2인 유한 체

$F_2^n = F_2 \times F_2 \times \cdots \times F_2 = \mathbb{Z}_2 \times \cdots \times \mathbb{Z}_2 = \mathbb{Z}_2^n$:
$F_2 (\equiv \mathbb{Z}_2)$ 위에서의 n차원 벡터 공간

$\mathbb{R}^n = \mathbb{R} \times \cdots \times \mathbb{R}$: 실수 체 $\mathbb{R}$ 위에서의 n차원 벡터 공간

$\mathrm{Mat}_{m \times n}(\mathbb{R})$: 실수 성분을 가지는 $m \times n$ 행렬 전체의 집합

$\mathrm{Mat}_{n \times n}(\mathbb{R})$ $(\equiv \mathrm{Mat}_n(\mathbb{R}))$: 실수 성분을 가지는 $n \times n$ 행렬 전체의 집합

$\mathrm{GL}_n(\mathbb{R})$: 실수 성분을 가지는 $n \times n$ 정칙 행렬 전체의 집합

$F[x]$: F계수 다항식 환

$F(x)$: F계수 유리식 체

$F[\alpha]$: F와 α를 품는 최소 환

$F(\alpha)$: F와 α를 품는 최소 체

$\mathbb{Q}[x]$: 유리계수 다항식 환

I_n : $n \times n$ 항등(단위)행렬

I_X : 집합 X 위에서의 항등함수

A_n : n차의 교대군(alternating group of degree n)

S_n : n차의 대칭군(symmetric group of degree n)

$S_X = \{f \mid f : X \to X$는 치환$\}$

$\mathbb{Z}_n$: (잉여류)군, (잉여류)환

$\mathbb{Z}_n^*$: $\mathbb{Z}_n$의 단원군

G/H : 부분구조 H에 의한 G의 상구조(상군, 상환, 상공간)

$H \leq G$: H는 G의 부분구조(부분군, 부분환, 부분공간)

$H \trianglelefteq G$: H는 G의 정규부분군(이데알)

$F \trianglelefteq K$: K는 F의 정규확대체

$Z(G)$: G의 중심

$|G:H|$: 군 G에서의 부분군 H의 지수

$|A|$: 행렬 A의 행렬식, 유한 집합 A의 위수, 유한 군 A의 위수

$[K:F]$: 확대체 K의 F 위에서의 차수

$G(K/F)$: K의 F에 의한 갈로아 군

K_H : K의 H에 의한 불변체

G_f : 다항식 $f(x)$의 갈로아 군

$\mathrm{irr}(u, F)$: u의 F 위에서의 최소다항식

$\langle v_1, \cdots, v_n \rangle$: 대수적 구조 V의 원소 $v_1, \cdots, v_n \in V$에 의하여 생성되는 부분구조

e : 군의 항등원

0 : 환의 덧셈에 관한 항등원 즉, 영원

1 : 군의 항등원 또는 환의 곱셈에 관한 항등원 즉, 단위원

x^{-1} : 군의 원소 x의 역원 또는 환의 원소 x의 곱셈에 관한 역원

$-x$: 가환군의 원소 x의 역원 또는 환의 원소 x의 덧셈에 관한 역원

$G \cong H$: 두 군(환, 벡터공간) G와 H는 동형(isomorphic)이다.

$\mathrm{St}_G(x)$: 군(작용)에서의 x의 안정화 부분군(stabilizer)

$o(x)$: 군(작용) G에서의 x의 궤도(orbit)

$\mathrm{Ker}\, f = \{x \in G \mid f(x) = e\}$: (군 또는 환) 준동형사상 또는 선형사상 f의 핵(kernel)

$\mathrm{Im}\, f = \{f(x) \mid x \in G\}$: (군 또는 환) 준동형사상 또는 선형사상 f의 상(像, image)

$\mathrm{Aut}\, G = \{f \mid f : G \to G$는 군동형사상$\}$: 군 G의 자기동형군 (automorphism group)

$\mathrm{Aut}\, K = \{f \mid f : K \to K$는 환동형사상$\}$: 체 K의 자기동형군

$G = M \otimes N$: 군 G의 두 정규부분군 M, N에 의한 내적 직적

$R = I_1 \oplus I_2$: 환 R가 두 이데알 I_1, I_2의 내적 직합

$\times$: 벡터곱(vector product, cross product)

차 례

서문 ········· iii
참고 사항 ········· v
권장 사항 ········· vii
기호 ········· viii

제 1 부 : 대수적 구조

Ⅰ. 들어가며 ········· 3
전체 내용의 개관 ········· 3
강좌를 위한 기초 사항 ········· 11

Ⅱ. 기본적인 대수적 구조: 군, 환, 벡터공간 ········· 47
대수적 구조 ········· 49
군의 정의 ········· 50
환의 정의 ········· 52
벡터공간의 정의 ········· 55
군의 예 ········· 56
환의 예 ········· 64
벡터공간의 예 ········· 72
군의 기본 성질 ········· 73

환의 기본 성질 ……………………………………………………75
실생활과 학교 수학에서의 대수적 구조 ………………………76

Ⅲ. 부분구조: 부분군, 부분환, 부분공간 ……………………87
부분군 ……………………………………………………………90
부분군의 판별 ……………………………………………………91
부분환 ……………………………………………………………95
부분환의 판별 ……………………………………………………96
부분공간 …………………………………………………………97
부분공간의 판별 …………………………………………………98
주어진 군으로부터 새로운 군의 구성 …………………………100
주어진 환으로부터 새로운 환의 구성 …………………………104
주어진 벡터공간으로부터 새로운 벡터공간의 구성 …………105
부분군에 의한 동치 관계 ………………………………………106
부분환과 부분공간에 의한 동치 관계 …………………………111
부분구조와 학교 수학 …………………………………………113

Ⅳ. 특별한 부분구조와 상 구조 ………………………………119
구체적인 예 ………………………………………………………121
정규 부분군의 필요성과 정의 …………………………………123
정규 부분군의 판별과 성질 ……………………………………125
상군의 구성 ………………………………………………………128
상군의 예 …………………………………………………………129
이데알의 필요성과 정의 ………………………………………131
상환의 구성 ………………………………………………………133
새로운 이데알의 구성 …………………………………………134
벡터공간의 경우 …………………………………………………135
상구조의 응용 ……………………………………………………136

V. 대수적 구조를 비교하기 위한 함수: 군(환)준동형사상, 선형사상 ······141
대수적 구조의 비교 ······143
군준동형사상 ······144
환 준동형사상 ······155
선형 사상 ······158
실생활과 학교수학에서의 함수 ······159

VI. 더 큰 구조의 구성: 직적(합) ······167
주어진 두 집합으로부터의 새로운 집합의 구성 ······169
주어진 두 군으로부터의 새로운 군의 구성 ······170
표준주입사상과 표준 위로의 사상 ······174
직적 인자가 세 개 이상인 경우 ······175
환과 벡터공간의 직합 ······177
직적의 활용 ······180

VII. 원소 하나가 만드는 구조: 순환군, 단항이데알 ······187
생성된 부분군 ······189
단항이데알 ······195

VIII. 또 하나의 특별한 군: 가해군 ······207
군의 작용 ······209
가해군 ······216
대칭군 ······221
단순군 ······224

Ⅸ. 유한체를 어떻게 구성하나: 극대이데알 ……235
정수환 $\mathbb{Z}$와 다항식 환 $\mathbb{Q}[x]$ ……237
다항식 환 $F[x]$ ……238
다항식 환과 정보 통신 ……240
소이데알과 극대이데알 ……241
유한체의 구성 ……247

Ⅹ. 마무리 ……255
제1부의 전체 이야기 ……256
제1부 내용 점검 문항 ……259

제 2 부 : 대수적 구조의 응용

XI. 들어가며 ……267
전체 내용의 개관 ……267
제2부를 위한 기초 사항 ……270
근의 공식 ……270
도형의 작도 ……271
기초 군론 ……271
극대이데알 ……272
기약다항식 ……273

Ⅻ. 기하 문제를 대수 문제로: 작도 가능성 ……279
작도 문제의 대수적 이해 ……281
유한 확대체 ……287

단순 확대체 291
대수적인 원소 293
대수적 확대체 296
작도 가능성 300

XIII. 방정식의 근, 어디 있나 : 분해체 313
분해체 315
정규확대체 322
형식적 미분 324

XIV. 체의 문제를 군의 문제로 : 갈로아 군 329
갈로아 331
자기동형군 332
갈로아 군 333
불변체 341
몇 가지 성질 343

XV. 유용한 확대체 : 갈로아 확대체 349
여러 가지 확대체 351
갈로아 확대체 352

XVI. 문제 푸는 열쇠 : 갈로아 이론의 기본 정리 359
갈로아 이론의 기본 정리 362

XVII. 다항식, 풀 수 있나 : 시원한 대답 369
문제 제기 371
거듭제곱근 확대체 373
원분확대체 374

갈로아 규준 ······ 378
정다각형의 작도 ······ 385

XVIII. 마 무 리 ······ 397
제2부의 전체 이야기 ······ 398
제2부 내용 점검 문항 ······ 402
보충 문항 ······ 406

참고문헌 ······ 473

찾아보기 ······ 477

제1부: 대수적구조

제1부는 45시간 분량으로 구성되었다. 시간 배당의 예는 다음과 같다.

Ⅰ. 들어가며 ———— 3시간
Ⅱ. 기본적인 대수적구조: 군, 환, 벡터 공간 ———— 6시간
Ⅲ. 부분 구조: 부분군, 부분환, 부분 공간 ———— 6시간
Ⅳ. 특별한 부분 구조와 상 구조 ———— 6시간
Ⅴ. 대수적구조를 비교하기 위한 함수:
군(환)준동형사상, 선형사상 ———— 6시간
Ⅵ. 더 큰 구조의 구성: 직적(합) ———— 3시간
Ⅶ. 원소 하나가 만드는 구조: 순환군, 단항이데알 ———— 3시간
Ⅷ. 또 하나의 특별한 군: 가해군 ———— 6시간
Ⅸ. 유한체를 어떻게 구성하나: 극대이데알 ———— 3시간
Ⅹ. 마무리 ———— 3시간

I

들어가며

전체 내용의 개관

1. 이 강좌에서는 중/고등학교 교과서, 집합론, 정수론, 선형대수학 등에 소개된 구체적인 집합을 통하여 대수적구조를 먼저 살핀다. 그러한 친숙하고 구체적인 예의 대수적구조를 일반화하여 군, 환(체), 벡터공간 등의 대수적구조를 정의하고 여러 가지 기본적인 성질을 증명한다.

   가. 정수 전체의 집합이나 좌표 평면 등이 가지는 대수적 성질을 중/고등학교 교과서, 집합론, 정수론, 그리고 선형대수학 등에서 암암리에 활용하였는데, 이 강좌에서는 그와 같은 구체적인 집합은 물론 추상적 집합의 대수적구조와 대수적 성질을 꼼꼼히 살핀다. 자주 언급하는 집합의 예는 다음과 같다.

   $\mathbb{Z}$: 정수 전체의 집합
   $\mathbb{Z}_n$: 법 n에 의한 잉여류 전체의 집합
   $\mathrm{Mat}_n(\mathbb{R})$: 실수 성분을 가지는 $n\times n$행렬 전체의 집합
   $\mathrm{Mat}_n(F_2)$, $F_2=\{0, 1\}$: F_2 성분을 가지는 $n\times n$행렬 전체의

집합

$GL_n(\mathbb{R})$: 실수 성분을 가지는 $n\times n$정칙행렬 전체의 집합

$\mathbb{Q}[x]$: 유리계수 다항식 전체의 집합

$\mathbb{R}^2$, $\mathbb{R}^3$: 2차원, 3차원 실수 좌표 공간

나. 대수적구조를 일반적으로 정의한 후 이미 알고 있는 예를 일반적인(추상적인) 관점에서 다시 살펴봄으로써 추상적인 개념이 구체성을 띄게 한다. 특히 추상적인 정의나 성질을 학교수학의 내용이나 실생활 문제에 적용함으로써 그러한 개념이 구체적인 의미를 갖게 한다.

2. 이 강좌에서 주로 다뤄지는 군, 환, 벡터공간의 대수적구조를 다음과 같이 병렬로 다룬다. 다만, 벡터공간의 구조는 선형 대수학에서 어느 정도 다루었으므로 언급만 하는 수준으로 한다.

군, 환, 벡터공간의 정의

군, 환, 벡터공간의 예

군, 환, 벡터공간의 간단한 성질

부분구조: 부분군, 부분환, 부분공간

부분군, 부분환, 부분공간의 판별법

특별한 부분구조: 정규부분군, 이데알

상구조: 상군, 상환, 상공간

대수적구조의 비교: 군 준동형, 환 준동형, 선형 사상의 정의와 성질

군, 환, 벡터공간에서의 동형정리

군, 환, 벡터공간의 직적(합)과 그의 성질

순환군, 단항이데알

3. 유한군의 구조 규명은 자세히 다루지 않는다. 이 책에서는 원소의 개수가 9인 경우까지만 언급한다.

4. 가해군과 극대이데알 개념은 그 자체로도 의미가 있지만 작도 가능성이나 다항식의 가해성 등과 긴밀히 연계된다. 가해군과 극대이데알의 개념과 간단한 성질을 다룬다.

5. 군, 환(체), 벡터공간이 이 강좌의 주요 내용이지만, 군론이나 환(체)론 자체가 이 강좌의 핵심은 아니다. 이 강좌를 통하여 중등학교 수학교사에 필요한 대수적 배경지식을 구체적이고 종합적으로 제공한다.

6. 第7차 수학과 교육과정을 개정한 수학과 새 교육과정이 2006년 8월 25일에 확정·공포되었다.[1)] 초·중등학교의 수학교과 내용의 상당 부분은 대수학과 직접적으로 관련된다고 할 수 있다.
 초등학교 수학과 교육 내용은 '수와 연산', '도형', '측정', '확률과 통계', '규칙성과 문제해결'의 5개 영역으로 구성된다. 이 중에서 대수학과 직접적으로 관련되는 영역은 '수와 연산'과 '규칙성과 문제해결'이다. 한편, 중학교와 고등학교 수학과 교육 내용은 '수와 연산', '문자와 식', '함수', '확률과 통계', '기하'의 5개 영역으로 구성된다. 이 중에서 대수학과 직접적

1) 수학과 수준별 수업에 관한 사항을 약간 보완하여 2006년 8월 29일에 다시 고시되었다.

으로 관련되는 영역은 '수와 연산', '문자와 식', 그리고 '함수' 등이다.

국민공통기본과정(1학년-10학년)의 수학과 새 교육과정에서 대수학 관련 내용을 요약하면 다음과 같다.

가. 1학년

(1) 수와 연산 영역에서는 100까지의 수를 이해하고, 받아올림이 없는 두 자리 수의 덧셈과 받아내림이 없는 두 자리 수의 뺄셈을 한다.

(2) 규칙성과 문제해결 영역에서는 '□'를 사용한 식을 이해하고, □가 사용된 덧셈식이나 뺄셈식에서 □의 의미를 이해한다. 이는 6학년에서 미지수 x의 도입으로 발전하게 된다.

나. 2학년

(1) 수와 연산 영역에서는 1000까지의 수를 이해하고, 받아올림이 있는 두 자리 수의 덧셈과 받아내림이 있는 두 자리 수의 뺄셈을 한다. 덧셈과 뺄셈의 관계를 이해한다. 한편, 곱셈이 이루어지는 상황을 알고, 곱셈의 의미와 곱셈구구를 이해하여 한 자리 수의 곱셈을 한다. 또한, 연속량의 등분할을 통하여 분수를 배우게 된다.

(2) 규칙성과 문제해결 영역에서는 어떤 수를 □로 나타내고, 이를 포함하는 간단한 덧셈, 뺄셈, 곱셈의 등식에서 어떤 수의 값을 구하게 되며, 식 만들기를 통하여 문장으로 된 문제를 식으로 나타낸다.

다. 3학년

수와 연산 영역에서 10000까지의 수를 다루면서 일, 십, 백,

천의 자리값의 의미와 위치적 기수법을 이해하고, 10000까지의 수를 읽고 쓴다. 또, 네 자리 수의 덧셈과 뺄셈을 하며 '(두 자리 수)×(한 자리 수)', '(세 자리 수)×(한 자리 수)', '(두 자리 수)×(두 자리 수)'의 계산을 한다. 그리고 분모가 10인 진분수를 통하여 소수를 이해하여 소수를 읽고 쓸 수 있으며, 크기를 비교한다. 또한, 나눗셈이 이루어지는 상황을 알고, 나눗셈의 의미를 이해하고 곱셈과 나눗셈 사이의 관계를 이해한다. 한편, 2학년에서 분수를 연속량의 등분할로 이해하였는데, 이산량의 등분할을 통하여 분수를 이해한다. 단위분수와 진분수의 의미를 알고, 그 관계를 이해하고 분모가 같은 진분수와 간단한 단위분수의 크기를 비교한다. 또, 분모가 10인 진분수를 통하여 소수(小數, decimal)를 이해하고 두 소수의 크기를 비교한다.

라. 4학년

(1) 수와 연산 영역에서는 다섯 자리 이상의 수를 읽고 쓴다. 또, 자연수의 사칙계산을 하게 되고 여러 가지 분수 즉, 진분수, 가분수, 대분수를 이해하고, 그 상호 관계를 알며 분모가 같은 두 분수의 크기를 비교하고 덧셈과 뺄셈을 한다. 이와 함께, 소수를 읽고, 쓰고, 크기를 비교하며 소수의 덧셈과 뺄셈을 한다.

(2) 규칙성과 문제해결 영역에서는 두 양 사이의 대응 관계를 나타낸 표에서 규칙을 찾고, □, △ 등을 사용하여 식으로 나타낸다.

마. 5학년

(1) 수와 연산 영역에서는 약수, 공약수, 최대공약수, 배수, 공배수, 최소공배수의 의미를 알고, 이를 구하며 약수와 배수 사이의 관계를 이해한다. 또, 분수의 성질을 이용하여 크기가 같은 분수를 만들 수 있고 분모가 다른 분수의 크기를 비교하고 덧셈과 뺄셈을 한다. 한편, 분수와 소수의 곱셈과 나눗셈을 한다.

(2) 규칙성과 문제해결 영역에서는 두 양의 크기를 비교하여 분수로 나타내고, 두 양 사이의 비와 비율의 의미를 이해한다.

바. 6학년

(1) 수와 연산 영역에서는 나누는 수가 분수 또는 소수인 나눗셈의 의미와 계산 원리를 이해하고, 그 계산을 한다.

(2) 규칙성과 문제해결 영역에서는 미지수 x를 사용하여 등식의 성질을 이해하고, 이를 이용하여 간단한 방정식을 푼다. 또, 두 수 사이의 대응 관계인 정비례와 반비례를 x와 y를 사용하여 식으로 나타낸다.

사. 7학년(중학교 1학년)

(1) 수와 연산 영역 중 자연수의 성질에서 소인수분해의 뜻을 알게 하고, 자연수를 소인수분해 할 수 있게 한다. 또, 최대공약수와 최소공배수의 성질을 이해하고, 이를 구할 수 있으며 이를 활용하여 여러 가지 문제를 해결한다. 한편, 십진법과 이진법의 원리를 이해하고, 자연수를 십진법과 이진법의 전개식으로 나타내며, 십진법과 이진법 사이의

관계를 이해한다. 더 나아가 정수와 유리수의 개념과 대소 관계를 이해하고, 그들 사이의 사칙연산을 한다.

(2) 문자와 식 영역에서는 문자를 사용하여 식을 간단히 나타내며, 일차식의 덧셈과 뺄셈의 원리를 이해하고, 그 계산을 한다. 일차방정식과 해의 의미를 이해하고, 등식의 성질을 이용하여 일차방정식을 푼다.

(3) 함수 영역에서는 함수의 개념을 이해하고, 함수를 표, 식, 그래프로 나타내며, 함수를 활용하여 실생활 문제를 해결한다.

아. 8학년(중학교 2학년)

(1) 수와 연산 영역에서 순환소수의 의미를 이해하고, 유리수와 순환소수의 관계를 이해한다.

(2) 문자와 식 영역에서는 이차식의 덧셈과 뺄셈의 원리를 이해하고 계산한다. 이 과정에서 지수법칙을 이해한나. 나항식의 곱셈의 원리를 이해하고, 곱셈 공식을 유도한다. 한편, 미지수가 2개인 일차방정식의 의미를 설명하고, 미지수가 2개인 연립일차방정식과 그 해의 의미를 다루며, 미지수가 2개인 연립일차방정식을 푼다. 이어서 미지수가 2개인 연립일차방정식을 활용하여 여러 가지 문제를 해결하고, 일차부등식과 연립일차부등식의 해, 기본 성질을 이해하여 일차부등식과 연립일차부등식을 푼다.

(3) 함수 영역에서는 일차함수의 의미를 이해하고, 그 그래프를 그리며, 그래프의 성질을 이해한다. 또, 일차함수와 미지수가 2개인 일차방정식의 관계를 이해하고, 두 일차함

수의 그래프를 통하여 연립일차방정식의 해를 이해한다.

자. 9학년(중학교 3학년)

(1) 수와 연산 영역에서 제곱근의 뜻을 알고 그 성질을 이해하여 무리수의 개념을 이해한다. 수직선에서 실수의 대소 관계를 이해한다. 또, 근호를 포함한 식의 사칙계산을 한다.

(2) 문자와 식 영역에서는 다항식의 인수분해 뜻을 알고, 인수분해를 하며, 이차방정식과 그 해의 의미를 이해하고, 이차방정식을 푼다. 더 나아가 이차방정식을 활용하여 여러 가지 문제를 해결한다.

(3) 함수 영역에서는 이차함수의 의미를 이해하고, 그 그래프를 그리며, 그래프의 성질을 이해한다.

차. 10학년(고등학교 1학년)

(1) 수와 연산 영역에서 집합의 연산법칙을 이해하고, 이와 관련하여 명제와 조건의 의미, 명제의 역·이·대우, 그리고 필요조건과 충분조건을 이해한다. 한편, 실수의 연산에 관한 성질과 실수의 대소 관계를 이해한다. 또, 복소수의 뜻을 알고, 복소수의 연산에 관한 성질을 이해하고, 이를 이용하여 사칙계산을 한다.

(2) 문자와 식 영역에서 다항식에 관하여 연산, 나머지정리, 인수분해, 약수와 배수, 최대공약수와 최소공배수 등의 뜻을 안다. 한편, 유리식과 무리식의 뜻을 알고, 그 계산을 한다. 또한, 이차방정식의 실근과 허근, 판별식의 의미, 그리고 근과 계수의 관계를 이해한다. 더 나아가 간단한 삼차방정식과 사차방정식을 풀며, 미지수가 3개인 연립일차

방정식과 미지수가 2개인 연립이차방정식을 푼다. 또, 이차부등식과 절대부등식의 성질을 이해하고, 이를 활용하여 절대값을 포함한 일차부등식과 이차부등식과 연립이차부등식을 푼다. 절대부등식의 의미를 이해하고, 간단한 절대부등식을 증명한다.

(3) 함수 영역에서는 함수의 뜻, 그래프, 함수의 합성을 이해한다. 또, 역함수의 뜻을 알고, 주어진 함수의 역함수를 구한다. 한편, 이차함수의 최대, 최소를 이해하고, 이차함수의 그래프와 직선의 위치 관계, 이차함수와 이차방정식, 이차부등식의 관계를 이해한다.

수학과 새 교육과정과 제7차 수학과 교육과정과의 비교에 관해서는 '자료: 수학과 새 교육과정'을 참고할 수 있다.

강좌를 위한 기초 사항

집합론 등 앞 선 강좌의 내용 중 이 강좌에서 사용되는 것을 개략적으로 알아보자.

집합론

가. 기초 수리논리

수학 전반에 활용되는 논증 기법을 정당화한다.

과제 1.1 (1) 세 명제 p, q, r에 대하여 다음이 성립함을 설명하여라.

$$p \to (q \vee r) \equiv (p \wedge \sim q) \to r$$

(2) 위 사실을 이용하여 두 실수 x, y에 대하여 다음이 성립함을 설명하여라.

$xy=0$이면 $x=0$ 또는 $y=0$이다.

나. 동치관계

동치관계는 대수학은 물론 수학의 전 분야에서 중요한 개념이다. 집합에 정의된 동치관계는 그 집합을 동치류로 분할한다. 역으로 한 분할되어 있으면 그 분할로부터 그 집합에 동치관계를 얻을 수 있다.

과제 1.2 다음 용어의 뜻이 무엇인지 알아보아라.

(1) 동치관계(equivalence relation): 반사적(reflexive), 대칭적(symmetric), 추이적(transitive) 성질

(2) 동치류(equivalence class)

(3) 분할(partition)

다. 함 수

수학에서 함수(function) 개념은 여러 면에서 유용하고 중요하다. 특히 수학적 집합(구조, 공간)을 비교하는 도구로서 중요한 역할을 한다. 함수는 하나의 관계(relation)로서 이해할 수 있다.

과제 1.3 가부번(denumerable)집합의 정의를 통하여 두 집합을 비교하는 함수의 기능을 살펴보아라. 또 무한집합의 분류에서 자연수 집합 $\mathbb{N}$의 역할은 무엇인가?

함수의 합성은 다음과 같은 의미에서 결합법칙을 성립시킨다.

> **≪정리 1.4≫** $f: A \to B,\ g: B \to C,\ h: C \to D$이면
>
> $$(h \circ g) \circ f = h \circ (g \circ f)$$

두 함수 $f: A \to B$와 $g: B \to C$에 대하여 $g \circ f$는 정의되지만 $f \circ g$는 정의되지 아니할 수 있다. 비록 $f: A \to B$와 $g: B \to A$인 경우에 $g \circ f$와 $f \circ g$가 모두 정의된다 하더라도 그 두 함수가 같다고 할 수 없다. 심지어 $f: A \to A$와 $g: A \to A$의 경우 $g \circ f: A \to A$이고 $f \circ g: A \to A$라고 하더라도 $g \circ f$와 $f \circ g$는 일반적으로 같지 않다. 즉, 함수의 합성은 정의된다 하더라도 일반적으로 가환적이지 않다.

과제 1.5 $g \circ f \neq f \circ g$인 $f: A \to A,\ g: A \to A$의 예를 하나 제시하여라.

다음 정리는 단사 또는 위로의(전사, surjective, onto) 함수가 되기 위한 필요충분조건을 제시한다.

≪**정리 1.6**≫ 함수 $f: X \to Y$에 대하여 다음이 성립한다.
가. f가 일대일(단사, one-to-one) 함수이기 위한 필요충분조건은 $g \circ f = I_X$를 만족시키는 함수 $g: Y \to X$가 있는 것이다. 여기서 I_X는 X 위에서의 항등(단위, identity)함수를 나타낸다.
나. f가 위로의 함수이기 위한 필요충분조건은 $f \circ g = I_Y$를 만족시키는 함수 $g: Y \to X$가 있는 것이다.

과제 1.7 (1) 함수 $f: X \to Y$와 X의 부분 집합 족 $\{A_\gamma : \gamma \in \Gamma\}$에 대하여 다음을 확인하여라.

(가) $f(\bigcup_{\gamma \in \Gamma} A_\gamma) = \bigcup_{\gamma \in \Gamma} f(A_\gamma)$

(나) $f(\bigcap_{\gamma \in \Gamma} A_\gamma) \subset \bigcap_{\gamma \in \Gamma} f(A_\gamma)$

(다) 함수 $f: X \to Y$가 단사이면 $f(\bigcap_{\gamma \in \Gamma} A_\gamma) = \bigcap_{\gamma \in \Gamma} f(A_\gamma)$이다.

(2) 함수 $f: X \to Y$와 Y의 부분 집합 족 $\{B_\gamma : \gamma \in \Gamma\}$에 대하여 다음을 확인하여라.

(가) $f^{-1}(\bigcup_{\gamma \in \Gamma} B_\gamma) = \bigcup_{\gamma \in \Gamma} f^{-1}(B_\gamma)$

(나) $f^{-1}(\bigcap_{\gamma \in \Gamma} B_\gamma) = \bigcap_{\gamma \in \Gamma} f^{-1}(B_\gamma)$

(3) 함수 $f: X \to Y$와 X의 부분 집합 A에 대하여 다음을 확인하여라.

(가) $A \subset f^{-1}(f(A))$

(나) 함수 $f: X \to Y$가 단사이면 $A = f^{-1}(f(A))$이다.

(4) 함수 $f: X \to Y$와 Y의 부분 집합 B에 대하여 다음을 확인하여라.

(가) $f(f^{-1}(B)) \subset B$

(나) $f: X \to Y$가 위로의 함수이면 $f(f^{-1}(B)) = B$이다.

(5) 함수 $f: X \to Y$가 일대일대응이면 $f^{-1}: Y \to X$도 일대일대응이다.

(6) 다음 조건을 만족시키는 함수 $f: X \to Y$의 예를 하나 제시하여라.

$$f(A_1 \cap A_2) \subset f(A_1) \cap f(A_2) \text{이지만}$$
$$f(A_1 \cap A_2) \neq f(A_1) \cap f(A_2)$$

여기서 A_1, A_2는 X의 부분집합이다.

선형대수학

선형대수학에서는 선형구조 즉, 벡터공간의 구조가 중요하다. 선형구조의 대표적인 예로서 좌표 평면과 행렬 집합을 생각할 수 있다.

과제 1.8 가. 벡터공간에서 다음에 관하여 알아보아라.

(1) 두 벡터의 덧셈(합성)

(2) 합성의 대수적 성질

(가) 잘 정의된다.

(나) 결합법칙

(다) 덧셈에 관한 항등원

(라) 덧셈에 관한 역원

(3) 스칼라 배의 성질

나. 다음은 벡터 공간임을 설명하되 벡터의 덧셈과 스칼라 배가 무엇인지 구체적으로 밝혀라.

(1) 좌표 평면 $\mathbb{R}^2$와 좌표 공간 $\mathbb{R}^3$

(2) 행렬 집합 $\mathrm{Mat}_{m\times n}(\mathbb{R})$

행렬은 하나의 선형 사상을 결정한다. 즉, $A\in\mathrm{Mat}_n(\mathbb{R})(\equiv \mathrm{Mat}_{n\times n}(\mathbb{R}))$이라고 할 때, 이 행렬은 한 함수 $f:\mathbb{R}^n\to\mathbb{R}^n$을 결정한다. 마찬가지로 한 함수 $f:\mathbb{R}^n\to\mathbb{R}^n$는 한 행렬 $A\in\mathrm{Mat}_n(\mathbb{R})$을 결정한다. 따라서 행렬의 곱은 함수의 합성과 같은 개념으로 이해할 수 있다. 결국, $\mathrm{Mat}_n(\mathbb{R})$에서의 행렬의 곱은 결합법칙을 성립시키지만 교환법칙은 성립시키지 아니함을 알 수 있다. 대수학에서 비가환 연산의 예로서 함수의 합성이나 행렬의 곱을 생각하는 것은 이러한 이유 때문이다.

과제 1.9 가. 주어진 행렬 $A\in\mathrm{Mat}_{m\times n}(\mathbb{R})$에서 이에 대응하는 선형사상 $f_A:\mathbb{R}^n\to\mathbb{R}^m$을 얻는 방법과, 반대로 주어진 선형사상에서 행렬을 얻는 방법을 각각 설명하여라.

나. 다음을 확인하여라.

(1) 임의의 두 행렬 $A, B\in\mathrm{Mat}_n(\mathbb{R})$에 대하여 $|AB|=|A||B|$이다.

(2) 행렬 A가 정칙(non-singular)이기 위한 필요충분조건은

$|A| \neq 0$이다.

다. 적절한 예를 통하여 벡터 공간에 관한 다음 개념을 설명하여라.

(1) 일차결합(linear combination)

(2) 일차독립(linearly independent)과 일차종속(linearly dependent)

(3) 생성한다(generate, span)

(4) 기저(basis)

(5) 차원(dimension)

라. 실수 성분을 가지는 $n \times n$ 정칙행렬 전체의 집합 $\mathrm{GL}_n(\mathbb{R})$ $(n \geq 2)$에 관한 다음 사실을 확인하여라.

(1) $\mathrm{GL}_n(\mathbb{R})$는 무한집합이다.

(2) $\mathrm{GL}_n(\mathbb{R})$에는 곱셈이 잘 정의된다.

(3) $\mathrm{GL}_n(\mathbb{R})$에 정의된 곱셈에 관하여 결합법칙이 성립한다.

(4) $\mathrm{GL}_n(\mathbb{R})$에 정의된 곱셈에 관하여 교환법칙이 성립하지 않는다.

(5) 단위행렬(identity matrix) I_n도 $\mathrm{GL}_n(\mathbb{R})$의 원소이다.

정수론

정수론의 주 대상은 자연수 집합 $\mathbb{N}$이라고 할 수 있다. 그러나 $\mathbb{N}$에서는 뺄셈이 되지 않으므로 대수적으로는 불편하다. 결국 $\mathbb{N}$에 0과 음의 정수 모두를 포함시켜 즉, 정수 전체의 집합으로 확장하여 생각할 필요가 있다. 사실, 정수 전체의 집합 $\mathbb{Z}$는 거기에 정의되는 덧셈과 곱셈 연산에 관하여 중요한 대수적구조를 갖는다. 추상대수학의 상당 부분은 이러한 $\mathbb{Z}$의 대수적구조를 일반화(추상화)한 이론이라고 할 수 있다.

대수적으로 중요한 개념과 예가 정수론 강좌에 소개된다.

과제 1.10 정수 집합 $\mathbb{Z}$에서의 다음 성질에 관하여 알아보아라.

가. 두 정수 $a, b \in \mathbb{Z}$, $b \neq 0$에 대하여 $a = bq + r$, $0 \leq r < |b|$인 두 정수 $q, r \in \mathbb{Z}$가 있고 이와 같은 q, r는 각각 하나뿐이다.

나. $\varnothing \neq S \subset \mathbb{Z}$인 집합 S를 생각하자. 이 집합 S가 덧셈과 뺄셈에 관하여 닫혀있으면 음수가 아닌 정수 m이 있어서 $S = m\mathbb{Z}$이다. 더 나아가 이러한 조건을 만족시키는 정수 m은 유일하다.

다. 두 정수 a, b에 대하여 $a\mathbb{Z} + b\mathbb{Z} = (a, b)\mathbb{Z}$와 $a\mathbb{Z} \cap b\mathbb{Z} = [a, b]\mathbb{Z}$가 성립한다. 여기서 $a\mathbb{Z} + b\mathbb{Z} = \{ax + by \mid x, y \in \mathbb{Z}\}$이고 (a, b)와 $[a, b]$는 각각 a와 b의 최대공약수와 최소공배수를 나타낸다.

정수 전체의 집합 $\mathbb{Z}$의 두 원소(정수) a, b에 대하여 관계를 $a \equiv b \pmod{m}$와 같이 정의하면 이 관계는 $\mathbb{Z}$ 위의 동치관계가 된다. 이 동치 관계에 의하여 결정되는 동치류를 법 m에 관한 잉여류라고 한다. 이때, $a \in \mathbb{Z}$를 포함하는 잉여류 $\bar{a}$는 다음과 같다.

$$\bar{a} = \{x \in \mathbb{Z} \mid x \equiv a \pmod{m}\} = \{a + mk \mid k \in \mathbb{Z}\}$$

일반적으로 법 m에 의한 $\mathbb{Z}$의 잉여류 전체의 집합을 $\overline{\mathbb{Z}_m}=\{\bar{0}, \bar{1}, \cdots, \overline{m-1}\}$와 같이 나타내지만 이 책에서는 편의상 $\mathbb{Z}_m=\{0, 1, \cdots, m-1\}$와 같이 나타낸다. 이 집합 $\mathbb{Z}_m$에 덧셈과 곱셈을 자연스럽게 정의하여 원래의 집합 $\mathbb{Z}$가 가진 대수적구조를 살필 수 있다.

과제 1.11 가. 주어진 자연수가 3, 9, 11 각각의 배수임을 판정하는 방법과 그 이유를 설명하여라.

나. (임용고사 기출 문제) $\mathbb{Z}_6$에서 $x^2-3x+2=0$의 해를 모두 구하여라.

다. 다음을 확인하여라.

(1) $\mathbb{Z}_m$에서 $(a, m)=1$인 정수 a에 대하여 $aa' \equiv 1 \pmod{m}$인 정수 a'이 있다. 즉, $\mathbb{Z}_m$에서 $(a, m)=1$인 a에 대해서는 곱셈에 관한 역원(inverse, inverse element)이 있다.

(2) $\mathbb{Z}_m$에 관한 다음 두 명제는 동치이다.

(가) $\mathbb{Z}_m$의 0이 아닌 모든 원소는 곱셈에 관한 역원이 $\mathbb{Z}_m$ 안에 있다.

(나) m이 소수이다.

일차합동식 $ax \equiv b \pmod{m}$의 풀이는 일차부정방정식(디오판투스 방정식) $ax+my=b$의 풀이와 근본적으로 같다고 할 수 있다. 또, 그 풀이는 최대공약수를 구하는 유클리드 알고리즘과 관계된다. 한편, 연립일차합동식을 풀 때에는 '중국인의 나머지 정리'를 활용할 수 있다.

과제 1.12 가. 유클리드 알고리즘을 사용하여 다음 문제를 풀어라.

(1) $4x+19y=1$을 만족시키는 x를 구하여라.

(2) $4x \equiv 1 \pmod{19}$를 풀어라.

(3) $\mathbb{Z}_{19}$에서 $4 \in \mathbb{Z}_{19}$의 곱셈에 관한 역원을 구하여라.

나. 중국인의 나머지 정리를 이용하여 다음 연립합동식을 풀어라.

$$\begin{cases} x \equiv 1 \pmod{2} \\ x \equiv 3 \pmod{5} \end{cases}$$

수의 집합

여러 가지 수의 집합을 다항식의 근의 존재 등 여러 면에서 살펴볼 수 있다.

가. 양의 정수(자연수) 전체의 집합 $\mathbb{N}$

크로네커(Kronecker)는 자연수를 '하나님이 주신 수'라 하여 유리수 등 다른 수에 비해 큰 의미를 부여했다. 사실, 자연수는 인류의 출현과 함께 그 개념이 '자연'스럽게 존재했을 것이다. 자연수 개념은 일반적으로 페아노(Peano)의 공리로부터 구현될 수 있다. 자연수 집합은 무한 집합을 분류할 때 기본적인 척도가 된다. 즉, $\mathbb{N}$과 일대일대응인(대등한, equipotent) 집합을 가부번집합이라고 하며, 그 농도(cardinality)를 $\aleph_0$(aleph zero)로 나타낸다.

과제 1.13 (1) 정렬원리(well ordering principle)가 무엇인지 설명하여라.

(2) 자연수 집합에서의 정렬성을 설명하여라.

나. 0

자연수 집합에서는 뺄셈이 되지 않기 때문에 대수적으로는 불편하다. 0과 음의 정수를 도입하면 이러한 불편함을 해소할 수 있다. 특히 0의 도입(또는 발견)의 중요성은 여러 면에서 말할 수 있다. 예를 들어, 0은 자리 값에 의한 수의 표현을 가능하게 하고 10진법 뿐만이 아니라 여러 가지 진법 표현도 가능하게 한다.

과제 1.14 (1) 자리 값의 개념이 없는 로마의 수 표현의 불편함을 논의하여라.

(2) 수의 덧셈과 곱셈의 예를 통하여 자리 값 개념의 유용성을 설명하여라.

(3) 어떤 초등학생이 45가 5보다 크므로 0.45가 0.5보다 크다고 생각했다면 이 학생의 잘못은 무엇인지 논의하여라.

초등학교에서는 자연수와 0을 통틀어 범자연수(whole number)라고 한다. 일반적으로 범자연수 전체의 집합을 W로 나타낸다. 즉, $W=\{0\}\cup\mathbb{N}$이다. 집합 W에는 다음 나눗셈 알고리즘이 성립한다.

두 범자연수 $a,\ b\in W,\ b>0$에 대하여 $a=bq+r,\ 0\le r<b$

인 두 범자연수 q, $r \in W$가 존재하고, 이와 같은 q, r는 각각 하나뿐이다.

다. 정수 전체의 집합 $\mathbb{Z}$

이 집합에서는 뺄셈이 자유스럽게 되므로 대수적 측면에서 편리하고 중요하다. 덧셈과 곱셈에 관한 결합법칙 등 여러 가지 유용한 대수적 성질을 가진다. 이 강좌에서 주로 다루게 되는 대수적구조인 군(group)과 환(ring)의 대표적인 예가 된다. 방정식 $x+1=0$의 해는 $\mathbb{N}$에는 없으나 $\mathbb{Z}$에는 있다. 한편, 음수는 양수가 지닌 직관적이고 물리적인 의미를 부여하기 어려우므로 도입 초기에는 수학자들이 받아들이기가 쉽지 않았을 것이다.

과제 1.15 (1) 이차방정식 $x^2=a$, $a \in \mathbb{Z}$가 해를 가지는 a의 값은 무엇이며 그 때 해는 몇 개인가?

(2) '자료: 수의 확장'을 참고하여 자연수에서 정수를 도입하는 방법에 관하여 조사하여라.

집합 $\mathbb{Z}$에서도 다음과 같은 의미에서 나눗셈 알고리즘이 성립한다.

두 정수 a, $b \in \mathbb{Z}$, $b>0$에 대하여 $a=bq+r$, $0 \leq r < b$인 두 정수 q, $r \in \mathbb{Z}$가 존재하고, 이와 같은 q, r는 각각 하나뿐이다.

라. 유리수 전체의 집합 $\mathbb{Q}$

이 집합은 체(field)가 된다는 점에서 중요하다. 특히, 0이 아닌 모든 유리수는 곱셈에 관하여 역원을 가진다. 유리수의 개념도 대수적인 필요성에 따라 도입되었다고 할 수 있다. 자연수에서 정수로의 확장에서는 덧셈에 관한 역원이 관건인데 여기에서는 0이 아닌 수의 곱셈에 관한 역원이 관건이다. 사실, 방정식 $2x+1=0$의 해가 $\mathbb{Z}$에는 없지만 $\mathbb{Q}$에는 있다. 자연수 집합 $\mathbb{N}$, 정수 전체의 집합 $\mathbb{Z}$, 그리고 $\mathbb{Q}$는 모두 대등(equipotent)하다. 즉, 세 집합의 농도는 같다. 유리수 집합의 또 하나의 특징은 조밀성(density)이다.

과제 1.16 (1) 유리수의 조밀성은 다음과 같음을 확인하여라: 임의의 두 실수 $r, s \in \mathbb{R}$에 대하여 $r \neq s$이면 이들 사이에 유리수가 있다.

(2) 유리수의 조밀성에서 '임의의 두 유리수 …'가 아니고 '임의의 두 실수 …'임에 주의하여라.

$\mathbb{Q}$에서는 나눗셈 알고리즘에 관한 한 조심하여야 한다. 즉, 임의의 두 유리수 $a, b \in \mathbb{Q}$, $b>0$에 대하여 $a=bq+r$, $0 \leq r < b$인 두 유리수 $q, r \in \mathbb{Q}$는 항상 존재하지만,이와 같은 q, r는 무수히 존재한다.

마. 실수 전체의 집합 $\mathbb{R}$

이 집합은 집합론 관점에서도 자연수 집합 $\mathbb{N}$과 큰 차이가 있다. 즉, 실수 전체의 집합은 가부번집합이 아니다. 즉, $\mathbb{R}$는 비가부번(non-denumerable) 집합이고, 그 농도를 보통 c (연속체 농도)

로 나타내며 이 농도는 $\aleph_1$이다. 방정식 $x^2-2=0$의 해가 $\mathbb{Q}$에는 없지만 $\mathbb{R}$에는 있다. 실수 집합의 또 하나의 특징은 완비(complete)성이다.

과제 1.17 (1) '자료: 수의 확장'을 참고하여 실수의 도입에 대하여 조사하여라.

(2) 실수 집합 $\mathbb{R}$의 완비성에 대하여 알아보아라.

(3) 이차방정식 $x^2=a$, $a\in\mathbb{R}$가 실수해를 가지는 a의 값은 무엇이며 그 때 해는 몇 개인가?

바. 복소수 전체의 집합 $\mathbb{C}$

지금까지 수의 확장을 주로 다항식의 근의 존재와 관련하여 생각하였다. 방정식 $x^2+1=0$의 해가 $\mathbb{R}$에는 없다. 이 방정식의 해가 존재하는 더 '큰' 수의 집합을 생각할 수 있다. 사실, 복소수 전체의 집합 $\mathbb{C}$는 그러한 요구 조건을 만족시킨다.

과제 1.18 (1) 이차방정식 $x^2=a$, $a\in\mathbb{C}$가 해를 가지는 a의 값은 무엇이며 그 때 해는 몇 개인가?

(2) 과제 2.19 (3)을 읽어라.

(3) '자료: 수의 확장'을 참고하여 복소수의 도입에 대하여 조사하여라.

이제 임의의 복소수 계수 다항식의 근의 존재를 보장하기 위하여 복소수보다 더 큰 수의 집합을 생각해야 하지 않을까라는 질문이 가능하다. 그러나 가우스에 의하여 증명된 '대수학의 기본 정리(Fundamental Theorem of Algebra)'는 그럴 필요가 없음을 주장한다. 즉, 임의의 복소수 계수 다항식의 근은 복소수이다. 이런 의미에서 복소수 전체의 집합은 '대수적으로 닫혀있다(algebraically closed)'고 한다. 같은 의미로 '복소수 전체의 집합 $\mathbb{C}$는 대수적 폐체(algebraic closure)'라고 한다.

과제 1.19 (1) $\mathbb{Z}_5=\{0, 1, 2, 3, 4\}$에서 이차방정식 $x^2-1=0$과 $x^2-4=0$은 해를 가지지만 $x^2-2=0$과 $x^2-3=0$은 해를 가지지 않음을 확인하여라.

(2) 대수학의 기본 정리의 내용은 무엇인가?

*(3) 대수학의 기본 정리의 일반적인 증명은 복소평면 위에서 복소수의 기하학적 해석(interpretation)을 이용한다.[2] Klein (1924, 102-104쪽)을 참고하여 가우스에 의한 대수학의 기본 정리의 증명을 개략적으로 알아보아라. 또, 클라인(Klein)의 다음 주장에 관하여 논의하여라.

> '… the significance of the admission of complex numbers into algebra lies in the fact that it permits a general statement of the fundamental theorem. With the restriction to real quantities one can only say that the equation of degree n has n roots, or fewer, or perhaps none at all.'

*(4) 다음에 대하여 조사하여라.

(가) 미적분학(calculus)의 기본 정리

---

2) 이 책에서는 대수학의 기본 정리를 증명하지 않는다. 이 정리의 전통적인 증명은 이 책에서 논하지 않는 해석학적 개념을 요구하기 때문이다.

(나) 정수론의 기본 정리: 사실, '2 이상인 자연수는 본질적으로 단 한 가지 방법으로 유한개의 소수의 곱으로 소인수 분해된다'는 것을 보통 정수론의 기본 정리라고 한다.

*(5) 박병철(2003)이나 Shankar(1980) 등을 참고하여 파동이나 양자운동을 식으로 나타낼 때 복소수가 얼마나 유용한지 확인하여라. 사실, 파인만은 '양자역학에서 (파동방정식의) 진폭은 "반드시" 복소수로 표현되어야만 한다. 실수 부분만 가지고는 아무 것도 할 수 없다(박병철, 2003, 221쪽)'고 주장한다.

*(6) '자료: 수의 확장'을 참고하여 다음에 관하여 조사하여라.

(가) 복소수의 기하학적 표현

(나) 복소수 곱셈의 기하학적 의의

(다) 복소함수의 정의 및 성질

- 지수(exponential) 함수 e^z
- 대수(logarithmic) 함수 $\log z$
- 거듭제곱 함수 $z_1^{z_2}$

(라) $e^{\pi i}+1=0$

(마) $e^{ix}=\cos x+i\sin x$

(바) $(e^{ix})^n=(\cos x+i\sin x)^n=\cos nx+i\sin nx$

사. 가우스정수 $\mathbb{Z}[i]$

이상의 수의 집합 외에 다른 여러 가지 수의 집합을 생각할 수 있다. 이 강좌에서는 다루지 않지만, 가우스 정수(Gaussian integers)

는 대수적으로 중요한 수이다. 다음과 같은 수의 집합을 생각하여 보자: $\mathbb{Z}[i]=\{a+bi \mid a, b\in\mathbb{Z}\}$. 이 집합의 원소를 가우스정수라고 한다.

과제 1.20 다음을 확인하여라.

(1) 가우스정수는 정수의 확장 개념으로 볼 수 있다.

$$\mathbb{Z}\subset\mathbb{Z}[i]\subset\mathbb{C}$$

(2) 집합 $\mathbb{Z}[i]$은 덧셈과 곱셈에 관하여 닫혀있다.

(3) 가우스정수의 제곱은 피타고라스 세 수와 관계됨을 확인하여라. 즉, 임의의 가우스정수를 제곱하여 가우스정수 $a+bi$를 얻었다면, a와 b는 피타고라스 세 수 중 두 수이다.

*(4) 다음을 확인하여라.

$\mathbb{Z}[i]$에서 2, 5, 13, 17, … 등은 소수가 아니고 3, 7, 11, 19 등은 소수이다. 예를 들어, $2=(1+i)\times(1-i)$이다. 사실, $\mathbb{Z}$에서의 소수 중에서 $\mathbb{Z}[i]$에서 소수는 $4k+3$의 꼴이다.

집합과 연산

집합에 정의된 연산에 관한 여러 가지 성질을 연구하는 것이 대수학의 중요한 특징이다. 집합과 연산에 관하여 고등학교에서 이미 다루었지만 여기서 다시 요약한다.

≪정의 1.21≫ 집합 $A(\neq \varnothing)$에서의 이항 연산 $\cdot$란 데카르트 곱(Cartesian product) $A \times A$에서 A로의 함수

$$\begin{array}{rcl} \cdot : A \times A & \to & A \\ \Downarrow & & \Downarrow \\ (a,\ b) & \mapsto & a \cdot b \end{array}$$

이다.

집합 A 위에 연산 $\cdot$가 정의되어 있고 A의 부분집합 B에 대하여

$$a,\ b \in B \Rightarrow a \cdot b \in B$$

일 때 'B는 연산 $\cdot$에 관하여 닫혀있다(closed)'라고 한다.

한편, 이항 연산 외의 연산도 생각할 수 있지만 이 강좌에서는 특별한 언급이 없는 한 모든 연산은 이항 연산이다.

과제 1.22 가. 실수 집합에서의 단항 연산과 삼항 연산의 예를 제시하여라.

나. 다음을 확인하여라.

(1) 자연수 전체의 집합 $\mathbb{N}$에서 덧셈과 곱셈 연산은 정의되지만 뺄셈은 정의되지 않는다. 유리수 전체의 집합 $\mathbb{Q}$에서 나눗셈은 잘 정의되지 않는다. 왜냐하면 $3 \div 0$이 정의되지 않기 때문이다. 그러나 $\mathbb{Q}^* = \mathbb{Q} - \{0\}$에서는

나눗셈이 정의된다.

(2) 집합 X의 부분집합 전체의 집합을 $\mathscr{P}(X)$라 할 때 $\mathscr{P}(X)$에서 $\bigcup$ 및 $\bigcap$은 연산이다.

(3) 실수 성분을 가지는 $n \times n$ 전체의 집합 $\mathrm{Mat}_n(\mathbb{R})$에 덧셈과 곱셈이 정의된다.

(4) 한 집합 X에 대하여 집합 $S_X = \{f \mid f : X \to X$는 일대일 대응 함수$\}$에 함수의 합성 연산이 정의된다.

(5) 법 m에 관한 잉여류 전체의 집합 $\mathbb{Z}_m = \{0, 1, \cdots, m-1\}$에 덧셈과 곱셈이 정의된다.

(6) 벡터 공간에서의 스칼라 배는 일반적으로 연산이 아니다.

(7) 내적 공간에서의 내적은 일반적으로 연산이 아니다.

교환 법칙

집합 A에 정의된 연산 $\cdot$가 다음 조건을 만족시킨다고 하자:

$$\text{임의의 } a, b \in A\text{에 대하여 } a \cdot b = b \cdot a\text{이다.}$$

이 경우 '연산 $\cdot$에 관하여 교환(commutative)법칙이 성립한다'라고 한다.

과제 1.23 다음을 확인하여라.

가. 실수 전체의 집합 $\mathbb{R}$에서 덧셈과 곱셈에 관하여 교환법칙은 성립하지만 뺄셈에 관해서는 교환법칙이 성립하지 않는다.

나. $\mathbb{R}^* = \mathbb{R} - \{0\}$에 정의되는 나눗셈에 관해서 교환법칙이 성

립하지 않는다.

다. 집합의 집합에 정의되는 합집합 연산과 교집합 연산에 관하여 교환법칙이 성립한다.

라. $\mathrm{Mat}_n(\mathbb{R})$, $n \geq 2$에서 덧셈에 관하여 교환법칙이 성립하지만 곱셈에 관해서는 교환법칙이 성립하지 않는다.

마. 집합 X의 위수가 3 이상일 때, $S_X = \{f \mid f : X \to X$는 일대일 대응 함수$\}$에 정의된 합성 연산에 관하여 교환법칙이 성립하지 않는다.

결합 법칙

집합 A에 정의된 연산 $\cdot$가 다음 조건을 만족시킨다고 하자:

임의의 $a, b, c \in A$에 대하여 $(a \cdot b) \cdot c = a \cdot (b \cdot c)$이다.

이 경우 '연산 $\cdot$에 관하여 결합(associative)법칙이 성립한다'라고 한다.

과제 1.24 다음을 확인하여라.

가. 실수 전체의 집합 $\mathbb{R}$에서 덧셈과 곱셈에 관하여 결합법칙이 성립하지만 뺄셈에 관해서는 결합법칙이 성립하지 않는다.

나. $\mathbb{R}^* = \mathbb{R} - \{0\}$에 정의되는 나눗셈에 관해서 결합법칙이 성립하지 않는다.

다. 집합의 집합에 정의되는 합집합 연산과 교집합 연산에 관하여 결합법칙이 성립한다.

라. $\mathrm{Mat}_n(\mathbb{R})$에서 덧셈과 곱셈에 관하여 결합법칙이 성립한다.

마. $S_X=\{f \mid f: X \to X$는 일대일 대응 함수$\}$에 정의된 합성 연산에 관하여 결합법칙이 성립한다.

분배(배분) 법칙

집합 A에 정의된 두 연산 $\cdot$, $*$가 다음 조건을 만족시킨다고 하자:

임의의 a, b, $c \in A$에 대하여 $a \cdot (b * c)=(a \cdot b) * (a \cdot c)$이다.

이 경우 '연산 $*$에 대하여 $\cdot$의 좌(left) 분배(distributive)법칙이 성립한다'라고 한다. 마찬가지로 우(right) 분배법칙도 생각할 수 있다. 일반적으로 좌/우 분배법칙이 모두 성립할 때 '연산 $*$에 대하여 $\cdot$의 분배법칙이 성립한다'라고 한다.

과제 1.25 다음을 확인하여라.

가. 실수 전체의 집합 $\mathbb{R}$에서 덧셈에 대한 곱셈의 분배법칙이 성립하지만, 곱셈에 대한 덧셈의 분배법칙은 성립하지 않는다.

나. 어떤 집합의 집합에서 합집합 연산에 대한 교집합 연산의 분배법칙과 교집합 연산에 대한 합집합 연산의 분배법칙이 모두 성립한다.

다. $\mathrm{Mat}_n(\mathbb{R})$에서 덧셈에 대한 곱셈의 분배법칙이 성립한다.

항등원

집합 A에 정의된 연산 $\cdot$에 관하여 다음 조건을 만족시키는 원소 e가 있다고 하자:

모든 $a \in A$에 대하여 $e \cdot a = a \cdot e = a$이다.

이 원소 $e \in A$를 '연산 $\cdot$에 관한 항등원(identity)'이라고 한다.

과제 1.26 가. 다음을 확인하여라.

(1) 실수 집합 $\mathbb{R}$에서의 덧셈과 곱셈에 관한 항등원은 각각 0과 1이다.

(2) 0은 실수 집합 $\mathbb{R}$에 정의된 뺄셈에 관하여 항등원이 아니다.

(3) 1은 $\mathbb{R}^* = \mathbb{R} - \{0\}$에 정의되는 나눗셈에 관하여 항등원이 아니다.

(4) 어떤 집합의 집합에서의 합집합 연산과 교집합 연산에 관한 항등원은 각각 공집합 $\varnothing$과 전체집합(universal set) U이다.

(5) $\mathrm{Mat}_n(\mathbb{R})$에서 덧셈에 관한 항등원은 영행렬(zero matrix)이고, 곱셈에 관한 항등원은 단위행렬(identity matrix)이다.

(6) $S_X = \{f \mid f : X \to X$는 일대일 대응 함수$\}$에서 합성 연산에 관한 항등원은 항등함수다.

나. 집합 $\{\varnothing, \{1\}, \{2\}, \{1, 2\}\}$의 임의의 원소 A, B에 대하여 연산 $\triangle$를 다음과 같이 정의하자: $A \triangle B = (A \cup B) - (A \cap B)$.

(1) 이 연산 $\triangle$에 관한 항등원은 무엇인가?

(2) 집합 $\{\varnothing, \{1\}, \{2\}, \{1, 2\}\}$의 각 원소에 대하여 $\triangle$에 관한 역원이 있는지 확인하고 있다면 무엇인지 말하여라.

다음 정리로부터 항등원이 있으면 유일함을 알 수 있다.

≪**정리 1.27**≫ 집합 A에서의 연산 $\cdot$에 관한 항등원이 있으면 그 항등원은 유일하다.

증명 e와 e'가 연산 $\cdot$에 대한 항등원이라고 하면 $e=e\cdot e'=e'$이다. ■

과제 1.28 위 증명을 통하여 '항등원 e'의 정의로서 '$\forall a\in A$, $e\cdot a=a$' 또는 '$\forall a\in A$, $a\cdot e=a$'라고 하지 않고 '$\forall a\in A$, $e\cdot a=a\cdot e=a$'라고 한 것의 역할을 살펴라.

역원

집합 A에 연산 $\cdot$가 정의되어 있다고 하고 $e\in A$를 연산 $\cdot$에 관한 항등원이라고 하자. 이제 한 원소 $a\in A$에 대하여 다음 조건을 만족시키는 원소 $a^{-1}\in A$가 있다고 하자:

$$a\cdot a^{-1}=a^{-1}\cdot a=e.$$

이 경우 a^{-1}를 '원소 a의 연산 $\cdot$에 관한 역원(inverse, inverse element)'이라고 한다.

과제 1.29 다음을 확인하여라.

가. 임의의 실수 a에 대하여 $-a$는 덧셈에 관한 역원이고, 0이 아닌 임의의 실수 a에 대하여 $a^{-1}=\dfrac{1}{a}$는 곱셈에 관한 역원이다.

나. $\text{Mat}_n(\mathbb{R})$에서 행렬 $A \in \text{Mat}_n(\mathbb{R})$가 곱셈에 관한 역원을 가지기 위한 필요충분조건은 A가 정칙행렬인 것이다. 이 경우 정칙행렬 A의 곱셈에 관한 역원은 A의 역행렬 A^{-1}이다.

다. $S_X = \{f \mid f : X \to X$는 일대일 대응 함수$\}$에서 함수 $f \in S_X$는 역함수를 가진다. 이 경우 f의 역원은 역함수 f^{-1}이다.

어떤 원소가 결합법칙을 만족시키는 연산에 관하여 역원을 가지면 그 역원은 유일하다.

≪정리 1.30≫ 집합 A에 연산 $\cdot$가 정의되고 그 연산에 관하여 항등원이 있고 결합 법칙이 성립한다고 하자. 원소 $a \in A$의 역원이 있으면 그 역원은 유일하다.

증명 원소 $e \in A$를 연산 $\cdot$에 관한 항등원이라고 하자. 이제 원소 $a \in A$의 $\cdot$에 관한 역원을 b와 c라고 하면 다음이 성립한다.

$$b = b \cdot e = b \cdot (a \cdot c) = (b \cdot a) \cdot c = e \cdot c = c$$

결국 b와 c는 같다. ■

과제 1.31 위 증명을 통하여 '항등원 e'의 정의 '모든 $a \in A$에 대하여 $e \cdot a = a \cdot e = a$'의 역할과 '원소 a의 $\cdot$에 관한 역원 b'의 정의 '$a \cdot a^{-1} = a^{-1} \cdot a = e$'의 역할을 살펴라.

위 정리에서 결합법칙이 중요한 역할을 한다는 것을 주목할 필요가 있다.

대수학과 학교 수학

초/중등학교 수학에서 대수의 비중은 크다고 할 수 있다.

과제 1.32 *가. 초등학교 수학 교과서(1단계~6단계)에서 대수학적 내용의 외형적(쪽수) 비중은 어느 정도인가?

*나. 중학교 수학 교과서(7, 8, 9학년)에서 도형 부분과 통계 부분을 제외하면 대수학 영역이라고 할 수 있다. 중학교 수학 교과서에서 대수학 영역을 다루는 부분의 쪽 수 비율은 대략 얼마인지 알아보아라. 중등학교 수학 교과 내용에서 대수학적 내용의 외형적(쪽수) 비중은 어느 정도인가?

다. 다음 주장을 생각하여 보고, 이와 비슷한 여러 예를 통하여 대수의 효용성에 관하여 논의하여라.

> '구구단의 9단에서 곱의 두 개의 자리값의 합은 9이다.'
> 우선, 위 주장을 다음과 같이 대수적으로 표현할 수 있다:
> '자연수 n이 $1 \le n \le 10$이며,
> $9 \times n = a \times 10 + b$, $0 \le a,\ b \le 9$라고 할 때, $a + b = 9$이다.'
> 이렇게 대수적인 방법으로 주어진 문제를 나타내면 그 주장이 옳다는 것을 비교적 쉽게 설명할 수 있다.

라. 다음 문제를 생각하여보자.

> '두 발 자전거와 세 발 자전거가 모두 37대 있다. 이들 모두의 바퀴 수는 86이다. 두 발 자전거와 세 발 자전거는 각각 몇 대인가?'

위 문제의 풀이법으로서 다음과 같이 세 가지가 제시되었다고 하자. 각각의 풀이법의 특징에 관하여 논의하여라.

풀이법 1 $37 \times 2 = 74$이고 $86 - 74 = 12$이므로 세 발 자전거는 12대이고 두 발 자전거는 25대이다. 이 경우 모든 자전거에서 두 발을 모두 빼면 세 발 자전거 대수임을 이용한다.

풀이법 2 초등학교 교과서에서 사용하는 시행착오(try-and-error) 방법을 적용한다. 즉, 답이라고 추정되는 경우를 택하여 답인지 아닌지를 확인한다. 답이 아니면 다른 경우를 시도한다. 예를 들어, 처음에 '세 발 자전거 10대, 두 발 자전거 27대'인 경우를 시도한다. 그런데 이 경우는 답이 아니므로 '세 발 자전거 11대, 두 발 자전거 26대'인 경우를 시도한다. 역시 답이 아니다. 이제 '세 발 자전거 12대, 두 발 자전거 25대'인 경우를 시도한다. 이 경우가 답임을 알 수 있다.

풀이법 3 $\begin{cases} x+y=37 \\ 2x+3y=86 \end{cases}$

마. 아래 식을 간단하게 계산하는 방법을 설명하고, 그 계산과정에서 다음 개념들이 어떻게 활용되는지를 살펴보아라: 결합법칙, 교환법칙, 분배법칙, 항등원, 역원.

(1) $123 \times 345 \times 0$

(2) $123 \times 345 \times \frac{1}{123}$

(3) $123 + 345 + (-345)$

(4) $123 + 345 + (-123)$

(5) $123 \times 999 + 123 \times 1$

바. 일차방정식 $x+3+x=2+3$을 다음과 같은 절차에 따라 풀었다. 각 단계에서 적용된 대수적 성질은 무엇인가?

(1) $x+x+3=2+3$ (2) $x+x=2+3+(-3)$

(3) $x+x=2+\{3+(-3)\}$ (4) $x+x=2+0$

(5) $x+x=2$ (6) $2x=2$

(7) $(\frac{1}{2})2x=(\frac{1}{2})2$ (8) $1x=1$

(9) $x=1$

사. 기하학 문제를 대수적 방법으로 접근하면 효과적인 예와 대수적인 문제를 기하학적 방법으로 접근하면 효과적인 예가 있다. 이와 관련하여 다음 물음에 답하여라.

(1) '삼각형의 세 수선은 한 점에서 만난다'는 것을 다음과 같이 대수적으로 증명할 수 있다. 이 증명을 중학교 과정(8, 9단계)에서의 논증기하적인 증명과 비교 논하여라.

세 점 $A(0, a)$, $B(b, 0)$, $C(c, 0)$으로 이루어진 삼각형이 있다고 할 때, $(b, 0)$을 지나면서 선분 AC에 수직인 직선의 방정식은 $y=\frac{c}{a}(x-b)$이고, $(c, 0)$을 지나면서 선분 AB에 수직인 직선의 방정식은 $y=\frac{b}{a}(x-c)$이다. 이 두 직선의 교점을 구하면 $x=0$, $y=-\frac{bc}{a}$이므로 $(0, -\frac{bc}{a})$이다. 그런데 $(0, a)$를 지나면서 선분 BC에 수직인 직선은 y축이므로 $(0, -\frac{bc}{a})$을 지나게 된다. 그러므로 삼각형의 세 수선은 한 점에서 만난다.

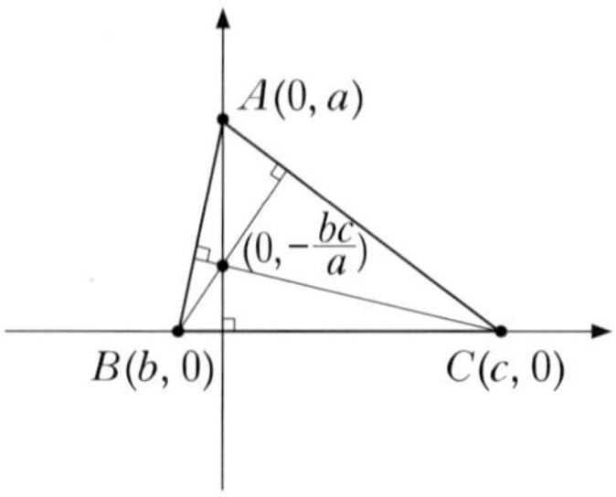

(2) '삼각형의 세 각의 이등분선은 한 점에서 만난다'는 사실의 논증기하적인 증명과 해석기하적인 증명을 비교하여라.

(3) '자료: 그림을 통한 식의 이해' 등을 참고하여 다음 등식을 그림을 이용하여 설명하여라.

(가) $(a+b)^2=a^2+2ab+b^2$

(나) $1+\frac{1}{2}+\frac{1}{2^2}+\cdots=2$

(다) $1+\frac{1}{4}+\frac{1}{4^2}+\cdots=\frac{4}{3}$

(라) $1+2+3+\cdots+(n-1)+n+(n-1)+\cdots+3+2+1=n^2$

(4) 다음을 확인하여라.

세 점 $A(x_1, y_1)$, $B(x_2, y_2)$, $C(x_3, y_3)$을 꼭지점으로 이루어지는 삼각형의 넓이는 $\frac{1}{2}\begin{vmatrix} x_1 & y_1 & 1 \\ x_2 & y_2 & 1 \\ x_3 & y_3 & 1 \end{vmatrix}$ 이다.

(5) 한 개의 직선과 한 개의 원의 교점은 연립방정식을 풀어 구할 수 있다. 다음과 같은 두 개의 유리계수 방정식을 연립하여 풀면 그 해는 $\alpha+\beta\sqrt{\gamma}$ $(\alpha, \beta, \gamma\in\mathbb{Q})$꼴임

을 보여라.

$$\begin{cases} x^2+y^2+ax+by+c=0 \\ dx+ey+f=0 \end{cases}$$

(6) 다음을 참고하여 복소수를 복소평면위에 표현하면 여러 가지 점에서 편리하다는 것을 확인하여라.

(가) 주어진 복소수 z에 허수 i를 곱하면 z를 원점을 중심으로 반시계방향으로 90° 회전한 결과를 얻는다.

(나) 다음이 성립한다(Silverman, 1975; 자료: 수의 확장).

$$e^{i\alpha}=\cos\alpha+i\sin\alpha$$
$$e^{\pi i}+1=0$$
$$(e^{i\alpha})^n=(\cos\alpha+i\sin\alpha)^n=\cos n\alpha+i\sin n\alpha$$

(7) 데카르트(R. Descartes)의 다음 말에 관하여 논의하여라.

Algebra is needed to avoid a dependence on the appearance of geometric figures, and geometry is needed to give meaning to the appearance of algebra.

(8) 제르맹(S. Germain)의 다음 말에 관하여 논의하여라.

Algebra is but written geometry; geometry is but drawn algebra.

(9) 대수학에 관한 다음 주장은 무엇을 말하는가?

대수학은 구체적인(concrete) 것을 추상화(abstract)하고, 특수한(particular) 것을 일반적인(general) 것으로 하며, 산술(arithmetic)을 대수(algebra)화 하여, 혼란(confusion)스러운 것을 명쾌(clarity)하게 한다.

대수학의 응용

대수학(특히, 정수론)은 암호학(cryptology)에서 중요한 역할을 한다.

과제 1.33 '자료: 대수학과 정보보호', 박승안(1999, 2003), Kranakis(1986), 또는 Schneier(1996) 등을 참고하여 다음에 관하여 조사하여라.

가. 일방향 함수(one-way function)

(1) 소수 판정(primality test)과 소인수분해(factoring)의 성질을 이용하는 경우

두 수를 곱하는 것은 쉬우나 충분히 큰 합성수의 소인수분해는 계산상 어렵다. 이제, P를 100자리 소수 전체의 집합이라고 하자. 함수 $F : P\times P\to\mathbb{N}$를 다음과 같이 정의하자.

$$F(p,\ q)=pq$$

이 함수는 일방향 함수다.

(2) 이산로그(discrete logarithm)의 성질을 이용하는 경우

법과 원시근이 주어질 때 주어진 수를 거듭제곱하기는 쉬우나 곱해진 수에서 지수(index)를 구하기는 어렵다. 이제, p를 200 자리 소수라고 하고, $g\in\mathbb{Z}_p^*$를 원시근이라고 하자.

함수 $DL : \mathbb{Z}_p^*\to\{0,\ 1,\ \cdots,\ p-2\}$을 다음과 같이 정의하자.

$$DL(a)=\mathrm{ind}_g a$$

이 함수는 일방향 함수다.

(3) 제곱잉여(quadratic residue)의 성질을 이용하는 경우

주어진 법에 관하여 어떤 수를 제곱하기는 쉬우나 주어진 제곱수의 제곱근을 구하기는 어렵다. 이제, p, q를 서로 다른 100자리 소수라고 하고, $n=pq$라고 하자. 함수 $QR:\mathbb{Z}_n^*\to\mathbb{Z}_n^*$를 다음과 같이 정의하자.

$$QR(a)=a^2$$

이 함수는 일방향 함수다.[3]

*나. 여러 가지 암호학적 기법

(1) RSA 체계: 전자 서명(digital signature)

소인수분해와 거듭제곱의 일방향성을 응용할 수 있다.

(2) 전화로 동전 던지기(coin flipping by telephone)

제곱잉여의 일방향성을 응용할 수 있다.

(3) 영지식 증명(zero-knowledge proof)

소인수분해나 이산대수의 일방향성을 응용할 수 있다.

(4) 열쇠 분배(key distribution)

이산로그의 일방향성을 응용할 수 있다.

(5) 전자 화폐(electronic money)

소인수분해나 거듭제곱의 일방향성을 응용할 수 있다.

물리학에서 빛의 파동성과 양자상태의 중첩성을 설명할 때 다음 실험을 언급한다. 레이저빔은 빔 가르개(빔 분할기, beam splitter)를 통과하면서 둘로 나뉜다. 나뉜 빛이 다음 빔 가르개를 통과한 후에는 U 검출기에는 닿지 않는다.

---

3) 사실, 이 함수는 물론 앞의 두 함수 F와 DL은 일방향 함수라고 '믿고' 있는 것이다. 즉, 양자컴퓨터 등이 개발되면 이 함수들은 일방향 함수가 되지 않을 가능성이 크다. 함수의 일방향(one-way)성은 수학적 개념이 아니다.

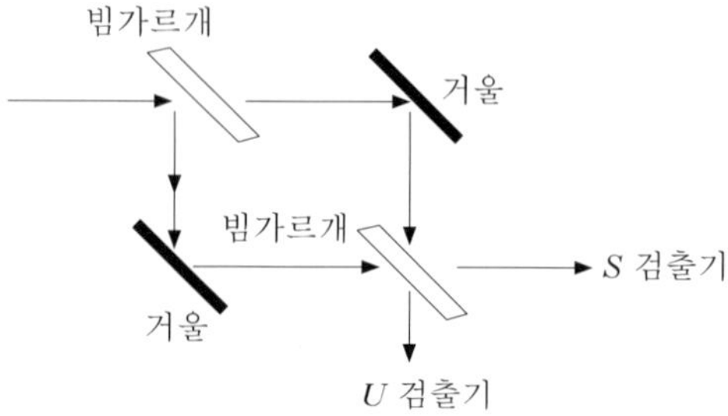

위의 현상을 수학적으로 다음과 같이 표현할 수 있다. 빔 가르개를 통과한 상태를 $0=\begin{bmatrix}1\\0\end{bmatrix}$로 나타내고, 빔 가르개에 의해 반사된 상태를 $1=\begin{bmatrix}0\\1\end{bmatrix}$로 나타낸다. 임의의 순간에서의 빛의 상태를 이 두 상태의 중첩(superposition) 즉, $\alpha_0\begin{bmatrix}1\\0\end{bmatrix}+\alpha_1\begin{bmatrix}0\\1\end{bmatrix}=\begin{bmatrix}\alpha_0\\\alpha_1\end{bmatrix}$로 나타낼 수 있다. 빔 가르개에 의한 상태변화는 행렬 $\frac{1}{\sqrt{2}}\begin{bmatrix}1 & i\\i & 1\end{bmatrix}$의 곱(multiplication)에 의한다. 광원을 출발한 빛은 $0=\begin{bmatrix}1\\0\end{bmatrix}$의 상태이므로 처음 빔 가르개를 통과한 빛의 상태는 $\frac{1}{\sqrt{2}}\begin{bmatrix}1 & i\\i & 1\end{bmatrix}\begin{bmatrix}1\\0\end{bmatrix}=\frac{1}{\sqrt{2}}\begin{bmatrix}1\\i\end{bmatrix}$ $=\frac{1}{\sqrt{2}}\begin{bmatrix}1\\0\end{bmatrix}+\frac{i}{\sqrt{2}}\begin{bmatrix}0\\1\end{bmatrix}$이다. 따라서 처음 빔 가르개를 통과한 빛이 $0=\begin{bmatrix}1\\0\end{bmatrix}$의 상태일 확률은 $\left|\frac{1}{\sqrt{2}}\right|^2=\frac{1}{2}$이고, $1=\begin{bmatrix}0\\1\end{bmatrix}$의 상태일 확률은 $\left|\frac{i}{\sqrt{2}}\right|^2=\frac{1}{2}$이다. 이제, 두 번째 빔 가르개를 통과한 후의 빛의 상태는 $\left(\frac{1}{\sqrt{2}}\begin{bmatrix}1 & i\\i & 1\end{bmatrix}\right)\left(\frac{1}{\sqrt{2}}\begin{bmatrix}1\\i\end{bmatrix}\right)=\begin{bmatrix}0\\i\end{bmatrix}=0\begin{bmatrix}1\\0\end{bmatrix}+i\begin{bmatrix}0\\1\end{bmatrix}$이므로 두 번째 빔 가르개를 통과한 빛이 $0=\begin{bmatrix}1\\0\end{bmatrix}$의 상태일 확률은 0이고, $1=\begin{bmatrix}0\\1\end{bmatrix}$의 상태일 확률은 $|i|^2=1$이다.

뒷 이야기

1. 다음을 통하여 비구성적(non-constructive) 논증의 예에 대하여 논의하여라.

   가. 선택공리에서의 선택함수의 존재성과 정렬원리에서의 정렬의 존재성 주장은 비구성적이다. 사실, 선택공리의 내용이나 결과는 우리의 상식이나 경험과 다를 수 있다. 예를 들어, Banach-Tarski 역설[4](신현용·승영조, 2002a)의 실제(구체적) 구현이나 비가측(non-measurable)집합(Halmos, 1974)의 실제(구체적) 구성은 가능하지 않다. 이 경우 모두 선택공리에 의존하는데 무한의 경우에 적용된 선택공리는 많은 경우 현실적 구현이나 구성이 가능하지 않기 때문이다.

   나. 유리계수 다항식의 근을 '대수적인 수'라고 하면 대수적인 수 전체의 집합이 가부번임을 쉽게 증명할 수 있다. 이 사실로부터 초월수가 존재함을 논증할 수 있다. 그러나 초월수를 구체적으로 제시하는 것은 별도의 문제이다.

   다. 다음 상황을 가정하여 구성적 증명과 비구성적 증명의 차이를 살펴보아라.

   > 어느 야구장의 정원은 50,000명이다. 어느 게임에 49,999명이 입장하여 모두 앉았다. 이 야구장에는 하나의 빈 자리가 있음을 증명하여라.

---

4) 사실은 역설이 아니고 정리(theorem)이다.

2. 다음의 예를 통하여 결정론적(deterministic) 논증(증명)과 확률론적(probabilistic) 논증(정당화) 등 여러 가지 정당화 기법에 대하여 알아보아라.

가. 결정론적 논증의 예

유클리드 원론에 있는 모든 논증을 포함하여 대부분의 고전적 수학적 논증은 결정론적이다.

나. 확률론적 논증의 예

(1) MATHEMATICA 등이 100자리 두 소수의 곱이 합성수임을 선언할 때에는 결정론적이 아니다. 즉, 인수분해를 통하여 두 소인수를 찾지 못해도 확률론적인 방법으로 합성수임을 선언한다. '자료: 수의 확장'을 참고하여 이에 관하여 확인하여라.

(2) 뷰퐁의 바늘(Buffon's needle) 문제에 의하면 원주율 π의 값을 확률적으로 구할 수 있다. Mosteller(1965)를 참고하여 이에 대하여 알아보아라.

다. 박평우·김운규·정광택(2002)을 참고하여 통계적 방법에 의한 소수 정리(Prime Number Theorem)에 대하여 조사하여라.

3. 심재관(2003), Wilson(2002), Goodaire & Parmenter(1998), 박평우·김운규·정광택(2002), 그리고 Wilson & Watkins(1990) 등을 참고하여 다음을 확인하여라.

가. 케플러의 추측(Kepler's conjecture, 공 쌓기 문제)과 사색문제(Four Color Problem)[5]의 증명과정에서 많은 계산을

---

5) 오색문제는 컴퓨터의 사용 없이 해결할 수 있다. 이에 관한 자세한 내용은 '자료: 4색5색문제'에서 볼 수 있다.

컴퓨터에 의존한다.[6)]

나. 앞에서 언급한 암호이론에서는 확률론적 논증 기법이 적용된다.

다. '자료: 학교수학에서의 정당화 지도의 필요성 및 가능성에 관한 연구'를 참고하여 확률론적 정당화 등 비결정론적 정당화(non-deterministic verification)를 학교수학에서의 정당화 지도와 관련하여 알아보아라.

4. '자료: 확률의 난해성과 유용성'을 참고하여 정보보호에서의 확률의 역할 등 그 유용성에 관하여 조사하여라.

5. '자료: 셈법'을 참고하여 자연수의 덧셈과 곱셈의 기본 법칙에 관하여 조사하여라. 특히, 단조법칙(monotonic law)과 그의 활용에 주목하여라.

6. 자연수는 개수를 나타내는 수(기수, cardinal number)는 물론 순서를 나타내는 수(서수, ordinal number)라고 할 수 있다. 적절한 집합론 책을 참고하여 초한(transfinite) 기수와 초한 서수에 대하여 조사하여라.

*7. '자료: 학교수학과 컴퓨터'를 참고하여 학교수학에서 컴퓨터의 무분별한 활용의 폐해에 관하여 조사하여라.

---

6) 아직도 많은 수학자는 이런 형태의 증명을 인정하지 않는다(Wilson, 2002).

*8.[7] 가. 다음은 여섯 살 어린이가 베는 베개의 무늬이다. 영어를 배운 적이 없는 이 어린이는 여기에 있는 글을 모두 읽었다. 어떻게 읽었을까?

나. 이제 막 한글 자모를 배운 일곱 살 어린이는 옆집 여섯 살 동생에게 배운 것을 자랑하고 싶어 한다. 다음 그림에서와 같이 'ㄱ'을 쓰고 '이게 무슨 글자인지 아냐?'라고 묻는다. 기대와는 달리 동생은 이 글자를 읽었다. 무엇이라고 읽었을까?

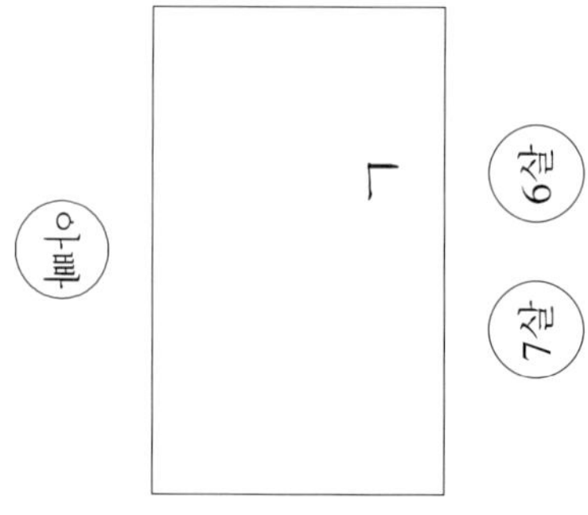

7) 답은 별도로 제공된 해답집 CD에 있다.

Ⅱ 기본적인 대수적구조: 군, 환, 벡터공간

지난 줄거리

1. 과제 내용 중 해결하지 못한 문제는 무엇인가?

2. 다음에 주어진 용어를 모두 사용하여 작문하여라.
   연산, 결합법칙, 교환법칙, 항등원, 역원

3. 기하학 또는 해석학과 비교할 때 대수학의 가장 큰 특징은 무엇이라고 할 수 있는가?

4. 다음 주장은 옳은가?
   모든 실수 x에 대하여 $x-0=x$이므로 0은 뺄셈에 관한 항등원이다.

5. 앞선 강좌의 내용 중 다음에 관하여 알아보아라.
   가. 미적분학: 벡터곱의 정의
   나. 집합론: 함수의 합성 연산, 결합법칙, 교환법칙
   다. 집합론, 정수론: 동치관계, 분할, 잉여류 집합 $\mathbb{Z}_n$의 구성

방법

라. 정수론: 잉여류 집합 $\mathbb{Z}_n$에서의 덧셈과 뺄셈

마. 선형대수학: 행렬의 곱과 결합법칙, 행렬의 곱과 교환법칙. 사실, 행렬은 함수(특히 선형사상)를 나타낸다. 따라서 행렬의 곱을 함수의 합성으로 생각할 수 있다.

바. 선형대수학: 행렬의 정칙성, 행렬과 행렬식과의 관계, 행렬식의 성질

6. 벡터공간에서 스칼라 배는 연산이 아님을 설명하여라. 한편, 벡터 공간에서 두 스칼라 λ, μ와 두 벡터 x, y에 대하여 $\lambda(x+y)=\lambda x+\lambda y$, $\lambda(\mu x)=(\lambda\mu)x$이다. 이는 각각 분배법칙, 결합법칙이 아님을 설명하여라.

이번 줄거리

1. 대표적인 대수적구조로서 군, 환, 벡터공간의 정의, 예, 성질 등을 종합적으로 이해한다.

2. 군과 환의 대표적인 예로서는 정수 전체의 집합 $\mathbb{Z}$, 벡터공간의 대표적인 예로서는 좌표평면 $\mathbb{R}^2$이나 좌표공간 $\mathbb{R}^3$임을 안다.

3. 대수적구조의 실생활 또는 학교수학에서의 응용을 이해한다.

여는 이야기

자연 현상을 관찰할 때에 규칙을 찾는 것이 중요하듯이 수학적 문제 상황에서도 일정한 규칙을 찾는 것은 중요하다. 마찬가지로 구조도 수학적 이해나 문제 해결에서 유용한 틀이 될 수 있다. 수학에서는 여러 가지 측면에서 구조를 생각할 수 있지만 대수학에서는 주어진 집합에 정의된 연산에 의한 구조에 관심을 가진다. 이 장에서 논의하는 구체적인 문제는 다음과 같다.

- 정수 전체의 집합에 정의된 덧셈은 어떠한 성질을 가지는가? 이러한 구조를 어떻게 일반화할 수 있는가? 이러한 구조를 가지는 또다른 예는 무엇인가?
- 정수 전체의 집합에 정의된 덧셈과 곱셈은 어떠한 성질을 가지는가? 이러한 구조를 어떻게 일반화할 수 있는가? 이러한 구조를 가지는 또다른 예는 무엇인가?
- 좌표 평면에 정의된 덧셈과 스칼라 배는 어떠한 성질을 가지는가? 이러한 구조를 어떻게 일반화할 수 있는가? 이러한 구조를 가지는 또다른 예는 무엇인가?

대수적구조

대수학에서는 주어진 집합과 거기에 정의된 연산에 관한 여러 가지 성질에 관심을 가진다. 이와 같이 연산에 관한 구조를 보통 대수적 구조(algebraic structure)라고 한다. 대수적구조에 관하여 다음의 예는 중요하다.

가. 정수 전체의 집합 $\mathbb{Z}$에는 덧셈이 잘 정의된다. 이 경우 $\mathbb{Z}$는 '군(group)'이라고 불리는 대수적구조의 모형이 된다.
나. 정수 전체의 집합 $\mathbb{Z}$에는 덧셈과 곱셈이 잘 정의된다. 이 경우 $\mathbb{Z}$는 '환(ring)'이라고 불리는 대수적구조의 모형이 된다.
다. 좌표평면 $\mathbb{R}^2$에는 벡터의 합과 스칼라 배가 잘 정의된다. 이 경우 $\mathbb{R}^2$는 '벡터공간(vector space)'이라고 불리는 대수적구조의 모형이 된다.

이 강좌에서는 위 세 가지 대수적구조를 일반화하고 추상화하여 그에 관한 기본적인 성질을 살핀다.

군의 정의

정수 전체의 집합 $\mathbb{Z}$에서 덧셈 연산을 생각하여 보자. 우선 덧셈에 관하여 결합법칙이 성립하고, 덧셈에 관한 항등원이 있다. 또, 모든 정수는 덧셈에 관한 역원을 가진다.

이러한 구조를 일반화하여 다음과 같은 정의를 생각한다.

≪정의 2.1≫ G가 집합이고, $\cdot$는 G에 정의된 연산이라고 하자. $(G, \cdot)$가 다음 조건을 만족시킬 때 $(G, \cdot)$는 군(group)이라고 한다:

가. (결합법칙) 임의의 $x, y, z \in G$에 대하여 $(x \cdot y) \cdot z = x \cdot (y \cdot z)$이다.

나. (항등원) 모든 $x \in G$에 대하여 $x \cdot e = e \cdot x = x$인 $e \in G$가 존재한다.

다. (역원) 임의의 $x \in G$에 대하여 $x \cdot x' = x' \cdot x = e$인 $x' \in G$가 존재한다.

즉, 집합 G에 정의된 연산 $\cdot$에 관하여 결합법칙이 성립하고 항등원이 있으며 모든 원소의 역원이 있으면 군이다.

≪정의 2.2≫ 군 $(G, \cdot)$가 다음 조건을 추가로 만족시킬 때 $(G, \cdot)$는 가환군(abelian group)[1)]이라고 한다:

라. (교환법칙) 임의의 $x, y \in G$에 대하여 $x \cdot y = y \cdot x$이다.

즉, 교환법칙이 성립하는 군이 가환군이다. 한편, 원소의 개수가 유한인 군을 유한군(finite group)이라고 하고 유한군이 아닌 군을 무한군(infinite group)이라고 한다. 유한군의 원소의 개수를 그 군의 위수(order)라고 한다.

1) 수학자 Abel의 업적을 기리어 가환군을 'commutative group' 대신에 'abelian group'이라고 부른다. 사실, 아벨은 주어진 다항식의 갈로아군이 가환이면 그 다항식은 가해임을 증명하였다(제XVII장 참고).

군을 나타낼 때에는 연산이 무엇인지 분명히 언급해야 한다. 그러나 연산이 무엇인지 분명하고 혼란의 여지가 없을 때에는 연산 기호를 생략하여 나타낼 수 있다. 예를 들면, 군 $(G, \cdot)$의 원소 $a_1, a_2, \cdots, a_n$을 연산한 $a_1 \cdot a_2 \cdot \cdots \cdot a_n$을 $a_1 a_2 \cdots a_n$와 같이 나타낸다. 이때, 만일 $a_1 = a_2 = \cdots = a_n = a$이면, $a \cdot a \cdot \cdots \cdot a = a^n$로 나타낸다. 같은 요령으로 다음과 같이 나타낸다:

$$a^{-1} \cdot a^{-1} \cdot \cdots \cdot a^{-1} = (a^{-1})^n = a^{-n},$$
$$a^0 = e.$$

정수 m, n에 대하여 다음이 성립함을 알 수 있다:

$$a^m \cdot a^n = a^{m+n}, \quad (a^m)^n = a^{mn}.$$

과제 2.3 가환군의 연산은 보통 $+$로 나타낸다. 가환군 $(G, +)$의 원소 a와 정수 m, n에 대하여 다음은 각각 무엇을 나타내는지 설명하여라.

$$na, \ (-n)a, \ 0a = 0, \ ma + na = (m+n)a, \ n(ma) = (nm)a$$

환의 정의

정수 전체의 집합 $\mathbb{Z}$에서 덧셈과 곱셈을 생각하여 보자. 앞에서 살펴 본 바와 같이 $(\mathbb{Z}, +)$은 가환군을 이룬다. 한편, 곱셈에 관하여 결합법칙이 성립하고 덧셈에 관한 곱셈의 분배법칙이 성립한다.

이러한 구조를 일반화하여 다음과 같은 정의를 생각한다.

≪**정의 2.4**≫ 집합 R에 두 개의 연산 $+$, $\cdot$가 정의되어 있고, 다음 조건을 만족시킬 때 $(R, +, \cdot)$(또는 간단히 R)를 환(ring)이라고 한다.

가. $(R, +)$는 가환군이다.

나. 연산 $\cdot$에 관한 결합법칙이 성립한다. 즉

임의의 $x, y, z \in R$에 대하여 $x \cdot (y \cdot z) = (x \cdot y) \cdot z$이다.

다. $+$에 관한 $\cdot$의 분배법칙이 성립한다. 즉,

임의의 $x, y, z \in R$에 대하여 $(x+y) \cdot z = (x \cdot z) + (y \cdot z)$이고 $x \cdot (y+z) = (x \cdot y) + (x \cdot z)$이다.

편의상 환 R의 두 개의 연산 $+$, $\cdot$을 각각 덧셈, 곱셈이라고 하고, 환 R의 덧셈에 관한 항등원을 영원(zero element)이라고 하며 0으로 표시한다.

환을 나타낼 때, 곱셈 연산이 무엇인지 분명하고 혼란의 여지가 없을 때에는 곱셈 연산 기호를 생략하여 $a \cdot b$를 ab로 나타낼 수 있다. 그러나 덧셈 연산 기호 $+$는 생략하지 않는다.

환 R가 곱셈에 관한 항등원(보통 1로 나타낸다)을 가질 때 R를 '단위원을 가지는 환(ring with identity)'이라고 한다. 또, 환 R에서 곱셈에 관하여 교환법칙이 성립하면 R를 가환환(commutative ring)이라 하고, 교환법칙이 성립하지 않으면 비가환환(non-commutative ring)[2)]이라고 한다. 한편, 환 R의 원소의 개수가 유한일 때 이 환을 유한환(finite ring)이라고 하며 유한환이 아닌 환을 무한환(infinite ring)이라 한다. 유한환의 원소의 개수를 그 환의 위수(order)라고 한다.

> **≪정의 2.5≫** 가. 단위원을 가지는 가환환으로서 다음 조건을 만족시키는 환 R를 정역(integral domain)이라고 한다: 임의의 $x, y \in R$에 대하여 $xy=0$이면 $x=0$ 또는 $y=0$이다.
>
> 나. 단위원을 가지는 환으로서 0이 아닌 모든 원소의 곱셈에 관한 역원이 있을 때, 그 환을 나눗셈환(division ring)이라고 한다.
>
> 다. 곱셈에 관하여 교환법칙이 성립하는 나눗셈환을 체(field)라고 한다.

환 R의 0이 아닌 두 원소 x, y에 대하여 $xy=0$이면 x, y를 영인자(zero divisor)라고 한다. 결국, 정역은 영인자가 없는 단위원을 가지는 가환환이다.

과제 2.6 다음을 확인하여라.

가. $\mathbb{Z}_6=\{0, 1, 2, 3, 4, 5\}$에서 2, 3, 그리고 4는 영인자이다.

---

2) 환에서는 가환환(비가환환)을 'abelian ring'('non-abelian ring')이라고 하지 않는다.

나. 행렬환 $\mathrm{Mat}_2(\mathbb{R})$에서 $\begin{bmatrix} 1 & 0 \\ 0 & 0 \end{bmatrix}$과 $\begin{bmatrix} 0 & 0 \\ 0 & 1 \end{bmatrix}$은 모두 영인자이다.

다. 중학교에서 '이차방정식 $x^2-3x+2=(x-2)(x-1)=0$의 해는 $x=2$ 또는 1'이라고 할 때에는 실수환 $\mathbb{R}$에는 영인자가 없기 때문이다.

뒤 (정리 2.26)에서 환에서 영원 0과 영인자는 곱셈에 관한 역원을 가질 수 없음을 알게 된다.

벡터공간의 정의

선형대수학에서 벡터공간의 정의와 예, 그리고 간단한 성질을 다루었다. 벡터공간은 군, 환과 함께 중요한 대수적구조이다. 이 강좌에서는 군과 환의 구조와 비교하기 위하여 간단히 살펴본다.

좌표평면 $\mathbb{R}^2$이나 좌표공간 $\mathbb{R}^3$이 벡터공간의 모형이다. 이들 집합은 덧셈에 관하여 가환군의 구조를 가지고 스칼라 배가 잘 정의된다.

과제 2.7 가. 벡터공간의 정의는 다음과 같음을 확인하여라.

> 덧셈[3]과 스칼라 배가 정의된 집합 V가 다음 조건을 만족시킬 때, V를 실수체 $\mathbb{R}$ 위에서의 벡터공간이라고 한다.

(1) $(V, +)$는 가환 군이다.

---

3) 벡터공간에서 덧셈을 벡터의 '합성'이라고 한다.

(2) 임의의 $\lambda, \mu \in \mathbb{R}$와 임의의 $x \in V$에 대하여 $(\lambda+\mu)x=\lambda x+\mu x$이다.

(3) 임의의 $\lambda \in \mathbb{R}$와 임의의 $x, y \in V$에 대하여 $\lambda(x+y)=\lambda x+\lambda y$이다.

(4) 임의의 $\lambda, \mu \in \mathbb{R}$와 임의의 $x \in V$에 대하여 $\lambda(\mu x)=(\lambda\mu)x$이다.

(5) 임의의 $x \in V$에 대하여 $1x=x$이다.

나. 일반적으로 스칼라 배는 왜 연산이라고 할 수 없는지 설명하여라. 그러나 실수체 위에서의 일차원 벡터 공간 $\mathbb{R}$에서는 실수의 곱셈이 스칼라 배이다. 즉, 위 성질 (2)와 (3)은 곱셈의 덧셈에 관한 분배법칙이고 (4)는 곱셈의 결합법칙이며 (5)는 1이 곱셈에 관한 항등원이다.

군의 예

군의 예는 무한가환군, 무한비가환군, 유한가환군, 유한비가환군 등 네 종류를 생각할 수 있다.

가. 무한가환군

무한 가환군의 여러 예는 이미 우리에게 친숙하다. 다음을 들 수 있다.

$\mathbb{Z}$: 정수 전체의 집합과 덧셈

$\mathbb{R}^2$: 좌표 평면 위의 모든 점과 그 순서쌍의 덧셈

$\mathrm{Mat}_2(\mathbb{R})$: 실수 성분의 2×2 행렬 전체의 집합과 행렬 덧셈

$\mathbb{Q}[x]$: 유리계수 다항식 전체의 집합과 다항식의 덧셈

나. 무한 비가환군

무한 비가환군의 예로서 다음을 들 수 있다. 즉, $\mathrm{Mat}_2(\mathbb{R})$에서 정칙행렬 전체의 집합

$$\mathrm{GL}_2(\mathbb{R})=\left\{\begin{bmatrix} a & b \\ c & d \end{bmatrix} \mid a,\ b,\ c,\ d\in\mathbb{R},\ ad-bc\neq 0\right\}$$

은 행렬 곱셈에 관하여 무한 비가환군을 이룬다. 이 군을 일반선형군(general linear group)이라고 한다.

과제 2.8 (1) 과제 1.9를 참고하여 $\mathrm{GL}_n(\mathbb{R})(n\geq 2)$가 무한 비가환군임을 설명하여라.

(2) 다음 특수선형군(special linear group)도 무한 비가환군임을 설명하여라.

$$\mathrm{SL}_2(\mathbb{R})=\left\{\begin{bmatrix} a\, b \\ c\, d \end{bmatrix} \mid a, b, c, d\in\mathbb{R},\ ad-bc=1\right\}$$

다. 유한가환군

유한가환군의 예로서 잉여류 집합 $\mathbb{Z}_n$과 덧셈 연산을 생각하면 된다.

과제 2.9 정수론에서 살펴 본 다음 사항을 조사하여라.

(1) 집합 $\mathbb{Z}_n$의 구성과 $\mathbb{Z}_n$에 정의된 연산

(가) 집합 $\mathbb{Z}$에서의 법(modulus) n에 의한 동치관계

(나) 그 동치관계에 의한 분할

(다) $\mathbb{Z}_n$에 정의된 덧셈 연산과 곱셈 연산

(2) $\mathbb{Z}_n$은 덧셈에 관하여 위수가 n인 유한가환군임을 설명하여라.

(3) $\mathbb{Z}_n^*$은 곱셈에 관하여 위수가 $\varphi(n)$인 유한가환군임을 설명하여라.

또 하나의 유한가환군을 생각하여 보자.

정사각형이 아닌 직사각형을 좌표 공간 $\mathbb{R}^3$에서 그 자신에 겹치도록 하는 회전변환 또는 반사변환은 다음 네 가지이다.

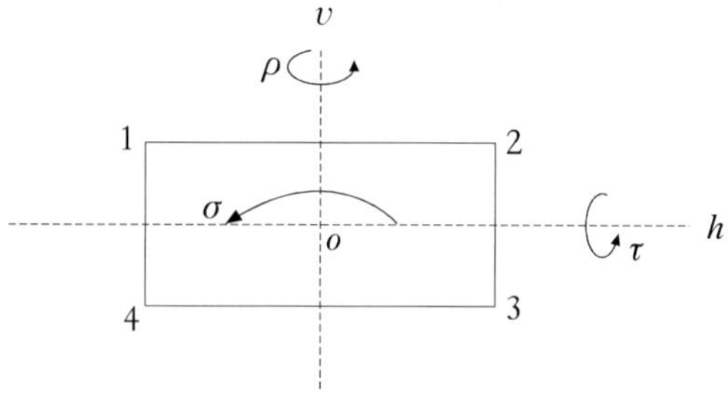

1: 항등 치환으로서 0° 회전변환이라고 할 수 있다.

σ: o를 중심으로 하는 180° 회전변환으로서 치환 (13)(24)으로 나타낼 수 있다.

τ: 수평인 대칭축 h를 축으로 하는 반사변환으로서 치환 (14)(23)으로 나타낼 수 있다.

ρ: 수직인 대칭축 v를 축으로 하는 반사변환으로서 치환 (12)(34)으로 나타낼 수 있다.

이상의 네 개의 합동변환으로 이루어진 집합을 $V_4=\{1, \sigma, \rho, \tau\}$라고 하고 V_4에 변환의 합성을 연산으로 정의하면 V_4는 원소가 네 개인 가환군이 된다. 사실, 연산표는 다음과 같다.

	1	σ	τ	ρ
1	1	σ	τ	ρ
σ	σ	1	ρ	τ
τ	τ	ρ	1	σ
ρ	ρ	τ	σ	1

예를 들어, $\sigma^2=(13)(24)(13)(24)=1$이며 $\sigma\tau=(13)(24)(14)(23)=(12)(34)=\rho$이다.

이 군을 클라인(Klein)의 사원군(four group)이라고 하고, 보통 V_4로 나타낸다.

과제 2.10 (1) 위에 제시된 V_4의 연산표를 확인하여라. 특히 V_4에서 모든 원소는 자기가 자신의 역원임을 설명하여라.

(2) 다음을 확인하여라.

(가) $\mathbb{Z}_4=\{0, 1, 2, 3\}$에서 1의 역원은 1이 아니고 3이다. 따라서 V_4와 $\mathbb{Z}_4$는 서로 다른 군이다.

(나) V_4의 연산표는 주대각선에 관하여 대칭이다. 이는 V_4가 가환군임을 뜻한다.

(3) 연산표를 이용하여 위수가 1, 2, 3인 군 G에 관하여 다음과 같이 알아보아라.

(가) $|G|=1$이면, $G=\{e\}$이다. 두 군 $(\{0\}, +)$와 $(\{1\}, \times)$

은 모습은 서로 다르지만 같은 군으로 볼 수 있다.

(나) $|G|=2$이면 $G=\{e, x\}$, $x^2=e$이다. 두 군 $(\mathbb{Z}_2, +)$와 $(\{1, -1\}, \times)$은 같은 군으로 볼 수 있다.

(다) $|G|=3$이면 $G=\{e, x, y\}$, $x^2=y$이다. 또, $xy=e$임을 알 수 있다. 군 $G=(\mathbb{Z}_3, +)$은 이러한 군이다. $|G|=3$인 군은 모두 $G=(\mathbb{Z}_3, +)$와 같다는 것을 알 수 있다.

(4) 연산표를 이용하여 위수가 4인 군은 V_4 또는 $\mathbb{Z}_4$와 같음을 설명하여라. 사실, 뒤(과제 8.10)에서 임의의 소수 p에 대하여 위수가 p^2인 군을 완전하게 규명한다.

라. 유한 비가환군

비가환 연산의 대표적인 예는 함수의 합성과 행렬의 곱이다. 행렬도 함수를 나타내므로 함수의 합성이 비가환 연산의 대표적인 예라고 할 수 있다. 비가환군의 예를 찾기 위하여 함수(변환)의 합성을 생각하는 것은 자연스럽다. 사실, 무한 비가환군의 예 $\mathrm{GL}_n(\mathbb{R})(n \geq 2)$에서 이 사실을 이용하였다.

정이면체군

정사각형이 아닌 직사각형을 좌표 공간 $\mathbb{R}^3$에서 그 자신에 겹치도록 하는 회전변환 또는 반사변환으로부터 V_4를 얻었다. 이제, V_4를 구성한 절차를 정삼각형과 정사각형 등 임의의 정 n 각형의 경우에 적용하여 보자.

정n각형을 좌표 공간 $\mathbb{R}^3$에서 그 자신에 겹치도록 하는 합동변환은 n개의 회전(rotation)과 n개의 반사(reflection)로 이루어진다. 모두 $2n$개의 합동변환으로 이루어진 이 집합 $D_n (n \geq 3)$에 변환의 합성 연산을 생각하면 정이면체(dihedral) 군이라고 부르는 군을 얻는다. 이들은 모두 비가환군이다.

과제 2.11 가. 정사각형의 합동변환 중에서 $\sigma = (1234)$ $\tau = (13)$으로 D_4의 모든 원소를 계산할 수 있다. 이 경우 $\tau^{-1}\sigma\tau = \tau\sigma\tau = \sigma^3$이다. 사실, 정이면체군 D_4는 '정사각형의 합동변환' 등을 언급하지 않고 다음과 같이 표현할 수 있다.

$$D_4 = < \tau, \sigma \mid \tau^2 = 1 = \sigma^4, \tau\sigma\tau = \sigma^3 >$$

다시 말하면, D_4는 $\tau^2 = 1 = \sigma^4$과 $\tau\sigma\tau = \sigma^3$ 두 조건을 만족시키는 τ와 σ에 의해 생성되는 군4)이다. 다음 물음에 답하여라.

(1) $D_4 = \{\sigma, \sigma^2, \sigma^3, \sigma^4 = 1, \tau, \sigma\tau, \sigma^2\tau, \sigma^3\tau\}$임을 확인하여라.

(2) 관계 $\tau\sigma\tau = \sigma^3$을 이용하여 다음을 확인하여라.

$$\tau\sigma = \sigma^3\tau = (\tau\sigma)^{-1}, \ \tau\sigma^2 = \sigma^2\tau = (\tau\sigma^2)^{-1},$$
$$\tau\sigma^3 = \sigma\tau = (\tau\sigma^3)^{-1}$$

나. 정이면체군 D_3의 연산표를 만들고 가환군이 아님을 설명하여라.

---

4) 'τ와 σ에 의해 생성되는 군'이라는 것은 선형대수학(예를 들어 '생성되는 벡터 공간')에서와 같이 'τ와 σ를 품는 최소 군'을 뜻한다.

⋆다. '정다면체군'에 관하여 조사하여라.

대칭군

집합 $X=\{1, 2, 3, \cdots, n\}$ 위에서의 치환(permutation, 일대일 대응) 전체의 집합

$$S_n=\{f \mid f: X \rightarrow X\text{는 치환}\}$$

을 생각하고 이 집합에서 함수의 합성 연산을 생각하면 위수가 $n!$인 유한군을 얻을 수 있다. 이러한 군을 대칭군(symmetric group)이라고 하고, S_n으로 나타낸다.

과제 2.12 선형대수학에서 행렬식을 정의할 때 대칭군에 대하여 어느 정도 살펴보았다. 다음을 확인하여라.

(가) $S_3=\{1, (12), (13), (23), (123), (132)\}$는 위수가 6인 비가환군이다. 여기서 연산은 치환(함수)의 합성이다. 합성은 관례에 따라 오른쪽 치환에 왼쪽 치환을 합성하는 것으로 한다. 예를 들어, $(13)(23)=(132)$이다.

(나) S_3의 연산표를 만들어라.

(다) S_3와 D_3의 연산표를 비교함으로 두 군이 같음을 확인하여라.

사원수군

아래 조건을 만족시키는 원소들의 집합

$$Q_8=\{1, -1, i, j, k, -i, -j, -k\}$$

은 비가환군을 이룬다.

$$
\begin{aligned}
&i^2=j^2=k^2=-1,\\
&ij=-ji=k,\\
&jk=-kj=i,\\
&ki=-ik=j
\end{aligned}
$$

이 군을 사원수군(quaternion group)이라고 한다.

과제 2.13 (가) 사원수군 Q_8의 연산표를 만들고 D_4의 연산표와 비교하여 봄으로써 두 군의 차이를 조사하여라.

(나) $\mathbb{R}^3$에서 벡터곱 $\times$의 정의는 무엇인가? 다음 사실을 확인하여라: $\mathbb{R}^3$에서 $I=(1,0,0)$, $J=(0,1,0)$, $K=(0,0,1)$이라고 하면 다음이 성립한다.

$$
\begin{aligned}
&I\times J=-J\times I=K\\
&J\times K=-K\times J=I\\
&K\times I=-I\times K=J
\end{aligned}
$$

(다) 위 '(나)'의 사실을 사원수군 원소들 사이의 연산과 비교하여라.

(라) 사원수군에서의 i, j, k 사이의 연산 규칙과 위 '(나)'에서의 I, J, K 상호 간의 연산 규칙을 오른손 법칙으로 설명하여라.

유한 일반선형군

유한체 $F_2=\{0, 1\}$ 위에서의 2×2 정칙 행렬 전체의 집합 $\mathrm{GL}_2(F_2)$는 행렬의 곱셈 연산과 함께 비가환 유한군이 된다.

과제 2.14 (가) $\mathrm{GL}_2(F_2)$의 위수는 얼마인가?

(나) 연산표를 비교함으로 $\mathrm{GL}_2(F_2)$가 D_3와 같음을 설명하여라.

(다) $\mathrm{SL}_2(F_2)=\mathrm{GL}_2(F_2)$임을 설명하여라.

*(라) 위와 비슷한 방법으로 다른 유한 선형군을 제시하여라.

환의 예

가. 무한 가환환

(1) 정수 전체의 집합, 유리수 전체의 집합, 실수 전체의 집합 및 복소수 전체의 집합을 각각 $\mathbb{Z}$, $\mathbb{Q}$, $\mathbb{R}$ 및 $\mathbb{C}$라고 하자. 우리가 보통 사용하는 수의 덧셈 및 곱셈에 대하여 위의 모두는 단위원을 가지는 무한 가환환이다.

(2) 집합 $\mathbb{Q}(\sqrt{2})=\{a+b\sqrt{2} \mid a, b\in\mathbb{Q}\}$에는 덧셈과 곱셈이 잘 정의된다. 먼저 $\mathbb{Q}(\sqrt{2})$는 덧셈에 관하여 가환군이다. 즉, 다음이 성립한다.

(가) 결합법칙이 성립한다.

(나) 영원 $0=0+0\sqrt{2}$가 있다.

(다) $a+b\sqrt{2}$의 역원은 $(-a)+(-b)\sqrt{2}$이다.

(라) 교환법칙이 성립한다.

또, $\mathbb{Q}(\sqrt{2})$은 곱셈에 관하여 다음이 성립한다.

(마) 결합법칙이 성립한다.

(바) 단위원 $1=1+0\sqrt{2}$가 있다.

(사) 교환법칙이 성립한다.

한편, $\mathbb{Q}(\sqrt{2})$에서 덧셈에 대한 곱셈의 분배법칙이 성립한다. 따라서 $\mathbb{Q}(\sqrt{2})$는 단위원을 가지는 가환환이다.

과제 2.15 (가) $\mathbb{Q}(\sqrt{2})$는 체가 됨을 설명하여라.

(나) 위에서 $\mathbb{Q}(\sqrt{2})$가 체임을 설명하는 과정에서 고등학교에서 배운 '분모의 유리화'는 어떠한 역할을 하는지 살펴보아라. 사실, 0이 아닌 원소의 곱셈에 관한 역원을 구하는 과정을 '분모의 유리화'라고 한다.

(다) 복소수 전체의 집합 $\mathbb{C}$는 체가 된다. 특히, 0이 아닌 임의의 복소수는 곱셈에 관한 역원을 가진다. 여기서 곱셈에 관한 역원을 구하는 과정을 '분모의 실수화'라고 한다.

(3) 다음은 모두 단위원을 가지는 무한 가환환이다.

(가) 유리계수 다항식 환 $\mathbb{Q}[x]$

(나) 실계수 다항식 환 $\mathbb{R}[x]$

(다) $F_2(=\{0, 1\})$ 계수 다항식 환 $F_2[x]$

나. 무한 비가환환

실수를 성분으로 갖는 2×2행렬 전체의 집합을 $\mathrm{Mat}_2(\mathbb{R})$ 즉,

$$\mathrm{Mat}_2(\mathbb{R})=\left\{\begin{bmatrix} a & b \\ c & d \end{bmatrix} \middle| \, a, b, c, d \in \mathbb{R}\right\}$$

이라 하고 $\mathrm{Mat}_2(\mathbb{R})$에 통상적인 행렬의 덧셈과 곱셈을 생각하면 $(\mathrm{Mat}_2(\mathbb{R}), +, \cdot)$는 단위원 $\begin{bmatrix} 1 & 0 \\ 0 & 1 \end{bmatrix}$을 갖는 무한 비가환환이다.

이것을 일반화하여 $n \times n$ $(n \geq 2)$행렬 전체의 집합

$$\mathrm{Mat}_n(\mathbb{R})=\left\{\begin{bmatrix} a_{11} & \cdots & a_{1n} \\ \vdots & & \vdots \\ a_{n1} & \cdots & a_{nn} \end{bmatrix} \middle| \, a_{ij} \in \mathbb{R}, \ i, j=1, 2, \cdots, n\right\}$$

에 행렬의 덧셈과 곱셈을 생각하면 $(\mathrm{Mat}_n(\mathbb{R}), +, \cdot)$도 역시 단위원을 가지는 무한 비가환환이 된다.

다. 유한 가환환

정수론에서 살펴 본 $\mathbb{Z}_n$는 유한 가환환의 대표적인 예가 된다.

과제 2.16 다음을 설명하여라.

(1) 가환군 $(R, +)$에 속하는 임의의 두 원소 x, y에 대하여 $x \cdot y=0$라고 정의하면 $(R, +, \cdot)$는 가환환이다.

(2) 임의의 자연수 n, $n \geq 2$에 대하여 위수가 n인 가환환은 적어도 두 개 있다.

라. 유한 비가환환

유한체 F_2 위에서의 2×2 행렬 전체의 집합 $\mathrm{Mat}_2(F_2)$은 행렬의 덧셈 연산과 곱셈 연산에 관하여 유한 비가환환이 된다.

과제 2.17 $\mathrm{Mat}_2(F_2)$의 위수는 얼마인가?

마. 정역

정역의 대표적인 예는 다음과 같다.

(1) 정수환 $\mathbb{Z}$는 정역이다.
(2) 소수 p를 법으로 하는 잉여류 환 $\mathbb{Z}_p$는 정역이다.
(3) 다항식환 $\mathbb{Q}[x]$은 정역이다.

과제 2.18 (1) 어떤 환 R가 정역임을 보이기 위해서는 다음 사실을 확인하면 된다: R의 임의의 두 원소 x, y에 대하여, $xy=0$이고 $x\neq0$이면 $y=0$이다.

(2) 중학교 과정에서 $x^2-1=0$을 다음과 같이 푼다.

$$x^2-1=(x+1)(x-1)=0$$

따라서 $x=1,\ -1$이다.

이 풀이 과정은 실수 환 $\mathbb{R}$는 정역임을 전제한다.

(3) 환 $\mathbb{Z}_6=\{0,\ 1,\ 2,\ 3,\ 4,\ 5\}$ 위의 계수를 가지는 다항식 $x^2+3x+2\in\mathbb{Z}_6[x]$은 다음과 같이 나타낼 수 있다.

$$(x+2)(x+1)=x^2+3x+2=x^2-3x+2=(x-2)(x-1).$$

따라서 $x=1,\ 2,\ 4(=-2),\ 5(=-1)$는 모두 해이다.

(4) 체는 정역이다.

*(5) 유한 정역은 체이다(과제 3.6).

바. 나눗셈환

나눗셈환을 다음과 같이 정의할 수도 있다.

> 단위원을 가지는 환 R에서 $R^*=R-\{0\}$가 곱셈에 관하여 군이면 R를 나눗셈환이라고 한다.

가환 나눗셈환이 체임을 알 수 있다. 체가 아닌 나눗셈환의 대표적인 예는 다음과 같이 구성되는 '사원수환(ring of quaternions)'이다.

복소수 개념을 더욱 확장하여 해밀턴의 사원수(quaternion) 개념을 생각할 수 있다. 먼저, $\mathbb{H}$를 형식적인 합 $a_0+a_1i+a_2j+a_3k$ $(a_0,\ a_1,\ a_2,\ a_3\in\mathbb{R})$ 전체의 집합이라고 하자. 즉,

$$\mathbb{H}=\{a_0+a_1i+a_2j+a_3k \mid a_0,\ a_1,\ a_2,\ a_3\in\mathbb{R}\}$$

이다. 여기서, 세 수 $i,\ j,\ k$는 다음과 같은 조건을 만족시키는 것으로 한다.

$$ij=k,\ i^2=j^2=k^2=-1$$

다음을 알 수 있다.

$$ij=-ji=k,\ \ jk=-kj=i,\ \ ki=-ik=j$$

이제, $\mathbb{H}$의 임의의 두 원소 $a_0+a_1i+a_2j+a_3k$와 $b_0+b_1i+b_2j+b_3k$에 대하여 상등, 덧셈, 그리고 곱셈을 다음과 같이 정의한다.

(상등) $a_0+a_1i+a_2j+a_3k=b_0+b_1i+b_2j+b_3k$

$\Leftrightarrow a_0=b_0,\ a_1=b_1,\ a_2=b_2,\ a_3=b_3$

(덧셈) $(a_0+a_1i+a_2j+a_3k)+(b_0+b_1i+b_2j+b_3k)$

$=(a_0+b_0)+(a_1+b_1)i+(a_2+b_2)j+(a_3+b_3)k$

(곱셈) $(a_0+a_1i+a_2j+a_3k)(b_0+b_1i+b_2j+b_3k)$

$=(a_0b_0-a_1b_1-a_2b_2-a_3b_3)+(a_0b_1+a_1b_0+a_2b_3-a_3b_2)i$

$+(a_0b_2+a_2b_0+a_3b_1-a_1b_3)j+(a_0b_3+a_3b_0+a_1b_2-a_2b_1)k$

이때, 집합 $\mathbb{H}$는 나눗셈환이 됨을 보일 수 있다. 이 사원수환의 특징은 0이 아닌 모든 원소의 곱셈에 관한 역원이 있지만, 곱셈에 관하여 교환 법칙이 성립하지 않는다는 것이다.

과제 2.19 (1) '자료: 사원수환' 등을 참고하여 $\mathbb{H}$가 나눗셈환임을 설명하여라. 특히, $\mathbb{H}$의 0이 아닌 원소의 역원이 $\mathbb{H}$ 안에 있음을 설명하여라. 이때, 주어진 사원수($\neq 0$)의 곱셈에 관한 역원을 구하는 과정을 복소수에서의 분모의 실수화과정과 비교하여라.

(2) Herstein(1975)을 참고하여 유한 나눗셈환은 체임(Wedderburn의 정리)을 확인하여라. 이와 관련하여 다음을 확인하여라.

(가) 유한 정역은 체이다(과제 3.6).

(나) 유한 전순서 집합(totally-ordered set)은 정렬집합(well-ordered set)이다.

(다) 유한집합 X에 대하여 함수 $f: X \to X$가 단사(injective)이면 f는 전단사(bijective)이다.

(라) 유한집합 X에 대하여 함수 $f: X \to X$가 전사(surjective)이면 f는 전단사이다.

(마) 유한집합의 경우에는 선택공리(axiom of choice), 극대원리(maximality principle), 조른의 보조정리(Zorn's lemma), 그리고 정렬원리(well-ordering principle)는 모두 자명한(trivial) 주장이다.

(3) 복소수체에서는 n차 방정식은 n개의 근을 가진다. 그러나 사원수환에서는 상황이 다르다. 다음을 확인하여라: 사원수환에서 이차방정식 $x^2 = -1$은 적어도 여섯 개의 해 $x = \pm i, \pm j, \pm k$를 가진다.[5)]

*(4) 다음은 Fenn(2001)에 소개된 내용을 바탕으로 요약한 것이다. 이를 통하여 사원수의 발견과정을 대략 이해하여라.

> 2차원 벡터가 복소수로 표현됨으로 여러 가지 유용한 결과를 효과적으로 얻게 됨으로 3차원 벡터의 경우에도 그와 같은 시도가 자연스럽게 요구되었다. 예를 들어, 공간에서의 합동 변환을 효율적으로 표현하는 방법이 요구되었다. 이 문제에 관한 해답은 해밀턴에 의하여 주어졌다. 해밀턴은 그의 아들에게 보내는 한 편지에서 다음과 같이 썼다:
>
> Every morning in the early part of October 1843, on my coming down to breakfast, your brother William Edward and yourself used to ask me: Well, Papa, can you multiply triples?' Whereto I was always obliged to reply, with a sad

5) 사실, $x^2 = -1$은 무수히 많은 해를 가진다.

shake of the head, 'No, I can only add and subtract them.'

사실, 해밀턴은 다음과 같은 수를 생각했다: $a+bi+cj$, 여기서 $i^2=j^2=-1$이다. 그러나 ij의 값을 정할 수 없었다. 결정적인 진전은 $ij=k$, $k^2=-1$인 k를 도입한 것이었다. 이제 사원수들의 곱, 그리고 주어진 사원수의 곱셈에 관한 역원이 계산되는 등 만족스러운 결과를 얻게 되었다. 그러나 하나 특이한 사실은 사원수의 곱셈은 가환적이지 않다는 것이었다. 이러한 대수의 발견은 충격적이었다. 해밀턴의 사원수 발견 이후 케일리(Cayley)에 의한 행렬의 발견도 주목할 가치가 있다. 행렬의 곱셈은 사원수의 곱셈과 같이 가환적이지 않을 뿐만 아니라 영인자도 가진다. Klein(1924)은 회전(rotation)을 사원수의 곱으로 설명하는 등 사원수의 기하학적 의의를 소개한다.

사. 체

체는 대수적으로 중요한 구조이다. 특히 곱셈의 가환성과 영원 이외 원소가 곱셈에 관한 역원을 가짐으로 여러 측면에서 편리하다.

과제 2.20 (1) 다음을 확인하여라.

(가) 초/중등학교에서 다루는 수의 집합 $\mathbb{Q}$, $\mathbb{R}$, $\mathbb{C}$은 모두 수의 덧셈과 곱셈에 관하여 체이다.

(나) 다음 세 명제는 모두 동치임을 설명하여라.[6)]

- n이 소수이다.

---

6) 이 사실은 뒤에서 체 위에서의 다항식 환의 경우로 확장되며 유한체를 구성할 때 중요하게 이용된다.

- $\mathbb{Z}_n$이 정역이다.
- $\mathbb{Z}_n$이 체이다.

(다) $\mathbb{Q}(\sqrt{2})=\{a+b\sqrt{2} \mid a, b\in\mathbb{Q}\}$는 체이다(과제 2.15).

(2) 정역의 분수체(field of fractions)에 대하여 알아보고, 이를 통하여 정수로부터 유리수를 도입하는 방법을 설명하여라.

벡터공간의 예

선형대수학 강좌에서 주로 살펴 본 벡터공간의 예는 유클리드 공간 $\mathbb{R}^n$과 행렬 공간 $\text{Mat}_{m\times n}(\mathbb{R})$이다.

과제 2.21 *가. 위의 두 벡터공간은 모두 실(real) 벡터공간이다. 복소 벡터공간에서의 내적의 정의와 실 벡터공간에서의 내적의 정의는 어떻게 다른지 알아보아라.

*나. 이 강좌에서는 실 벡터공간만을 다루지만 복소 벡터공간은 물리학에서 중요한 역할을 한다. Shankar(1995) 9장 등을 참고하여 이에 관하여 조사하여라.

다. 유한 벡터공간의 예로서는 유한체 F_2 위에서의 벡터공간 F_2^n을 생각할 수 있다. '자료: 대수학과 정보통신', 박승안(1999), 조영수 등(2005), 또는 Hill(1986)을 참고하여 이 유한 벡터공간에 대하여 알아보고, 그 벡터공간이 부호이론(coding theory)에 어떻게 활용되는지 알아보아라.

군의 기본 성질

집합에 정의된 연산에 관하여 항등원이 있으면 유일하다는 것과 어떤 원소의 역원이 있으면 그 역원도 유일하다는 것을 앞에서 살펴보았다.

≪정리 2.22≫ 군 G에 대하여 다음이 성립한다.

가. 임의의 $a \in G$에 대하여, $(a^{-1})^{-1}=a$이다.

나. 임의의 $a, b \in G$에 대하여, $(ab)^{-1}=b^{-1}a^{-1}$이다.

증명 가. $a^{-1}a=aa^{-1}=e$이므로 역원의 정의에 의하여 a^{-1}의 역원은 a이다. 즉, $(a^{-1})^{-1}=a$이다.

나. 우선 $(ab)(b^{-1}a^{-1})=a(bb^{-1})a^{-1}=aa^{-1}=e$임을 알 수 있다. 같은 방법으로 $(b^{-1}a^{-1})(ab)=e$이다. 따라서 ab의 역원은 $b^{-1}a^{-1}$이다. 즉, $(ab)^{-1}=b^{-1}a^{-1}$이다. ■

과제 2.23 가. 위 증명에서 역원의 유일성이 어떠한 역할을 하는지 설명하여라.

나. 군 G에 대하여 다음 소거법칙이 성립함을 증명하여라.

임의의 $a, b, c \in G$에 대하여 다음이 성립한다.

$$ab=ac \Rightarrow b=c$$

$$ba=ca \Rightarrow b=c$$

다. 군 G와 임의의 $a, b \in G$에 대하여 방정식 $ax=b$와 $ya=b$는 각각 $x=a^{-1}b$, $y=ba^{-1}$인 유일한 해를 가짐을 증명하여라.

라. 군의 연산표를 만들면 어떠한 행이나 열에는 같은 원소가 있지 않다. 위 '나'에서 증명한 소거법칙을 이용하여 이를 설명하여라.

≪정리 2.24≫ 군 G에 대하여 다음이 성립한다.

가. G가 가환군이기 위한 필요충분조건은 임의의 $a, b \in G$에 대하여 $(ab)^{-1} = a^{-1}b^{-1}$인 것이다.

나. 임의의 $x \in G$에 대하여 $x^2 = e$이면 G는 가환군이다.

증명 가. G가 가환군이면 $(ab)^{-1} = b^{-1}a^{-1} = a^{-1}b^{-1}$이다. 이제, 임의의 $a, b \in G$에 대하여 $(ab)^{-1} = a^{-1}b^{-1}$라고 가정하면 a^{-1}, $b^{-1} \in G$에 대해서도 성립하므로 $(a^{-1}b^{-1})^{-1} = (a^{-1})^{-1}(b^{-1})^{-1}$가 성립한다. 따라서 임의의 $a, b \in G$에 대하여 다음이 성립한다.

$$\begin{aligned} ba &= (b^{-1})^{-1}(a^{-1})^{-1} = (a^{-1}b^{-1})^{-1} \\ &= (a^{-1})^{-1}(b^{-1})^{-1} = ab \end{aligned}$$

따라서 G는 가환군이다.

나. $xx = e$이므로 $x^{-1}(xx) = x^{-1}$. 즉, $x = x^{-1}$. 따라서 임의의 $x \in G$에 대해서 $x = x^{-1}$이다. 이제 임의의 $a, b \in G$에 대하여 $ab = (ab)^{-1} = b^{-1}a^{-1} = ba$. 따라서 G는 가환군이다. ■

과제 2.25 가. 사원군 V_4를 통하여 위 정리 '나'를 확인하여라.

나. 가환군 $\mathbb{Z}_3$의 예를 통하여 위 정리 '나'의 역은 성립하지 않음을 설명하여라.

환의 기본 성질

실수에서 0에 어떤 수를 곱해도 0이고, 음수와 음수를 곱하면 양수이며, 양수에 음수를 곱하면 음수이다. 이러한 성질은 일반적인 환의 경우에 다음과 같이 일반화된다.

> **≪정리 2.26≫** $(R, +, \cdot)$을 환이라 할 때, 임의의 $x, y \in R$에 대하여 다음이 성립한다.
>
> 가. $x \cdot 0 = 0 \cdot x = 0$
>
> 나. $x \cdot (-y) = (-x) \cdot y = -(x \cdot y)$
>
> 다. $(-x) \cdot (-y) = x \cdot y$

증명 가. $0+0=0$이므로 분배법칙에 의하여

$$x \cdot 0 = x \cdot (0+0) = x \cdot 0 + x \cdot 0$$

한편, $(R, +)$는 군이므로 임의의 $a \in R$에 대하여 $a+a=a$이면 $a=0$이므로 $x \cdot 0 = 0$이다. 같은 방법으로 $0 \cdot x = 0$이다.

나. 분배법칙과 위의 '가'에 의하여

$$x \cdot y + x \cdot (-y) = x \cdot (y + (-y)) = x \cdot 0 = 0$$

따라서 $x \cdot (-y)$의 덧셈에 관한 역원은 $x \cdot y$이다. 즉, $x \cdot (-y) = -(x \cdot y)$. 같은 방법으로 $(-x) \cdot y = -(x \cdot y)$이다.

다. 위의 '나'에 의하여

$$(-x) \cdot (-y) = -((-x) \cdot y) = -(-(x \cdot y))$$

한편, $(R, +)$는 군이므로 임의의 $a \in R$에 대하여 $-(-a) = a$이므로 $-(-(x \cdot y)) = x \cdot y$이다. 따라서 $(-x) \cdot (-y) = x \cdot$

y이다. ■

과제 2.27 가. 환의 덧셈에 관한 항등원 0은 곱셈에 관한 역원을 가질 수 없음을 설명하여라.

나. 환에서 영인자는 곱셈에 관한 역원을 가질 수 없음을 설명하여라.

다. 위 '가'의 성질에 근거하여 나눗셈환이나 체의 정의에서 '0이 아닌 모든 원소의 곱셈에 관한 역원이 있을 때'의 당위성을 설명하여라.

실생활과 학교 수학에서의 대수적구조

사다리타기 게임의 방법과 원리를 대칭군 S_n으로 설명할 수 있다. 예를 들어 다섯 명이 하는 사다리타기 게임은 S_5로 설명된다.

과제 2.28 다섯 명이 하는 사다리타기 게임에 관하여 다음 물음에 답하여라.

가. 이 게임은 대칭군 S_5의 다음과 같은 네 개의 호환의 곱으로 나타낼 수 있음을 보여라: (1 2), (2 3), (3 4), (4 5).

나. 술래가 두 명일 수 없음을 설명하여라. 사실, 각 호환은 일대일대응이고 두 일대일대응의 합성은 일대일대응이므로 사다리타기 게임은 일대일대응이다.

다. 각 호환의 역원은 자기 자신이므로 게임을 나타내는 호환의 곱의 순서를 역순으로 하면 이 게임의 역함수가 된다. 이 사실을 이용하여 사다리를 거꾸로 타지 않고 술래가 누구인지 알 수 있는 방법을 설명하여라.

한편, 대수적 성질과 구조는 학교 수학에서 자주 활용된다.

과제 2.29 가. 중학교과정에서의 일차 방정식 $ax+b=0$, $a\neq 0$의 풀이과정 모두를 체의 정의와 관련지어 설명하여라.

나. 연산이 정의된 집합에서 그 연산에 관한 항등원이나 역원이 있지 않는다면 수학적으로 어떠한 불편함이 따르는가? 일차 방정식 $x+3+x=2+3$의 풀이과정을 통하여 다양한 대수적 성질(항등원, 역원, 교환법칙, 결합법칙 등)을 조사하여라.

다. '자료: 수열의 수렴 지도 방안' 등을 참고하여 다음 물음에 답하여라.

(1) 무한급수 $\frac{1}{1\cdot 2}+\frac{1}{2\cdot 3}+\cdots+\frac{1}{n\cdot(n+1)}+\cdots$의 합을 구한 다음 풀이를 결합법칙 관점에서 비판하여라.

$$\frac{1}{1\cdot 2}+\frac{1}{2\cdot 3}+\cdots+\frac{1}{n\cdot(n+1)}+\cdots$$
$$=(1-\frac{1}{2})+(\frac{1}{2}-\frac{1}{3})+\cdots+(\frac{1}{n}-\frac{1}{n+1})+\cdots$$
$$=1+(-\frac{1}{2}+\frac{1}{2})+\cdots+(-\frac{1}{n}+\frac{1}{n})+\cdots$$
$$=1.$$

(2) 다음 무한급수의 계산을 결합법칙 관점에서 비판하여라.

$$
\begin{aligned}
&1-2+4-8+16-32+\cdots \\
&=1+(-2+4)+(-8+16)+\cdots \\
&=\infty
\end{aligned}
$$

(3) 무한급수 $1-1+1-1+\cdots+1-1+\cdots$의 값을 구하는 다음 풀이를 교환법칙과 결합법칙 관점에서 비판하여라.

$$
\begin{aligned}
&1-1+1-1+\cdots+1-1+\cdots \\
&=(1+1+\cdots+1+\cdots)-(1+1+\cdots+1+\cdots) \\
&=\infty-\infty.
\end{aligned}
$$

따라서 답을 구할 수 없다.

라. 다음 덧셈 알고리즘을 기존의 알고리즘과 아래의 관점에서 비교하여라.

$$
\begin{array}{r}
678 \\
+564 \\
\hline
1100 \\
130 \\
12 \\
\hline
1242
\end{array}
$$

(1) 자리 값의 이해

(2) 결합법칙

(3) 교환법칙

(4) 분배법칙

뒷 이야기

1. 클라인은 '기하는 변환군에 불변인 구조를 갖는 대상을 연구하는 것'이라고 주장하였다(Erlangen Program,[7] 1872). '자료: 클라인과 Erlangen Program'을 참고하여 이에 관하여 간략히 알아보아라.

2. 중학교에서 '(음수) × (음수) = (양수)'라는 사실을 설명하기가 쉽지 않다.

   가. 중학교 교실에서는 적용할 수 없지만 정리 2.26을 활용하여 위 사실을 설명하여라.

   나. 정리 2.26의 증명에서 분배법칙이 중요한 역할을 한다. 이와 관련하여 다음 주장에 대하여 논의하여라.

   > '… there is, in fact, only one way to extend the definition of multiplication to all whole numbers, negative as well as positive, if we wish(we do!) 1 times any number *N* to equal *N*, and if we wish(we do!) the distributive law to hold. We then adopt this unique (extended) definition of multiplication. Given this (extended) definition, we have seen that minus times minus is plus(Mazur, 2003, 103쪽).

   다. '부정의 부정은 긍정' 또는 '계단 스위치의 원리' 등을 이용하여 '(음수) × (음수) = (양수)'라는 것을 직관적으로

---

7) Erlanger Program이라고도 한다.

가르칠 수 방안을 모색하여 보아라.

3. 다음 그림(Klein, 1924)을 이용하여 세 자연수 a, b, c $(a>b, c>a)$에 대하여 다음 관계를 설명하여라:

$$c-(a-b)=c-a+b.$$

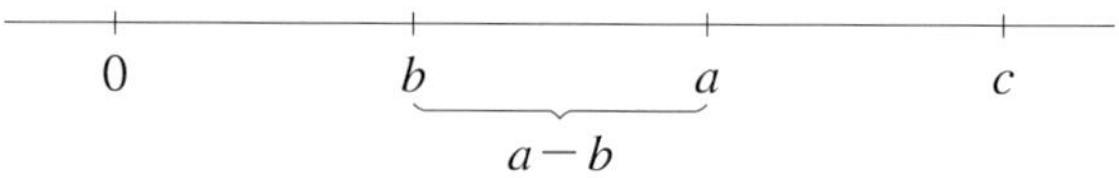

4. 집합을 표현하는 방법으로 원소나열법과 조건제시법이 있듯이 군도 여러 가지 방법으로 표현할(나타낼) 수 있다. 앞(과제 2.11)에서 언급하였듯이 정이면체군

$$D_4=\{\sigma, \sigma^2, \sigma^3, \sigma^4=1, \tau, \sigma\tau, \sigma^2\tau, \sigma^3\tau\},$$
$$\sigma=(1234), \quad \tau=(13)$$

을 다음과 같이 표현할 수 있다.

$$D_4=<\tau, \sigma \mid \tau^2=1=\sigma^4, \tau\sigma\tau=\sigma^3>$$

다음을 확인하여라.

가. 대칭군 $S_3(\equiv D_3)$는 다음과 같이 표현할 수 있다.

$$S_3=<\tau, \sigma \mid \tau^2=1=\sigma^3, \tau\sigma\tau=\sigma^2>$$

나. 클라인의 사원군 V_4는 다음과 같이 표현할 수 있다.

$$V_4 = < a,\ b \mid a^2 = 1 = b^2,\ ab = ba >$$

다. 군 $\mathbb{Z}_n$는 다음과 같이 표현할 수 있다.

$$\mathbb{Z}_n = < a \mid a^n = 1 >$$

⋆라. 사원수군은 다음과 같이 표현할 수 있다.

$$Q_8 = < i,\ j \mid i^4 = 1,\ j^2 = i^2,\ j^{-1} ij = i^{-1} >$$

⋆마. 정이면체군 D_n을 일반화하여 D_∞를 다음과 같이 정의할 수 있다.

$$D_\infty = < \tau,\ \sigma \mid \tau^2 = 1,\ \tau\sigma\tau = \sigma^{-1} >$$

여기서 모든 $n \in \mathbb{N}$에 대하여 $\sigma^n \neq 1$임을 내포한다. 군 D_∞의 농도는 얼마인가?

⋆바. 대칭군 S_n을 일반화하여 S_∞를 정의할 수 있다. 군 S_∞의 농도는 얼마인가?

5. (임용고사 기출 문제) 군 G의 항등원이 아닌 두 원소 a, b가 다음 두 조건을 만족시킬 때, b의 위수를 구하여라: $a^3 = 1$, $aba^{-1} = b^2$. 사실, 다음 사실에 주목하면 쉽게 풀 수 있다: $b^8 = ab^4a^{-1} = aab^2a^{-1}a^{-1} = aaaba^{-1}a^{-1}a^{-1} = b$.

6. 사원수환을 행렬을 이용하여 이해할 수 있다. 다음을 확인하여라.

가. $1=\begin{bmatrix}1 & 0\\ 0 & 1\end{bmatrix}$, $I=\begin{bmatrix}i & 0\\ 0 & -i\end{bmatrix}$, $J=\begin{bmatrix}0 & 1\\ -1 & 0\end{bmatrix}$, $K=\begin{bmatrix}0 & i\\ i & 0\end{bmatrix}$라고 하면 $a1+bI+cJ+dK=\begin{bmatrix}a+bi & c+di\\ -c+di & a-bi\end{bmatrix}$이다. 여기서 $i=\sqrt{-1}$ 이다.

나. 다음이 성립한다.

$$I^2=J^2=K^2=-1$$
$$IJ=-JI=K$$
$$JK=-KJ=I$$
$$KI=-IK=J$$

7. 위에서 $a1+bI+cJ+dK=\begin{bmatrix}a+bi & c+di\\ -c+di & a-bi\end{bmatrix}$가 정칙행렬일 때 그의 역행렬을 구하여라. 또 이를 이용하여 0이 아닌 사원수의 곱셈에 관한 역원을 구하여라.

8. 격자도(lattice diagram)의 유용성을 논의하여라.

가. 수학에서 직관은 중요하다. 어떤 명제에 대한 직관적 관찰은 엄밀한 증명의 전 단계로서 의미가 있다. 예를 들어, 집합론에서 어떤 명제의 참, 거짓의 엄밀한 증명 이전에 벤다이어그램(Venn diagram)을 이용하여 직관적으로 판단해 보는 것은 유익하다. 물론 벤다이어그램은 집합 사이의 관계를 나타내는 데에도 유용하다.

나. 반순서(partial order) 관계를 쉽게 알 수 있게 나타내는 그림이 격자도이다. 사실, 격자도는 반순서 관계를 위, 아래를 잇는 선분으로 나타낸다. 예를 들어 포함관계 $A \subset B$인 경우, A를 B 아래에 쓰고, 이 둘을 선분으로 잇는다. $A \subset B$, $C \subset B$이지만 A와 C 사이에는 아무런 포함관계가 없을 때에는 같은 방식으로 나타낸다.

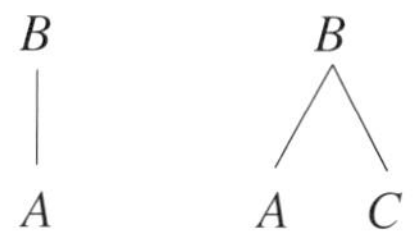

⋆9. '자료: 화투놀이'에 소개된 수행평가 보고서에 관하여 논의하여라.

⋆10. '자료: 수열의 수렴 지도 방안'에 관하여 논의하여라.

⋆11. '자료: 여러 가지 접근'을 참고하여 '분모의 유리화'는 물론 경우에 따라서는 '분자의 유리화'도 유용하게 활용될 수 있다는 것을 확인하여라.

⋆12. 다음에 관하여 조사하여라.

가. 반군(semigroup)의 정의

나. 반군$(G, \cdot)$가 군이 되기 위한 필요충분조건은 우측항등원(right identity)이 있고 모든 원소가 우측역원(right inverse)

을 가지는 것이다.

다. 모노이드(monoid)의 정의

라. 다음 자료를 참고하여 여러 가지 수 집합에서 반군, 모노이드, 군, 환, 체 등 대수적구조를 조사하여라.

> 초등학교과정에서는 범자연수 다음에 분수를 도입한다. 부분과 전체의 틀에서 자연스럽게 도입할 수 있다. 음의 정수는 중학교과정에서 도입하게 된다. 그러나 수학적으로는 대수적구조(algebraic structure)를 고려하여 자연수에서 정수로, 정수에서 유리수로 확장하는 것이 일반적인 방법이다. 덧셈에 관하여 반군인 자연수 집합 $\mathbb{N}$에, 덧셈에 관한 항등원 0을 첨가하여 모노이드인 범자연수 집합 W를 얻는다. 이제, 모든 원소가 덧셈에 관한 역원을 가지기 위해서는, 즉 군의 구조를 가지기 위해서는 정수의 집합 $\mathbb{Z}$로 확장되어야 한다. 이 과정에서 음수가 도입되는 것이다. 한편, $\mathbb{Z}$에는 곱셈도 잘 정의되어 곱셈에 관한 단위원을 가지는 가환환이 된다. 더 나아가, $\mathbb{Z}$는 정역이다. 대수적구조 측면에서 볼 때, $\mathbb{Z}$에서 아쉬운 점은 '0이 아닌 모든 원소가 곱셈에 관한 역원을가진다.'라고 할 수 없는 것이다. 즉, $\mathbb{Z}$는 체의 구조를 가지지 아니한다. 그러나 정역 $\mathbb{Z}$에 분수(quotients)를 도입하여 유리수체 $\mathbb{Q}$를 얻는다.

*13. Booth(1971), Hungerford(1990), 또는 '자료: 논리 연산' 등을 참고하여 부울대수와 논리 연산에 관하여 조사하여라.

14. 다음 설명에서 정확하지 않거나 틀린 부분을 지적하여라.

가. 일반적으로 행렬의 곱셈은 교환법칙이 성립하지 않는다. 따라서 임의의 두 행렬 $A, B \in Mat_2(\mathbb{R})$에 대하여 $AB=0$라고 하여도 $BA=0$라고 할 수 없다.

나. 임의의 행렬 $A \in Mat_2(\mathbb{R})$와 단위행렬 $E \in Mat_2\mathbb{R}$에 대하여 $(A+E)(A-E)=A^2+EA-AE-E^2$이다. 여기서 E는 단위행렬이므로 $E^2=E$인데 단위행렬은 모든 행렬과 교환법칙이 성립하므로 $EA=AE$이다. 따라서 $(A+E)(A-E)=A^2-E$이다.

15. 과제 2.29 다에서 무한급수처럼 무한성이 개입된 상황에서는 결합법칙이나 교환법칙 등의 연산법칙을 적용할 수 없는 경우가 있음을 살펴보았다. 다음 증명에서는 무한급수에 결합법칙을 적용한 사례가 아님을 설명하여라.

$$1+\frac{1}{2}+\frac{1}{3}+\frac{1}{4}+\cdots+\frac{1}{8}+\cdots$$
$$=1+\left(\frac{1}{2}+\frac{1}{3}\right)+\left(\frac{1}{4}+\cdots+\frac{1}{8}\right)+\cdots$$
$$>1+\frac{1}{2}+\frac{1}{2}+\cdots=\infty$$

따라서 무한급수 $1+\frac{1}{2}+\frac{1}{3}+\frac{1}{4}+\cdots+\frac{1}{8}+\cdots$는 발산하다.

16. 군, 환, 또는 벡터공간의 예를 들고자 할 때, 유한의 경우가 무한의 경우보다 더 번거로울 수 있다. 이와 관련하여 다음 문제에 관하여 논의하여라.

가. 주기함수 $f(x)=x,\ -\pi \le x \le \pi$의 푸리에 급수를 이용하면 $1-\frac{1}{3}+\frac{1}{5}-\frac{1}{7}+\cdots=\frac{\pi}{4}$임을 알 수 있다.

$1-\frac{1}{3}+\frac{1}{5}-\frac{1}{7}+\cdots+\frac{1}{10001}$의 값은 얼마인가?

나. $f(x)=x^2,\ -\pi \le x \le \pi$의 푸리에 급수를 이용하면 $1+\frac{1}{4}+\frac{1}{9}+\frac{1}{16}+\cdots=\frac{\pi^2}{6}$이고 $1-\frac{1}{4}+\frac{1}{9}-\frac{1}{16}+\cdots=\frac{\pi^2}{12}$임을 알 수 있다. $1+\frac{1}{4}+\frac{1}{9}+\frac{1}{16}+\cdots+\frac{1}{10000}$와 $1-\frac{1}{4}+\frac{1}{9}-\frac{1}{16}+\cdots-\frac{1}{10000}$ 값은 각각 얼마인가?

III

부분구조: 부분군, 부분환, 부분공간

지난 줄거리

1. 과제 내용 중 해결하지 못한 문제는 무엇인가?

2. 다음 용어를 모두 사용하여 작문하여라.
   가. 군, 유한군, 무한군, 가환군, 비가환군
   나. 환, 단위원을 가지는 환, 정역, 나눗셈환, 체

3. 유한 비가환군과 무한 비가환환의 예를 각각 들어라.

4. 군에서 항등원과 임의의 원소의 역원은 유일함을 설명하여라.

5. 곱셈에 관한 항등원 즉, 단위원을 가지지 않는 환의 예를 하나 제시하여라.

6. 두 음의 실수의 곱은 양의 실수임을 설명하여라.

7. 실수에 관한 다음 주장을 설명하여라.
   가. 0은 곱셈에 관한 역원을 가지지 않는다.
   나. 어떠한 실수도 0으로 나눌 수 없다.
   다. 분수의 분모는 0일 수 없다.

이번 줄거리

1. 집합과 부분집합, 벡터공간과 부분공간, 위상공간과 부분위상공간 등과 연계하여 대수적 부분구조의 중요성을 인식한다.

2. 대수적 부분구조를 효과적으로 판별할 수 있다.

3. 이미 주어진 부분구조로부터 새로운 부분구조를 얻을 수 있는 방법을 안다.

4. 부분구조에 의한 동치관계를 알고 이 동치관계에 의한 분할과 동치류의 형태를 안다.

5. 라그랑쥬 정리를 이해한다.

6. 부분구조와 학교수학의 관련성을 안다.

7. 각각의 대수적구조(군, 환, 벡터공간) 사이에 있는 여러 가지 유사한 성질을 종합적으로 이해한다.

여는 이야기

수학적 연구 대상을 이해하고자 할 때 그 대상의 부분은 중요한 정보를 제공할 수 있다. 대수적구조에서도 전체 구조와 부분구조와의 관계를 살피는 것은 중요하다.

한편, 집합론에서 두 개 또는 그 이상의 집합을 합집합, 교집합, 또는 데카르트곱을 통하여 새로운 집합을 구성할 수 있다. 대수적구조에 있어서도 두 개 또는 그 이상의 (부분)구조로부터 새로운 (부분)구조를 구성하는 방법을 생각할 수 있다.

이 장에서 논의하는 구체적인 문제는 다음과 같다.

- 군, 환, 벡터 공간의 부분구조의 정의는 각각 무엇이며 부분구조임을 판정할 수 있는 효과적인 방법은 무엇인가?
- 정수론에서 논의한 $m\mathbb{Z} \cap n\mathbb{Z}$이나 $m\mathbb{Z}+n\mathbb{Z}$의 구성 절차를 군이나 환 등의 일반적인 대수적구조의 경우에는 어떻게 일반화 할 수 있는가? 또 이러한 과정에서 발생할 수 있는 문제는 무엇인가?

이 장에서도 위의 문제와 관련하여 세 가지의 대수적구조(군, 환, 벡터공간)를 동시에 살핀다. 그러나 군에 관한 논의는 환이나 벡터공간의 경우에도 쉽게 적용됨을 알 수 있다.

부분군

> **≪정의 3.1≫** 군 $(G, \cdot)$의 $\varnothing$이 아닌 부분집합 H가 G에서와 동일한 연산 $\cdot$에 관하여 군이 될 때 H를 G의 부분군(subgroup)이라고 하고 보통 $H \leq G$와 같이 나타낸다.

과제 3.2 가. 다음을 확인하여라.

(1) 군 $(\mathbb{Z}, +)$, $(\mathbb{Q}, +)$, $(\mathbb{R}, +)$는 군 $(\mathbb{C}, +)$의 부분군이다.

(2) K가 H의 부분군이고 H가 G의 부분군이면 K는 G의 부분군이다.

(3) 수의 집합에서 $\cdot$가 곱셈을 나타낼 때, 군 $(\mathbb{Q}-\{0\}, \cdot)$은 $(\mathbb{R}-\{0\}, \cdot)$의 부분군이며, 군 $(\{1, -1\}, \cdot)$은 군 $(\mathbb{Q}-\{0\}, \cdot)$의 부분군이다. 한편, $\mathbb{R}-\{0\}$는 $\mathbb{R}$의 부분집합이지만 군 $(\mathbb{R}-\{0\}, \cdot)$에서는 연산이 다르기 때문에 군 $(\mathbb{R}, +)$의 부분군이 아니다.

(4) 군 $(G, \cdot)$의 항등원을 e라 할 때 $(\{e\}, \cdot)$는 부분군이다. 또 G 자신도 G의 부분군이다. 이때, 부분군 $(\{e\}, \cdot)$과 $(G, \cdot)$을 군 $(G, \cdot)$의 자명한 부분군(trivial subgroup)이라고 한다.

(5) $2\mathbb{Z}$는 군 $\mathbb{Z}$의 부분군이다.

(6) $\mathbb{Z}_2$는 $\mathbb{Z}$의 부분군이 아니다. $\mathbb{Z}_2$는 $\mathbb{Z}$의 부분집합도 아니거니와 $\mathbb{Z}_2$에서의 연산은 $\mathbb{Z}$에서의 연산과 다르다. 마찬가지로 $\mathbb{Z}_5$는 $\mathbb{Z}_6$의 부분군이 아니다. $\mathbb{Z}_5$는 $\mathbb{Z}_6$의

부분집합도 아니거니와 $\mathbb{Z}_5$에서의 연산은 $\mathbb{Z}_6$에서의 연산과 다르다.

나. 다음을 설명하여라: H가 군 $(G, \cdot)$의 부분군이면 H에서의 항등원은 G에서의 항등원과 같다. 마찬가지로 H의 임의의 원소의 H에서의 역원은 G에서의 역원과 같다.

앞으로 연산에 대한 혼란의 염려가 없을 때에는 '군 $(G, \cdot)$' 대신에 그냥 '군 G'라고 나타낸다.

부분군의 판별

주어진 군 G의, 공집합이 아닌 부분집합 H가 G의 부분군인가 아닌가를 알아보는 것은 중요하다. 그런데 정의에 따라 H가 G의 부분군임을 보이기 위해서는 H에 연산이 잘 정의된다는 것과 군의 정의가 요구하는 모든 조건을 만족시킨다는 것을 보여야 한다. 이런 까닭에 부분군의 판별에 관한 다음 정리는 편리하다.

≪정리 3.3≫ $H(\neq \varnothing)$가 군 G의 부분집합일 때 다음은 서로 동치이다.

(1) H는 G의 부분군이다.

(2) ① $a, b \in H \Rightarrow ab \in H$

② $a \in H \Rightarrow a^{-1} \in H$

(3) $a, b \in H \Rightarrow ab^{-1} \in H$

[증명 밑 그림]

이 증명에서는 (3) ⇒ (1)을 보이는 것이 핵심이다. 먼저 H가 공집합이 아님을 이용하여 H 안에 항등원이 있음을 밝히고, 이어서 H의 모든 원소의 역원이 H 안에 있음을 증명한다. 마지막으로 H 위에 연산이 잘 정의됨을 보인다.

증명 (1) ⇒ (2)

H가 G의 부분군이면 군의 정의에 의하여 (2)가 성립된다.

(2) ⇒ (3)

$a,\ b \in H$라고 하자. 그러면 조건 ②에 의하여 $b^{-1} \in H$이고 조건 ①에 의하여 $ab^{-1} \in H$이다.

(3) ⇒ (1)

먼저 $H \neq \varnothing$이므로 적어도 한 원소 $a \in H$가 있다. (3)에 의하여 $e = aa^{-1} \in H$이고 임의의 $b \in H$에 대하여 $b^{-1} = eb^{-1} \in H$이다. 이제 임의의 $a,\ b \in H$에 대하여 $ab = a(b^{-1})^{-1} \in H$이다. 한편 G에서 결합법칙이 성립하고 H는 G의 부분집합이므로 H에서도 결합법칙이 성립한다. 따라서 H는 G의 부분군이다. ■

군과 같은 대수적구조의 성질은 두 종류가 있다. 즉, 연산의 정의, 항등원, 역원과 같이 존재성에 관한 성질이 있고, 결합법칙, 교환법칙, 분배법칙과 같이 존재성과는 무관한 성질이 있다. 사실, 부분군인가 아닌가를 판별할 때에는 존재성에 관한 성질만 살피면 된다. 위의 증명 (3) ⇒ (1)에서 'G에서 결합법칙이 성립하고 H는 G의 부분집합이므로 H에서도 결합법칙이 성립한다'라는 주장은 자명하다.

과제 3.4 가. 다음을 확인하여라.

(1) 군 $(\mathbb{Z},+)$에서 짝수 전체의 집합은 부분군이지만 홀수 전체의 집합은 부분군이 아니다.

(2) 군 $(\mathbb{R}, +)$에서 유리수 전체의 집합은 부분군이지만 무리수 전체의 집합은 부분군이 아니다.

(3) 특수선형군 $\mathrm{SL}_n(\mathbb{R})=\{\mathrm{A}\in \mathrm{GL}_n(\mathbb{R}) \mid |\mathrm{A}|=1\}$는 일반선형군 $\mathrm{GL}_n(\mathbb{R})$의 부분군이다.

(4) $\{H_\alpha\}$를 군 G의 부분군들로 이루어진 집합족이라 하면, $H=\cap H_\alpha$는 G의 부분군이다.

(5) 위 정리에서 $(G, +)$가 가환군인 경우에는 $H(\neq \varnothing)$가 G의 부분군이기 위한 필요충분조건 '$a, b\in H \Rightarrow ab^{-1} \in H$'은 다음과 같이 된다.

$$a, b\in H \Rightarrow a-b\in H$$

나. $\{H_\alpha\}$를 군 G의 부분군들로 이루어진 집합족이라 하면, $H=\cup H_\alpha$는 일반적으로 G의 부분군이 아니다. 다음 조건을 만족시키는 S_3의 두 부분군 H_1과 H_2를 제시하여라: $H_1\cup H_2$는 S_3의 부분군이 아니다.

≪정리 3.5≫ $H(\neq \varnothing)$가 군 G의 유한부분집합이면 다음은 동치이다.

(1) H는 G의 부분군이다.

(2) $a, b\in H \Rightarrow ab\in H$

증명 (1) ⇒ (2)

H가 부분군이므로 (2)는 분명히 성립한다.

(2) ⇒ (1)

먼저 $H=\{a_1, a_2, \cdots, a_n\}$라고 하자. 임의의 $a \in H$에 대하여 $aH=\{aa_1, aa_2, \cdots, aa_n\}$을 생각하면 (2)에 의해 $aH \subseteq H$이다. 만일 $aa_i=aa_j$이면 $a_i=a_j$이므로 aH의 원소는 모두 다르다. 따라서 $aH=H$이고 특히 $a \in aH$이다. 이것은 $a=aa_i$인 $a_i \in H \subseteq G$가 있다는 뜻이다. 따라서 $e=a_i \in H$이다. 이제 $e \in aH$이므로 $e=aa_j$인 $a_j \in H \subseteq G$가 있다. 따라서 $a^{-1}=a_j \in H$이다. 결국 H는 G의 부분군이다. ■

과제 3.6 가. 위 증명에서 $a=aa_i$이므로 $e=a_i$라고 하였다. 왜 $a=a_ia$임은 보일 필요가 없는지 설명하여라.

나. 위 증명에서 $e=aa_j$이므로 $a^{-1}=a_j$라고 하였다. 왜 $e=a_ja$임은 보일 필요가 없는지 설명하여라.

다. 위 증명에서 항등원 e가 H 안에 있음을 다음과 같이 증명하면 어떨까?

> 집합 H는 공집합이 아니므로 H에는 적어도 하나의 원소가 존재한다. 그 원소를 a라고 하자. 이제 항등원 e가 H 안에 없다고 가정해 보자. 먼저 $a \neq e$이다. 그런데 $a^k \in H(k \in \mathbb{N})$이므로 $a^k \neq e(k \in \mathbb{N})$이다. 따라서 다른 두 자연수 $i, j \in \mathbb{N}$에 대하여 $a^i \neq a^j$이다. 이는 H가 유한부분집합이라는 조건에 모순이다. 따라서 항등원 e가 H 안에 있다.

라. 유한 정역은 체임을 증명하여라.

부분환

군에서 부분군의 개념을 환에 대해서도 생각할 수 있다.

≪**정의 3.7**≫ $(R, +, \cdot)$을 환이라 하고 $S(\neq \varnothing)$를 R의 부분집합이라 할 때 $(S, +, \cdot)$도 환이 되면 S를 R의 부분환(subring)이라고 하고 보통 $S \leq R$와 같이 나타낸다.

'환 $(R, +, \cdot)$'를 연산에 관한 혼란의 우려가 없을 때에는 '환 R'라고 나타낸다.

과제 3.8 다음을 확인하여라.

가. $(\mathbb{Z}, +, \cdot)$, $(\mathbb{Q}, +, \cdot)$, $(\mathbb{R}, +, \cdot)$ 및 $(\mathbb{C}, +, \cdot)$는 모두 환이다. 이 경우 $\mathbb{Z}$는 $\mathbb{Q}$의, $\mathbb{Q}$는 $\mathbb{R}$의, $\mathbb{R}$는 $\mathbb{C}$의 부분환이다.

나. $2\mathbb{Z}=\{2x \mid x \in \mathbb{Z}\}$일 때 환 $(2\mathbb{Z}, +, \cdot)$는 환 $(\mathbb{Z}, +, \cdot)$의 부분환이다. 이때 환 $\mathbb{Z}$의 곱셈에 관한 항등원은 1이나 부분환 $2\mathbb{Z}$에는 곱셈에 관한 항등원이 없다.

다. 집합 $\mathbb{Z}^2=\mathbb{Z}\times\mathbb{Z}=\{(x_1, x_2) \mid x_1, x_2 \in \mathbb{Z}\}$에 덧셈은 자연스럽게 정의하고, 곱셈은 $(x_1, x_2)(x'_1, x'_2)=(x_1x'_1, x_2x'_2)$와 같이 정의하자. 그러면 $\mathbb{Z}^2$는 환이 되고 집합 $S=\{(x_1, 0) \mid x_1 \in \mathbb{Z}\}$은 $\mathbb{Z}^2$의 부분환이다. 이때 환 $\mathbb{Z}^2$의 곱셈에 관한 항등원은 $(1, 1)$이지만 부분환 S의 곱셈에 관한 항등원은 $(1, 0)$이다.

라. S가 R의 부분환이고, R가 T의 부분환이면 S는 T의 부분환이다.

마. $\mathbb{Z}_2$는 $\mathbb{Z}$의 부분환이 아니며 $\mathbb{Z}_4$의 부분환도 아니다.

위에서 본 바와 같이 환의 정의에서는 곱셈에 관한 항등원의 존재를 가정하지 않으므로 환 R가 곱셈에 관한 항등원을 가지는 환일지라도 그 부분환 S는 항등원을 갖지 않을 수 있으며, 또 부분환 S가 곱셈에 관한 항등원을 갖는 경우라도 원래의 환의 곱셈에 관한 항등원과 다를 수 있다.

그러나 덧셈에 관해서는 다르다. 즉, S가 환 R의 부분환이면 S의 덧셈에 관한 항등원은 R의 덧셈에 관한 항등원과 같다. 또한 S의 임의의 원소의 덧셈에 관한 역원은 R에서의 덧셈에 관한 역원이다.

부분환의 판별

부분군의 판별법을 이용하면 부분환의 판별법을 쉽게 얻을 수 있다.

≪정리 3.9≫ $S(\neq \varnothing)$가 환 R의 부분집합일 때 다음은 서로 동치이다.

(1) S는 R의 부분환이다.

(2) ① $x,\ y \in S \Rightarrow x-y \in S$

② $x,\ y \in S \Rightarrow xy \in S$

증명 (1) $\Rightarrow$ (2)

S가 R의 부분환이면 환의 정의에 의하여 (2)가 성립된다.

(2) $\Rightarrow$ (1)

먼저 ①에 의하여 $(S, +)$는 가환군이고 ②에 의하여 S는 곱셈에 관하여 닫혀 있다. 또 S는 R의 부분집합이므로 S는 곱셈에 관한 결합법칙과 곱셈의 덧셈에 관한 분배법칙을 만족시킨다. 따라서 S는 R의 부분환이다.

군에서와 마찬가지로 (2) $\Rightarrow$ (1)의 증명과정에서 결합법칙, 분배법칙은 당연히 성립함을 알 수 있다. 한편 부분환의 판별에서 부분군의 판별법이 중요한 역할을 한다. 사실, 부분환이 되기 위해서는 우선 덧셈에 관하여 부분군이 되어야 하고, 그 외에 곱셈이 잘 정의되기만 하면 된다.

과제 3.10 다음을 확인하여라.

가. 정수환 $(\mathbb{Z}, +, \cdot)$의 부분환은 모두 $(n\mathbb{Z}, +, \cdot)$의 꼴이다.

나. $\mathrm{Mat}_2(\mathbb{R})$에서 대각행렬 전체의 집합은 단위원을 가지는 가환 부분환이며 상삼각행렬 전체의 집합은 단위원을 가지는 비가환 부분환이다.

부분공간

V가 벡터공간이고, $\phi \neq W \subset V$라고 하자. W가 V에서와 동일한 덧셈 연산과 스칼라 배에 관하여 벡터공간이 될 때, W는 V의

부분공간이라고 하고 보통 $W \leq V$와 같이 나타낸다.

이 강좌에서의 벡터공간은 특별한 언급이 없는 한 실벡터공간이다.

과제 3.11 다음을 확인하여라.

가. 벡터공간 $\mathbb{R}^2$의 다음 부분집합은 모두 부분공간이다.

$$W_1 = \{(x,\ 0) \mid x \in \mathbb{R}\}$$
$$W_2 = \{(0,\ y) \mid y \in \mathbb{R}\}$$
$$W_3 = \{(x,\ x) \mid x \in \mathbb{R}\}$$

나. 벡터공간 $\mathbb{R}^2$의 다음 부분집합은 부분공간이 아니다.

$$W_4 = \{(x,\ x+1) \mid x \in \mathbb{R}\}$$

부분공간의 판별

부분군의 판별법을 이용하면 부분공간의 판별법을 쉽게 얻을 수 있다. 사실, V의 부분집합 $W(\neq \varnothing)$에 덧셈과 스칼라배가 잘 정의되면 W는 V의 부분공간이다.

≪**정리 3.12**≫ $W(\neq\varnothing)$가 벡터공간 V의 부분집합일 때 다음은 서로 동치이다.

(1) W는 V의 부분공간이다.

(2) ① $\forall x,\ y\in W,\ x+y\in W$

② $\forall\lambda\in\mathbb{R},\ \forall x\in W,\ \lambda x\in W$

과제 3.13 가. 위 정리를 증명하되 다음에 관하여 주목하여라.

(1) W는 V의 부분공간이기 위해서는 W는 V의 부분군이어야 하고 이는 다음과 동치다: $\forall x,\ y\in W,\ x-y\in W$. 그런데 왜 ①의 조건이 '$\forall x,\ y\in W,\ x+y\in W$'와 같이 약화될 수 있는가?

(2) $S(\neq\varnothing)$가 환 R의 부분집합일 때 S가 R의 부분환이기 위한 필요충분조건은 다음과 같다. 즉, $x,\ y\in S\Rightarrow x-y\in S$이고 $x,\ y\in S\Rightarrow xy\in S$이다. 그런데 부분공간의 경우는 왜 '$\forall x,\ y\in W,\ x+y\in W$이고 $\forall\lambda\in\mathbb{R},\ \forall x\in W,\ \lambda x\in W$'와 같이 약화될 수 있는가?

나. 위 정리를 이용하여 다음을 다시 확인하여라.

벡터공간 $\mathbb{R}^2$의 다음 부분집합은 모두 부분공간이다.

$$W_1=\{(x,\ 0)\mid x\in\mathbb{R}\}$$
$$W_2=\{(0,\ y)\mid y\in\mathbb{R}\}$$
$$W_3=\{(x,\ x)\mid x\in\mathbb{R}\}$$

주어진 군으로부터 새로운 군의 구성

H와 K가 군 G의 두 부분군이라고 하면 $H \cap K$는 G의 부분군이다. 그러나 $H \cup K$는 일반적으로 G의 부분군이 아님을 앞에서 살펴보았다. 결국 군 G의 두 부분군 H와 K에 포함되는 부분군 $H \cap K$가 자연스럽게 얻어지지만 H와 K를 포함하는 G의 부분군(G 이외의)은 아직 얻지 못했다.

과제 3.14 가. 두 정수 a와 b에 대하여 두 집합 $a\mathbb{Z} \cap b\mathbb{Z}$과 $a\mathbb{Z} \cup b\mathbb{Z}$의 중요성을 대수적구조 측면에서 비교하여 보아라. 사실, $a\mathbb{Z} \cap b\mathbb{Z}$는 덧셈과 뺄셈에 대해서 닫혀있으므로 $a\mathbb{Z} \cap b\mathbb{Z}$은 대수적으로 중요한 역할을 하지만, $a\mathbb{Z} \cup b\mathbb{Z}$는 일반적으로 덧셈과 뺄셈에 대해서 닫혀있다고 할 수 없다. 따라서 $a\mathbb{Z} \cup b\mathbb{Z}$은 대수적으로 중요한 역할을 하지 못한다.

나. 벡터공간 V의 두 부분공간 U, W에 대하여 $U \cap W$와 $U \cup W$도 위에서와 동일한 측면에서 비교하여 보아라.

다. 다음 조건을 만족시키는 $(\mathbb{Z}, +)$의 두 부분군 H_1과 H_2를 제시하여라: $H_1 \cup H_2$는 $(\mathbb{Z}, +)$의 부분군이다.

라. 다음 조건을 만족시키는 $\mathbb{R}^2$의 두 부분공간 H_1과 H_2를 제시하여라: $H_1 \cup H_2$는 $\mathbb{R}^2$의 부분공간이다.

마. 다음을 증명하여라. $\{H_\alpha\}$를 군 G의 부분군들로 이루어진 집합족이라 할 때 $\bigcap H_\alpha$는 G의 부분군이다.

정수론에서 다음 격자도를 얻었다.

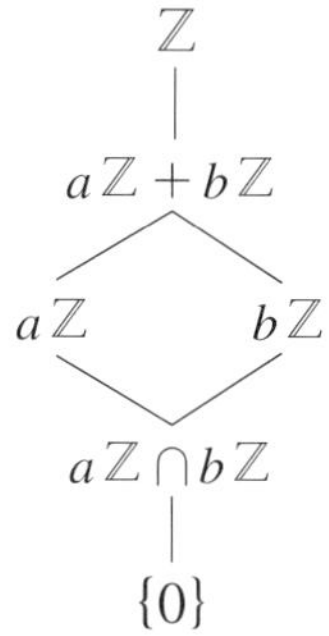

위에서 $a\mathbb{Z}+b\mathbb{Z}$는 $\mathbb{Z}$의 부분군으로서 $a\mathbb{Z}\cup b\mathbb{Z}\subset a\mathbb{Z}+b\mathbb{Z}$이다. 이 사실에 착안하여 일반적인 군의 경우를 생각하자.

군 G의 두 부분군 H와 K에 대하여 HK를 다음과 같이 정의하자:

$$HK=\{hk \mid h\in H,\ k\in K\}.$$

먼저, HK는 두 집합 H와 K를 품는다. 이제, HK는 G의 부분군일까? G가 가환군이면 HK가 G의 부분군임을 쉽게 알 수 있다. 그러나 S_3에서 간단한 예를 통하여 알 수 있듯이 HK는 일반적으로 G의 부분군이 아니다. 물론, 부분군이 되는 경우도 있다.

과제 3.15 가. 위에서 두 집합 H와 K는 HK의 부분집합임을 설명하여라.

나. 위에서 G가 가환군이면 HK가 G의 부분군임을 설명하여라.

다. 대칭군 $S_3=\{1,\ (12),\ (13),\ (23),\ (123),\ (132)\}$의 세 부분군 $H=\{1,\ (12)\}$, $K=\{1,\ (13)\}$, 그리고 $N=\{1,\ (123),\ (132)\}$

에 대하여 다음을 확인하여라.

(1) HK와 KH는 S_3의 부분군이 아니다. 이때 $HK \neq KH$임에 주목하자.

(2) $HN = NH$이고 $HN(=NH)$는 S_3의 부분군이다.

라. 클라인(1924)의 다음 주장에 관하여 논의하여라.

> (수학에서) 보편적인 접근이 성공하지 못할 때 불가능이라고 단정하지 말고 가능성 있는 새로운 접근을 찾아야 한다. 수학적 사고에는 끝이 있을 수 없다. 다른 사람이 (어떤 수학적 문제에 있어서 기존의) 수학적 논증이 어느 한계를 극복할 수 없다고 말할 때, 진정으로 흥미 있는 문제가 바로 거기서 시작한다는 것을 명심해야 한다.

마. 위에서 정의된 집합 'HK'의 정의를 군 $(\mathbb{Z}, +)$의 경우와 합성연산에 관하여 군의 구조를 가지는 벡터공간 $\mathbb{R}^2$의 경우에 적용하면 다음과 같이 된다는 것을 확인하여라.

(1) 군 $(\mathbb{Z}, +)$에서, 임의의 두 정수 a, b에 대하여,

$$a\mathbb{Z} + b\mathbb{Z} = \{ax + by \mid x,\ y \in \mathbb{Z}\}.$$

(2) 벡터공간 $\mathbb{R}^2$의 두 부분공간 U, V에 대하여,

$$U + V = \{u + v \mid u \in U,\ v \in V\}.$$

사실, G의 두 부분군 H와 K에 대하여 HK가 G의 부분군이 되기 위한 필요충분조건은 다음과 같다.

> **≪정리 3.16≫** 군 G의 두 부분군 H와 K에 대하여 HK가 G의 부분군이 되기 위한 필요충분조건은 $HK=KH$이다.

증명 (⇒) 임의의 $h\in H$, $k\in K$에 대하여 $(hk)^{-1}\in HK$이므로 $(hk)^{-1}=h'k'$, $h'\in H$, $k'\in K$이다. 이로부터 다음을 알 수 있다: $hk=(h'k')^{-1}=(k')^{-1}(h')^{-1}\in KH$. 따라서 $HK\subset KH$이다. 이제 $kh\in KH$라고 하면 $kh=(h^{-1}k^{-1})^{-1}$이고 $h^{-1}k^{-1}\in HK$이며 HK가 G의 부분군이므로 $kh=(h^{-1}k^{-1})^{-1}\in HK$이다. 따라서 $KH\subset HK$이다.

(⇐) 이쪽 증명은 쉽다. ■

과제 3.17 위에서 '⇐' 방향의 증명을 완성하여라.

앞에서 이미 살펴보았지만, 위의 정리로부터 군 G가 가환인 경우에는 HK는 항상 부분군임에 알 수 있다. 예를 들어, 가환군 $\mathbb{Z}$에서 $a\mathbb{Z}+b\mathbb{Z}$는 항상 부분군이고, 벡터공간(합성 연산에 관한 가환군) V의 두 부분공간 U, W에 대하여, $U+W$도 V의 부분군이다.

과제 3.18 다음을 확인하여라.

군 G의 두 부분군 H와 K에 대하여 H, K 모두 HK의 부분집합이므로 $H\cup K\subset HK$이다.

주어진 환으로부터 새로운 환의 구성

환은 덧셈에 관하여 가환군이므로 군에서의 논의한 바를 그대로 적용할 수 있다. 사실, 군에서와 마찬가지로 다음을 생각할 수 있다.

S와 T가 환 R의 부분환이라고 할 때, $S \cap T$는 R의 부분환이지만 $S \cup T$는 일반적으로 R의 부분환이 아니다.

교집합의 경우에는 군에서와 마찬가지로 다음이 성립한다.

≪정리 3.19≫ $\{S_\alpha\}$를 환 $(R, +, \cdot)$의 부분환들로 이루어진 집합족이라 할 때

$$\bigcap S_\alpha = \{a \in R \mid \text{모든 } \alpha\text{에 대하여 } a \in S_\alpha\text{이다.}\}$$

는 R의 부분환이다.

증명 모든 α에 대해 $(S_\alpha, +)$는 $(R, +)$의 부분군이므로 $(\bigcap S_\alpha, +)$도 $(R, +)$의 가환인 부분군이다. 이제 $a, b \in \bigcap S_\alpha$라 하면 각 α에 대하여 $a, b \in S_\alpha$이므로 $ab \in S_\alpha$ 즉, $ab \in \bigcap S_\alpha$. 따라서 $\bigcap S_\alpha$는 부분환이다. ■

이제 R의 두 부분환 S와 T에 대하여 다음과 같이 정의되는 집합 $S+T$를 생각하여 보자.

$$S+T=\{s+t \mid s\in S,\ t\in T\}$$

먼저 $S+T$는 두 집합 S와 T를 품는다. 이제 $S+T$는 R의 부분환일까? R는 덧셈에 관하여 가환군이므로 $S+T$는 R의 가환부분군임을 쉽게 알 수 있다. 그러나 간단한 예를 통하여 쉽게 알 수 있듯이 $S+T$에서 곱셈의 정의가 여의치 않다.

한편, R의 두 부분환 S와 T에 대하여 다음과 같이 정의되는 집합 ST는 어떠할까?

$$ST=\{st \mid s\in S,\ t\in T\}$$

이 경우에는 덧셈조차도 자연스럽게 정의되지 않음을 알 수 있다. 사실, 주어진 환으로부터 새로운 환을 구성하기 위한 위와 같은 시도는 현재의 상태에서는 성공적일 수 없다. 이 문제는 뒤에서 이데알(ideal)이라고 하는 특수한 부분환에 대하여만 생각한다.

주어진 벡터공간으로부터 새로운 벡터공간의 구성

벡터공간도 환과 마찬가지로 덧셈에 관하여 가환군이므로 군(또는 환)에서의 논의한 바를 그대로 적용할 수 있다.

과제 3.20 다음을 확인하여라.

가. U와 W가 벡터공간 V의 부분공간이면, $U\cap W$도 V의 부분공간이다.

나. $\{U_\alpha\}$를 벡터공간 V의 부분공간들로 이루어진 집합족이라

할 때

$$\bigcap U_\alpha = \{a \in V \mid \text{모든 } \alpha\text{에 대하여 } a \in U_\alpha\text{이다.}\}$$

는 V의 부분공간이다.

다. U와 W가 벡터공간 V의 부분공간이라도, $U \cup W$는 일반적으로 V의 부분공간이 아니다.

라. 벡터공간 U와 W가 벡터공간 V의 부분공간이면, 다음과 같이 정의되는 집합 $U+W$는 U와 W를 품는 V의 부분공간이다.

$$U+W = \{u+w \mid u \in U,\ w \in W\}$$

부분군에 의한 동치 관계

군의 용어나 환의 용어를 사용하여 정수론에서 배운 다음 사실을 기억하여 보자.

군(환) $\mathbb{Z}$에 부분군(부분환) $H=5\mathbb{Z}$를 활용하여 임의의 m, $n \in \mathbb{Z}$에 관하여 관계를 다음과 같이 정의하자.

$$m \sim n \Leftrightarrow m-n \in H$$

이 관계는 동치관계이므로 $\mathbb{Z}$를 분할한다. 사실, 임의의 $n \in \mathbb{Z}$에 대하여 n의 동치류는 다음과 같다.

$$H+n = \{5k+n \mid k \in \mathbb{Z}\}$$

이제, 이 과정을 일반적인 군에 대하여 생각하여 보자.

군 G와 G의 부분군 H에 대하여 임의의 $x, y \in G$에 관하여 다음과 같이 정의되는 관계 ~를 생각하여 보자.

$$x \sim y \Leftrightarrow xy^{-1} \in H$$

이 관계 ~는 G 위에서의 동치관계임을 다음과 같이 보일 수 있다.

가. 임의의 $x \in G$에 관하여 $xx^{-1} = e \in H$이므로 $x \sim x$이다.

나. $x \sim y \Rightarrow xy^{-1} \in H \Rightarrow (xy^{-1})^{-1} \in H \Rightarrow yx^{-1} \in H \Rightarrow y \sim x$

다. $x \sim y$이고 $y \sim z \Rightarrow xy^{-1} \in H$이고 $yz^{-1} \in H$

$\Rightarrow (xy^{-1})(yz^{-1}) = xz^{-1} \in H \Rightarrow x \sim z$

따라서 G는 동치류로 분할된다. G의 부분군 H에 의한 동치류 전체의 집합을 G/H로 나타낸다.

위에서 정의한 관계 ~가 동치관계임을 보이는 과정에서, H가 군이라는 사실이 중요한 역할을 한다. 사실, 위 '가'에서는 H가 항등원을 가진다는 사실을 이용하고, '나'에서는 H의 원소의 역원이 H 안에 있다는 사실을 이용한다. 한편, '다'에서는 H가 연산에 관하여 닫혀있다는 사실과 연산의 결합법칙을 이용한다.

≪정리 3.21≫ 위 동치관계에 의한 x의 동치류는 다음과 같다.

$$Hx = \{hx \mid h \in H\}$$

이 정리로부터 다음을 알 수 있다.

임의의 $x, y \in G$에 대하여, $x \sim y$이기 위한 필요충분조건은 $Hx = Hy$이다. 따라서 $x \not\sim y$이기 위한 필요충분조건은 $Hx \neq Hy$이며 이는 다시 $Hx \cap Hy = \varnothing$라는 것과 필요충분조건이다.

과제 3.22 가. 위 정리를 증명하여라.

나. 임의의 $x, y \in G$에 대하여, $x \sim y$이기 위한 필요충분조건은 $Hx = Hy$임을 증명하여라.

다. 군 G의 부분군 H에 의한 동치류 전체의 집합 G/H에 대하여 다음을 확인하여라.

(1) H도 하나의 동치류로서 G/H의 한 원소이다. 사실, H는 G의 항등원의 동치류이다.

(2) G/H의 원소 중에서 H 외에는 G의 부분군이 없다.

라. 다음을 확인하여라.

군 G와 G의 부분군 H에 대하여 임의의 $x, y \in G$에 관한 관계 $\sim'$을 다음과 같이 정의하자.

$$x \sim' y \Leftrightarrow x^{-1}y \in H$$

(1) 이 관계도 동치관계이다.

(2) 이 동치관계에 의한 x의 동치류는 다음과 같이 주어진다.

$$xH = \{xh \mid h \in H\}$$

마. 다음 두 사실을 잘 이해하여 혼동하지 않도록 하여라.

(1) $H(\neq \varnothing)$가 군 G의 부분집합일 때 H가 G의 부분군이기 위한 필요충분조건은 $x, y \in H \Rightarrow xy^{-1} \in H$이다.

(2) 군 G의 부분군 H 그리고 임의의 $x,\ y \in G$에 대하여 $Hx = Hy$이기 위한 필요충분조건은 $xy^{-1} \in H$이다.

군 G와 G의 부분군 H에 의한 동치류에 관하여 다음 정리는 중요하다.

≪정리 3.23≫ 군 G와 G의 부분군 H에 대하여 다음과 같이 정의되는 함수 $f : H \to Hx$는 일대일대응이다.

$$f(h) = hx,\ h \in H$$

증명 함수 f가 잘 정의되는 것은 분명하다. 이제 $h_1 x = h_2 x,\ h_1,\ h_2 \in H$라고 하면 $h_1 = h_1 x x^{-1} = h_2 x x^{-1} = h_2$이므로 f는 일대일이다. 한편, 임의의 $hx \in Hx$에 대하여 $f(h) = hx$이므로 f는 위로의 사상이다. ■

G가 유한군인 경우에는 G의 부분군 H에 의한 모든 동치류의 위수는 같다. 한편, 이 경우의 동치류의 개수를 G에서의 H의 지수(index)라고 하고 $|G : H|$와 같이 나타낸다.

이상으로부터 다음 사실을 알 수 있다.

≪정리 3.24≫ (라그랑쥬, Lagrange)[1)]
유한군 G에서, G의 부분군 H의 위수와 지수는 모두 $|G|$의 약수이다. 사실, 다음이 성립한다.

$$|G| = |G:H|\,|H|$$

과제 3.25 가. 라그랑쥬 정리가 뜻하는 바를 격자도(lattice diagram)를 사용하여 설명하여라.

나. 정수론에서 이산로그(discrete logarithm)와 관련하여 소개된 '지수(index)' 개념에 대하여 조사하고, 여기에서 소개되는 '지수'와 혼동하지 않도록 하여라.

다. 다음을 확인하여라.

군 $S_3(=D_3)$의 모든 부분군의 위수는 1, 2, 3 또는 6이다. 이 위수 1, 2, 3, 6는 S_3의 위수 6의 약수이다.

라. $D_4=\langle \tau,\ \sigma \mid \tau^2=1=\sigma^4,\ \tau\sigma\tau=\sigma^3 \rangle$의 경우에 대해서 라그랑쥬 정리를 확인하여라. 사실, $\{1,\ \sigma^2\tau\}$, $\{1,\ \tau,\ \sigma^2,\ \sigma^2\tau\}$, 그리고 $\{1,\ \sigma,\ \sigma^2,\ \sigma^3\}$ 등은 부분군인데 그 위수는 모두 8의 약수이다.

마. $Q_8=\{1,\ -1,\ i,\ j,\ k,\ -i,\ -j,\ -k\}$의 경우에 대해서 라그랑쥬 정리를 확인하여라. 사실, $\{1,\ -1\}$, $\{1,\ i,\ -1,\ -i\}$ 등은 부분군인데 그 위수는 모두 8의 약수이다.

---

1) 유한군 G의 위수의 약수를 위수로 가지는 G의 부분군이 항상 있는 것은 아니다. 사실, A_4의 위수는 12인데 A_4는 위수가 6인 부분군을 가지지 않는다(과제 8.26).

군 G와 G의 부분군 H가 주어졌을 때 H에 의한 동치관계를 어떻게 정의하느냐에 따라서 동치류는 Hx 또는 xH와 같다. 이 각각의 동치류를 G에서의 x에 의한 H의 우잉여류(right coset) 또는 x에 의한 H의 좌잉여류(left coset)라고 한다.

과제 3.26 가. 다음을 확인하여라.

(1) 군 G가 가환군이면 임의의 부분군 H와 임의의 원소 $x \in G$에 의한 우잉여류 Hx와 좌잉여류 xH는 같은 집합이다. 즉, $Hx = xH$이다.

(2) $\mathbb{Z}_n$에서 자연수 k에 의한 잉여류는 다음과 같이 주어진다. 단, 여기서 $H = n\mathbb{Z}$이다.

$$H + k = k + H$$

나. 가환군이 아닌 군 G와 G의 한 부분군 H에 의한 우잉여류 Hx와 좌잉여류 xH는 일반적으로 같은 집합이 아니다. 이 사실을 다음의 예를 통하여 확인하여라: $G = S_3 = \{1, (12), (13), (23), (123), (132)\}$, $H = \{1, (12)\}$, $x = (13)$.

군 G의 부분군 H와 $x \in G$에 대하여 $Hx = xH$일 때 $Hx(xH)$를 x에 의한 H의 잉여류(coset)라고 한다.

부분환과 부분공간에 의한 동치 관계

군에는 그 군의 한 부분군에 의하여 동치관계가 정의되고 그 동치관계에 의하여 동치류로 분할된다. 이제 환과 벡터공간의 경우에도 비슷한 과정을 생각할 수 있다.

환 R와 그의 부분환 S가 주어졌을 때, R를 덧셈에 관한 군으로 생각할 수 있으므로 다음과 같이 정의된 관계 $\sim$는 R 위의 동치관계이다.

$$\forall x,\ y \in R,\ x \sim y \Leftrightarrow x-y \in S$$

이 경우 $x \in R$의 동치류는 다음과 같다.

$$S+x=\{s+x \mid s \in S\}$$

마찬가지로 벡터공간 V와 그의 부분공간 W가 주어졌을 때, V도 덧셈에 관한 군으로 생각할 수 있으므로 다음과 같이 정의된 관계 $\sim$도 V 위의 동치 관계이다.

$$\forall x,\ y \in V,\ x \sim y \Leftrightarrow x-y \in W$$

이 경우 $x \in V$의 동치류는 다음과 같다.

$$W+x=\{w+x \mid w \in W\}$$

군의 경우에서와 마찬가지로 환 R(벡터공간 V)의 부분환 S(부분공간 W)에 의한 동치류 전체의 집합을 $R/S(V/W)$로 나타낸다.

과제 3.27 환 R(벡터공간 V)의 부분환 S(부분공간 W)에 의한 동치류 전체의 집합을 생각하자. 임의의 $x \in R$에 의한 우잉여류 $S+x(W+x)$와 좌잉여류 $x+S(x+W)$는 항상 같음을 설명하여라.

부분구조와 학교 수학

대수적인(algebraic)[2] 실수 전체의 집합은 실수체 ℝ의 부분체이다. 이 사실과 원주율 π가 초월수라는 사실을 이용하여 초월수 전체의 집합의 농도(cardinality)는 대수적인 수 전체의 농도보다 크거나 같음을 알 수 있다.[3]

부분 구조의 개념은 학교 수학에서 암암리에 활용된다.

과제 3.28 대수적 부분구조의 정의를 이용하여 다음 물음에 답하여라.

가. 유리수 전체의 집합 ℚ는 실수체 ℝ의 부분체라는 사실을 이용하여 $1+\sqrt{2}$는 유리수가 아님을 설명하여라. 즉, $1+\sqrt{2}$가 유리수라고 하고 모순을 유도하여라.

나. 실수체 ℝ는 복소수체 ℂ의 부분체라는 사실을 이용하여 $1+i$는 실수가 아님을 설명하여라.

다. 짝수 전체의 집합은 덧셈 군 ℤ의 부분군이라는 사실을 이용하여 짝수에 홀수를 더하면 홀수가 됨을 설명하여라.

---

2) 뒤에서 비교적 자세히 소개한다.

3) 사실 대수적인 실수 전체 집합의 농도는 $\aleph_0$이고 초월수(실수) 전체 집합의 농도는 $\aleph_1$이다.

뒷 이야기

1. 부분군임을 확인하는 과정에서 부분군의 정의를 이용하는 것보다 부분군의 판별에 관한 적절한 정리를 활용하는 것이 일반적으로 쉽다. 이와 같은 맥락에서 다음 경우를 살펴보아라.
   가. 정의에 의한 정적분의 계산과 미적분학의 기본 정리를 활용한 계산
   나. 정의에 의한 행렬식의 계산과 행렬식의 성질에 의한 행렬식의 계산
   다. 주어진 자연수가 9의 배수임을 확인하는 방법

2. 동치 관계와 분할을 다음과 같은 경우에서 살펴보아라.
   가. 실생활
   (1) 성(性, gender)에 의한 분할: 두 사람의 성(性)이 같을 때 '두 사람은 관계있다'라고 하면 이 관계는 동치관계이다.
   (2) 성(姓, family name)에 의한 분할: 두 사람의 성(姓)이 같을 때 '두 사람은 관계있다'라고 하면 이 관계는 동치관계이다.
   나. 집합론
   (1) 집합의 대등(equipotent)관계는 동치관계다. 가부번 집합은 자연수 집합과 대등한 집합을 말한다.
   (2) 칸토어는 자연수 항들의 무한수열 사이에 동치관계를 정의하여 실수를 생각하였다.
   (3) 동치관계가 주어지면 분할이 가능하고 분할이 주어지면 동치류를 얻을 수 있다.

다. 정수론

합동(congruence) 관계는 대표적인 동치관계이다. $\mathbb{Z}_m (\equiv \mathbb{Z}/m\mathbb{Z})$는 m을 법으로 한 동치류들의 집합이다.

라. 선형대수학

행렬의 닮음(similarity) 관계는 동치관계다. 대각행렬과 닮음관계에 있는 행렬을 '대각화 가능한(diagonalizable) 행렬'이라고 한다.

마. 기하학

이차 사영공간 $\mathbb{R}P^2$나 유한사영공간인 Fano 평면 $\mathbb{Z}_2P^2$의 구성은 동치관계를 이용하여 구성한다.

바. 위상수학(topology)

(1) 뫼비우스의 띠는 직사각형 $ABCD$의 양변 AB, CD 위의 점 사이에 화살표 방향을 따라 관계를 정의하여 분할한 집합으로 볼 수 있다.

(2) 클라인의 병은 원통의 양 끝 위의 점 사이에 화살표 방향을 따라 관계를 정의하여 분할한 집합으로 볼 수 있다.

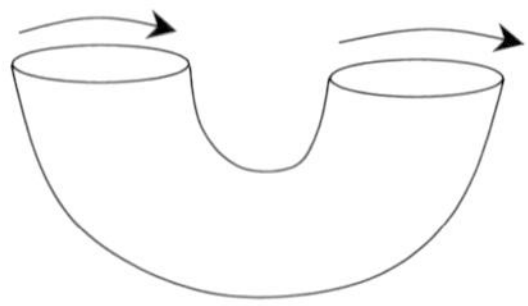

사. 음악

두 음(音)의 주파수 x, y 사이에 관계를 다음과 정의하자(김성숙, 2005).

$$x \sim y \Leftrightarrow \log_2 x = \log_2 y \pmod 1$$

다음이 성립한다.

(1) 이 관계는 주파수 집합에 정의되는 동치 관계다.

(2) 두 음의 주파수가 위 관계에 있을 때 두 음의 음정이 같다. 예를 들어, '라' 음은 주파수가 440 Hertz인데 880 Hertz나 1760 Hertz 주파수는 모두 높은 '라'음이다.

3. 임의의 두 집합 X, Y에 대해서는 XY나 $X+Y$ 등의 집합을 정의하지 않는데, 군이나 환 또는 벡터공간에서는 자연스럽게 정의할 수 있는 이유는 무엇인가?

4. 라그랑쥬 정리와 관련하여 다음 물음에 답하여라.

가. 유한환의 위수와 그 부분환의 위수 사이에는 어떠한 관계가 있는가?

나. 유한 차원 벡터공간의 차원과 그 부분공간의 차원 사이에는 어떠한 관계가 있는가?

5. '소수는 무수히 많다'[4)]에 관한 다음 논증에 대하여 논의하여라. 소수 전체의 집합 P가 유한이며 p를 P의 가장 큰 소수라고 하자. 메르센수 2^p-1에 대하여 $q|(2^p-1)$인 소수 q가 있고 $2^p\equiv 1 \pmod q$이다. 따라서 군 $\mathbb{Z}_q^*=\mathbb{Z}_q-\{0\}$에서 2의 위수는 p이다. 라그랑쥬 정리에 의하여 $p|(q-1)$이다. 따라서 $q>p$이다. 따라서 p 보다 큰 소수가 있고 이는 모순이다.

6. 다음 물음에 답하여라.
   가. $S_3=\{1, (12), (13), (23), (123), (132)\}$의 모든 부분군의 관계를 나타내는 격자도를 그려라.
   나. $D_4=\{\sigma, \sigma^2, \sigma^3, \sigma^4=1, \tau, \sigma\tau, \sigma^2\tau, \sigma^3\tau\}$의 모든 부분군의 관계를 나타내는 격자도를 그려라.
   다. $Q_8=\{1, -1, i, j, k, -i, -j, -k\}$의 모든 부분군의 관계를 나타내는 격자도를 그려라.

7. 두 정수 a, b에 대하여 다음 사실을 확인하여라.
   가. $a\mathbb{Z}\cup b\mathbb{Z}\subset a\mathbb{Z}+b\mathbb{Z}$
   나. $a\mathbb{Z}+b\mathbb{Z}=(a, b)\mathbb{Z}$. 여기서 (a, b)는 a와 b의 최대공약수이다.
   다. $a\mathbb{Z}\cap b\mathbb{Z}=[a, b]\mathbb{Z}$. 여기서 $[a, b]$는 a와 b의 최소공배수이다.

8. 다음을 확인하여라.

---

4) '자료: 소수는 무수히 많다'에 여러 가지 증명이 있다.

가. 유리수 전체의 집합 $\mathbb{Q}$는 덧셈에 관하여 닫혀있다.

나. $\sqrt{2}$는 무리수이다.

다. 임의의 유리수 r에 대하여 $f(r)=r+\sqrt{2}$로 정의되는 함수 $f:\mathbb{Q}\to\mathbb{R}-\mathbb{Q}$는 잘 정의되고(과제 3.28) 일대일이다.

라. 무리수 전체 집합 $\mathbb{R}-\mathbb{Q}$의 농도(cardinality)는 $\mathbb{Q}$의 농도보다 같거나 크다.

마. $\mathbb{R}-\mathbb{Q}$ 의 농도와 $\mathbb{Q}$의 농도의 합은 $\aleph_1$이고 $\mathbb{Q}$의 농도는 $\aleph_0$이므로 $\mathbb{R}-\mathbb{Q}$의 농도 $\aleph_1$이다. 따라서 무리수 전체 집합의 농도는 유리수 전체 집합의 농도보다 크다.

9. 다음 일련의 논증의 잘못은 무엇인가?

가. 짝수 전체의 집합은 덧셈에 관하여 닫혀있다.

나. 1는 홀수이다.

다. 임의의 짝수 r에 대하여 $f(r)=r+1$로 정의되는 함수 $f:2\mathbb{N}\to\mathbb{N}-2\mathbb{N}$는 잘 정의되고(과제 3.28) 일대일이다.

라. 따라서 홀수 전체 집합의 농도는 짝수 전체 집합의 농도보다 크다.

Ⅳ

특별한 부분구조와 상 구조

지난 줄거리

1. 과제 내용 중 해결하지 못한 문제는 무엇인가?

2. 다음 용어를 모두 사용하여 작문하여라.
   가. 유한군, 부분군, 동치관계, 분할, 라그랑쥬 정리
   나. 부분군의 판별, 부분환의 판별, 부분공간의 판별
   다. 군 G의 두 부분군 H와 K, $H\cap K$, $H\cup K$, HK
   라. 환 R의 두 부분환 S와 T, $S\cap T$, $S\cup T$, $S+T$
   마. 벡터공간 V의 두 부분공간 U와 W, $U\cap W$, $U\cup W$, $U+W$

3. 군에서 좌잉여류와 우잉여류의 차이를 동치관계와 연관지어 설명하여라.

4. 환이나 벡터공간에서는 좌잉여류와 우잉여류를 구분할 필요가 없다. 그 까닭을 설명하여라.

5. 두 부분군의 합집합이 부분군이 아닌 예와 두 부분환의 합집

합이 부분환이 아닌 예를 제시하여라.

6. 라그랑쥬 정리를 간단한 예를 통하여 설명하여라.

이번 줄거리

1. 대칭군 S_3의 부분군 $\{1, (12)\}$에 의한 동치류 사이에는 자연스럽게 정의되는 연산이 없지만 부분군$\{1, (123), (132)\}$에 의한 동치류 사이에는 자연스럽게 연산이 정의됨을 안다.

2. 주어진 대수적구조를 한 부분구조에 의한 동치관계에 의하여 분할하여 동치류들의 집합을 얻었을 때 이 동치류들의 집합에 원래의 집합이 가지는 대수적구조를 부여하고자 하면 어떠한 어려움이 있는지 이해한다.

3. 상군의 구조를 위해 정규부분군이 왜 필요하며 상환의 구조를 위해 이데알이 왜 필요한지 이해한다.

4. 주어진 두 이데알로부터 새로운 이데알을 구성할 수 있는 방안은 무엇인지 이해한다.

5. 벡터공간의 경우에는 상공간을 구성하기 위하여 부분공간을 대체할 다른 부분공간이 필요하지 않음을 안다.

여는 이야기

대수적구조의 부분구조는 전체 집합에 동치관계를 정의하여 그 전체 집합을 분할한다. 이렇게 분할하여 얻은 동치류 전체의 집합에 원래 전체 집합에 있던 대수적구조를 부여하는 것은 중요하고 유용한 수학적과정이다.

이 장에서 논의하는 구체적인 문제는 다음과 같다.

- 정수론에서 논의한 $\mathbb{Z}_n$의 구성과정에서 군, 환, 그리고 벡터 공간 등 일반적인 대수적구조의 경우에는 어떠한 어려움이 생길 수 있으며 그 어려움을 극복할 수 있는 방안은 무엇인가?
- $\mathbb{Z}_n$의 대수적 성질을 일반적인 대수적구조의 경우에 어떻게 일반화할 수 있는가?

여기에서도 세 가지의 대수적구조를 동시에 살핀다. 그러나 군의 경우는 환이나 벡터공간의 경우에도 쉽게 적용됨을 알 수 있을 것이다. 따라서 군의 경우에는 비교적 자세히 다루지만 환과 벡터공간의 경우에는 모두 가환군의 구조를 가지고 있음에 주목하고, 각각 곱셈 연산과 스칼라 배의 정의에 주목하여 개략적으로 살핀다.

구체적인 예

정수론에서 다음과 같은 사실을 살펴보았다.

군 $\mathbb{Z}$의 임의의 부분군 $m\mathbb{Z}$에 의한 동치류 전체의 집합 $\mathbb{Z}_m(\equiv \mathbb{Z}/m\mathbb{Z})$에는 덧셈이 잘 정의되고 $\mathbb{Z}_m$은 이 연산에 관하여 군의 구조를 가진다. 더 나아가 환 $\mathbb{Z}$의 부분환 $m\mathbb{Z}$에 의한 동치류 전체의 집합 $\mathbb{Z}/m\mathbb{Z}$에는 덧셈은 물론 곱셈도 잘 정의되고 $\mathbb{Z}/m\mathbb{Z}$는 이 두 연산에 관하여 환의 구조를 가진다.

이제, 일반적으로 주어진 군에서 한 부분군에 의한 동치류 전체의 집합에 군의 구조를 주고자 할 때, 어떠한 절차를 밟아야 할까? 또, 주어진 환(벡터공간)에서 한 부분환(부분공간)에 의한 동치류 전체의 집합에 환(벡터공간)의 구조를 주고자 할 때, 어떠한 절차를 밟아야 할까?

먼저, 대칭군 $S_3=\{1, (12), (13), (23), (123), (132)\}$의 경우를 생각하여 보자.

S_3의 부분군 $H=\{1, (12)\}$에 의한 동치류 집합은 다음과 같다.

$$S_3/H=\{H, H(13), H(23)\}$$

정수론에서의 살펴 본 $\mathbb{Z}/m\mathbb{Z}$ 경우에 비추어 보아, S_3/H에는 다음과 같은 방법으로 연산을 정의하는 것이 자연스러워 보인다.

$$H(13)H(23)=H(13)(23)$$

그런데 $H(13)=H(132)$이고 $H(23)=H(123)$인데 $H(132)H(123)=H=H(12)$이므로 $H(13)H(23)=H(13)(23)=H(132)=H(13)$와는 다르다. 따라서 이 연산은 잘 정의되지 않는다. 사실,

S_3/H에서의 연산은 $S_3/H \times S_3/H$에서 S_3/H로의 함수인데, 위에서 보았듯이 $(H(13), H(23)) = (H(132), H(123))$이지만 좌변은 $H(132)$에 대응하고, 우변은 H에 대응하는데 $H(132) \neq H$이다. 즉, 같은 원소에 서로 다른 두 원소가 대응하게 되어 함수의 정의에 어긋난다.

이제 S_3의 다른 부분군의 경우를 생각하여 보자.

S_3의 부분군 $A_3=\{1, (123), (132)\}$에 의한 잉여류 집합은 다음과 같다.

$$S_3/A_3=\{A_3, A_3(12)\}$$

과제 4.1 이 경우에는 동치류 사이에 자연스러운 연산이 잘 정의됨을 확인하여라.

정규부분군의 필요성과 정의

위의 예에서 알 수 있듯이 동치류 사이의 연산이 자연스럽게 정의되는 경우도 있고 그렇지 않은 경우도 있다.

이제 동치류 사이에 연산이 잘 정의되기 위하여 어떠한 조건을 생각할 수 있는지 알아보기 위하여 좀 더 살펴보자.

군 G의 부분군 N에 의한 동치류 전체의 집합 $G/N=\{Nx \mid x \in G\}$에 연산을 다음과 같이 정의하고자 한다: $NxNy=Nxy$, x, $y \in G$. 이것이 잘 정의되기 위해서는 다음 조건을 만족시켜야 한다:

$$Nx_1 = Nx_2 \text{이고 } Ny_1 = Ny_2 \text{이면}$$

$$Nx_1Ny_1 = Nx_2Ny_2 \text{ 즉, } Nx_1y_1 = Nx_2y_2 \text{이다.}$$

이제, $Nx_1 = Nx_2$이고 $Ny_1 = Ny_2$이므로 $x_1x_2^{-1} \in N$이고 $y_1y_2^{-1} \in N$이다. 이로부터 $(x_1y_1)(x_2y_2)^{-1} \in N$임을 보장할 수 있어야 한다.

과연 이러한 상황을 해결하기 위하여 어떠한 접근을 생각할 수 있을까? 먼저 다음에 주목한다.

$$\begin{aligned}(x_1y_1)(x_2y_2)^{-1} &= (x_1y_1)(y_2^{-1}x_2^{-1}) = x_1(y_1y_2^{-1})x_2^{-1} \\ &= x_1(x_2^{-1}x_2)(y_1y_2^{-1})x_2^{-1} = (x_1x_2^{-1})(x_2(y_1y_2^{-1})x_2^{-1})\end{aligned}$$

위 사실에 근거하여 특별한 부분군인 '정규부분군'의 개념을 도입한다.

> **≪정의 4.2≫** G의 부분군 N이 다음 조건을 만족시킬 때 N을 G의 정규부분군(normal subgroup)이라고 한다: 임의의 $g \in G$와 임의의 $n \in N$에 대하여 $gng^{-1} \in N$이다.

과제 4.3 가. N이 G의 정규부분군일 때 다음을 설명하여라. 임의의 x_1, x_2, y_1, $y_2 \in G$에 대하여 $x_1x_2^{-1} \in N$이고 $y_1y_2^{-1} \in N$이면 $(x_1y_1)(x_2y_2)^{-1} \in N$이다.

나. 다음을 확인하여라.

(1) 가환군의 모든 부분군은 정규부분군이다.

(2) $H = \{1, (12)\}$는 S_3의 정규부분군이 아니다.

(3) $A_3 = \{1, (123), (132)\}$는 S_3의 정규부분군이다.

(4) 위의 (2)와 (3) 두 가지 예를 통하여 동치류 사이의 연산이 잘 정의되는 것과 부분군의 정규성(normality) 사이의 관계를 관찰하여라.

정규부분군의 판별과 성질

> ≪**정리 4.4**≫ 군 G의 부분군 N가 정규부분군이기 위한 필요충분조건은 다음과 같다: 모든 $g \in G$에 대하여, $Ng = gN$이다.

증명 먼저 N가 정규부분군일 때, 임의의 $g \in G$와 임의의 $n \in N$을 택하여 $ng \in Ng$라고 하면, 다음이 성립한다.

$$ng = (gg^{-1})n(g^{-1})^{-1} = g(g^{-1}n(g^{-1})^{-1}) \in gN$$

따라서 $Ng \subset gN$이다. 마찬가지 방법으로 $gN \subset Ng$임도 보일 수 있다.

한편, 임의의 $g \in G$에 대하여 $Ng = gN$라고 하자. 이제 임의의 $n \in N$에 대하여 $gn \in gN = Ng$이므로 $gn = n'g$, $n' \in N$이다. 따라서 $gng^{-1} = n'gg^{-1} = n' \in N$이다. ■

N이 G의 정규부분군일 때 보통 $N \trianglelefteq G$와 같이 나타낸다. 한편, G의 부분군 N이 정규부분군일 때, $g \in G$의 동치류는 $Ng = gN$이기 때문에 Ng 또는 gN 중에서 어떻게 나타내어도 된다.

과제 4.5 다음을 증명하여라.

군 G의 부분군 N가 정규부분군이기 위한 필요충분조건은 임의의 $g \in G$와 임의의 $n \in N$에 대하여 $g^{-1}ng \in N$인 것이다.

≪정리 4.6≫ 군 G에서의 부분군 N의 지수가 2이면 N은 정규부분군이다.

증명 g를 G의 임의의 원소라고 하자. $g \in N$이면 $Ng = N = gN$이다. 이제 $g \notin N$이라고 하자. $Ng \cap N = \varnothing = gN \cap N$이고 $Ng \cup N = G = gN \cup N$이다. 따라서 $Ng = G - N = gN$이다. ■

과제 4.7 가. 다음 물음에 답하여라.

(1) 군 G의 두 부분군 H와 K 중에서 하나라도 정규부분군이면 $HK = KH$가 되어 HK는 군 G의 부분군이 됨을 설명하여라.

(2) 군 G의 두 부분군 H와 K에 대하여 $HK = KH$이지만 H와 K 어느 것도 정규부분군이 아닌 예를 들어라.

(3) H, K, $H \cap K$, HK 사이의 관계를 격자도로 나타내어라.

나. 군 G의 두 정규부분군 H와 K에 대하여 다음을 확인하여라.

(1) $H \cap K$는 정규부분군이다.

(2) HK는 정규부분군이다.

다. 군 G의 두 부분군 H와 K에 대하여 H가 G의 정규부분군일 때 다음을 확인하여라.

(1) H가 K의 부분군이면 H는 K의 정규부분군이다.

(2) H는 HK의 정규부분군이다.

(3) $H \cap K$는 K의 정규부분군이다.

라. 다음을 설명하여라.

(1) A_3는 S_3의 정규부분군이다.

(2) $D_4 = \langle \tau, \sigma \mid \tau^2 = 1 = \sigma^4, \tau\sigma\tau = \sigma^3 \rangle$에서 $N = \{1, \sigma, \sigma^2, \sigma^3\}$은 정규부분군이다.

(3) $Q_8 = \{1, -1, i, j, k, -i, -j, -k\}$에서 $N = \{1, i, -i, -1\}$은 정규부분군이다.

(4) 특수선형군 $\mathrm{SL}_n(\mathbb{R})$은 일반선형군 $\mathrm{GL}_n(\mathbb{R})$의 정규부분군이다.

군 G의 중심(center) $Z(G)$를 다음과 같이 정의한다.

$$\begin{aligned} Z(G) &= \{x \in G \mid \text{모든 } g \in G\text{에 대하여 } xg = gx\text{이다.}\} \\ &= \{x \in G \mid \text{모든 } g \in G\text{에 대하여 } g^{-1}xg = x\text{이다.}\} \end{aligned}$$

다음 정리는 쉽게 증명할 수 있다.

≪정리 4.8≫ 군 G의 중심 $Z(G)$는 G의 정규부분군이다. 사실, $Z(G)$의 임의의 부분군은 G의 정규부분군이다.

증명 먼저 $e \in Z(G)$이므로 $Z(G) \neq \varnothing$이다. 이제 $x \in Z(G)$라고 하면 모든 $g \in G$에 대하여 $g^{-1}xg = x$이다. 이로부터 모든 $g \in G$에 대하여 $x^{-1} = (g^{-1}xg)^{-1} = g^{-1}x^{-1}(g^{-1})^{-1} = g^{-1}x^{-1}g$임을 알 수 있다. 즉, $x^{-1} \in Z(G)$이다. 한편, $x, y \in Z(G)$라고 하자. 임의의 $g \in G$에 대하여 $g^{-1}xyg = g^{-1}x(gg^{-1})yg = (g^{-1}xg)(g^{-1}yg)$

$=xy$이다. 따라서 $xy \in Z(G)$이다. 결국 $Z(G)$는 G의 부분군이다. 이제, 임의의 $g \in G$, 임의의 $n \in Z(G)$에 대하여 $g^{-1}ng = n \in Z(G)$이다. 따라서 $Z(G)$는 G의 정규부분군이다. 같은 방법으로 $Z(G)$의 임의의 부분군은 G의 정규부분군임을 보일 수 있다. ■

과제 4.9 가. 다음을 설명하여라: $Z(G)$는 가환부분군이므로 G가 가환군이기 위한 필요충분조건은 $G = Z(G)$이다.

나. 다음을 확인하여라.

(1) $Q_8 = \{1, -1, i, j, k, -i, -j, -k\}$의 중심은 다음과 같다.

$$Z(Q_8) = \{1, -1\}$$

(2) Q_8의 모든 부분군은 정규부분군이다.

(3) 가환군의 모든 부분군은 정규부분군이다. 그러나 이 주장의 역은 성립하지 않음을 Q_8의 경우를 통하여 알 수 있다.

다. D_4, S_3, 그리고 $\mathrm{GL}_2(\mathbb{R})$의 중심은 각각 무엇인가?

상군의 구성

앞에서 살펴보았듯이, 일반적인 경우에는 동치류 사이에 연산이 자연스럽게 정의되지 않는다. 그러나 군 G의 정규부분군 N에 의한 동치류 사이에는 연산이 자연스럽게 잘 정의된다.

≪**정리 4.10**≫ N을 G의 정규부분군이라고 하자. G의 N에 의한 잉여류 전체의 집합 G/N 위에 다음 연산은 잘 정의된다: $NxNy=Nxy$.

과제 4.11 집합 G/N은 위에서 정의된 연산에 관하여 군이 됨을 증명하여라. 이때 G/N에서의 결합법칙, 항등원, 역원은 각각 원래의 군 G에서의 결합법칙, 항등원, 역원에 관계됨을 살펴라.

이렇게 얻은 군 G/N을 'G의 N에 의한 상군(quotient group)' 또는 'G의 N에 의한 잉여군'이라고 한다.

과제 4.12 가. 다음을 확인하여라.

유한군 G의 정규부분군 N에 의한 상군 G/N의 위수는 G에서의 N의 지수 $|G:N|=\dfrac{|G|}{|N|}$이다.

나. '상(商, quotient)군'에서 '상'은 '분수' 또는 '나눗셈'을 뜻한다. 위의 관계식 $|G/N|=\dfrac{|G|}{|N|}$에서 상군과 나눗셈의 관련성을 설명하여라.

상군의 예

정수론에서 다룬 $\mathbb{Z}_m$(m은 자연수)은 정수군 $\mathbb{Z}$의 정규부분군 $m\mathbb{Z}$에 의한 상군이다. 한편, $S_3=\{1,\ (12),\ (13),\ (23),\ (123),$

(132)}의 정규부분 $A_3=\{1,\ (123),\ (132)\}$에 의한 상군은 다음과 같다.

$$S_3/A_3=\{A_3,\ A_3(12)\}$$

과제 4.13 가. 상군 S_3/A_3에 관하여 다음을 확인하여라.

(1) A_3는 항등원이다.

(2) $A_3(12)$의 역원은 자기 자신이다.

(3) S_3/A_3는 $\mathbb{Z}_2$와 같은 군이라고 할 수 있다.

나. $D_4=<\tau,\ \sigma \mid \tau^2=1=\sigma^4,\ \tau\sigma\tau=\sigma^3>$의 정규부분군 $N=\{1,\ \sigma,\ \sigma^2,\ \sigma^3\}$과 정규부분군 $K=\{1,\ \sigma^2\}$에 의한 상군은 각각 무엇인가?

다. $Q_8=\{1,\ -1,\ i,\ j,\ k,\ -i,\ -j,\ -k\}$의 정규부분군 $N=\{1,\ -1\}$에 의한 상군은 무엇인가?

라. 군 $\mathbb{Z}$의 정규부분군 $m\mathbb{Z}$에 의한 상군은 $\mathbb{Z}_m$임을 설명하여라.

마. 상군 G/N에서의 연산은 원래의 군 G에서의 연산을 이용하여 정의된다. 따라서 상군의 성질은 원래의 군의 성질과 많이 비슷하다. 다음을 확인하여라.

(1) 가환군의 상군도 가환군이다.

(2) 유한군의 상군도 유한군이다.

바. 다음을 확인하여라.

(1) 군 $\mathbb{Z}$의 상군 $\mathbb{Z}_m$에서 알 수 있듯이 무한군의 상군은 유한일 수 있다.

(2) S_3의 상군 S_3/A_3에서 알 수 있듯이 비가환군의 상군은 가환일 수 있다.

이데알의 필요성과 정의

환 R와 부분환 S에 의한 잉여류 전체의 집합 $R/S=\{S+x \mid x\in R\}$에 연산을 적절히 정의하여 R/S에 환의 구조를 주고자 한다. 먼저, '환 R와 부분환 S'을 덧셈에 관하여 '가환군 R와 정규부분군 S'로 볼 수 있으므로 $(S+x)+(S+y)=S+(x+y)$은 잘 정의된 덧셈 연산이다. 그러나 $(S+x)(S+y)=S+xy$는 일반적으로 잘 정의되지 않는다.

과제 4.14 다음을 확인하여라.

환 $R=\mathrm{Mat}_2(\mathbb{R})$에서 스칼라행렬 전체의 집합 $S=\left\{\begin{bmatrix} a & 0 \\ 0 & a\end{bmatrix} \middle| a\in \mathbb{R}\right\}$은 R의 부분환이다. 이제 $x_1=\begin{bmatrix} 0 & 1 \\ 0 & 0\end{bmatrix}$, $x_2=\begin{bmatrix} 1 & 1 \\ 0 & 1\end{bmatrix}$, $y_1=\begin{bmatrix} 0 & 0 \\ 1 & 0\end{bmatrix}$, $y_2=\begin{bmatrix} 1 & 0 \\ 1 & 1\end{bmatrix}$이라고 하면, $S+x_1=S+x_2$이고 $S+y_1=S+y_2$이다. 그러나 $S+x_1y_1\neq S+x_2y_2$이므로 $(S+x)(S+y)=S+xy$는 잘 정의되지 않는다.

이러한 상황을 해결하여 잉여류 사이에 연산을 자연스럽게 정의하기 위한 방법으로 어떠한 접근을 생각할 수 있을까?

군의 경우에서와 비슷한 방법으로 특별한 부분환인 '이데알'

의 개념을 도입한다.

> **≪정의 4.15≫** 환 R의 부분환 I가 다음 조건을 만족시킬 때, I를 환 R의 이데알(ideal)이라고 한다: 모든 $i \in I$와 $r \in R$에 대하여 $ir \in I$이고 $ri \in I$이다.

I가 R의 이데알일 때 보통 $I \trianglelefteq R$와 같이 나타낸다.

과제 4.16 다음을 확인하여라.

가. 모든 환 R는 두 개의 자명한 이데알 R과 $\{0\}$을 가진다.

나. 가환군의 모든 부분군은 정규부분군이지만 가환환의 모든 부분환이 이데알인 것은 아니다.

다. 환 $\mathbb{Z}$의 부분환 $m\mathbb{Z}$은 이데알이다.

라. 환 $R = \mathrm{Mat}_2(\mathbb{R})$의 두 부분환 $S = \left\{ \begin{bmatrix} 0 & 0 \\ 0 & a \end{bmatrix} \middle| a \in \mathbb{R} \right\}$와 $T = \left\{ \begin{bmatrix} a & 0 \\ 0 & a \end{bmatrix} \middle| a \in \mathbb{R} \right\}$는 모두 R의 이데알이 아니다.[1)]

마. 체와 나눗셈환은 자명한 이데알만 가진다. 따라서 유리수환 $\mathbb{Q}$의 부분환 $\mathbb{Z}$는 이데알이 아니다. 마찬가지로 사원수환 $\mathbb{H}$의 부분 집합 $\mathbb{C} = \{a + bi \mid a, b \in \mathbb{R}, i^2 = -1\}$는 $\mathbb{H}$의 부분환이지만 이데알은 아니다.

---

1) 사실, $\mathrm{Mat}_2(\mathbb{R})$의 자명하지 않은 부분환은 모두 이데알이 아니다.

상환의 구성

군 G와 정규부분군 N으로부터 상군 G/N을 구성할 수 있듯이 환 R와 이데알 I로부터 '상환 R/I'를 구성할 수 있다.

> **≪정리 4.17≫** 환 R의 이데알 I에 의한 잉여류 전체의 집합 R/I에는 다음 연산이 잘 정의된다: $(I+x)(I+y)=I+xy$.

증명 $I+x_1=I+x_2$이고 $I+y_1=I+y_2$일 때 다음을 보여야 한다.

$$(I+x_1)(I+y_1)=(I+x_2)(I+y_2) \text{ 즉, } I+x_1y_1=I+x_2y_2$$

$I+x_1=I+x_2$이고 $I+y_1=I+y_2$이므로 $x_1-x_2\in I$이고 $y_1-y_2\in I$이다. 이제 다음 식이 성립한다.

$$x_1y_1-x_2y_2=x_1y_1-x_1y_2+x_1y_2-x_2y_2=x_1(y_1-y_2)+(x_1-x_2)y_2$$

I가 이데알이므로 $x_1y_1-x_2y_2\in I$이다. 따라서 $I+x_1y_1=I+x_2y_2$이다. ■

R/I에는 덧셈 연산이 잘 정의되므로 R/I에는 덧셈 연산과 곱셈 연산이 모두 잘 정의된다.

> **≪정리 4.18≫** R/I는 위의 덧셈 연산과 곱셈 연산에 관하여 환이다.

과제 4.19 위 정리를 증명하여라.

이 환 R/I를 'R의 I에 의한 상환(quotient ring)' 또는 'R의 I에 의한 잉여환'이라고 한다.

과제 4.20 다음을 확인하여라.

가. 환 $\mathbb{Z}$의 이데알 $m\mathbb{Z}$에 의한 상환은 $\mathbb{Z}_m$이다.

나. 무한환의 상환은 유한환일 수 있다.

다. R가 단위원을 가지는 환이면 상환도 단위원을 가지는 환이다.

라. R가 가환환이면 상환도 가환환이다.

새로운 이데알의 구성

군 G의 두 정규부분군 H와 K에 대하여 $H \cap K$와 HK는 G의 정규부분군이다. 환의 경우에는 다음이 성립한다.

≪정리 4.21≫ 가. 환 R의 두 이데알 I, J에 대하여 다음과 같이 정의된 두 집합은 환 R의 이데알이다.

$$I+J=\{a+b \mid a \in I,\ b \in J\}$$
$$IJ=\{a_1b_1+a_2b_2+\cdots+a_nb_n \mid a_i \in I,\ b_i \in J,\ i=1,\ \cdots,\ n\}$$

나. R의 두 부분환 H와 K 중에서 하나라도 이데알이면 $H+K$는 R의 부분환이다.

과제 4.22 I, J를 환 R의 두 이데알이라고 하자.

가. $I\cap J$은 R의 이데알임을 설명하여라.

나. IJ와 $I+J$는 R의 이데알임을 설명하여라.

다. I, J, $I\cap J$, IJ, 그리고 $I+J$ 사이의 관계를 격자도로 나타내어라.

벡터공간의 경우

벡터공간으로부터 '상공간(商空間, quotient space)'을 구성할 때에는 군과 환의 경우와는 달리 '특별한' 부분공간을 필요로 하지 않는다. 즉, 부분공간으로부터 상공간을 구성하는 모든 과정에 아무런 문제가 발생하지 않는다. 사실, 벡터공간은 합성(덧셈) 연산에 관하여 가환군이고 부분공간은 정규부분군이다. 따라서 주어진 벡터공간을 하나의 부분공간에 의해 동치 관계를 주고 동치류로 분할하여 얻은 잉여류 집합에 덧셈을 자연스럽게 정의할 수 있다. 더 나아가 잉여류 집합에 자연스럽게 정의되는 스칼라 배도 하등의 문제를 일으키지 않는다.

과제 4.23 가. 다음 절차에 따라 상공간을 구성하여라.

(1) 공간 V와 부분공간 W에 대하여 V/W를 V의 W에 의한 잉여류 전체의 집합이라고 하자. 즉, $V/W=\{W+x \mid x\in V\}$. 이제 V/W에 덧셈 연산과 스칼라 배를 다음과 같이 정의한다.

$$(W+x)+(W+y)=W+(x+y)$$

$$\lambda(W+x)=W+\lambda x$$

(2) 위의 덧셈과 스칼라 배는 잘 정의된다.

(3) V/W는 벡터공간이다.

나. 선형대수학에서 다음을 확인하여라.
벡터공간의 선형사상에 의한 상(像, image)은 벡터공간이 되고 이 공간을 '상공간(像空間)'이라고 한다.

다. $V=\mathbb{R}^2$의 부분공간 $W=\{(0,\ y)\mid y\in\mathbb{R}\}$에 의한 상공간 V/W를 구성하여라.

상구조의 응용

대수학(특히, 선형대수학)은 부호이론(coding theory)에서 중요한 역할을 한다. 특히 가환군의 상군은 선형부호(linear code)의 복호화에서 유용하게 활용된다.

과제 4.24 '자료: 대수학과 정보통신', 박승안(2003), 또는 Hill(1986) 등을 참고하여 다음에 관하여 조사하여라.

가. 선형부호(linear code)의 정의: 벡터공간, 부분공간

나. 부호화(encoding): 행렬의 곱

다. 복호화(decoding): 내적(inner product), 거리 함수(metric), 삼각 부등식

라. 오증(syndrome)의 정의: 행렬의 계수(rank), 쌍대공간(dual space)

마. 오증 복호법: 부분공간에 의한 동치관계, 동치류, 상(商, quotient)공간

뒷 이야기

1. 군은 정수군 $(\mathbb{Z}, +)$의 대수적구조를 일반화 또는 추상화한 것으로 생각할 수 있다. 한편, 환은 정수환 $(\mathbb{Z}, +, \times)$의 대수적구조를, 벡터공간은 좌표평면 $\mathbb{R}^2$의 대수적구조를 추상화한 것으로 생각할 수 있다. 다시 말하면, $(\mathbb{Z}, +)$, $(\mathbb{Z}, +, \times)$, $\mathbb{R}^2$은 각각 군, 환, 벡터공간의 모형이라고 할 수 있다.

2. (임용고사 기출 문제) 환 R의 원소 r가 적당한 자연수 n에 대하여 $r^n=0$일 때, r를 멱영원(nilpotent element)이라고 한다. 가환환의 멱영원 전체의 집합은 이데알임을 증명하여라.

3. 정이면체군 $D_4=\langle \tau, \sigma \mid \tau^2=1=\sigma^4, \tau\sigma\tau=\sigma^3 \rangle$에 관하여 다음을 확인하여라.

   가. $\{1, \tau\}$는 $\{1, \tau, \sigma^2, \sigma^2\tau\}$의 정규부분군이고 $\{1, \tau, \sigma^2, \sigma^2\tau\}$는 D_4의 정규부분군이지만, $\{1, \tau\}$는 D_4의 정규부분군이 아니다. 따라서 H는 K의 정규부분군이고 K는 G의 정규부분군이지만 H는 G의 정규부분군이 아닐 수 있다.

   나. 군 G의 두 부분군 H와 K에 대하여, H가 K의 정규부분군일 때, $H \trianglelefteq K$로 나타내기로 할 때, 부분군 사이의 관계 $\trianglelefteq$는 추이적(transitive)이 아니다.

4. 다음 물음에 답하여라.

가. 아래와 같이 정의되는 세 환 I, J, K에 대하여 J는 I의 이데알이고 K는 J의 이데알이지만 K는 I의 이데알이 아님을 설명하여라.

$$I=\left\{\begin{bmatrix} a & b \\ 0 & c \end{bmatrix} \middle| \, a,\ b,\ c\in\mathbb{Q}\right\},\quad J=\left\{\begin{bmatrix} 0 & a \\ 0 & 0 \end{bmatrix} \middle| \, a\in\mathbb{Q}\right\},$$

$$K=\left\{\begin{bmatrix} 0 & a \\ 0 & 0 \end{bmatrix} \middle| \, a\in\mathbb{Z}\right\}$$

나. Burton(1970) 24쪽을 참고하여 위와 같은 예를 하나 더 제시하여라.

5. 군 G의 임의의 두 원소 x, y에 대하여 $y^{-1}xy$를 'x의 y에 의한 켤레(공액, conjugate)'라고 한다.

가. 다음 예를 통하여 켤레의 유용함을 살펴라.

(1) 군 G가 가환군이기 위한 필요충분조건은 다음과 같다: 임의의 두 원소 g, $h\in G$에 대하여 $g^{-1}hg=h$이다.

(2) 군 G의 부분군 N가 정규부분군이기 위한 필요충분조건은 다음과 같다: 임의의 $g\in G$와 $n\in N$에 대하여 $g^{-1}ng\in N$이다.

(3) 군 G의 중심(center) $Z(G)$는 다음과 같다:

$$Z(G)=\{x\in G \mid \text{모든 } g\in G\text{에 대하여 } g^{-1}xg=x\text{이다}\}.$$

(4) 군 G의 임의의 두 원소 g, $x\in G$에 대하여 $(g^{-1}xg)^{-1}=g^{-1}x^{-1}g$이므로, 임의의 정수 k에 대하여 $(g^{-1}xg)^k=g^{-1}x^kg$이 성립한다.

나. 선형대수학에서 행렬의 '대각화(diagonalization)'의 정의를 참고하여 위 (4)와 같은 성질에 관하여 조사하여라.

*6. 다음의 여러 가지 등식들을 여러 측면에서 비교하여라.

가. 학교 수학

(1) 두 양의 실수 x, y에 대하여 다음이 성립한다.

$$\log\left(\frac{x}{y}\right)=\log x-\log y$$

(2) 다항식 $g(x)$가 다항식 $f(x)$의 인수(factor)일 때 다음이 성립한다: $\deg\left(\frac{f(x)}{g(x)}\right)=\deg(f(x))-\deg(g(x))$.

나. 집합론

두 유한집합 X, Y에 대하여 다음이 성립한다.

$$|X\cup Y|=|X|+|Y|-|X\cap Y|$$

다. 선형대수학

(1) 두 개의 유한차원 벡터공간 X, Y에 대하여 다음이 성립한다.

$$\dim(X+Y)=\dim X+\dim Y-\dim(X\cap Y)$$

(2) 유한차원 벡터공간 V와 부분공간 W에 대하여 다음이 성립한다.

$$\dim(V/W)=\dim V-\dim W$$

라. 라그랑쥬 정리

유한군 G에서, G의 부분군 H의 위수와 지수는 모두 $|G|$의 약수이다. 사실, 다음이 성립한다: $|G|=|G:H|\,|H|$.

마. 복소 함수론

복소수의 편각에 관하여 다음이 성립한다.

$$\arg\left(\frac{z_1}{z_2}\right)=\arg(z_1)-\arg(z_2)$$

*7. 다음 물음에 답하여라.

가. 환 $\mathbb{Z}_2=\{0, 1\}$에서의 덧셈표와 곱셈표를 만들어라.

나. 자연수 0, 1을 이진법으로 표현하여 $0_{(2)}$, $1_{(2)}$라고 하자. 이진법에서 이 두 수의 덧셈표와 곱셈표를 만들어라.

다. 다음 주장에 관하여 논의하여라.

부호이론(coding theory)에서 자주 사용하는 'n비트의 이진수열(binary sequence)'이란 $\mathbb{Z}_2^n=\mathbb{Z}_2\times\cdots\times\mathbb{Z}_2$의 원소를 말한다. 이처럼 이진수열은 자연수와는 직접적인 관련이 없다. 따라서 자연수를 이진법(binary system)으로 표현한 것을 '이진수'라고 부르는 것은 혼란의 소지가 많다. 즉, 자연수를 십진법이 아닌 다른 진법(이 경우에는 이진법)으로 나타냈을 뿐인데 마치 '자연수가 아닌 또 다른 어떤 수'라는 오해를 불러일으킬 수 있기 때문이다.

V

대수적구조를 비교하기 위한 함수: 군(환)준동형사상, 선형사상

지난 줄거리

1. 과제 내용 중 해결하지 못한 문제는 무엇인가?

2. 다음에 주어진 용어를 모두 사용하여 작문하여라.
   가. 군(환), 부분군(부분환), 부분군(부분환)에 의한 동치관계, 동치류 사이의 연산, 정규부분군(이데알)의 필요성, 상군(상환)
   나. 벡터공간, 부분공간, 부분공간에 의한 동치관계, 동치류 사이의 덧셈 연산과 스칼라 배, 상공간
   다. 군(환, 벡터공간), 두 정규부분군(이데알, 부분공간)에 의한 새로운 정규부분군(이데알, 부분공간)의 구성

3. 다음 조건을 만족시키는 예를 하나 제시하여라.
   H는 군 G의 부분군이다. G의 H에 의한 동치류 전체의 집합 G/H에 정의된 다음 연산은 잘 정의되지 않는다: $HxHy=Hxy$.

4. 다음을 증명하여라.
   가. 군 G의 부분군 N가 정규부분군이기 위한 필요충분조건은 다음과 같다: 임의의 $g \in G$와 $n \in N$에 대하여 $gng^{-1} \in N$이다.
   나. 군 G에서의 부분군 N의 지수가 2이면 N은 정규부분군이다.

5. I, J가 환 R의 두 이데알일 때 다음 이데알들의 포함 관계를 격자도로 나타내어라: I, J, $I \cap J$, IJ, $I+J$.

6. 다음 조건을 만족시키는 예를 하나 제시하여라: H가 K의 정규부분군이고 K가 G의 정규부분군이지만 H는 G의 정규부분군이 아니다.

이번 줄거리

1. 함수 개념이 대수적구조에 따라 어떻게 특성화되는지 주목한다.

2. 집합론에서의 함수, 해석학에서의 연속함수 등과의 비교를 통하여 이 강좌에서 논의하는 함수(군준동형사상, 환준동형사상, 선형사상)의 특징을 알고 그 함수들의 공통적인 성질을 종합적으로 이해한다.

여는 이야기

두 집합을 비교하는 유용한 방법 중 하나는 함수 개념을 사용하는 것이다. 특히, 칸토어는 무한 집합을 연구함에 이러한 접근을 취했다. 예를 들어, 칸토어는 자연수 전체의 집합 $\mathbb{N}$을 기본으로 하여 $\mathbb{N}$과 일대일 대응인가 아닌가를 살폈다. 유리수 전체의 집합 $\mathbb{Q}$는 $\mathbb{N}$과 일대일 대응이지만 실수 전체의 집합 $\mathbb{R}$는 $\mathbb{N}$과 일대일 대응이 아님을 증명하였다. 이때, 가부번(denumerable) 등의 개념이 등장한다.

이 장에서 논의하는 구체적인 문제는 다음과 같다.

- 대수적구조를 비교하는 함수는 어떠한 조건을 추가로 만족시켜야 하는가?
- 대수적구조를 비교하는 함수는 일반적인 함수와 다른 어떠한 성질을 가지는가?

여기에서도 군의 경우는 비교적 자세히 다루지만 환과 벡터공간의 경우는 모두 군의 구조를 가지고 있음에 주목하여 개략적으로 다룬다.

대수적구조의 비교

선형대수학에서 두 벡터 공간을 비교하기 위하여 선형사상(linear mapping)을 사용하였다.

과제 5.1 가. 선형사상의 정의에 대하여 알아보아라.

나. 선형사상 $f: V \to V'$에 대하여 다음이 성립한다.

(1) $f(0)=0$.

(2) 임의의 $a \in V$에 대하여 $f(-a)=-f(a)$이다.

미적분학, 해석학, 위상공간 등에서는 함수의 연속성 등이 중요하다. 군이나 환과 같은 대수적구조에서는 집합에 정의된 연산이 중요하다. 따라서 그러한 대수적구조를 함수를 통하여 비교하고자 할 때에는 그 함수는 연산을 잘 보존하여야 할 필요가 있다. 즉, 이러한 경우에는 그 함수가 일대일 대응이냐 아니냐보다 함수에 의한 연산의 보존 여부를 먼저 살펴야 한다.

군준동형사상

≪**정의 5.2**≫ 군 G에서 군 H로의 사상 $f: G \to H$가 모든 $a, b \in G$에 대하여

$$f(ab)=f(a)f(b)$$

를 만족시킬 때, 이 함수 f를 G에서 H로의 군준동형사상(group homomorphism)이라고 한다. 준동형사상 $f: G \to H$가 일대일대응일 때, f를 군동형사상(group isomorphism)이라고 하고, G와 H 사이에 군동형사상이 있을 때 G와 H는 동형(isomorphic)이라고 하며 $G \cong H$와 같이 나타낸다.

위의 정의에 제시된 성질 $f(ab)=f(a)f(b)$에서 ab는 군 G에서 연산한 결과이고, $f(a)f(b)$는 군 H에서 연산한 결과이지만 연산을 구별하여 나타내지 아니한 것이다. 또, 혼란의 여지가 없을 때에는 군준동형사상(군동형사상)을 그냥 준동형사상(동형사상)이라고 부른다.

과제 5.3 다음을 확인하여라: $\mathbb{Z}_3=\{0, 1, 2\}$는 $\mathbb{Z}_6=\{0, 1, 2, 3, 4, 5\}$의 부분군이 아니지만 $\mathbb{Z}_6$의 부분군 $\{0, 2, 4\}$와 동형이다.

다음 두 준동형사상은 유용하게 사용된다.

H가 G의 부분군일 때 다음과 같이 정의되는 함수를 표준 주입사상(canonical inclusion)이라고 한다.

$$i : H \to G,\ i(h)=h,\ h\in H$$

N이 G의 정규부분군일 때 다음과 같이 자연스럽게 정의되는 함수를 표준 위로의 준동형사상(canonical epimorphism)이라고 한다.

$$\pi : G \to G/N,\ \pi(g)=Ng,\ g\in G$$

과제 5.4 다음을 확인하여라.

가. 표준주입사상 $i : H \to G$는 일대일 준동형사상이다.[1)]

1) 위로의 준동형사상을 'epimorphism'이라고 하듯이 일대일 준동형사상을 'monomorphism'이라고도 한다.

나. 표준 위로의 준동형사상 $\pi : G \to G/N$은 위로의 사상이다.

다. 군 $(\mathbb{Z}, +)$에서 군 $(n\mathbb{Z}, +)$ $(n \in \mathbb{N})$으로의 사상 $f : \mathbb{Z} \to n\mathbb{Z}$를 임의의 $a \in \mathbb{Z}$에 대하여 $f(a) = na$로 정의하면, 임의의 $a, b \in \mathbb{Z}$에 대하여

$$f(a+b) = n(a+b) = na + nb = f(a) + f(b)$$

이므로 f는 준동형사상이며, 또한 f는 일대일대응이므로 f는 동형사상이다. 따라서 이들 두 군은 동형 즉, $\mathbb{Z} \cong n\mathbb{Z}$이다.

라. 군 $(\mathbb{Z}, +)$에서 군 $(\{1, -1\}, \cdot)$(여기서, $\cdot$은 곱셈을 나타낸다)으로의 사상 $f : \mathbb{Z} \to \{1, -1\}$를 다음과 같이 정의하자:

임의의 $m \in \mathbb{Z}$에 대하여 $f(m) = (-1)^m$이다.

그러면 $f(m+n) = (-1)^{m+n} = (-1)^m \cdot (-1)^n = f(m) \cdot f(n)$이므로 f는 준동형사상이다. f는 위로의 사상이지만 일대일은 아니기 때문에 동형사상은 아니다.

마. 두 군 $(\mathbb{Z}_2, +)$와 $(\{1, -1\}, \cdot)$(여기서, $\cdot$은 곱셈을 나타낸다)는 동형이다.

바. 사상 $f : \mathrm{GL}_n(\mathbb{R}) \to \mathbb{R}^* = \mathbb{R} - \{0\}$를 $f(A) = |A|$와 같이 정의하면 f는 군준동형사상이다.

사. 군 G의 자명한 정규부분군 $\{e\}$에 의한 상군은 G와 동형임을 설명하여라. 또 군 G의 자명한 정규부분군 G에 의한 상군은 자명한 군 $\{e\}$와 동형임을 설명하여라.

다음 정리는 준동형사상의 합성은 준동형사상임을 말한다. 이 경우에도 세 군의 연산에 혼란의 여지가 없기 때문에 연산을 구체적으로 나타내지 않는다.

≪정리 5.5≫ 세 군 G, H, K에 대하여 $f: G \to H$와 $g: H \to K$가 준동형사상이면 합성사상 $g \circ f: G \to K$도 준동형사상이다.

증명 임의의 $a, b \in G$에 대하여

$$\begin{aligned}(g \circ f)(ab) &= g(f(ab)) = g(f(a)f(b)) \\ &= g(f(a))g(f(b)) = (g \circ f)(a)(g \circ f)(b)\end{aligned}$$

따라서 합성사상 $g \circ f$는 G에서 K로의 준동형사상이다. ■

≪정리 5.6≫ 군의 동형관계($\cong$)는 동치관계이다.

증명 가. 임의의 군 G에 대하여 항등사상 $I_G: G \to G$는 동형사상이다. 따라서 $G \cong G$이다.

나. 군 G, H에 대하여 $G \cong H$라 가정하고 $f: G \to H$를 동형사상이라고 하자. f는 일대일대응이므로 f의 역함수 $f^{-1}: H \to G$가 있으며, 일대일대응이다. 한편 $a', b' \in H$이라고 하면, $f(a) = a'$, $f(b) = b'$인 $a, b \in G$가 있고 $f^{-1}(a') = a$, $f^{-1}(b') = b$이다. 따라서

$$\begin{aligned}f^{-1}(a'b') &= f^{-1}(f(a)f(b)) = f^{-1}(f(ab)) = ab \\ &= f^{-1}(a')f^{-1}(b').\end{aligned}$$

그러므로 f^{-1}는 동형사상이다. 따라서 $H \cong G$이다.

다. 군 G, H, K에 대하여 $G \cong H$, $H \cong K$라고 하고, 사상 $f: G \to H$와 $g: H \to K$를 동형사상이라고 하자. 이 경우 $g \circ f: G \to K$은 준동형사상이고 f, g가 일대일대응이므로 $g \circ f$도 일대일대응이다. 따라서 $g \circ f$는 동형사상이다. 따라서 $G \cong K$이다. ■

≪정리 5.7≫ 두 군 G, H에 대하여 $f: G \to H$가 준동형사상이면 다음이 성립한다.

가. $f(e)=e$.

나. 임의의 $x \in G$에 대하여, $f(x^{-1})=f(x)^{-1}$이다.

다. $\text{Im} f=\{f(x) \mid x \in G\}$는 H의 부분군이다.

라. $\text{Ker } f=\{x \in G \mid f(x)=e\}$는 G의 정규부분군이다.

증명 가. $f(e)=f(ee)=f(e)f(e)$. 따라서 $f(e)=e$이다.

나. $f(x^{-1})f(x)=f(x^{-1}x)=f(e)=e$. 또, $f(x)f(x^{-1})=f(xx^{-1})=f(e)=e$. 따라서 $f(x^{-1})=f(x)^{-1}$이다.

다. 먼저 $\text{Im} f \neq \varnothing$임은 분명하다. 이제 x', $y' \in \text{Im} f$라고 하면, $f(x)=x'$, $f(y)=y'$인 x, $y \in G$가 있다. 이제, $f(xy^{-1})=f(x)f(y)^{-1}=x'y'^{-1}$이므로 $x'y'^{-1} \in \text{Im} f$이다.

라. 먼저 위의 가에 의하여 $\text{Ker } f \neq \varnothing$이다. 이제 x, $y \in \text{Ker } f$라고 하면, $f(x)=e$, $f(y)=e$이다. 이제, $f(xy^{-1})=f(x)f(y)^{-1}=e$이므로 $xy^{-1} \in \text{Ker } f$이다. 한편, 임의의 $g \in G$와 임의의 $x \in \text{Ker } f$에 대하여, $f(gxg^{-1})=f(g)f(x)f(g)^{-1}=f(g)f(g)^{-1}=e$이다. 따라서 $gxg^{-1} \in \text{Ker } f$이다. ■

≪정리 5.8≫ 준동형사상 $f: G \to H$가 일대일이기 위한 필요충분조건은 $\mathrm{Ker}\, f = \{e\}$이다.

증명 먼저 f가 일대일이라고 하자. $\mathrm{Ker}\, f \geq \{e\}$이므로 $\mathrm{Ker}\, f \leq \{e\}$임을 보이면 된다. 이를 위하여 $x \in \mathrm{Ker}\, f$라고 하면 다음이 성립한다: $f(x) = e = f(e)$. f가 일대일이므로 $x = e$이다. 이제 $\mathrm{Ker}\, f = \{e\}$이라고 하고 $f(x) = f(y)$라고 하자. f가 준동형사상이므로 $f(xy^{-1}) = e$이다. 즉, $xy^{-1} \in \mathrm{Ker}\, f$이다. $\mathrm{Ker}\, f = \{e\}$이므로 $xy^{-1} = e$ 즉, $x = y$이고 이는 f가 일대일임을 뜻한다. ■

과제 5.9 다음을 확인하여라.

가. 준동형사상 $f: G \to H$가 위로의 사상이기 위한 필요충분조건은 $\mathrm{Im}\, f = H$이다.

나. 군 G의 임의의 정규부분군 N에 대하여 N을 핵으로 가지는 군준동형사상은 항상 있다. 사실, 표준 위로의 준동형사상 $\pi: G \to G/N$을 생각하면 된다.

≪정리 5.10≫ (제1동형정리, The 1st Isomorphism Theorem) 준동형사상 $f: G \to H$에 대하여, $G/\mathrm{Ker}\, f$는 $\mathrm{Im}\, f$와 동형이다.

[증명 및 그림]

가. 함수 $\phi: G/\mathrm{Ker}\, f \to \mathrm{Im}\, f$를 정의한다.

나. 함수 ϕ가 잘 정의됨을 보인다.

다. 함수 ϕ는 준동형사상임을 보인다.

라. 함수 ϕ는 일대일임을 보인다.
마. 함수 ϕ는 위로의 사상임을 보인다.

증명 다음과 같이 정의되는 함수를 생각하자.

$$\begin{aligned}\phi : G/\mathrm{Ker}\ f &\to \mathrm{Im}\ f \\ x\,\mathrm{Ker}\ f &\to f(x)\end{aligned}$$

먼저, 이 함수 ϕ가 잘 정의됨을 보이자. 이를 위하여 다음을 보여야 한다: $x_1\,\mathrm{Ker}\ f = x_2\,\mathrm{Ker}\ f$이면 $f(x_1)=f(x_2)$이다.

그런데 $x_1\,\mathrm{Ker}\ f = x_2\,\mathrm{Ker}\ f$이면 $x_1^{-1}x_2 \in \mathrm{Ker}\ f$이므로 $f(x_1^{-1}x_2)=f(x_1)^{-1}f(x_2)=e$이다. 따라서 $f(x_1)=f(x_2)$이다.
이제, 다음으로부터 함수 ϕ는 준동형사상임을 알 수 있다.

$$\begin{aligned}\phi(x_1\,\mathrm{Ker}\ f\ \ x_2\,\mathrm{Ker}\ f) &= \phi(x_1x_2\,\mathrm{Ker}\ f) \\ &= f(x_1x_2) \\ &= f(x_1)f(x_2) \\ &= \phi(x_1\,\mathrm{Ker}\ f)\phi(x_2\,\mathrm{Ker}\ f)\end{aligned}$$

함수 ϕ가 일대일임을 보이기 위하여 $\mathrm{Ker}\ \phi=\{e\}$임을 보인다. 여기서 $G/\mathrm{Ker}\ f$에서의 항등원은 $\mathrm{Ker}\ f$임에 유의한다. 이제 $g\,\mathrm{Ker}\ f \in \mathrm{Ker}\ \phi$라고 하면 $\phi(g\,\mathrm{Ker}\ f)=f(g)=e$이므로 $g \in \mathrm{Ker}\ f$ 즉, $g\,\mathrm{Ker}\ f=\mathrm{Ker}\ f$다.
마지막으로 함수 ϕ는 위로의 사상임을 보이자. 임의의 $x' \in \mathrm{Im}\ f$에 대하여, $f(x)=x'$인 $x \in G$가 있다. 이제, $\phi(x\,\mathrm{Ker}\ f)=f(x)=x'$이므로 ϕ는 위로의 사상이다. ■

위의 증명에서 함수 ϕ가 일대일임을 다음과 같이 보여도 된다: $\phi(x_1\,\mathrm{Ker}\ f)=\phi(x_2\,\mathrm{Ker}\ f)$라고 하면, $f(x_1)=f(x_2)$ 즉, $f(x_1x_2^{-1})$

$=f(x_1)f(x_2)^{-1}=e$이다. 따라서 $x_1x_2^{-1}\in\text{Ker } f$이고, 이는 $x_1 \text{ Ker } f = x_2 \text{ Ker } f$을 뜻한다.

한편, 다음 그림에서 $f=\phi\pi$임을 알 수 있다. 여기서 π는 표준위로의 준동형사상이다.

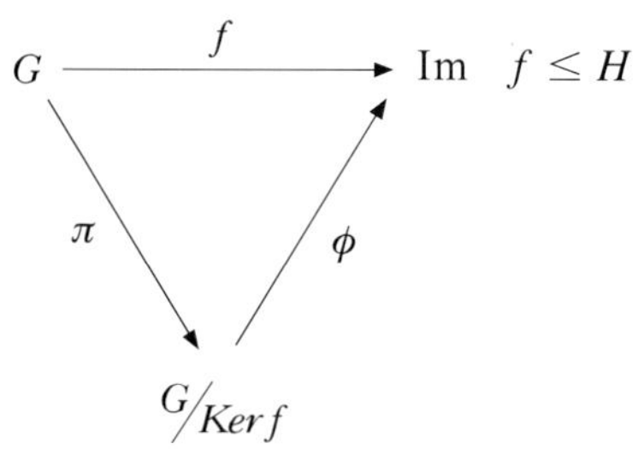

과제 5.11 다음을 확인하여라.

$f(A)=|A|$와 같이 정의된 준동형사상 $f:\text{GL}_n(\mathbb{R})\to\mathbb{R}^*=\mathbb{R}-\{0\}$에 대하여 다음이 성립한다.

가. f는 위로의 군준동형사상이다.

나. $\text{Ker } f=\text{SL}_n(\mathbb{R})$이다.

다. $\text{GL}_n(\mathbb{R})/\text{SL}_n(\mathbb{R})\cong\mathbb{R}^*$

다음 동형정리는 제1동형정리의 응용이라고 할 수 있다.

≪**정리 5.12**≫ (제2동형정리, The 2nd Isomorphism Theorem)

군 G의 부분군 H와 정규부분군 N에 관하여 다음이 성립한다.

가. $H\cap N$은 H의 정규부분군이다.

나. $H/(H\cap N)$은 HN/N과 동형이다.

[증명 및 그림]

먼저 H에서 HN/N으로의 함수를 정의한다. 정의된 그 함수가 잘 정의되고, 위로의 준동형사상임을 보인다. 그 후 그 준동형사상의 핵이 $H \cap N$임을 보임으로써 '가'의 주장을 증명하고, 이어서 제1 동형정리를 적용하여 '나'의 주장을 얻는다.

증명 N은 G의 정규부분군이므로 HN의 정규부분군이다. 이제 다음과 같이 정의되는 함수를 생각하자.

$$\phi : H \to HN/N,\ \phi(h) = hN.$$

먼저, 임의의 $h \in H$에 대하여 $hN \in HN/N$이므로 함수 ϕ는 잘 정의된다. 이제, 다음으로부터 함수 ϕ는 준동형사상임을 알 수 있다:

$$\phi(h_1 h_2) = h_1 h_2 N = h_1 N h_2 N = \phi(h_1)\phi(h_2).$$

한편, 함수 ϕ는 위로의 사상임을 보이자. 사실, HN/N의 임의의 원소는 hN, $h \in H$의 꼴이고, $\phi(h) = hN$이므로 ϕ는 위로의 사상이다. 마지막으로 준동형사상 ϕ의 핵이 $H \cap N$임을 보이자. 임의의 $h \in H$에 대하여 $h \in \mathrm{Ker}\ \phi$이면 $\phi(h) = hN = N$이고, 이는 $h \in N$을 뜻하므로, $\mathrm{Ker}\ \phi \leq H \cap N$이 된다. $H \cap N \leq \mathrm{Ker}\ \phi$은 분명하다. 따라서 $H \cap N = \mathrm{Ker}\ \phi$이고 $H \cap N$은 H의 정규부분군이다. 이제, 제1동형정리로부터 $H/(H \cap N)$은 HN/N과 동형이다. ■

과제 5.13 가. 다음을 확인하여라: 위 정리에서 N이 G의 정규부분군이므로 N은 HN의 정규부분군이다.

나. 위의 정리에서 '가'를 직접 증명하여라.

다. 위의 정리에서 네 부분군 HN, H, N, $H \cap N$ 상호간의 관계를 격자도로 나타내어라.

다음 정리의 증명에서도 제1동형정리가 유용하게 사용된다.

≪정리 5.14≫ (제3동형정리, The 3rd Isomorphism Theorem)
군 G의 두 정규부분군 H와 N, $N \le H$에 관하여 다음이 성립한다.
가. H/N은 G/N의 정규부분군이다.
나. $(G/N)/(H/N)$은 G/H와 동형이다.

[증명 밑 그림]

먼저 G/N에서 G/H로의 함수를 정의한다. 정의된 그 함수가 잘 정의되고, 준동형 위로의 사상임을 보인다. 그 후 그 준동형사상의 핵이 H/N임을 보임으로써 '가'의 주장을 증명하고, 이어서 제1동형정리를 적용하여 '나'의 주장을 얻는다.

증명 N은 G의 정규부분군이므로 N은 H의 정규부분군이다. 이제 다음과 같이 정의되는 함수를 생각하자.

$$\phi : G/N \to G/H, \quad \phi(gN) = gH$$

먼저, $g_1N = g_2N$이면 $g_1^{-1}g_2 \in N$이므로 $g_1^{-1}g_2 \in H$이고, 이는 $g_1H = g_2H$임을 뜻하므로 함수 ϕ는 잘 정의된다. 함수 ϕ가 준동형사상임은 쉽게 보일 수 있다. 한편, 임의의 $gH \in G/H$에 대하여 $\phi(gN) = gH$, $gN \in G/N$이므로 ϕ는 위로의 사상이다. 마지막으로 준동형사상 ϕ의 핵이 H/N임을 보이자. 임의의 $gN \in G/N$에 대하여 $gN \in \text{Ker}\ \phi$이면 $\phi(gN) = gH = H$이고, 이는 $g \in H$ 즉, $gN \in H/N$임을 뜻하므로, $\text{Ker}\ \phi \le H/N$이 된다. $H/N \le \text{Ker}\ \phi$은 분명하다. 따라서 H/N은 G/N의 정규부분군이고, 제1동형정리로부터 '나'가 성립함을 알 수 있다. ■

과제 5.15 가. 위의 정리에서 '가'를 직접 증명하여라.

나. 세 실수 g, $h(\neq 0)$, $n(\neq 0)$에 관하여 다음이 성립함을 확인하여라.

$$\frac{\frac{g}{n}}{\frac{h}{n}}=\frac{g}{h}$$

다. 위 '나'의 관계식과 제3동형정리의 유사성을 살펴라.

라. 제'3' 동형정리는 자연스럽게 등장하는 '세' 개의 상군 G/N, H/N, G/H 상호 간의 관계를 설명함을 기억하여라.

다음 정리는 동형정리와 함께 유용하게 이용된다.

≪**정리 5.16**≫ (대응 정리, The Correspondence Theorem)
G, G'가 군이고 $f: G \to G'$가 위로의 준동형사상이며 $K=\operatorname{Ker} f$라고 하면 다음이 성립한다.

가. H가 G의 부분군이면 $f(H)$는 G'의 부분군이고, H가 G의 정규부분군이면 $f(H)$는 G'의 정규부분군이다.

나. H'이 G'의 부분군이면 $f^{-1}(H')$은 G의 부분군이고 $K \leq f^{-1}(H')$이다. 한편, H'이 G'의 정규부분군이면 $f^{-1}(H')$은 G의 정규부분군이다.

다. H가 G의 부분군이면 $f^{-1}(f(H))=HK$이다. 한편, H'이 G'의 부분군이면 $f(f^{-1}(H'))=H'$이다.

증명 '가'와 '나'의 증명은 쉬우므로 '다'만 증명한다. 먼저 '나'와 과제

1.7에 의하여 $HK \le f^{-1}(f(H))$이다. 이제 $g \in f^{-1}(f(H))$이면 $f(g) \in f(H)$이므로 $f(g)=f(h)$, $h \in H$이다. 따라서 $gK=hK$ 즉, $h^{-1}g \in K$이고 $g \in HK$이다. 한편, 과제 1.7에 의하여 $f(f^{-1}(H'))=H'$이다. ■

과제 5.17 가. 과제 1.7을 참고하여 위 정리 '다'의 내용을 일반적인 함수 경우와 비교하여라. 즉, 위 정리를 위로의 준동형사상이 아닌 $f: G \to G'$에 대하여는 어떻게 기술되어야 하는지 논의하여라.

나. 위 정리 중 '다'의 내용을 격자도를 그려 설명하여라.

환준동형사상

두 군을 비교하고자 할 때 군준동형사상을 사용하듯이 두 환을 비교할 때에는 환준동형사상을 사용한다. 환의 구조에는 두 개의 연산이 정의된다는 사실을 감안하면 환준동형사상의 정의를 쉽게 생각할 수 있다.

과제 5.18 다음은 환준동형사상의 정의다. 빈칸을 적절히 채우라.

환 R에서 환 R'으로의 사상 $f: R \to R'$가 모든 $a, b \in R$에 대하여

$$f(a+b)=f(a)+f(b)$$
$$f(ab)=f(a)f(b)$$

를 만족시킬 때, 이 사상 f를 R에서 R'으로의 (　)사상(ring homomorphism)이라고 한다. 환준동형사상 $f : R \to R'$이 일대일대응일 때, f를 (　　)사상(ring isomorphism)이라고 하고, 두 환 R와 R' 사이에 환동형사상이 있을 때 R와 R'은 (　)(isomorphic)이라고 하며 $R \cong R'$과 같이 나타낸다.

위의 정의에서 두 환의 연산을 구별하여 나타내지 아니한 것이다. 또, 혼란의 여지가 없을 때에는 환준동형사상(환동형사상)을 그냥 준동형사상(동형사상)이라고 부른다.

과제 5.19 가. 군의 경우를 참고하여 환의 경우에 표준주입사상과 표준위로의 준동형사상을 정의하여라.

나. 환표준주입사상과 환표준위로의 준동형사상은 각각 일대일 환준동형사상이고 위로의 환준동형사상임을 설명하여라.

다. 다음을 확인하여라.

정수환 $\mathbb{Z}$에서 잉여류환 $\mathbb{Z}_n$로의 사상 $f : \mathbb{Z} \to \mathbb{Z}_n$을 $f(x) = x + n\mathbb{Z}$로 정의하면 f는 표준 위로의 환준동형사상이다.

환 $(R, +, \cdot)$, $(R', +, \cdot)$에서 사상 $f : R \to R'$가 환준동형사상이라 하면 이 사상은 군 $(R, +)$에서 군 $(R', +)$로의 군준동형사상이므로 다음이 성립한다.

가. $f(0) = 0$

나. $\forall a \in R,\ f(-a) = -f(a)$

과제 5.20 가. R, R'이 단위원을 가지는 환이고 $f: R \to R'$이 환준동형사상일 때 다음이 성립하지 않는 예를 제시하여라.

$$f(1)=1$$

나. R, R'이 단위원을 가지는 환이고 $f: R \to R'$가 위로의 환준동형사상이면 다음 조건이 성립함을 증명하여라.

(1) $f(1)=1$

(2) $x \in R$가 곱셈에 관한 역원을 가지면 $f(x^{-1})=f(x)^{-1}$이다.

다. 다음을 증명하여라.

(1) R, R', R''를 환이라 할 때 $f: R \to R'$와 $g: R' \to R''$가 준동형사상이면 합성사상 $g \circ f: R \to R''$도 환준동형사상이다.

(2) 환 R, R'에 대하여 $f: R \to R'$를 환준동형사상이라고 할 때 다음이 성립한다.

(가) $\text{Im}\, f=\{f(x) \mid x \in R\}$은 R'의 부분환이다.

(나) $\text{Ker}\ f=\{x \in R \mid f(x)=0\}$은 R의 이데알이다.

(다) R, R'가 환이고 f가 환준동형사상일 때 f가 일대일이기 위한 필요충분조건은 $\text{Ker}\ f=\{0\}$이다.

(라) R, R'가 환이고 f가 환준동형사상일 때 f가 위로의 사상이기 위한 필요충분조건은 $\text{Im}\, f=R'$이다.

(3) (환 제1동형정리) 환준동형사상 $f: R \to R'$에 대하여 $R/\text{Ker}\ f$는 $\text{Im}\, f$와 동형이다.

(4) (환 제2동형정리) 환 R의 부분환 S와 이데알 I에 관하여 다음이 성립한다.

(가) $S\cap I$은 S의 이데알이다.

(나) $S/(S\cap I)$은 $(S+I)/I$와 동형이다.

(5) (환 제3동형정리) 환 R의 두 이데알 I와 J, $I\subset J$에 관하여 다음이 성립한다.

(가) J/I는 R/I의 이데알이다.

(나) $(R/I)/(J/I)$는 R/J와 동형이다.

(6) (대응정리) R, R'가 환이고 $f:R\to R'$가 위로의 준동형사상이며 $I=\text{Ker } f$라고 하면 다음이 성립한다.

(가) S가 R의 부분환이면 $f(S)$는 R'의 부분환이고, S가 R의 이데알이면 $f(S)$는 R'의 이데알이다.

(나) S'이 R'의 부분환이면 $f^{-1}(S')$은 R의 부분환이고 $I\leq f^{-1}(S')$이다. 한편, S'이 R'의 이데알이면 $f^{-1}(S')$은 R의 이데알이다.

(다) S가 R의 부분환이면 $f^{-1}(f(S))=S+I$이다. 한편, S'이 R'의 부분환이면 $f(f^{-1}(S'))=S'$이다.

(7) F가 체이고, R는 단위원을 가지는 환일 때, $f:F\to R$가 위로의 환준동형사상이면 f는 동형사상이다.

선형 사상

군과 환의 경우와 마찬가지로 두 벡터공간을 비교할 때에는 선형사상을 이용한다. 이에 관해서는 선형대수학 강좌에서 이미 다루었다.

과제 5.21 다음을 확인하여라.

가. 두 선형사상의 합성은 선형사상이다.

나. 선형사상 $f: V \to V'$에 대하여 다음이 성립한다.

(1) $f(0) = 0$

(2) $\forall a \in V,\ f(-a) = -f(a)$

(3) $\mathrm{Im}\, f = \{f(x) \mid x \in V\}$은 V'의 부분공간이다.

(4) $\mathrm{Ker}\, f = \{x \in V \mid f(x) = 0\}$은 V의 부분공간이다.

(5) f가 일대일 선형사상이기 위한 필요충분조건은 $\mathrm{Ker}\, f = \{0\}$이다.

(6) f가 위로의 선형사상이기 위한 필요충분조건은 $\mathrm{Im}\, f = V'$이다.

실생활과 학교수학에서의 함수

함수는 수학에서 가장 기본적인 개념이라고 할 수 있다.

학교수학에서 함수는 일반적으로 다음과 같이 도입한다. 즉, 두 변수 가운데 하나에 어떤 값을 주면 그에 따라 다른 변수의 값이 유일하게 정해지는 관계를 함수라고 한다. 이 때, 처음 변수를 '독립변수'라고 하고, 다른 변수를 '종속변수'라고 부른다. 학교수학에서 주로 다루어지는 함수로서 다항함수(polynomial), 삼각함수, 지수함수, 로그 함수 등을 들 수 있다.

한편, 함수는 두 개의 수학적 대상을 비교하는데 사용된다. 예를 들어, 두 개의 집합 사이에 일대일 대응이 존재할 때, 두 집합은 대등하다(equipotent)고 한다. 특히, 자연수 전체의 집합 $\mathbb{N}$과 대등한 집합을 가부번(denumerable)집합이라고 한다.

대수적구조를 비교할 때의 함수는 연산에 관하여 특별한 조건을 만족시켜야 하고, 위상적 구조를 비교할 때의 함수는 위상(topology)에 관하여 특별한 조건을 만족시켜야 한다.

과제 5.22 가. 제6차 수학과 교육과정에서와 제7차 수학과 교육과정에서는 함수의 도입을 다른 방식으로 하였다. 즉, 6차에서는 대응관계로, 7차에서는 비례관계로 함수를 도입한 것이다. 2006년에 공포된 새 수학과 교육과정에서는 다시 대응관계로 함수를 도입한다. 함수 도입에 관한 두 가지 방법에 대하여 논의하되 '집합' 개념의 도입과 연계하여라.

나. 다음에 관하여 조사하여라.

(1) 두 집합의 비교: 일대일 사상, 위로의 사상, 일대일 대응, 가부번 집합

(2) 대수적구조의 비교: 군(환) 준동형사상, 선형사상, 군(환) 동형사상, 선형 동형사상

(3) 위상 공간의 비교: 연속(continuous) 함수, 동형사상(homeomorphism)

다. 자물쇠와 열쇠를 사용하여 중요한 물건을 물리적으로 보호할 수 있다. 사이버 공간상에서 정보를 보호하기 위해서 자물쇠와 열쇠의 역할을 하는 것이 일방향 함수이다. 과제 1.32를 참고하여 일방향 함수의 예와 실제 응용에 관하여 조사하여라.

뒷 이야기

1. 다음과 같이 정의된 함수를 생각하여라.

$$f : \mathbb{R} \to \mathbb{C}^* = \mathbb{C} - \{0\}, \quad f(\theta) = e^{i\theta} = \cos\theta + i\sin\theta$$

다음을 확인하여라.

가. 위 함수 f는 군준동형사상이다.

나. $\mathrm{Im}\, f = \{z \in \mathbb{C}^* \mid |z| = 1\}$

다. $\mathrm{Ker}\, f = 2\pi\mathbb{Z}$

라. $\mathbb{R}/2\pi\mathbb{Z} \cong \{z \in \mathbb{C}^* \mid |z| = 1\}$

마. $\left\{\begin{bmatrix}\cos\theta & -\sin\theta\\ \sin\theta & \cos\theta\end{bmatrix} \middle| \theta \in \mathbb{R}\right\}$는 좌표평면에서의 회전변환 전체의 집합이다.

바. $\left\{\begin{bmatrix}\cos\theta & -\sin\theta\\ \sin\theta & \cos\theta\end{bmatrix} \middle| \theta \in \mathbb{R}\right\}$는 $SL_2(\mathbb{R})$의 부분군이다.

사. $\mathbb{R}/2\pi\mathbb{Z} \cong \left\{\begin{bmatrix}\cos\theta & -\sin\theta\\ \sin\theta & \cos\theta\end{bmatrix} \middle| \theta \in \mathbb{R}\right\}$

2. 군 제1동형정리를 사용하여 다음을 설명하여라.

가. $5\mathbb{Z}/15\mathbb{Z} \cong \mathbb{Z}_3$

이를 보이기 위하여 먼저 $i : 5\mathbb{Z} \to \mathbb{Z}$와 $\pi : \mathbb{Z} \to \mathbb{Z}_3$를 각각 표준주입사상과 표준 위로의 준동형사상이라고 하자. 그러면 준동형사상 $\pi \circ i : 5\mathbb{Z} \to \mathbb{Z}_3$은 위로의 사상이며 핵은 $15\mathbb{Z}$이다. 특히 $\pi \circ i$가 위로의 사상임을 보일 때 정수론의 이론이 활용됨에 주목하여라. 물론 $(\pi \circ i)(5) = 2$, $(\pi \circ i)(10) = 1$, $(\pi \circ i)(15)$

$=0$임을 통하여 직접 위로의 사상임을 확인할 수도 있다.

나. $(\mathbb{R}^+, \cdot) \cong \mathbb{R}^*/<-1>$

임의의 0이 아닌 실수를 그 절대값으로 보내는 함수를 생각하여라.

다. $(\mathbb{R}, +) \cong (\mathbb{R}^+, \cdot)$

임의의 실수 θ를 e^θ로 보내는 함수를 생각하여라.

라. $\mathbb{R}^*/\{1, -1\} \cong (\mathbb{R}^+, \cdot)$

임의의 실수 θ를 θ^2으로 보내는 함수를 생각하여라.

3. 벡터공간에서의 제1동형정리, 제2동형정리, 그리고 제3동형정리를 기술하고 증명하여라. 또, 벡터공간에서의 대응정리를 기술하여라.

4. 군 $\mathbb{Z}$의 다음과 같은 특징을 확인하여라.2)

가. $\mathbb{Z}$의 자명하지 않은 부분군은 모두 $\mathbb{Z}$와 동형이다.

나. $\mathbb{Z}$의 자명하지 않은 상군은 모두 유한이다.

5. 다음을 참고하여 정역의 표수에 관하여 알아보아라.

가. 정역 R의 표수(characteristic)는 다음과 같이 정의한다: 정역 R의 곱셈에 관한 항등원 1에 대하여 $\{n \in \mathbb{N} \mid n1 = 0\} = \varnothing$인 경우에는 정역 R의 표수를 0으로 정의하고 $\{n \in \mathbb{N} \mid$

---

2) 다음 조건을 만족시키는 무한군 G도 있다(Robinson, 1982).
가. G의 자명하지 않은 부분군은 모두 유한이다.
나. G의 자명하지 않은 상군은 모두 G와 동형이다.

$n1=0\}\neq\varnothing$인 경우에는 자연수 $\min\{n\in\mathbb{N}\mid n1=0\}$를 정역 R의 표수라고 정의한다. 여기서 '$n1$'은 'R의 곱셈에 관한 항등원 1을 n번 더한 R의 원소'를 나타낸다. 편의상 $n=0$이면 $n1=0$이고, n이 음의 정수이면 $n1=(-1$을 $-n$번 더한 R의 원소)로 생각한다.

나. 정역의 표수는 0 또는 소수이다.

6. 다음을 참고하여 소체에 관하여 알아보아라.

가. 체 F가 그 자신을 제외하고는 부분체가 없을 때 체 F를 소체(prime field)라고 한다.

나. 체 F에 대하여 함수 $f:\mathbb{Z}\to F$를 $f(n)=n1$이라고 정의하자. 다음 물음에 답하여라.

(1) 위 함수의 정의를 $f:\mathbb{Z}\to\mathbb{Z}_3$의 경우에 자세히 살펴보아라.

(2) 다음을 확인하여라.

(가) f는 환준동형사상이다.

(나) $\text{Ker}\ f=n\mathbb{Z},\ n\geq 0$

(다) $\text{Ker}\ f=\{0\}$이기 위한 필요충분조건은 F의 표수가 0인 것이다. 이 경우, F는 $\mathbb{Z}(\cong\text{Im}\ f)$와 동형인 부분환을 포함하므로 $\mathbb{Q}$와 동형인 부분체를 가진다. $\mathbb{Q}$와 동형인 이 부분체는 $f(1)=1$을 품는 F의 최소 부분체이다. 이 경우 F의 소체는 $\mathbb{Q}$이다.

(라) $\text{Ker}\ f=n\mathbb{Z},\ n\geq 1$이면 F는 $\mathbb{Z}/n\mathbb{Z}(\equiv\mathbb{Z}_n\cong$

Im f)와 동형인 부분환을 포함하는데 F가 체이므로 $\mathbb{Z}_n$도 체가 되어 n은 어떤 소수 p이다. 결국, F는 $\mathbb{Z}_p$와 동형인 부분체를 포함한다. 이때, $\mathbb{Z}_p$와 동형인 F의 부분체는 $f(1)=1$을 품는 최소 부분체이다. 이 경우 F의 소체는 $\mathbb{Z}_p$이다. 결국 Ker $f=p\mathbb{Z}$(p는 소수)이기 위한 필요충분조건은 F의 표수가 p인 것이다.

(마) 임의의 체 F의 소체는 F의 (곱셈에 관한 항등원 1을 품는) 최소 부분체이다.

(바) 소체는 유리수체 $\mathbb{Q}$와 $\mathbb{Z}_p$(p는 소수) 뿐이다. 사실, 표수가 0인 체는 소체 $\mathbb{Q}$를 품고, 표수가 p인 체는 소체 $\mathbb{Z}_p$를 품는다.

(사) 표수가 p(p는 소수)인 체 F의 두 원소 a, b에 대하여 $(a+b)^p=a^p+b^p$가 성립한다. 이를 증명하기 위하여 다음이 필요하다.

(i) ${}_pC_r\,(1 \leq r \leq p-1)$는 자연수다. 사실, 1보다 큰 임의의 자연수 n에 대하여 ${}_nC_r\,(1 \leq r \leq n-1)$는 자연수라는 것을 다음과 같은 절차에 따라 증명할 수 있다. 먼저, 임의의 두 자연수 r, $k(0 \leq r \leq k-1)$에 대하여 다음이 성립함에 주목한다: ${}_kC_{r+1}+{}_kC_r={}_{k+1}C_{r+1}$. 이제, 임의의 자연수 n에 관하여 수학적 귀납법을 사용하면 ${}_nC_r$가 자연수임을 보일 수

있다.

(ii) 임의의 소수 p에 대하여 ${}_pC_r\,(1 \le r \le p-1)$는 p의 배수이다. 사실 ${}_pC_r = \dfrac{p!}{(p-r)!r!}$에서 분자는 p의 배수이지만 분모는 p의 배수가 아니다.

7. 위 6.(사)를 다음과 같이 일반화할 수 있다.

과제 5.23 가. 수학적 귀납법을 이용하여 다음을 증명하여라. 표수가 p인 체 F의 두 원소 a, b와 임의의 자연수 k에 대하여

$$(a+b)^{p^k} = a^{p^k} + b^{p^k}$$

이다.

나. 임의의 소수 p와 임의의 자연수 k에 대하여 다음이 성립함을 설명하여라:

$${}_{p^k}C_r\;(1 \le r \le p^k-1)\text{은 } p\text{의 배수이다.}$$

8. (임용고사 기출 문제) 오늘부터 n^7째 되는 날이 금요일이면 오늘부터 $(n+2)^7$째 되는 날은 무슨 요일인가?

9. 다음 함수 $f:\mathbb{R}\to\mathbb{R}$는 학교수학에서 다루어지고 있다.

• $f(x)=3x$

- $f(x)=3x+1$
- $f(x)=x^3$
- $f(x)=\sin x$
- $f(x)=e^x$

가. 위의 함수 중에서 일대일대응은 어느 것인가?

나. 위의 함수 중에서 연속함수는 어느 것인가?

다. 위의 함수 중에서 미분가능함수는 어느 것인가?

라. $\mathbb{R}$를 덧셈에 관한 군으로 볼 때 위의 함수 중에서 군준동형사상은 어느 것인가?

마. $\mathbb{R}$를 덧셈과 곱셈에 관한 환으로 볼 때 위의 함수 중에서 환준동형사상은 어느 것인가?

바. $\mathbb{R}$를 실벡터공간으로 볼 때 위의 함수 중에서 선형사상은 어느 것인가?

10. 실수 전체의 집합 $\mathbb{R}$를 군(덧셈에 관한), 환, 또는 일차원 실벡터공간로 볼 때, 함수 $f:\mathbb{R}\to\mathbb{R}$가 각각 군준동형사상, 환준동형사상, 또는 선형사상이기 위한 필요충분조건은 적당한 실수 $a\in\mathbb{R}$에 대하여 $f(x)=ax$인 것임을 증명하여라.

11. 표수가 2인 정역 R에서는 뺄셈이 별도로 필요하지 않음을 설명하여라. 즉, 임의의 두 원소 $a, b\in R$에 대하여 $a-b=a+b$이다.

Ⅵ

더 큰 구조의 구성: 직적(합)

지난 줄거리

1. 과제 내용 중 해결하지 못한 문제는 무엇인가?

2. 대수적구조를 비교하는 함수는 어떠한 조건을 추가로 만족시켜야 하는지 다음 각각의 경우에 논의하여라.
   가. 군
   나. 환
   다. 벡터공간

3. 다음 용어를 모두 사용하여 작문하여라.
   가. 두 집합의 비교, 함수, 일대일대응, 대등(equipotent)
   나. 두 군의 비교, 군준동형사상, 동형사상, 핵과 상, 동형정리, 대응정리
   다. 두 환의 비교, 환준동형사상, 동형사상, 핵과 상, 동형정리, 대응정리
   라. 두 벡터공간의 비교, 선형사상, 동형사상, 핵과 상, 동형정리

4. 군준동형사상 f가 일대일이기 위한 필요충분조건은 Ker $f=$

$\{e\}$임을 증명하여라.

5. R, R'가 각각 단위원을 가지는 환이라고 하고, $f : R \to R'$를 위로의 환준동형사상이라고 하자. 다음 물음에 답하여라.
   가. Ker f의 정의를 쓰라.
   나. $f(1)=1$이 성립하는가?

6. R, R'이 각각 단위원을 가지는 환이라고 하고, $f : R \to R'$를 환준동형사상이라고 하자. $f(1) \neq 1$인 예를 제시하여라.

7. 학교수학에 나오는 다항 함수, 삼각함수, 대수(logarithm)함수, 지수(exponential)함수 등에 관하여 준동형(또는 선형)사상 관점에서 논의하여라.

이번 줄거리

1. 두 개 또는 그 이상의 군, 환, 또는 벡터공간의 데카르트곱에 자연스러운 군, 환, 또는 벡터공간의 구조를 줄 수 있다.

2. 외적직적(합)과 내적직적(합)은 근본적으로 동일한 구조임을 안다.

3. 과제를 통하여 직적(합)은 유한군 등의 구조를 나타내는 데 유용함을 개략적으로 안다.

여는 이야기

두 개 또는 그 이상의 대수적구조를 데카르트곱함으로써 새로운 구조를 얻을 수 있다. 이렇게 얻은 구조의 대수적 성질은 원래 구조의 대수적 성질과 밀접한 관계가 있는 것은 자연스럽다.

한편, 대수적구조의 데카르트곱은 여러 면에서 유용하게 활용된다.

이 장에서 논의하는 구체적인 문제는 다음과 같다.

- 군, 환, 벡터 공간 등 대수적구조의 데카르트곱은 어떻게 정의하는가?
- 앞의 Ⅲ장에서 두 개의 부분구조로부터 더 '큰' 부분구조를 얻었다. 이렇게 얻은 구조와 데카르트곱에 의하여 얻은 구조 사이에는 어떠한 관계가 있는가?

여기에서는 두 군의 데카르트곱을 주로 다루되 환이나 벡터공간의 경우와 세 개 이상인 군(환, 벡터공간)의 데카르트곱에 관해서는 간략히 언급한다.

주어진 두 집합으로부터의 새로운 집합의 구성

주어진 두 집합 $X(\neq \varnothing)$, $Y(\neq \varnothing)$를 이용하여 $X \cup Y$, $X \cap Y$은 물론 주어진 두 집합의 데카르트곱 $X \times Y$를 구성할 수 있다.

과제 6.1 다음을 확인하여라.

가. X는 $X \times Y$의 부분 집합이 아니다. 마찬가지로 Y는 $X \times Y$의 부분 집합이 아니다.

나. 다음 두 주입 사상을 정의할 수 있다.

$$i_X : X \to X \times Y \text{와} \quad i_Y : Y \to X \times Y$$

결국 X는 $X \times Y$의 한 부분 집합과 대등하다. 마찬가지로 Y도 $X \times Y$의 한 부분 집합과 대등하다.

다. 다음 두 위로의 사상을 정의할 수 있다.

$$\pi_X : X \times Y \to X \text{와} \quad \pi_Y : X \times Y \to Y$$

주어진 두 군으로부터의 새로운 군의 구성

데카르트곱을 이용하여 주어진 두 군 G_1, G_2으로부터 새로운 군을 구성하여 보자. 먼저, 집합 $G_1 \times G_2$에 연산을 다음과 같이 정의한다.

$G_1 \times G_2$의 두 원소 $g = (g_1, g_2)$과 $g' = (g'_1, g'_2)$에 대하여 $gg' = (g_1, g_2)(g'_1, g'_2) = (g_1 g'_1, g_2 g'_2)$이다.

과제 6.2 집합 $G_1 \times G_2$는 위에서 정의된 연산에 관하여 군이 됨을 설명하여라.

이와 같이 얻은 군 $G_1 \times G_2$을 두 군 G_1, G_2의 외적 직적(external direct product)이라고 한다.

과제 6.3 군 $G_1 \times G_2$에 관하여 다음을 확인하여라.

가. 두 군 G_1, G_2가 유한군이면 $G_1 \times G_2$도 유한군이다.

나. 두 군 G_1, G_2가 가환군이면 $G_1 \times G_2$도 가환군이다.

외적직적은 독립적인 두 개의 군으로부터 구성된다. 이제 군 G의 두 개의 정규부분군 M과 N이 $M \cap N = \{e\}$이고 $G = MN$일 때 군 G를 두 정규부분군 M, N에 의한 내적 직적(internal direct product)이라고 하고 $G = M \otimes N$와 같이 나타낸다. 이 경우, M, N을 직적인자(direct factor)라고 한다.

과제 6.4 다음을 확인하여라.

가. 사원군 $V_4 = \{1, (12)(34), (14)(23), (13)(24)\}$에서 $M = \{1, (12)(34)\}$이고 $N = \{1, (14)(23)\}$이라고 하면 V_4는 M, N에 의한 내적직적이다.

나. 대칭군 $S_3 = \{1, (12), (13), (23), (123), (132)\}$에서 $M = \{1, (123), (132)\}$이고 $N = \{1, (12)\}$이라고 하면 $M \cap N = \{e\}$이고 $S_3 = MN$이지만 N이 S_3의 정규부분군이 아니기 때문에 S_3는 M, N에 의한 내적직적이 아니다.

군 G가 M, N에 의한 내적직적일 때 다음과 같은 격자도를 생각할 수 있다.

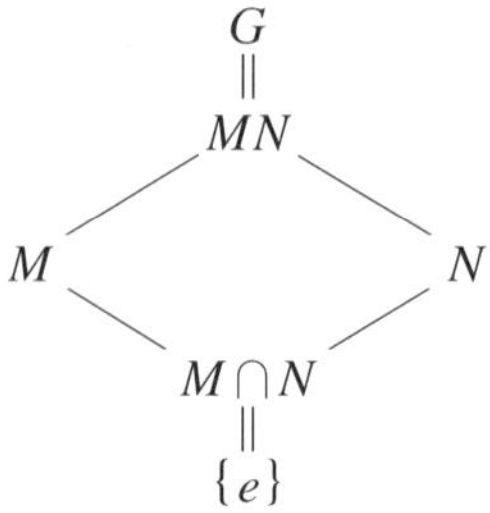

이제 내적직적의 기본적인 성질을 살펴보자.

≪**정리 6.5**≫ 두 정규부분군 M, N에 의한 내적직적 $G=M\otimes N$에서 다음이 성립한다.

임의의 $m\in M$과 임의의 $n\in N$에 대하여 $mn=nm$이다.

증명 M, N이 정규부분군이므로 임의의 m, n에 대하여 $mnm^{-1}n^{-1}\in M\cap N$이다. 그런데 $M\cap N=\{e\}$이므로 $mnm^{-1}n^{-1}=e$ 즉, $mn=nm$이다. ■

≪**정리 6.6**≫ 두 정규부분군 M, N에 의한 내적직적 $G=M\otimes N$에서, G의 모든 원소 g는 다음과 같은 형태로 유일하게 표현된다:

$$g=mn,\ m\in M,\ n\in N.$$

증명 $g=m_1n_1=m_2n_2$, $m_1,m_2\in M$, $n_1,n_2\in N$라고 하면 다음이 성립한다. $m_2^{-1}m_1=n_2n_1^{-1}\in M\cap N=\{e\}$. 이로부터 $m_1=m_2$이고 n_1

$=n_2$임을 알 수 있다. ■

과제 6.7 가. 선형대수학에서 다음을 확인하여라.

$\{v_1, \cdots, v_n\}$가 벡터 공간 V의 기저이면 V의 모든 벡터는 $v_1, \cdots, v_n$의 일차 결합으로 유일하게 표현된다.

나. 위에서 $\{v_1, \cdots, v_n\}$의 일차독립성이 어떠한 역할을 하는지 조사하여라.

이제 외적직적과 내적직적의 관계에 관하여 알아보자. 사실, 다음 정리는 외적직적과 내적직적을 꼭 구별할 필요가 없음을 말한다.

군 G가 두 정규부분군 M, N의 내적직적이면 독립적인 두 군 M, N에 의한 외적직적으로 볼 수 있다.

≪정리 6.8≫ 군 G의 두 정규부분군 M, N에 의한 내적직적 $G=M\otimes N$은 두 군 M, N에 의한 외적직적 $M\times N$과 동형이다.

증명 함수 $f: M\otimes N \to M\times N$을 $f(mn)=(m,n)$과 같이 정의하자. G의 모든 원소는 mn, $m\in M$, $n\in N$꼴로 유일하게 표현되므로 이 함수는 잘 정의된다. 임의의 m_1, $m_2\in M$와 n_1, $n_2\in N$에 대하여, 다음이 성립하므로 f는 준동형사상이다.

$$\begin{aligned} f(m_1n_1m_2n_2) &= f(m_1m_2n_1n_2) = (m_1m_2, n_1n_2) \\ &= (m_1,n_1)(m_2,n_2) = f(m_1n_1)f(m_2n_2) \end{aligned}$$

이제 $f(m_1n_1)=f(m_2n_2)$라고 하면 $(m_1,n_1)=(m_2,n_2)$ 즉, $m_1=m_2$이고 $n_1=n_2$이다. 따라서 $m_1n_1=m_2n_2$이고 f는 일대일이다. 한편, f가 위로의 사상인 것은 쉽게 보일 수 있다. ■

과제 6.9 가. 함수 $f: M\times N \to M\otimes N$을 $f((m, n))=mn$과 같이 정의할 때, f가 동형사상임을 설명하여라.

나. 두 군 G_1, G_2의 외적직적 $G_1\times G_2$에 대하여 다음을 확인하여라.

(1) $M=\{(g_1, e_2)\mid g_1\in G_1\}$과 $N=\{(e_1, g_2)\mid g_2\in G_2\}$는 $G_1\times G_2$의 정규부분군이다. 이때 e_1, e_2는 각각 G_1, G_2의 항등원이다.

(2) $G_1\times G_2$는 M, N에 의한 내적직적이다.

표준주입사상과 표준 위로의 사상

두 집합의 데카르트곱에서와 마찬가지로 두 군의 직적의 경우에도 준동형사상인 주입 사상과 위로의 사상을 생각할 수 있다.

과제 6.10 가. 다음 두 사상이 일대일 군준동형사상이 되도록 정의하여라.

$$i_{G_1}: G_1 \to G_1\times G_2,$$
$$i_{G_2}: G_2 \to G_1\times G_2$$

나. 위에서 정의한 사상을 표준주입사상(141쪽)과 비교하여라.

다. 다음 두 사상이 위로의 군준동형사상이 되도록 정의하여라.

$$\pi_{G_1} : G_1 \times G_2 \to G_1,$$
$$\pi_{G_2} : G_1 \times G_2 \to G_2.$$

라. 위에서 정의한 사상을 표준 위로의 사상(141쪽)과 비교하여라.

직적 인자가 세 개 이상인 경우

주어진 세 군 G_1, G_2, G_3로부터 새로운 군 $G=G_1 \times G_2 \times G_3$를 두 개의 경우에서와 같은 방법으로 자연스럽게 구성할 수 있다. 이제, 다음과 같은 G의 세 부분집합을 생각하자. 여기서 e_1, e_2, e_3는 각각 G_1, G_2, G_3의 항등원이다.

$$L=\{(g_1,\ e_2,\ e_3) \mid g_1 \in G_1\},\quad M=\{(e_1,\ g_2,\ e_3) \mid g_2 \in G_2\},$$
$$N=\{(e_1,\ e_2,\ g_3) \mid g_3 \in G_3\}$$

과제 6.11 위의 군 G에 대하여 다음이 성립함을 확인하여라.

가. L, M, N은 G의 정규부분군이다.

나. $G=LMN$

다. $L \cap M \cap N=\{(e_1,\ e_2,\ e_3)\}$

그러나 위의 '다'보다 더한 사실을 알 수 있다.

$$L \cap MN = M \cap LN = N \cap LM = \{(e_1,\ e_2,\ e_3)\}$$

사실, 직적 인자가 세 개인 경우의 내적직적은 다음과 같이 정의된다.

군 G의 세 개의 정규부분군 L, M과 N이 $L \cap MN = M \cap LN = N \cap LM = \{e\}$이고 $G = LMN$일 때 군 G를 세 정규부분군 L, M, N에 의한 내적 직적(internal direct product)이라고 하고 $G = L \otimes M \otimes N$와 같이 나타낸다.

직적 인자가 세 개 이상인 일반적인 경우의 내적직적은 다음과 같이 정의된다.

≪정의 6.12≫ 군 G의 정규부분군 $N_1, N_2, \cdots, N_k$에 대하여 다음이 성립할 때 G를 $N_1, N_2, \cdots, N_k$의 내적직적이라고 한다.

$$G = N_1 N_2 \cdots N_k$$
$$N_i \cap (N_1 \cdots N_{i-1} N_{i+1} \cdots N_k) = \{e\},\ i = 1, \cdots, k$$

군 G가 $N_1, N_2, \cdots, N_k$의 내적직적일 때 $G = N_1 \otimes \cdots \otimes N_k$와 같이 나타낸다.

과제 6.13 가. 세 개 이상의 군에 의한 외적직적을 정의하여라.

나. 세 개 이상의 직적 인자가 있는 경우에도 내적직적과 외적직적을 꼭 구별할 필요가 없음을 설명하여라.

환과 벡터공간의 직합

군에서의 직적에 관한 논의는 환이나 벡터공간의 경우에도 자연스럽게 가능하다. 단, 환(벡터공간)의 경우에는 두 이데알(부분공간)이 덧셈 연산에 의하여 합해지므로 '직합(direct sum)'이라는 용어를 사용한다.

과제 6.14 환의 직합에 관한 다음 물음에 답하여라.

가. 두 환 R_1와 R_2의 (외적)직합 $R_1 \oplus R_2$의 정의는 무엇인가?

나. 환 R의 두 이데알 I_1, I_2에 의한 (내적)직합 $I_1 \oplus I_2$의 정의는 무엇인가? 내적 직합의 정의를 격자도를 사용하여 설명하여라.

다. $R=I_1 \oplus I_2$일 때 다음을 설명하여라.

(1) $x \in I_1,\ y \in I_2 \Rightarrow xy=yx=0$

(2) R의 임의의 원소 r는 다음과 같은 꼴로 유일하게 표현된다.

$$r=x+y,\ x \in I_1,\ y \in I_2$$

라. 환의 경우에도 내적 직합과 외적 직합을 구분할 필요가 없음을 설명하여라.

마. 세 개 이상의 직합인자(direct summand)를 가지는 직합의 정의는 무엇인가?

연립합동식의 해에 관한 중국인의 나머지 정리는 환의 직합

개념으로 나타낼 수 있다.

≪정리 6.15≫ (중국인의 나머지 정리)
두 양의 정수 m, n이 서로소라고 하고 다음과 같이 정의된 함수를 생각하자.

$$f : \mathbb{Z} \to \mathbb{Z}_m \oplus \mathbb{Z}_n, \quad f(a) = (a+m\mathbb{Z},\ a+n\mathbb{Z})$$

다음이 성립한다.
가. 함수 f는 위로의 환준동형사상이다.
나. $\operatorname{Ker} f = mn\mathbb{Z}$

증명 가. 함수 f가 환준동형사상인 것은 쉽게 보일 수 있다. f가 위로의 사상임을 보인다. 먼저 m, n이 서로소이므로 $1 = ms + nt$인 s, t가 있다. 임의의 $(c+m\mathbb{Z},\ d+n\mathbb{Z}) \in \mathbb{Z}_m \oplus \mathbb{Z}_n$에 대하여, $msd + ntc = a$라고 하면 $(c+m\mathbb{Z},\ d+n\mathbb{Z}) = (a+m\mathbb{Z},\ a+n\mathbb{Z})$이다.

나. $\operatorname{Ker} f = m\mathbb{Z} \cap n\mathbb{Z} = mn\mathbb{Z}$임은 쉽게 보일 수 있다. ■

과제 6.16 가. 위 정리를 이용하여 정수론에서의 중국인의 나머지 정리를 다음과 같이 유도하여라.
임의의 $(c+m\mathbb{Z},\ d+n\mathbb{Z}) \in \mathbb{Z}_m \oplus \mathbb{Z}_n$에 대하여, 다음 조건을 만족시키는 $a \in \mathbb{Z}$가 mn을 법으로 하여 유일하게 있다.

$$(a+m\mathbb{Z},\ a+n\mathbb{Z}) = (c+m\mathbb{Z},\ d+n\mathbb{Z})$$

나. 다음 물음에 답하여라.

(1) 다음 연립합동식 문제를 환의 직합을 활용하여 설명하여라.

$$\begin{cases} x \equiv 1 \pmod{2} \\ x \equiv 3 \pmod{5} \end{cases}$$

(2) 위 연립합동식을 풀어라.

다. 쌍마다 서로소인 세 개 이상의 자연수에 관한 중국인의 나머지 정리를 환의 직합을 활용하여 설명하여라.

라. 중국인의 나머지 정리와 관련하여 다음 물음에 답하여라.

(1) 가로, 세로, 높이가 각각 2㎝, 3㎝, 5㎝인 직육면체 블럭을 촘촘히 쌓아 정육면체의 탑을 만들려고 한다. 최소 몇 개의 벽돌이 필요한가?

(2) 2로 나누면 나머지가 1, 3으로 나누어도 나머지가 1, 5로 나누어도 나머지가 1인 수 중에서 가장 작은 수는 무엇인가?

(3) 2로 나누면 나머지가 1, 3으로 나누면 나머지가 2, 5로 나누면 나머지가 4인 수 중에서 가장 작은 수는 무엇인가?

(4) 위의 세 문제는 중국인의 나머지 정리를 사용하지 않아도 쉽게 풀 수 있음을 설명하여라.

(5) 2로 나누면 나머지가 1, 3으로 나누면 나머지가 2, 5로 나누면 나머지가 3인 수 중에서 가장 작은 수는 무엇인가?

(6) 위 (5)의 문제를 연립합동식으로 나타내고 중국인의 나머지 정리를 사용하여 풀어라.

(7) 위 (5)의 문제의 내용을 환의 직합을 사용하여 설명하여라.

마. 벡터공간의 직합에 관하여 조사하여라.

(1) 벡터공간의 외적 직합과 내적 직합의 정의는 각각 무엇인가?

(2) 벡터공간의 내적 직합의 정의를 격자도를 사용하여 설명하여라.

(3) 벡터공간의 경우에도 내적 직합과 외적 직합을 구분할 필요가 없음을 설명하여라.

(4) 세 개 이상의 직합 인자를 가지는 직합의 정의는 무엇인가?

직적의 활용

직적은 수학의 여러 분야에서 유용하게 활용된다.

과제 6.17 가. 앞(과제 2.10)에서 위수가 4인 군은 V_4 또는 $\mathbb{Z}_4$임을 알았다. V_4는 $\mathbb{Z}_2 \times \mathbb{Z}_2$와 같음을 설명하여라. 뒤(과제 8.10)에서 임의의 소수 p에 대하여 위수가 p^2인 군은 $\mathbb{Z}_{p^2}$이든가 $\mathbb{Z}_p \times \mathbb{Z}_p$임을 증명한다.

나. m과 n이 서로소이면 $\mathbb{Z}_m \times \mathbb{Z}_n$은 $\mathbb{Z}_{mn}$과 동형임을 설명하여라.

다. 위수가 8인 세 개의 가환군 $\mathbb{Z}_2 \times \mathbb{Z}_2 \times \mathbb{Z}_2$, $\mathbb{Z}_4 \times \mathbb{Z}_2$, $\mathbb{Z}_8$는 서로 동형이 아님을 설명하여라. 사실, $\mathbb{Z}_2 \times \mathbb{Z}_2 \times \mathbb{Z}_2$의

모든 원소는 위수가 2 이하이고, $\mathbb{Z}_4 \times \mathbb{Z}_2$에는 위수가 4인 원소가 있지만 위수가 8인 원소는 없다. $\mathbb{Z}_8$에는 위수가 8인 원소가 있다.

라. $|G| = 8$인 가환군 G는 $\mathbb{Z}_2 \times \mathbb{Z}_2 \times \mathbb{Z}_2$, $\mathbb{Z}_4 \times \mathbb{Z}_2$, $\mathbb{Z}_8$중의 하나와 동형임을 다음 절차에 따라 설명하여라.

(1) G가 위수 8인 원소를 가지는 경우에는 G는 $\mathbb{Z}_8$와 동형이다.

(2) G가 위수 8인 원소는 가지지 않지만 위수 4인 원소 σ를 가지는 경우를 생각하자. $G - <\sigma> = G - \{\sigma, \sigma^2, \sigma^3, \sigma^4 = 1\}$에 있는 한 원소를 τ라고 하면 $G/N(N = <\sigma>)$는 위수가 2인 군이므로 $\tau^2 \in N$이다. 그런데 τ의 위수는 4 또는 2이고 σ의 위수는 4이므로 $\tau^2 \neq \sigma$이고 $\tau^2 \neq \sigma^3$이다. 따라서 $\tau^2 = 1$ 또는 $\tau^2 = \sigma^2$이다. $\tau^2 = 1$인 경우에는 G는 $\mathbb{Z}_4 \times \mathbb{Z}_2$와 동형임을 쉽게 알 수 있다. 한편, $\tau^2 = \sigma^2$인 경우에는 $\tau\sigma^{-1} \not\in N$은 위수 2인 원소이다. 따라서 이 경우에도 G는 $\mathbb{Z}_4 \times \mathbb{Z}_2$와 동형이다.

(3) G가 위수가 8 또는 4인 원소를 가지는 않는 경우에는 항등원을 제외한 모든 원소의 위수는 2이다. 이때, G는 $\mathbb{Z}_2 \times \mathbb{Z}_2 \times \mathbb{Z}_2$와 동형이다.

*마. 유한가환군의 구조에 관한 유한가환군의 기본정리를 이해하여라.

뒷 이야기

1. 다음 글을 통하여 유한군의 구조 규명에 관하여 개략적으로 이해하여라.

   이 강좌에서 자세히 다루지 않지만 유한가환군의 구조 규명은 가능하다. 그러나 일반적인 군의 구조 규명은 쉽지 않다. 사실, 유한비가환 군의 구조 규명도 쉽지 않다. 군의 작용(group action)과 실로우(Sylow)에 의한 세 정리가 라그랑쥬 정리와 함께 유용하게 이용될 수 있지만, 이러한 방법에 의하여 규명되는 군의 예는 많지 않다. Gardiner (1980)에는 위수 15까지의 유한군을 자세히 제시하였다. 위수 16 등 소수의 큰 거듭제곱 위수의 군 구조 규명은 간단하지 않다. 연산표를 이용하여 위수가 1, 2, 3, 4인 군의 구조를 규명할 수 있음(과제 2.10)을 확인하여라.

2. 다음을 증명하여라: 군 G의 부분군 G'과 군 H의 부분군 H'에 대하여 $G' \times H'$은 $G \times H$의 부분군이다.

3. 클라인의 사원군 V_4는 $\mathbb{Z}_2 \times \mathbb{Z}_2$와 동형이다. 다음 물음에 답하여라.

   가. $\mathbb{Z}_2 \times \mathbb{Z}_2$의 부분군을 모두 구하여라.

   나. $\mathbb{Z}_2 \times \mathbb{Z}_2$의 부분군 중에는 $\mathbb{Z}_2$의 부분군과 $\mathbb{Z}_2$의 부분군의 직적이 아닌 것이 있음을 확인하여라.

   다. 다음 주장을 정당화하여라: 군 G와 군 H의 직적 $G \times H$의 부분군은 G의 부분군과 H의 부분군의 직적인 것은 아니다.

4. 다음 주장을 증명 또는 반증하여라: 군 G의 정규부분군 G'과 군 H의 정규부분군 H'에 대하여 $G' \times H'$은 $G \times H$의 정규부분군이다.

5. 정리 6.15를 이용하여 다음을 설명하여라.
두 양의 정수 m, n이 서로소이면 두 가환환 $\mathbb{Z}_m$과 $\mathbb{Z}_n$의 직합 $\mathbb{Z}_m \oplus \mathbb{Z}_n$은 $\mathbb{Z}_{mn}$과 동형이다.

6. 세 개 이상의 일차합동식으로 이루어진 연립합동식에 관한 중국인의 나머지 정리를 환의 직합으로 설명하여라.

*7. 군 G의 정규부분군 N과 G의 부분군 H에 대하여 $N \cap H = \{e\}$이고 $G = NH$일 때, 군 G를 두 부분군 N, H에 의한 (내적) 반직적(semidirect product)이라고 하고, $G = N \rtimes H$와 같이 나타낸다. H도 정규부분군이면 G는 N, H에 의한 (내직) 직적이 된다. 다음 물음에 답하여라.
   가. $G = N \rtimes H$이면 G의 모든 원소 g는 $g = nh(n \in N,\ h \in H)$의 꼴로 유일하게 표현됨을 증명하여라.
   나. 외적 반직적에 대하여 조사하고, 내적 반직적과 외적 반직적을 구별할 필요가 없음을 확인하여라.
   다. 정이면체군 D_n에 대하여 $D_n = \mathbb{Z}_n \rtimes \mathbb{Z}_2$임을 설명하여라.

*8. Munkres(1975)를 참고하여 위상 공간의 직적에 관하여 다음을 조사하여라.

가. 두 위상공간 X와 Y의 곱(product) $X \times Y$의 정의

나. 위상공간 X의 기초군(fundamental group) $\pi(X)$의 정의

다. 두 기초군 $\pi(X \times Y)$와 $\pi(X) \times \pi(Y)$ 사이의 관계

*9. 좌표를 도입하여 평면이나 공간에 있는 점을 좌표평면이나 좌표공간에 나타내는 방법은 일반적으로 데카르트의 업적으로 돌린다. 이러한 접근(해석기하학)은 기하학의 발전에 획기적인 기여를 하였다고 볼 수 있다. 과제 1.32에 제시된 몇 가지는 그러한 실례라고 할 수 있다. 그러나 이러한 해석기하적 접근이 항상 바람직한 것은 아니다. 전통적인 기하(논증기하)의 특유한 면이 지나치게 가리어질 수 있기 때문이다. 해석기하적 접근이 논증기학적 특성을 가린다고 볼 수 있는 예에 관하여 논의하여라.

10. 주어진 두 개의 집합 X, Y를 모두 품는 큰 집합으로서 $X \cup Y$을 생각할 수 있다. 그러나 X, Y가 군, 환, 벡터공간 등 대수적인 구조를 가지는 경우에는 $X \cup Y$에 적절한 대수적구조를 정의하기 쉽지 않다. 데카르트곱은 이러한 문제를 해결할 수 있다. 다음을 확인하여라.

가. 두 집합 X, Y에 대하여 X는 $X \times Y$의 부분집합이 아니지만 X는 $X \times Y$의 부분집합과 대등하다.

나. 두 군(환, 벡터공간) G, H 에 대하여 G는 $G \times H$의 부분군(부분환, 부분공간)이 아니지만 G는 $G \times H$의 부분군(부분환, 부분공간)과 동형이다.

*11. 두 개의 군준동형사상 $f: G \to G'$와 $g: H \to H'$을 이용하여 함수 $f \times g: G \times H \to G' \times H'$가 군준동형사상이 되도록 적절히 정의하여라. 이때, $\mathrm{Ker}(f \times g)$와 $\mathrm{Ker}\, f \times \mathrm{Ker}\, g$의 관계를 설명하여라.

12. 정수론에서 두 수의 경우에는 '서로소'를, 세 개 이상의 수에 대해서는 '쌍마다 서로소'를 정의한다. 한편, 환의 (내적)직합에서 직합인자가 두 개일 때와 세 개 이상일 때를 구별하여 다소 조심스럽게 정의하여야 한다. 다음 자료를 참고하여 이에 관하여 조사하여라.

가. 두 개의 자연수 m_1, m_2의 최대공약수가 1일 때, 두 수 m_1, m_2는 서로소(relatively prime)라고 한다. 이제, 세 개이상의 수 $m_1, m_2, \cdots, m_n$ 중 어느 두 수를 택하더라도 서로 소일 때, $m_1, m_2, \cdots, m_n$은 쌍마다 서로소(relatively prime in pairs)라고 한다. $m_1, m_2, \cdots, m_n$가 서로소이면 $m_1, m_2, \cdots, m_n$의 최소공배수는 $m_1 m_2 \cdots m_n$라고 할 수 없지만, $m_1, m_2, \cdots, m_n$가 쌍마다 서로소이면 $m_1, m_2, \cdots, m_n$의 최소공배수는 $m_1 m_2 \cdots m_n$이다.

나. 환 R의 두 이데알 I_1, I_2에 대하여 $R = I_1 + I_2$이고 $I_1 \cap I_2 = \{0\}$일 때, R는 I_1, I_2의 (내적)직합이라고 한다. 한편, R의 세 개의 이데알 I_1, I_2, I_3에 대하여 $I_1 \cap (I_2 + I_3) = \{0\}$, $I_2 \cap (I_1 + I_3) = \{0\}$, $I_3 \cap (I_1 + I_2) = \{0\}$이고 $R = I_1 + I_2 + I_3$ 일 때, R를 I_1, I_2, I_3에 의한 (내적)직합이다. 네 개 또는 그 이상의 이데알의 경우에도 마찬가지이다.

다. 중국인의 나머지 정리는 다음과 같이 기술할 수 있다.
두 양의 정수 m, n이 서로소라고 하고, 다음과 같이 정의된 함수를 생각하자.

$$f : \mathbb{Z} \to \mathbb{Z}_m \oplus \mathbb{Z}_n,\ f(a) = (a + m\mathbb{Z},\ a + n\mathbb{Z})$$

다음이 성립한다.
가. 함수 f는 위로의 환준동형사상이다.
나. Ker $f = mn\mathbb{Z}$
여기서, 두 환의 $\mathbb{Z}_m$, $\mathbb{Z}_n$ (외적)직합 $\mathbb{Z}_m \oplus \mathbb{Z}_n$을 생각한다.
라. 세 개 이상의 자연수에 관한 중국인의 나머지 정리는 다음과 같이 기술할 수 있다.

자연수 $m_1, m_2, \cdots, m_n (n \geq 2)$이 쌍마다 서로소라고 하고, 다음과 같이 정의된 함수를 생각하자.

$$f : \mathbb{Z} \to \mathbb{Z}_{m_1} \oplus \mathbb{Z}_{m_2} \oplus \cdots \oplus \mathbb{Z}_{m_n},$$
$$f(a) = (a + m_1\mathbb{Z},\ a + m_2\mathbb{Z}, \cdots,\ a + m_n\mathbb{Z})$$

다음이 성립한다.
가. 함수 f는 위로의 환준동형사상이다.
나. Ker $f = m_1 m_2 \cdots m_n \mathbb{Z}$
여기서는 환 $\mathbb{Z}_{m_1}, \mathbb{Z}_{m_2}, \cdots, \mathbb{Z}_{m_n}$ (외적)직합 $\mathbb{Z}_{m_1} \oplus \mathbb{Z}_{m_2} \oplus \cdots \oplus \mathbb{Z}_{m_n}$을 생각한다.

13. 벡터공간 $\mathbb{R}^3$은 세 부분공간(x-축, y-축, z-축)의 (내적)직합임을 설명하여라.

VIII

원소 하나가 만드는 구조: 순환군, 단항이데알

지난 줄거리

1. 과제 내용 중 해결하지 못한 문제는 무엇인가?

2. 다음 용어를 모두 사용하여 작문하여라.
   두 군의 내적직적, 외적직적, 내적직적과 외적직적의 관계

3. 클라인의 사원군 V_4를 두 부분군의 내적직적으로 나타내어라.

4. 다음을 증명하여라.
   군 G의 두 정규부분군 M, N에 의한 내적직적 $G=M\otimes N$에서 다음이 성립한다.
   가. 임의의 $m\in M$과 임의의 $n\in N$에 대하여 $mn=nm$이다.
   나. G의 모든 원소 g는 다음과 같은 형태로 유일하게 표현된다: $g=mn,\ m\in M,\ n\in N$.

5. 일대일 군준동사상 $i_{G_1}: G_1 \to G_1 \times G_2$과 $i_{G_2}: G_2 \to G_1 \times G_2$를 설명하여라.

6. 위로의 군준동형사상 $\pi_{G_1}: G_1 \times G_2 \to G_1$과 $\pi_{G_2}: G_1 \times G_2 \to G_2$를 설명하여라.

7. 직적 인자가 세 개 이상인 경우의 직적은 어떻게 정의되며, 이때 어떠한 점을 조심해야 하는가?

이번 줄거리

1. 순환군의 기본적인 성질을 이해한다.

2. 원소 하나에 의하여 생성된다는 측면에서 순환군과 단항이데알의 유사성을 이해한다.

3. 순환군 정의와 단항이데알정역 정의의 차이를 이해한다.

4. 적은 위수(8 이하)의 유한 가환군을 순환군의 직적으로 이해한다.

5. 순환군의 부분군은 순환군이지만 단항이데알 정역의 부분환은 단항이데알 정역이 아님을 안다.

여는 이야기

군 $\mathbb{Z}$에서 $1 \in \mathbb{Z}$을 품는 최소 부분군은 $\mathbb{Z}$이다. 마찬가지로 환 $\mathbb{Z}$에서 $1 \in \mathbb{Z}$을 품는 최소 부분환(이데알)도 $\mathbb{Z}$이다. 이러한 의미에서 '군(환) $\mathbb{Z}$는 $1 \in \mathbb{Z}$로 생성된다'라고 한다.

한 원소로 생성되는 부분구조는 전체 구조를 규명할 때 유용한 역할을 한다.

이 장에서 논의하는 구체적인 문제는 다음과 같다.

- 군(환) $\mathbb{Z}$는 한 원소 1로 생성되는데 $\mathbb{Z}$의 임의의 부분군(환)이나 상군도 한 원소로 생성되는가?
- 이와 같은 성질을 가지는 군이나 환으로서 $\mathbb{Z}$ 외에 어떤 것이 있는가?

생성된 부분군

선형대수학에서 주어진 벡터들로 생성되는 부분공간에 대하여 언급하였다.

과제 7.1 가. 다음을 확인하여라.

(1) 벡터공간 V의, 벡터 $v_1, \cdots, v_n \in V$에 의하여 생성되는 (generated) 부분공간 $< v_1, \cdots, v_n >$은 다음과 같다.

$$< v_1, v_2, \cdots, v_n > = \{a_1v_1 + a_2v_2 + \cdots + a_nv_n \mid a_i \in \mathbb{R},\ i=1, \cdots, n\}$$

(2) 부분공간 $< v_1, \cdots, v_n >$는 벡터 $v_1, \cdots, v_n \in V$을 품는 V의 가장 작은 부분공간이다. 즉, W가 $v_1, v_2, \cdots, v_n$ 모두를 품는 V의 부분공간이라면 $< v_1, v_2, \cdots, v_n > \leq W$이다.

(3) 다음이 성립한다:

$$< v_1, \cdots, v_n > = \cap\{W \mid W\text{는 } v_1, \cdots, v_n\text{를 모두 포함하는 } V\text{의 부분공간이다}\}$$

나. '생성되는 부분공간'이 가지는 '최소성'을 '최소공배수'나 '최소상계(the least upper bound)' 등의 개념과 비교하며 논의하여라.

다. 군 G의 두 부분군 H와 K에 대하여 $HK=KH$이면 HK는 G의 부분군이다. 이때, HK는 $H \cup K$에 의하여 생성되는 G의 부분군임을 설명하여라.

위와 같은 문제를 군의 경우에도 생각할 수 있다. 여기에서는 한 개의 원소로 생성되는 경우만을 살펴보기로 한다. 벡터공간에서처럼, 군 G의 한 원소 g로 생성되는 부분군을 $< g >$와 같이 나타낸다. 먼저 다음 예를 생각하여 보자.

정수군 $\mathbb{Z}$에서 $2 \in \mathbb{Z}$를 품는 $\mathbb{Z}$의 가장 작은 부분군 $< 2 >$를 생각하여 보자. 부분군의 정의에 의하여 모든 짝수는 $< 2 >$에 속해야 한다. 즉, $2\mathbb{Z} \subset <2>$이다. 그런데 $2\mathbb{Z}$ 자체가 부분군이므로 $2\mathbb{Z} = <2>$이다.

이제 $1 \in \mathbb{Z}$를 품는 $\mathbb{Z}$의 가장 작은 부분군 $<1>$를 생각하여 보자. 부분군의 정의에 의하여 모든 정수는 $<1>$에 속해야 한다. 따라서 $<1> = \mathbb{Z}$임을 알 수 있다. 정수군 $\mathbb{Z}$는 $\mathbb{Z}$의 한 원소에 의하여 생성된다.

과제 7.2 $<-1> = \mathbb{Z}$임을 설명하여라.

≪정의 7.3≫ 군 G의 $x \in G$를 품는 부분군 중에서 가장 작은 부분군을 $<x>$로 나타낼 때, $<x>$을 'x로 생성되는 G의 부분군'이라고 한다. 특히, 군 G가 G의 한 원소에 의하여 생성될 때 즉, 어떤 원소 $x \in G$에 대하여 $G = <x>$일 때, G를 순환군(cyclic group)이라고 하고, x를 G의 생성자(generator)라고 한다.

과제 7.4 다음을 확인하여라.

가. 임의의 자연수 n에 대하여 $\mathbb{Z}_n$은 순환군이다.

나. V_4는 가환군이지만 순환군은 아니다.

다. S_3, D_4, Q_8는 순환군이 아니다.

라. 1과 -1은 $\mathbb{Z}$의 생성자이며 그 외의 생성자는 없다.

마. 군 G의 $x \in G$에 대하여 $<x>$는 유일하게 결정되고 다음

이 성립한다.

$$<x> = \cap\{H \mid H\text{는 } x\text{를 품는 } G\text{의 부분군이다}\}.$$

바. 라그랑쥬 정리에 의하면 위수가 소수 p인 군은 $\mathbb{Z}_p$뿐이다.

사. '법 n에 관한 원시근(primitive root)이 있다'는 말은 '군 $\mathbb{Z}_n^* = \{k \in \mathbb{Z}_n \mid (k, n) = 1\}$가 순환군이다'라는 말과 같다 (뒷 이야기 Ⅶ. 5 참조).

≪정리 7.5≫ 군 G와 $x \in G$에 대하여 다음이 성립한다.

$$<x> = \{x^n \mid n \in \mathbb{Z}\}$$

증명 먼저 $\{x^n \mid n \in \mathbb{Z}\}$는 x를 품는 G의 부분군이다. 그런데 모든 $x^n (n \in \mathbb{Z})$는 $<x>$에 속하므로 $<x> = \{x^n \mid n \in \mathbb{Z}\}$이다. ■

$<x>$가 유한일 때, $<x>$의 위수를 원소 x의 위수라고 한다.

과제 7.6 가. 다음을 설명하여라.

(1) 순환군 $\mathbb{Z}_5 = \{0, 1, 2, 3, 4\}$에서 다음이 성립한다.
$<1> = \{n1 \mid n \in \mathbb{Z}\} = \mathbb{Z}_5$. 단, 여기서 '$n1$'는 $\mathbb{Z}_5$의 원소로서 $1 \in \mathbb{Z}_5$을 n번 연산한 것이다.

(2) 순환군 $\mathbb{Z}_6 = \{0, 1, 2, 3, 4, 5\}$에서 다음이 성립한다.

$$<1> = \{n1 \mid n \in \mathbb{Z}\} = \{0, 1, 2, 3, 4, 5\} = <5>$$
$$<2> = \{n2 \mid n \in \mathbb{Z}\} = \{0, 2, 4\} = <4>$$
$$<3> = \{n3 \mid n \in \mathbb{Z}\} = \{0, 3\}$$

나. 순환군은 가환군임을 설명하여라.

다. 라그랑쥬 정리를 이용하여 위수가 소수 p인 군은 $\mathbb{Z}_p$와 동형임을 설명하여라.

다음 정리로부터 순환군의 종류는 많지 않음을 알 수 있다.

≪정리 7.7≫ 가. 무한순환군은 $\mathbb{Z}$와 동형이다.
나. 위수가 n인 순환군은 $\mathbb{Z}_n$과 동형이다.

증명 가. 무한순환군 $G = < g >$에 대하여 함수 $f : \mathbb{Z} \to G$을 $f(k) = g^k$와 같이 정의하면, 이 함수는 위로의 준동형사상이다. 이제 $\text{Ker } f = \{0\}$이므로 군제1동형정리에 의하여 이 함수는 동형사상이다.

나. 위수가 n인 순환군 $G = < g >$에 대하여 함수 $f : \mathbb{Z} \to G$을 $f(k) = g^k$와 같이 정의하면, 이 함수는 위로의 준동형사상이다. 이제 $\text{Ker } f = n\mathbb{Z}$이므로 군제1동형정리에 의하여 G는 $\mathbb{Z}_n$과 동형이다. ■

'유한'이나 '가환'과 같은 군론적 성질(group theoretical property)은 부분군이나 상군에 의하여 보존된다. 군의 '순환'적 성질도 그렇다.

≪정리 7.8≫ 가. 순환군의 부분군은 순환군이다.
나. 순환군의 상군은 순환군이다.

증명 가. 원소 $g \in G$에 대하여 $G = < g >$라고 하고, H를 G의 부분군이라고 하면 $H \neq \varnothing$이므로 $x \in H$인 x가 있다. 이제 $xx^{-1} = e \in H$. 다음 두 가지 경우로 나누어 생각하자.

(1) $H = \{e\}$인 경우는 $H = < e >$이다.

(2) $H \neq \{e\}$인 경우를 생각하자. $y = g^k$를 e가 아닌 H의 원소라고 하면 $y^{-1} = g^{-k} \in H$이므로, 자연수 집합에서의 정렬성에 의하여 $g^m \in H$인 최소 양의 정수 m이 있다. 이제 $H = < g^m >$임을 증명한다. 우선 $< g^m > \subset H$임은 쉽게 보일 수 있다. 따라서 $H \subset < g^m >$를 보이도록 하자. 이를 위하여 $g^z \in H$라고 하자. 다음 조건을 만족시키는 q와 r를 구할 수 있다: $z = qm + r$, $0 \leq r < m$. 이때 $g^r = g^{z-qm} = g^z((g^m)^q)^{-1}$이므로 $g^r \in H$임을 알 수 있다. 이제 m을 택한 방법에 의하여 r는 0이어야 한다. 이는 $g^z = g^{qm} \in < g^m >$을 뜻한다. 따라서 $H \subset < g^m >$이다.

나. $G = < g >$라고 하고, N을 G의 정규부분군이라고 하면 $G/N = < gN >$임을 알 수 있다. ■

과제 7.9 가. 위 정리 '가'의 증명의 모든 과정을 위수가 4인 순환군 $\mathbb{Z}_4$인 경우에 확인함으로 위의 증명은 유한 순환군의 경우에도 유효함을 설명하여라.

나. 위 정리 '가'의 내용(증명)을 정수론에서의 다음 정리의 내용(증명)과 비교하여라. 사실, 다음 정리는 '순환군 $\mathbb{Z}$의 부분군은 순환군'임을 증명하는 것이다.

> $\varnothing \neq S \subset \mathbb{Z}$인 집합 S를 생각하자. 이 집합 S가 덧셈과 뺄셈에 관하여 닫혀있으면 적당한 음수가 아닌 정수 m에 대하여 $S = m\mathbb{Z}$이다.

다. 다음을 확인하여라.

(1) 클라인의 사원군 V_4는 가환군이지만 순환군은 아니다.

(2) S_3는 다음과 같은 성질을 가지는 군 G의 예가 된다.

(가) 군 G의 한 정규부분군 N에 대하여 N과 G/N이 가환군이지만 G는 가환군이 아니다.

(나) 군 G의 한 정규부분군 N에 대하여 N과 G/N이 순환군이지만 G는 순환군이 아니다.

라. 다음을 증명하여라.

군 G의 중심 $Z(G)$에 대하여 $N \leq Z(G)$인 부분군 N은 G의 정규부분군이다. 이제 상군 G/N이 순환군이면 G는 가환군이다. 특히, $G/Z(G)$이 순환군이면 $G=Z(G)$가 되어 $G/Z(G)=\{e\}$이다.

단항이데알

순환 부분군의 개념은 환의 경우에도 생각할 수 있다. 여기에서는 단위원을 가지는 가환환의 경우를 살핀다.

≪정의 7.10≫ 단위원을 가지는 가환환 R의 $x \in R$를 품는 이데알 중에서 가장 작은 이데알을 $<x>$로 나타낼 때, $<x>$을 'x로 생성되는 R의 이데알'이라고 한다. 이와 같이 한 원소에 의하여 생성되는 이데알을 단항이데알(principal ideal)이라고 한다.

주어진 한 원소에 의하여 생성되는 단항이데알은 쉽게 구할 수 있다.

> **≪정리 7.11≫** 단위원을 가지는 가환환 R과 임의의 $x \in R$에 대하여 x로 생성되는 R의 단항이데알 $\langle x \rangle$는 유일하게 결정되고 다음이 성립한다.
>
> $$\langle x \rangle = xR = \{xr \mid r \in R\}$$

증명 먼저 $xR = \{xr \mid r \in R\}$는 x를 품는 R의 이데알이다. 그런데 xR의 모든 원소는 $\langle x \rangle$에 속하므로 $\langle x \rangle = xR$이다. ■

과제 7.12 가. 단위원 1을 가지는 가환환 R에 대하여 다음을 설명하여라.

(1) $\langle 1 \rangle = R$

(2) $x \in R$가 곱셈에 관한 역원을 가지면 $\langle x \rangle = R$이다.

(3) $x \in R$에 대하여 다음이 성립한다.

$\langle x \rangle = \cap\{I \mid I$는 x를 품는 R의 이데알이다$\}$

나. $x \in R$로 생성되는 R의 부분환을 $S(x)$로 나타낼 때 다음을 설명하여라.

(1) $S(x) = \cap\{I \mid I$는 x를 품는 R의 부분환이다$\}$

(2) $S(x)$는 $x \in R$로 생성되는 이데알 $\langle x \rangle$의 부분환이다.

(3) $S(x) \neq \langle x \rangle$인 단위원을 가지는 가환환 R와 $x \in R$를 제시하여라.

환의 이데알은 덧셈에 관하여 부분군이므로 정리 7.8에서 알 수 있듯이 환 $\mathbb{Z}$에서 $\mathbb{Z}$ 자신은 물론 모든 이데알이 단항이데알이다.

일반적으로 단위원을 가지는 가환환 R의 모든 이데알이 단항이데알인 경우를 생각할 수 있다. 여기에서는 논의의 편의를 위하여 모든 이데알이 단항이데알인 정역만을 생각한다.

≪**정의 7.13**≫ 모든 이데알이 단항이데알인 정역을 단항이데알 정역(PID, principal ideal domain)이라고 한다.

과제 7.14 가. 정역 R는 R의 단항이데알이다. 사실, $<1>=R$이다.

나. 다음을 설명하여라.

(1) $\mathbb{Z}_p$(p는 소수)는 단항이데알 정역이다.

(2) 모든 체는 단항이데알 정역이다.

(3) 단항이데알 정역의 상환은 단항이데알 정역이 아니다.

다. 다음을 확인하여라.

(1) $\mathbb{Q}[x]$는 단항이데알 정역이다. 사실, 이 단항이데알 정역에 관하여는 Ⅸ 장에서 다시 언급한다.

(2) $\mathbb{Z}[x]$는 $\mathbb{Q}[x]$의 단위원을 가지는 부분환이다.

(3) $\mathbb{Z}[x]$는 단항이데알 정역이 아니다. 사실, $<2, x>$는 $\mathbb{Z}[x]$의 단항이데알이 아니다.

(4) 단항이데알 정역의 단위원을 가지는 부분환은 정역이

지만 단항이데알 정역이 아닐 수 있다.

라. 위의 사실과 다음을 참고하여 순환군의 정의와 단항이데알 정역의 정의의 유사성과 차이를 비교하여라.

(1) 순환군 G는 한 원소 $x \in G$로 생성된다. 순환군의 모든 부분군은 순환군임을 증명할 수 있다.
(2) $\mathbb{Z}[x]$는 그 자체가 단항이데알이지만 $\mathbb{Z}[x]$의 이데알 $< 2, x >$는 단항이데알이 아니다.
(3) 정역 R가 단항이데알 정역이라는 것은 R의 모든 이데알(R를 포함하여)이 단항이데알인 것이다.
(4) 순환군의 상군은 순환군이지만 단항이데알 정역의 상환은 단항이데알 정역이 아니다.
(5) 단항이데알 정역 $\mathbb{Q}[x]$의 부분환 $\mathbb{Z}[x]$는 단항이데알 정역이 아니다.

마. 벡터공간에서 벡터 하나에 의하여 생성되는 부분공간을 생각할 수 있다. 다음 물음에 답하여라.

(1) 벡터공간 $\mathbb{R}^2$에서 $(1,0) \in \mathbb{R}^2$으로 생성되는 부분공간은 무엇인가?
(2) 벡터공간 $\mathbb{R}^2$에서 $(0,1) \in \mathbb{R}^2$로 생성되는 부분공간은 무엇인가?
(3) 어떤 '벡터공간이 0이 아닌 벡터 하나로 생성된다'는 말은 그 '벡터공간의 차원이 1이다'라는 것임을 설명하여라.
(4) 어떤 벡터공간이 0이 아닌 서로 다른 두 벡터로 생성되면 그 벡터공간의 차원이 2인가? 벡터들의 '일차독립성(linear independence)'과 관련하여 설명하여라.

뒷 이야기

1. 다음을 확인하여라.

가. 임의의 자연수를 위수로 가지는 유한 가환군은 항상 있다. 예를 들어, 잉여류군 $\mathbb{Z}_n$가 있다. 그러나 유일하지는 않다. 예를 들어 위수가 4인 유한 가환군은 $\mathbb{Z}_4$와 $\mathbb{Z}_2 \times \mathbb{Z}_2$ 두 개 있다.

나. 임의의 자연수를 위수로 가지는 유한 가환환은 항상 있다. 예를 들어, 잉여류환 $\mathbb{Z}_n$가 있다. 그러나 유일하지는 않다. 예를 들어 위수가 4인 유한 가환환은 $\mathbb{Z}_4$와 $\mathbb{Z}_2 \times \mathbb{Z}_2$ 등 적어도 두 개 있다.

다. 주어진 자연수를 위수로 가지는 유한 비가환군은 항상 있는 것은 아니다. 예를 들어, 위수가 2인 비가환군은 없다. 마찬가지로 주어진 자연수를 위수로 가지는 유한 비가환환도 항상 있는 것은 아니다. 예를 들어, 위수가 2인 비가환환은 없다.

*라. 모든 유한 가환군은 유한 순환군의 직적으로 표현된다.

2. 사원수 군 Q_8에 관하여 다음을 확인하여라.

가. 가환군의 모든 부분군은 정규이다. Q_8의 모든 부분군은 정규이나 Q_8는 가환군이 아니다.

나. 가환군의 모든 부분군은 가환이다. Q_8의 모든 자명하지 않은 부분군은 가환이나 Q_8는 가환군이 아니다.

다. 순환군의 모든 부분군은 순환이다. Q_8의 모든 자명하지 않은 부분군은 순환이나 Q_8는 순환군이 아니다.

3. 대칭군 S_3과 관련하여 다음을 확인하여라.

가. 가환군의 모든 부분군은 가환이다. S_3의 모든 자명하지 않은 부분군은 가환이나 S_3는 가환군이 아니다.

나. 순환군의 모든 부분군은 순환이다. S_3의 모든 자명하지 않은 부분군은 순환이나 S_3는 순환군이 아니다.

4. 다음 자료를 참조하여 단원군에 관하여 살펴보아라.

환은 이미 (덧셈 연산에 관한) 군의 구조를 가진다. 이제 단위원을 가지는 환에 대해서는 다음과 같이 곱셈에 관하여 군이 되는 부분집합을 생각할 수 있다.

사실, $\mathbb{Q}^*$(0이 아닌 유리수 전체의 집합), $\mathbb{R}^*$(0이 아닌 실수 전체의 집합), 그리고 $\mathbb{C}^*$(0이 아닌 복소수 전체의 집합)은 모두 곱셈에 관하여 군이 된다는 것을 알 수 있다.

≪정의 7.15≫ 단위원을 가지는 환 R에 대하여 R^*를 다음과 같이 정의하자.

$$R^* = \{x \in R \mid x\text{는 } R \text{ 안에 곱셈에 관한 역원을 가진다.}\}$$

과제 7.16 가. 단위원을 가지는 환 R에 대하여 R^*는 공집합이 아님을 설명하여라.

나. 다음을 확인하여라: 단위원을 가지는 가환환 R가 체이기 위한 필요충분조건은 $R^* = R - \{0\}$인 것이다.

단위원을 가지는 환에서 곱셈에 관한 역원을 가지는 원소를 단원(unit)이라고 한다. R의 단원 전체의 집합인 R^*는 곱셈에 관하여 군이 되는데, 이 군을 R의 단원군(group of units)이라고 부른다.

과제 7.17 가. R^*는 환 R의 곱셈에 관하여 군임을 설명하여라.

나. 정수환의 단원군 $\mathbb{Z}^*$은 무엇인가?

다. 다음 환의 단원군은 무엇인가?

(1) 유한체 $\mathbb{Z}_p$, p는 소수

(2) 일반적인 체 F

라. 행렬환 $\mathrm{Mat}_n(\mathbb{R})$의 단원군은 무엇인가?

이제 단원군의 한 예로서 $\mathbb{Z}_n^*$에 관하여 살펴보자. 먼저 이 군의 위수는 $\varphi(n)$이다. 여기서 φ는 오일러 함수다. 이 군 $\mathbb{Z}_n^*$은 곱

셈에 관하여 유한 가환군이다. 이제 이 군이 순환군이 되기 위한 필요충분조건은 무엇일까? 이 문제는 n의 원시근의 존재성에 관한 문제로 귀착된다.

과제 7.18 가. 다음을 설명하여라: 군 $\mathbb{Z}_n^*$이 순환군이기 위한 필요충분조건은 법 n에 관한 원시근이 있는 것이다.

나. 법 n에 관한 원시근이 있기 위한 필요충분조건은 무엇인가?

다. 법 n에 관한 원시근이 있다면 몇 개 있는가?

라. 위수가 4인 가환군 중에서 순환군이 아닌 것은 무엇인가?

마. $\mathbb{Z}_8^*$와 $\mathbb{Z}_{12}^*$는 동형임을 설명하여라.

바. 법 n이 12 이하인 경우 $\mathbb{Z}_n^*$을 규명하여라.

정수론에서의 윌슨(Wilson) 정리와 관련하여 다음을 알 수 있다.

과제 7.19 가. 홀수 소수 p에 대하여 $\mathbb{Z}_p^*$는 위수가 $p-1$인 군이다. 다음을 확인하여라.

(1) $\mathbb{Z}_p^*$의 임의의 원소의 위수는 라그랑쥬 정리에 의하여 $p-1$의 약수다.

(2) $\mathbb{Z}_p^*$의 원소 a의 위수가 2이면 $a=p-1$이다.

(3) $(p-1)! \equiv -1 \pmod p$

나. (임용고사 기출 문제) 100!을 101으로 나누면 나머지는 얼마인가? 직접 윌슨의 정리를 적용하여도 되지만 다음과 같은 과정으로 생각하여 보아라.

(1) '101으로 나누면 나머지'를 구하는 문제이므로 환 $\mathbb{Z}_{101}$

을 생각한다.

(2) 101은 소수이고 100!은 군 $\mathbb{Z}_{101}^*$의 모든 원소의 곱이다.

(3) $\mathbb{Z}_{101}^*$의 원소의 개수는 짝수다.

(4) $\mathbb{Z}_{101}^*$의 원소 중에서 1과 $-1 = 100 \pmod{101}$는 자신이 자신의 곱셈에 관한 역원이다.

(5) $\mathbb{Z}_{101}^*$의 원소 중에서 1과 $-1 \equiv 100 \pmod{101}$ 이외의 어떠한 원소도 자신이 자신의 곱셈에 관한 역원이 될 수 없다.

무한순환소수의 순환마디를 다음과 같이 구할 수 있다.

과제 7.20 가. 2나 5가 아닌 소수 p에 대하여 무한순환소수 $\frac{1}{p}$의 순환마디 δ는 $10^\delta \equiv 1 \pmod{p}$을 만족시키는 최소 자연수 δ이다. 다음 증명을 설명하여라.

> 페르마 정리(Fermat's Little Theorem)에 의하면 $10^{p-1} \equiv 1 \pmod{p}$이므로 δ는 $p-1$이거나 $p-1$의 약수다. 이제 $\frac{10^\delta - 1}{p}$는 정수 N이므로 $\frac{10^\delta}{p} = \frac{1}{p} + N$이다. 따라서 $\frac{1}{p}$의 소수점을 오른쪽으로 δ만큼 움직여도 $\frac{1}{p}$의 소수점 이하와 같다. 한편, 순환마디가 δ보다 작은 δ'이라고 하면 $10^{\delta'} \equiv 1 \pmod{p}$임을 알 수 있다. 이는 δ의 최소성에 위배된다. 결국 무한순환소수 $\frac{1}{p}$의 순환마디는 $10^\delta \equiv 1 \pmod{p}$을 만족시키는 최소 자연수 δ이다.

나. 다음 예를 통하여 위 사실을 확인하여라.

$\frac{1}{3}$의 순환마디는 1, $\frac{1}{11}$의 순환마디는 2, 그리고 $\frac{1}{7}$의 순환마디는 6이다.

다. 다음을 확인하여라.

(1) $\frac{1}{7} = 0.142857142857\cdots$

$\frac{2}{7} = 0.285714285714\cdots$

$\cdots$

$\frac{6}{7} = 0.857142857142\cdots$

위 무한소수의 순환 마디로 다음과 같은 준마방진(semimagic square)을 얻을 수 있다.

$$\begin{matrix} 1 & 4 & 2 & 8 & 5 & 7 \\ 2 & 8 & 5 & 7 & 1 & 4 \\ 4 & 2 & 8 & 5 & 7 & 1 \\ 5 & 7 & 1 & 4 & 2 & 8 \\ 7 & 1 & 4 & 2 & 8 & 5 \\ 8 & 5 & 7 & 1 & 4 & 2 \end{matrix}$$

(2) $\frac{1}{19}, \frac{2}{19}, \cdots, \frac{18}{19}$의 순환 마디로 다음과 같은 준마방진을 얻을 수 있다.

1/19 = 0 5 2 6 3 1 5 7 8 9 4 7 3 6 8 4 2 1
2/19 = 1 0 5 2 6 3 1 5 7 8 9 4 7 3 6 8 4 2
3/19 = 1 5 7 8 9 4 7 3 6 8 4 2 1 0 5 2 6 3
4/19 = 2 1 0 5 2 6 3 1 5 7 8 9 4 7 3 6 8 4
5/19 = 2 6 3 1 5 7 8 9 4 7 3 6 8 4 2 1 0 5
6/19 = 3 1 5 7 8 9 4 7 3 6 8 4 2 1 0 5 2 6
7/19 = 3 6 8 4 2 1 0 5 2 6 3 1 5 7 8 9 4 7
8/19 = 4 2 1 0 5 2 6 3 1 5 7 8 9 4 7 3 6 8
9/19 = 4 7 3 6 8 4 2 1 0 5 2 6 3 1 5 7 8 9
10/19 = 5 2 6 3 1 5 7 8 9 4 7 3 6 8 4 2 1 0
11/19 = 5 7 8 9 4 7 3 6 8 4 2 1 0 5 2 6 3 1
12/19 = 6 3 1 5 7 8 9 4 7 3 6 8 4 2 1 0 5 2
13/19 = 6 8 4 2 1 0 5 2 6 3 1 5 7 8 9 4 7 3
14/19 = 7 3 6 8 4 2 1 0 5 2 6 3 1 5 7 8 9 4
15/19 = 7 8 9 4 7 3 6 8 4 2 1 0 5 2 6 3 1 5
16/19 = 8 4 2 1 0 5 2 6 3 1 5 7 8 9 4 7 3 6
17/19 = 8 9 4 7 3 6 8 4 2 1 0 5 2 6 3 1 5 7
18/19 = 9 4 7 3 6 8 4 2 1 0 5 2 6 3 1 5 7 8

라. '자료: 화음동정사 수학 기행'을 참고하여 마방진에 대하여 조사하여라.

*5. 군 G에 대하여 Aut $G=\{f \mid f: G \to G$는 동형사상$\}$는 군을 이루는데 이 군을 군 G의 자기동형군이라고 한다. 다음에 대하여 알아보아라.

$$\mathrm{Aut}(\mathbb{Z}) \cong \mathbb{Z}_2$$

$$\mathrm{Aut}(\mathbb{Z}_n) \cong \mathbb{Z}_n^*$$

*6. 두 가환군 $\mathbb{Z}_m$, $\mathbb{Z}_n$에 대하여 다음과 같이 정의된 집합

$$\mathrm{Hom}(\mathbb{Z}_m,\ \mathbb{Z}_n)=\{f \mid f: \mathbb{Z}_m \to \mathbb{Z}_n \text{은 군 준동형사상}\}$$

에 덧셈을 자연스럽게 정의하면 가환군이 된다. 다음에 대하여 알아보아라.

$$\mathrm{Hom}(\mathbb{Z}_m,\ \mathbb{Z}_n) \cong \mathbb{Z}_d,\ d=(m,\ n).$$

*7. 두 벡터공간 V, W에 대하여 집합 Hom(V, W)에 위와 비슷한 절차에 따라 덧셈과 스칼라 배를 정의하여 벡터공간을 얻을 수 있다. 이 과정에 관하여 알아보자. 이와 관련하여 쌍대공간(dual space)에 관하여 알아보아라.

*8. 유일인수분해 정역(UFD, unique factorization domain)의 정의를 알아보고 다음을 확인하여라.

가. 단항이데알 정역은 유일인수분해 정역이다.

나. 정역 D가 유일인수분해 정역이면 $D[x]$가 유일인수분해 정역이다.

다. 환 $\mathbb{Z}[x]$는 유일인수분해 정역이지만 단항이데알 정역이 아니다.

*9. 유클리드 정역(ED, Euclidean domain)의 정의를 알아보고 다음을 확인하여라.

가. $\mathbb{Z}$는 유클리드 정역이다.

나. 모든 체는 유클리드 정역이다.

다. 유클리드 정역은 단항이데알 정역이다.

라. 환 $\mathbb{Z}[x]$는 유클리드 정역이 아니다.

Ⅷ

또 하나의 특별한 군: 가해군

지난 줄거리

1. 과제 내용 중 해결하지 못한 문제는 무엇인가?

2. 다음 용어를 모두 사용하여 작문하여라.
   순환군, 단항이데알정역, 순환군의 정의와 단항이데알정역의 정의

3. 단항이데알 정역의 예를 두 개 제시하여라.

4. 단항이데알 정역이 아닌 정역의 예를 제시하여라.

5. $\mathbb{Z}_8^*$과 $\mathbb{Z}_{12}^*$가 동형임을 설명하여라.

6. 유한체 $F_2=\{0, 1\}$ 위의 행렬환 $\mathrm{Mat}_2(F_2)$의 단원군의 원소는 몇 개인가?

7. 다음을 설명하여라.
벡터공간 V에서 $v_1, \cdots, v_n \in V$에 의하여 생성되는 부분공간 $< v_1, \cdots, v_n >$은 $v_1, \cdots, v_n \in V$을 품는 V의 가장 작은 부분공간이고 다음이 성립한다.

$< v_1, \cdots, v_n >$
$= \cap \{W | W$는 $v_1, \cdots, v_n$를 모두 포함하는 V의 부분공간이다$\}$.

이번 줄거리

1. 가해군의 정의를 이해한다.

2. 가해군의 부분군이나 상군은 가해군임을 안다.

3. 유한가해군은 조성열을 가짐을 안다.

4. 대칭군의 기본적인 성질을 안다.

5. 단순군의 뜻과 몇 가지 예를 안다.

6. 가해군이 아닌 예를 안다.

여는 이야기

어떤 의미에서 순환군은 매우 특별한 군이라서 그 종류가 많지 않다. 사실, 순환군은 두 종류밖에 없다. 즉, 무한순환군은 $\mathbb{Z}$와 동형이고 위수가 n인 순환군은 $\mathbb{Z}_n$과 동형이다(정리 7.7). 한편, 순환군은 모두 가환군이다.

가환군은 순환군의 일반화된 개념이라고 할 수 있지만 가환군도 특별한 군이라고 할 수 있다. 사실, 유한 가환군의 완전한 구조 규명이 가능하다.

이 장에서는 가환군 개념의 일반화로서 제2부에서 논의하는 다항식의 가해성과 깊은 관련이 있는 한 가지 개념에 대하여 알아본다.

이 장에서 논의하는 구체적인 문제는 다음과 같다.

- 가해군의 정의와 성질은 무엇인가?
- 대칭군의 기본적인 성질과 구조는 무엇인가?
- 가해군이 아닌 예는 무엇인가?

군의 작용

군의 구조를 규명할 때 유용하게 활용할 수 있는 개념 중 하나가 군의 작용이다.

≪**정의 8.1**≫ 군 G와 집합 $X(\neq \varnothing)$에 대하여 다음 조건을 만족시키는 함수 $G\times X\to X$를 '군 G의 집합 X 위의 작용(action)'이라고 한다. 여기서 gx는 $(g,\ x)$의 함수 값을 나타낸다.

가. $\forall x\in X,\ ex=x$

나. $\forall g,\ h\in G,\ \forall x\in X,\ (gh)x=g(hx)$

과제 8.2 가. 다음 함수는 군의 작용임을 확인하여라.

(1) $A\in \mathrm{GL}_2(\mathbb{R})$에 의한 $v\in\mathbb{R}^2$의 함수 값은 $Av\in\mathbb{R}^2$이다.

(2) $\sigma\in S_X$에 의한 $x\in X$의 함수 값은 $\sigma(x)\in X$이다.

나. 군의 작용의 정의를 벡터공간에서의 스칼라 배의 정의와 비교하여라.

다. 군 G의 집합 X 위의 작용이라고 하자. 다음을 확인하여라.

(1) 각각의 $g\in G$에 대하여 x를 gx로 대응시키는 함수 $\phi_g:X\to X$는 X 위에서의 치환 즉 $\phi_g\in S_X$이다.

(2) 각각의 $g\in G$에 대하여 g를 ϕ_g로 대응시키는 함수 $\phi:G\to S_X$는 군준동형사상이다.

(3) 위 (2)에서의 군준동형사상 $\phi:G\to S_X$의 핵은 다음과 같다.

$\mathrm{Ker}\ \phi=\{g\in G \mid$ 모든 $x\in X$에 대하여 $gx=x$이다.$\}$

(4) 함수 $\phi:G\to S_X$가 군준동형사상일 때, $(g,\ x)$를 $\phi(g)(x)$로 대응시키는 함수 $G\times X\to X$는 군의 작용이다.

라. 위 (2)의 증명을 케일리 정리(정리 8.32)의 증명과 비교하여라.

다음 정리는 쉽게 증명할 수 있다.

≪정리 8.3≫ 군 G의 집합 X 위의 작용에 대하여 다음과 같이 정의되는 집합은 군 G의 부분군이다.

$$\mathrm{St}_G(x) = \{g \in G \mid gx = x\}$$

위 정리에서 $\mathrm{St}_G(x) = \{g \in G \mid gx = x\}$를 G에서의 x의 안정화부분군(stabilizer)이라고 한다.

군 G에 대하여 $X = G$라고 하면, 다음과 같은 작용을 생각할 수 있다.

$$G \times X \to X,\ (g,\ x) \mapsto gxg^{-1}$$

이 작용에서 $x \in X$의 안정화부분군은 $\{g \in G \mid gxg^{-1} = x\}$이다. 이 부분군을 보통 '$x$의 중심화부분군(centralizer)'이라고 하고, $C_G(x)$로 나타낸다.

한편, 군 G에 대하여 $X = \{S \subset G \mid S \neq \varnothing\}$이라고 하면, 다음과 같은 작용을 생각할 수 있다.

$$G \times X \to X,\ (g,\ S) \mapsto gSg^{-1}$$

이 작용에서 $S \in X$의 안정화부분군은 $\{g \in G \mid gSg^{-1} = S\}$이다. 이 부분군을 보통 '$S$의 정규화부분군(normalizer)'이라고 하고, $N_G(S)$로 나타낸다.

≪**정의 8.4**≫ 군 G의 집합 X 위의 작용과 $x \in X$에 대하여 다음과 같이 정의되는 집합을 G에 의한 x의 궤도(orbit)라고 한다.

$$o(x) = \{gx \mid g \in G\}$$

집합 X는 궤도로 분할됨을 알 수 있다. 실제로, 임의의 $x \in X$에 대하여 $x \in o(x)$이다. 또, $z \in o(x) \cap o(y)$이면 $z = g_1 x = g_2 y$, g_1, $g_2 \in G$이므로 $x \in o(y)$이고 $y \in o(x)$이다. 따라서 $o(x) = o(y)$이다.

≪**정리 8.5**≫ 유한군 G가 집합 X 위에 작용할 때 다음이 성립한다.

$$|G| = |\mathrm{St}_G(x)|\,|o(x)|$$

증명 다음은 잘 정의되는 일대일 대응이다.

$$\phi : o(x) \to G/\mathrm{St}_G(x),\ \phi(gx) = g\,\mathrm{St}_G(x)$$

여기서 $|G/St_G(x)| = \dfrac{|G|}{|St_G(x)|}$이므로 $|G| = |St_G(x)|\,|o(x)|$이다. ■

과제 8.6 가. 위 증명에서 $G/\mathrm{St}_G(x)$는 상군이 아니고 군 G의 부분군 $\mathrm{St}_G(x)$에 의한 분할의 동치류 전체의 집합임에 유념하여라.

나. 다음을 확인하여라.

유한군 G가 동치류 집합 G/H 위에 다음과 같이 작용한다고 하자.

$$g(xH) = (gx)H$$

이제, 정리 8.5로부터 라그랑쥬 정리를 유도할 수 있다.

유한군 G가 집합 X 위에 작용한다고 하자. 원소 $x \in X$에 대하여 $\mathrm{St}_G(x) = G$ 즉, $o(x) = \{x\}$일 때 x를 작용의 부동점(fixed point)이라고 한다.

≪정리 8.7≫ $|G| = p^k$(p는 소수, k는 자연수)인 군 G가 유한집합 X 위에 작용하고 $p \nmid |X|$라고 하면 G는 부동점을 적어도 하나 가진다.

증명 X를 궤도(o_1, o_2, $\cdots$, o_t)로 분할할 수 있고 각 궤도의 위수는 p^i $(0 \le i \le k)$이다. $|X| = |o_1| + |o_2| + \cdots + |o_t|$이고 $p \nmid |X|$이므로 적어도 한 궤도의 위수는 1이어야 한다. 즉, G의 부동점이 적어도 하나 존재한다. ■

과제 8.8 지금까지는 군의 왼쪽에서의 작용에 대하여 논하였다. 오른쪽에서의 작용도 같은 방법으로 정의하고 논할 수 있음을 확인하여라. 이와 관련하여 좌잉여류와 우잉여류의 정의에 대해서도 논의하여라.

군의 작용을 이용하여 여러 가지 유용한 정리를 증명할 수 있다. 다음 정리는 그 중 하나로서 제2부에서 다항식의 가해성을 논의할 때 이용된다.

≪정리 8.9≫ (Cauchy) 유한군 G에 대하여 $p \mid |G|$ (p는 소수)이면 군 G는 위수가 p인 원소를 적어도 하나 가진다.

증명 $G^p = G \times \cdots \times G$ (p개)의 부분집합 $S = \{(g_1, g_2, \cdots, g_p) \in G^p \mid g_1 g_2 \cdots g_p = e\}$을 생각하면 $|S| = |G|^{p-1}$이다. 이제, $S^* = S - \{(e, e, \cdots, e)\}$라고 하면 $p \nmid |S^*|$이다. 이제 $C = \langle c \rangle$를 위수가 p인 순환군이라고 하면 다음과 같이 정의된 함수는 군 C의 S^* 위의 작용이다.

$$c(g_1, g_2, \cdots, g_p) = (g_2, g_3, \cdots, g_p, g_1)$$

이제, 정리 8.7에 의하여 S^*에는 부동점 $(g, g, \cdots, g)$이 적어도 하나 있다. 이 경우 $g^p = e$이다. ■

위 증명에서 집합 G^p에 군의 구조를 생각할 수 있지만 위 증명에서 G^p는 단순한 집합이다.

과제 8.10 가. 다음 절차에 따라 위수가 6인 군 G는 $\mathbb{Z}_6$ $(\cong \mathbb{Z}_3 \times \mathbb{Z}_2)$이든가 D_3 $(\cong S_3)$임을 설명하여라.

(1) G는 위수가 3인 원소 σ와 위수가 2인 원소 τ를 가진다.

(2) $\sigma\tau = \tau\sigma$이면 G는 $\mathbb{Z}_6$이다.

(3) $\sigma\tau \neq \tau\sigma$이면 $\tau\sigma = \sigma^2\tau$이므로 G는 D_3이다.

나. 위수가 8인 비가환군은 D_4이든가 Q_8임을 증명 없이 확인하여라.

다. 위수가 9인 군은 가환군이며 $\mathbb{Z}_9$이든가 $\mathbb{Z}_3 \times \mathbb{Z}_3$이다. 사

실, 임의의 소수 p에 대하여 위수가 p^2인 군은 $\mathbb{Z}_{p^2}$이든가 $\mathbb{Z}_p \times \mathbb{Z}_p$이다. 이 사실을 다음 절차에 따라 설명하여라.

(1) 군 G와 집합 $X(=G)$에 대하여 (g, x)를 gxg^{-1}로 대응시키는 함수 $G \times X \to X$에 의하여 G는 X 위에 작용한다.

(2) 이 작용에서 $x \in X$의 안정화부분군 $\mathrm{St}_G(x)$은 $\{g \in G \mid gxg^{-1} = x\}$이고 $x \in X$의 궤도 $o(x)$는 $\{gxg^{-1} \mid g \in G\}$이다.

(3) X를 궤도(o_1, o_2, $\cdots$, o_t)로 분할할 수 있고 각 궤도의 위수는 p^i $(0 \leq i \leq 2)$이다. 따라서 $|X| = |G| = |o_1| + |o_2| + \cdots + |o_t|$이다.

(4) 이제, G의 중심 $Z(G)$에 대하여 $Z(G) = \{e\}$이면 모순이므로 $|Z(G)| = p$ 또는 p^2이다.

(5) 그러나 이 경우에는 $|Z(G)| = p$일 수 없다. 왜냐하면, $|Z(G)| = p$라고 하면 $|G/Z(G)| = p$이므로 $G/Z(G)$는 순환군이 되어 G는 가환군이기 때문이다. 따라서 G는 가환군이다.

(6) 가환군 G가 위수 p^2인 원소를 가지면 군 G는 $\mathbb{Z}_{p^2}$와 동형이고 위수 p^2인 원소를 가지지 않으면 $\mathbb{Z}_p \times \mathbb{Z}_p$와 동형이다.

라. 위수가 1, 2, ⋯ , 8, 또는 9인 군의 구조를 다음과 같이 분류하여 설명하여라.

(1) 위수가 소수인 경우: 2, 3, 5, 7

(2) 위수가 p^2 (p는 소수)인 경우: 4, 9

(3) 위수가 6인 경우

(4) 위수가 8인 경우

가해군

가해군은 이 책의 제2부 주제인 다항식의 가해성과 관련하여 중요한 개념이다.

≪정의 8.11≫ 다음과 같은 조건을 만족시키는 부분군 열(series)을 가지는 군을 가해군(solvable group)이라고 한다.

가. $G=G_0 \geq G_1 \geq \cdots \geq G_{t-1} \geq G_t=\{e\}$

나. 각각의 i, $i=1, \cdots, t$에 대하여 G_i는 G_{i-1}의 정규부분군이다.

다. 각각의 i, $i=1, \cdots, t$에 대하여 G_{i-1}/G_i는 가환군이다.

위와 같은 부분군 열을 보통 유한 가환 정규열(finite abelian normal series)이라고 부른다.

모든 가환군은 물론 비가환군인 $S_3(=D_3)$, D_4, D_n, Q_8도 가해군임을 알 수 있다.

과제 8.12 다음을 확인하여라.

가. $S_3=\{1, (12), (13), (23), (123), (132)\}$과 $A_3=\{1, (123), (132)\}$에 대하여 다음은 가환 정규열이다: $S_3 \trianglerighteq A_3 \trianglerighteq \{1\}$.

나. $D_4 = < \tau, \sigma | \tau^2 = 1 = \sigma^4, \tau\sigma\tau = \sigma^3 >$에서 다음은 모두 가환 정규열이다. 이로부터 가해군은 여러 개의 가환 정규열을 가질 수 있음을 알 수 있다.

$$D_4 \trianglerighteq \{1, \tau, \sigma^2, \sigma^2\tau\} \trianglerighteq \{1\},$$
$$D_4 \trianglerighteq \{1, \tau, \sigma^2, \sigma^2\tau\} \trianglerighteq \{1, \tau\} \trianglerighteq \{1\}$$

다. $Q_8 = \{1, -1, i, j, k, -i, -j, -k\} \trianglerighteq \{1, -1\} \trianglerighteq \{1\}$은 Q_8의 가환 정규열이다.

라. 다음 조건을 만족시키는 군의 예를 제시하여라.

(1) 가환군이나 순환군이 아니다.

(2) 가해군이나 가환군이 아니다.

사실, 위수가 8인 군 G는 가해군임을 다음과 같이 설명할 수 있다. 먼저, 모든 원소 $x \in G$의 위수가 2이면, G는 가환군(정리 2.24)이므로 G는 가해군이다. 또, 위수가 8인 원소가 존재하면 G는 순환군이므로 G는 가해군이다. 이제, G가 비가환군이면 G는 위수가 4인 원소 x를 가진다. x로 생성되는 부분군 $< x >$는 G의 정규부분군이다(정리 4.6). 따라서 G는 가해군이다.

소수 p가 유한 가환군 G의 위수 $|G|$의 약수이면 G는 위수가 p인 정규부분군을 가진다(정리 8.9). 이 사실과 대응정리에 의하여 유한군 G가 가해군이면 각각의 $i = 1, \cdots, t$에 대하여 G_{i-1}/G_i가 소수 위수의 가환군인 정규열 $G = G_0 \geq G_1 \geq \cdots \geq G_t = \{e\}$가 있다. 이 열을 가해군 G의 조성열(composition series)

이라고 한다.

과제 8.13 위의 조성열에서 각각의 G_{i-1}/G_i, $i=1, \cdots, t$는 자명하지 않은 부분군을 가지지 않음을 설명하여라.

다음 두 정리는 가해군의 중요한 성질을 말한다.

≪정리 8.14≫ 가해군의 부분군은 가해군이다.

증명 $G=G_0 \geq G_1 \geq \cdots \geq G_t=\{e\}$가 가해군 G의 가환 정규열이라고 하고 H가 G의 한 부분군이라고 하자. 각각의 i에 대하여 다음 부분군 열을 생각하자: $H_i=G_i \cap H$라고 하면 다음과 같이 H의 부분군 열을 얻는다.

$$H=H_0 \geq H_1 \geq \cdots \geq H_t=\{e\}$$

제2동형정리에 의하여 다음을 알 수 있다.

가. H_{i+1}은 H_i의 정규부분군이다.

나. H_i / H_{i+1}는 가환군이다. 사실, 다음을 알 수 있다.

(1) $H_{i+1}=G_{i+1} \cap H=G_{i+1} \cap G_i \cap H=G_{i+1} \cap H_i$.

(2) $H_i / H_{i+1}=H_i / (G_{i+1} \cap H_i) \cong G_{i+1}H_i / G_{i+1} \leq G_i / G_{i+1}$

■

과제 8.15 유한군, 가환군, 순환군의 부분군은 각각 유한군, 가환군, 순환군임을 설명하여라.

≪정리 8.16≫ 가해군의 군동형사상에 의한 상(image)도 가해군이다. 즉, 가해군의 상군도 가해군이다.

증명 $G=G_0 \geq G_1 \geq \cdots \geq G_t=\{e\}$가 G의 가환 정규열이며 $f: G \to H$가 위로의 군 준동형사상이고 $f(G_i)=H_i$라고 하자. 다음 부분군 열을 생각하자: $H=H_0 \geq H_1 \geq \cdots \geq H_t=f(\{e\})=\{e\}$. 먼저 H_{i+1}은 H_i의 정규부분군이다. 사실, $x \in H_i$, $y \in H_{i+1}$일 때, $x=f(a)$, $a \in G_i$로 $y=f(b)$, $b \in G_{i+1}$이므로 $xyx^{-1}=f(a)f(b)f(a)^{-1}=f(aba^{-1})$이다. G_{i+1}이 G_i의 정규부분군이므로 $aba^{-1} \in G_{i+1}$이고 $xyx^{-1} \in f(G_{i+1})=H_{i+1}$이다. 따라서 H_{i+1}은 H_i의 정규부분군이다. 한편, H_i/H_{i+1}은 가환군이다. 사실, x, $y \in H_i$일 때, $x=f(a)$, $y=f(b)$, a, $b \in G_i$라고 하면 다음이 성립한다.

$$xyx^{-1}y^{-1}=f(a)f(b)f(a)^{-1}f(b)^{-1}=f(aba^{-1}b^{-1})$$

그런데 G_i/G_{i+1}는 가환군이므로 $aba^{-1}b^{-1} \in G_{i+1}$이다. 결국 $xyx^{-1}y^{-1}=f(aba^{-1}b^{-1}) \in f(G_{i+1})=H_{i+1}$이므로 H_i/H_{i+1}은 가환군이다. ■

과제 8.17 위 정리를 나음과 같이 증명하여라.

$G=G_0 \geq G_1 \geq \cdots \geq G_t=\{e\}$가 G의 가환 정규열이며 G/N이 G의 한 상군이라고 하자. 이제 표준 위로의 준동형사상 $\pi: G \to G/N$에 의하여 다음을 얻을 수 있다.

$$G/N=G_0/N \geq G_1N/N \geq \cdots \geq G_tN/N=\{e\}$$

제2동형정리, 제3동형정리, 그리고 대응정리에 의하여 다음을 알 수 있다.

가. $G_{i+1}N/N$은 G_iN/N의 정규부분군이다.

나. $(G_iN/N)/(G_{i+1}N/N)$는 가환군이다. 사실, 다음을 알 수 있다.

$$
\begin{aligned}
&(G_iN/N)/(G_{i+1}N/N)\\
&\cong G_iN/G_{i+1}N\\
&\cong (G_iG_{i+1}N)/G_{i+1}N \cong G_i/(G_i \cap G_{i+1}N)\\
&\cong (G_i/G_{i+1})/((G_i \cap G_{i+1}N)/G_{i+1})
\end{aligned}
$$

군 G의 정규부분군 N과 상군 G/N이 유한군이면, 군 G도 유한군이다. 그러나 대칭군 S_3의 예를 통하여 알 수 있듯이 군 G의 정규부분군 N과 상군 G/N이 순환군(가환군)이라고 해서 G가 순환군(가환군)인 것은 아니다.

이런 점에서 다음은 가해군의 특별한 성질이다.

≪정리 8.18≫ 군 G의 정규부분군 N과 상군 G/N이 가해군이면 G도 가해군이다.

증명 먼저 G/N이 가해군이면 다음과 같은 G/N의 가환 정규열을 구할 수 있다.

$$G/N = G_0/N \geq G_1/N \geq \cdots \geq G_t/N = N/N$$

한편, $N = N_0 \geq N_1 \geq \cdots \geq N_s = \{e\}$이 N의 가환 정규열이라고 하면 다음은 대응정리와 제3동형정리에 의하여 G의 가환 정규열이다.

$$G = G_0 \geq G_1 \geq \cdots \geq G_t = N = N_0 \geq N_1 \geq \cdots \geq N_s = \{e\} \quad ■$$

대칭군[1)]

가해군이 아닌 예를 찾기 위하여 먼저 대칭군 $S_n(n \geq 2)$에 대하여 알아보자.

치환 $\sigma \in S_n$가 집합 $\{1, 2, \cdots, n\}$의 원소 중에서 r개의 원소를 순환적으로 변환시키고 그 밖의 원소를 고정시킬 때, σ를 r항 순환치환(r-cycle)이라고 한다. 특히 2항 순환치환을 호환(transposition)이라고 한다.

순환치환 $(a_1 a_2 \cdots a_k)$와 $(b_1 b_2 \cdots b_l)$에 대하여 $\{a_1, a_2, \cdots, a_k\} \cap \{b_1, b_2, \cdots, b_l\} = \varnothing$일 때 그 두 순환치환은 분리되었다(separated)고 한다. 임의의 치환 $\alpha \in S_n$은 분리된 순환치환의 곱으로 쓸 수 있음을 알 수 있다.

이제, 항등치환은 1=(12)(12)이고 일반적인 k항 순환치환 $(a_1 a_2 \cdots a_k)$는 다음과 같이 호환의 곱으로 표시된다.

$$(a_1 a_2 \cdots a_k) = (a_1 a_k)(a_1 a_{k-1}) \cdots (a_1 a_3)(a_1 a_2)$$

따라서 임의의 치환 $\alpha \in S_n$은 호환의 곱으로 나타낼 수 있음을 알 수 있다.

≪정리 8.19≫ 항등치환은 짝수 개의 호환의 곱으로만 나타낼 수 있다.

1) 여기에서의 논의는 주로 Hungerford(1990)를 따른다.

증명 항등치환 $1 \in S_n$이 홀수 개의 호환의 곱으로 나타낼 수 있다고 하자. 즉 $1 = \tau_k \cdots \tau_2 \tau_1$이고 k는 홀수라고 하자. $c \in \{1, 2, \cdots, n\}$가 위의 호환 중에 나타나는 원소라고 하자. c가 최초로 나오는 호환이 τ_r이면 $\tau_r = (cd)$로 표시할 수 있고 $\tau_{r-1}, \cdots, \tau_2, \tau_1$에는 c가 나타나지 않는다. $r = k$이면, τ_k에서만 c가 나타나므로 결과적으로 $1 = \tau_k \cdots \tau_2 \tau_1$에 의하여 c는 d로 치환된다. 이는 모순이다. 따라서 $r < k$이다. 이제 $\tau_{r+1}\tau_r$의 유형을 생각해보자. x, y, c, d가 모두 $\{1, 2, \cdots, n\}$의 다른 원소일 때, 다음의 네 가지 경우가 가능하다.

$$(xy)(cd),\ (xd)(cd),\ (cy)(cd),\ (cd)(cd)$$

이들 중 처음 세 경우는 각각 $(cd)(xy)$, $(xc)(xd)$, $(cd)(dy)$와 같으므로 c가 최초로 나타나는 호환의 위치를 $r+1$로 바꾸는 것이 가능하다. 이제 $r+1$ 또는 그 이상의 단계에서도 $\tau_{t+1}\tau_t$ $(t \geq r+1)$가 마지막 형태 $(cd)(cd)$의 꼴이 아니면 $r = k$가 될 때까지 위치를 바꿀 수 있게 되어 모순이다. 따라서 두 호환의 곱은 항등치환이 되어 지울 수 있다. $1 = \tau_k \cdots \tau_2 \tau_1$의 호환 중에 나타나는 어떠한 원소에 대하여도 동일한 과정을 통하여 지울 수 있다. 따라서 홀수 개수의 호환의 곱으로 시작한 경우에는 결과적으로 $1 = (ab)$형태가 되어 모순이다. ■

치환 $\sigma \in S_n$을 호환의 곱으로 나타내는 방법은 유일하지 않음은 금방 알 수 있다. 그러나 다음 정리가 성립한다.

≪정리 8.20≫ 치환 $\sigma \in S_n$을 짝수 개의 호환의 곱으로 나타낼 수 있든지, 홀수 개의 호환의 곱으로 나타낼 수 있든지 둘 중 하나이다.

증명 $\alpha \in S_n$이 홀수 개의 호환의 곱으로 나타낼 수 있고 동시에 짝수 개의 호환의 곱으로 나타낼 수 있다고 하자. 즉 $\alpha = \sigma_k \cdots \sigma_2 \sigma_1$ (k는 홀수)이고, 또 $\alpha = \tau_r \cdots \tau_2 \tau_1$ (r는 짝수)이라고 하자. 그러면

$$\begin{aligned} 1 = \alpha\alpha^{-1} &= (\sigma_k \cdots \sigma_1)(\tau_r \cdots \tau_1)^{-1} \\ &= \sigma_k \cdots \sigma_1 \tau_1^{-1} \cdots \tau_r^{-1} \\ &= \sigma_k \cdots \sigma_1 \tau_1 \cdots \tau_r \end{aligned}$$

이 되는데, $k+r$이 홀수이므로, 1이 홀수 개의 호환의 곱으로 표시되어 모순이다. ■

짝수 개의 호환의 곱으로 나타낼 수 있는 치환을 우치환(even permutation)이라고 하고, 홀수 개의 호환의 곱으로 나타낼 수 있는 치환을 기치환(odd permutation)이라고 한다.

과제 8.21 S_n에서 우치환의 개수와 기치환의 개수가 같음을 보이고, 우치환과 기치환을 이용하는 행렬식의 정의에 대하여 알아보아라.

우치환 전체는 S_n의 부분군을 이루는데 이를 교대군(alternating group)이라고 하고 A_n으로 나타낸다. A_n은 S_n에서 지수가 2이므로 정규부분군이다(정리 4.6).

$\alpha \in S_n$가 $\alpha = (i_1 i_2 \cdots i_r)(j_1 \cdots j_s) \cdots (l_1 \cdots l_t)$와 같이 분리된 순환치환의 곱으로 표현된다면, 임의의 $\sigma \in S_n$에 대하여 $\sigma\alpha\sigma^{-1}$도 동일한 꼴의 분리된 순환치환의 곱으로 표현된다. 이에 대하여 좀

더 자세히 알아보자. 먼저, $\sigma \in S_n$는 다음과 같이 나타낼 수 있다.

$$\begin{aligned}\sigma &= \begin{pmatrix} 1 & 2 & \cdots & n \\ \sigma(1) & \sigma(2) & \cdots & \sigma(n) \end{pmatrix} = \begin{pmatrix} 2 & \cdots & n & 1 \\ \sigma(2) & \cdots & \sigma(n) & \sigma(1) \end{pmatrix} \\ &= \cdots = \begin{pmatrix} n & 1 & \cdots & n-1 \\ \sigma(n) & \sigma(1) & \cdots & \sigma(n-1) \end{pmatrix}\end{aligned}$$

이제, $\tau^{-1} = \begin{pmatrix} \tau(1) & \tau(2) & \cdots & \tau(n) \\ 1 & 2 & \cdots & n \end{pmatrix}$이므로

$$\tau\sigma\tau^{-1} = \begin{pmatrix} \tau(1) & \tau(2) & \cdots & \tau(n) \\ \tau(\sigma(1)) & \tau(\sigma(2)) & \cdots & \tau(\sigma(n)) \end{pmatrix}$$

이다.

따라서 $\delta = (i_1 i_2 \cdots i_r)$라고 하면, $\tau\delta\tau^{-1} = (\tau(i_1)\tau(i_2)\cdots\tau(i_r))$이다. $\alpha = (i_1 i_2 \cdots i_r)(j_1 \cdots j_s)\cdots(l_1 \cdots l_t)$인 경우에는

$$\sigma\alpha\sigma^{-1} = \sigma(i_1 i_2 \cdots i_r)\sigma^{-1}\sigma(j_1 \cdots j_s)\sigma^{-1}\cdots\sigma(l_1 \cdots l_t)\sigma^{-1}$$

이므로 $\sigma\alpha\sigma^{-1}$도 α와 동일한 꼴의 분리된 순환치환의 곱으로 표현된다. 한편, $\alpha, \alpha' \in S_n$이 동일한 꼴의 분리된 순환치환의 곱으로 표현되어, $\alpha = (i_1 i_2 \cdots i_r)(j_1 \cdots j_s)\cdots(l_1 \cdots l_t)$, $\alpha' = (i'_1 i'_2 \cdots i'_r)(j'_1 \cdots j'_s)\cdots(l'_1 \cdots l'_t)$라고 하자.

$\tau = \begin{pmatrix} i_1 & \cdots & i_r & j_1 & \cdots & j_s & \cdots & l_1 & \cdots & l_t \\ i'_1 & \cdots & i'_r & j'_1 & \cdots & j'_s & \cdots & l'_1 & \cdots & l'_t \end{pmatrix}$에 대하여 $\alpha' = \tau\sigma\tau^{-1}$ 임을 확인할 수 있다.

단순군

군이 자명하지 않은 정규부분군을 가지지 않을 때 그 군을 단순군(simple group)이라고 한다.

과제 8.22 소수 p의 위수를 가지는 군은 $\mathbb{Z}_p$이며 이는 유한단순군임을 설명하여라.

이제, 가해군이 아닌 예를 찾아보자. 먼저, 대칭군의 몇 가지 성질을 더 살핀다.

≪**정리 8.23**≫ $A_n(n \geq 3)$의 모든 원소는 3항 순환 치환의 곱이다.

증명 A_n의 원소는 짝수 개의 호환의 곱이므로 호환의 쌍의 곱으로 표시된다. 호환의 쌍은 서로 다른 a, b, c, d에 대하여 $(ab)(cd)$, $(ab)(ac)$, $(ab)(ab)$의 세 가지 유형이 있다. 그런데

$$(ab)(cd) = (adb)(adc),\ (ab)(ac) = (acb),$$
$$(ab)(ab) = (abc)(acb)$$

로 표시할 수 있으므로 A_n의 원소는 모두 3항 순환치환의 곱으로 표시할 수 있다. ■

모든 3항 순환 치환은 우치환이므로 $A_n(n \geq 3)$은 모든 3항 순환 치환을 포함한다.

≪**정리 8.24**≫ N이 $A_n(n \geq 3)$의 정규부분군이고, N이 3항 순환 치환을 포함하고 있으면, N=A_n이다.

증명 일반성을 잃지 않고 $(123) \in N$이라고 가정할 수 있다. 먼저 $(132) = (123)(123)$은 N의 원소다. 이제 $k \geq 4$일 때, $\tau = (12)(3k)$라고 하면, N이 정규부분군이므로 $\tau(132)\tau^{-1}$도 N의 원소다.

$$\tau(132)\tau^{-1} = (12)(3k)(132)(3k)(12) = (12k)$$

따라서 $k \geq 3$에 대하여, N은 $(12k)$의 형태를 갖는 3항 순환치환을 모두 포함한다. 모든 다른 유형의 3항 순환치환은 $(1a2)$, $(1ab)$, $(2ab)$, (abc)로 표시할 수 있고 다음이 성립한다.

$$\begin{aligned}
&(1a2) = (12a)(12a) \in N, \\
&(1ab) = (12b)(12a)(12a) \in N, \\
&(2ab) = (12b)(12b)(12a) \in N, \\
&(abc) = (12a)(12a)(12c)(12b)(12b)(12a) \in N
\end{aligned}$$

즉, N은 모든 형태의 3항 순환치환을 포함한다. 따라서 $N = A_n$이다. ■

≪**정리 8.25**≫ $A_n (n \geq 5)$은 단순군이다.

증명 A_n이 단순군임을 보이려면, A_n의 정규부분군 $N \neq \{1\}$이 A_n임을 보이면 된다. N의 단위원이 아닌 모든 원소를 분리된 순환치환의 곱으로 표시할 때, 다음과 같이 3가지 경우가 있다. 즉, (1) 4항 이상인 순환치환이 있는 경우, (2) 3항 이하인 순환치환만 있는데 3항 순환치환이 적어도 하나 있는 경우, 그리고 (3) 2항 순환치환(호환)만 나타나는 경우이다.

(1)의 경우 : $\sigma=(1234\cdots r)\tau\in N$이고 τ는 1, 2, ⋯, r을 갖지 않는 분리된 순환치환의 곱이다. N이 정규부분군이므로 $\delta=(123)\in A_n$에 대하여 $\sigma^{-1}(\delta\sigma\delta^{-1})\in N$이 성립한다.

$$\begin{aligned}\sigma^{-1}(\delta\sigma\delta^{-1}) &= ((1234\cdots r)\tau)^{-1}(123)(1234\cdots r)\tau(123)^{-1}\\ &=\tau^{-1}(1r\cdots 432)(123)(1234\cdots r)\tau(132)\\ &=\tau^{-1}\tau(1r\cdots 432)(123)(1234\cdots r)(132)\\ &=(13r)\end{aligned}$$

따라서 $(13r)\in N$이므로 $N=A_n$이다.

(2)의 경우 : (i) N에 2개의 3항 순환치환의 곱 σ가 있는 경우 : $\sigma=(123)(456)\tau$로 둔다. 이때 τ는 1, 2, ⋯, 6을 갖지 않는 분리된 순환치환의 곱이다. N이 정규부분군이므로 $\delta=(124)\in A_n$에 대하여, $\sigma^{-1}(\delta\sigma\delta^{-1})\in N$이 된다.

$$\begin{aligned}\sigma^{-1}(\delta\sigma\delta^{-1}) &= ((123)(456)\tau)^{-1}(124)(123)(456)\tau(124)^{-1}\\ &=\tau^{-1}(465)(132)(124)(123)(456)\tau(142)\\ &=\tau^{-1}\tau(465)(132)(124)(123)(456)(142)\\ &=(14263)\end{aligned}$$

즉, 4항 이상인 순환치환, (14263)이 N의 원소이다. 따라서 (1)에 의하여 $N=A_n$이다.

(ii) N에 3항 순환치환과 호환의 곱 σ가 있는 경우: $\sigma=(123)\tau$이고 τ는 1, 2, 3을 갖지 않는 분리된 호환의 곱이다.

$\sigma^2=(123)\tau(123)\tau=(123)(123)\tau\tau=(123)(123)=(132)$

따라서 $(132)\in N$이므로 $N=A_n$이다.

(iii) $\sigma\in N$이 3항 순환치환인 경우: N가 3항 순환치환을 포함하므로 $N=A_n$이다.

(3)의 경우 : N의 원소가 모두 분리된 2항 순환치환 (즉 호환)의 곱으로 표시되는 경우. $\sigma \in N$, $\sigma = (12)(34)\tau$이고 τ는 1, 2, 3, 4를 갖지 않는 호환의 곱이다. $\delta = (123) \in A_n$일 때, $\sigma^{-1}(\delta\sigma\delta^{-1}) \in N$이므로

$\sigma^{-1}(\delta\sigma\delta^{-1}) = \tau^{-1}(34)(12)(123)(12)(34)\tau(132) = (13)(24)$

는 N의 원소이다. N이 정규부분군이므로, $\alpha \in A_n$에 대하여

$$(13)(24)\alpha(13)(24)\alpha^{-1} \in N$$

이다. 또한, $n \geq 5$이므로 1, 2, 3, 4가 아닌 원소 k가 존재한다. $\alpha = (13k)$를 이용하면 $(13)(24)(13k)(13)(24)(1k3) = (13k)$이다. 즉, $(13k) \in N$이므로 $N = A_n$이다. ■

과제 8.26 가. 다음을 확인하여라.

(1) A_2, A_3는 단순 가환군이다.

(2) A_4는 단순군이 아니다.

(3) n이 합성수일 때 $\mathbb{Z}_n$은 단순군이 아니다.

(4) S_3, D_4, Q_8은 단순군이 아니다.

*(5) A_5는 위수가 가장 작은 유한 비가환 단순군이다.

나. A_4는 위수가 6인 부분군을 가지지 않음을 설명하여라.

다. 군 G에 대하여 $G^2 = \{g^2 \mid g \in G\}$를 생각하자. 다음을 확인하여라.

(1) G가 가환군이면 G^2는 G의 부분군이다.

(2) $G = S_3$, D_4이면 G^2는 G의 부분군이다.

(3) $G = A_4$이면 G^2는 G의 부분군이 아니다.

≪정리 8.27≫ $S_n(n \geq 3)$에 대하여 $Z(S_n)=\{1\}$이다.

증명 $1 \neq \sigma \in Z(S_n)$라고 가정하자. $\sigma(a)=b$, $a \neq b$인 $a, b \in \{1, 2, \cdots, n\}$가 있다.

(1) $\sigma(b)=a$인 경우 : $\sigma=\tau(ab)$이며 (ab)는 τ를 이루는 어느 순환치환과도 분리되었다고 하자. 이때 $d \in \{1, 2, \cdots, n\}$, $d \neq a$, $d \neq b$에 대하여 $\sigma(ad)=\tau(ab)(ad)$와 $(ad)\sigma=(ad)\tau(ab)$는 같지 않다. 앞의 치환에 의하여 b는 a로 치환되지만 뒤의 치환에 의하여 b는 d로 치환되기 때문이다.

(2) $\sigma(b)=c$, $c \neq a$인 경우 : $\sigma=\delta(abc\cdots)$이며 $(abc\cdots)$는 δ를 이루는 어느 순환치환과도 분리되었다고 하자. 이때 $\sigma(ab)$와 $(ab)\sigma$는 같지 않다. 앞의 치환에 의하여 a는 c로 치환되지만 뒤의 치환에 의하여 a는 a로 치환되기 때문이다.

어느 경우라 하더라도 $\sigma \in Z(S_n)$에 모순이다. ■

과제 8.28 위 증명에서 '$n \geq 3$'라는 조건은 어디에 사용되었는지 설명하여라.

≪정리 8.29≫ S_n의 정규부분군은 $\{1\}$, A_n, S_n뿐이다.

증명 $N \neq \{1\}$을 S_n의 정규부분군이라고 하면 $A_n \cap N$은 A_n의 정규부분군이므로 $A_n \cap N=A_n$ 또는 $A_n \cap N=\{1\}$이다.

(1) $A_n \cap N=A_n$인 경우 : N은 A_n 또는 S_n임을 알 수 있다.

(2) $A_n \cap N = \{1\}$인 경우 : 다음 격자도에서처럼 $S_n = A_n \otimes N$이고 군 제2동형정리에 의하여 N은 위수가 2인 S_n의 정규부분군이다.

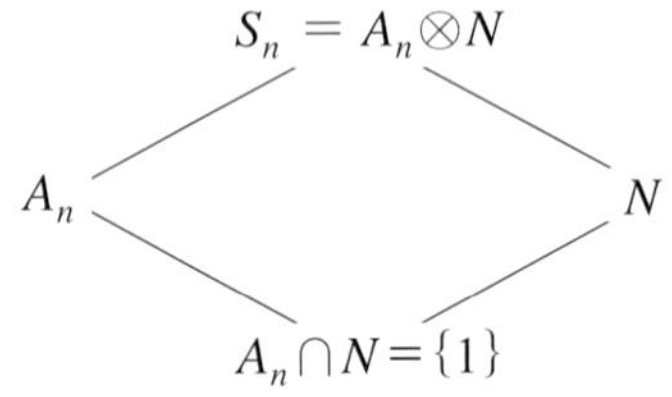

이제, $N = \{1, \sigma\}$라고 하면 임의의 $x \in S_n$에 대하여 $x^{-1}\sigma x = \sigma$이므로 $N \leq Z(S_n)$이다. 정리 8.27에 의하여 이는 모순이다. ■

이제, 가해군이 아닌 예를 알 수 있다. 사실, 정리 8.25에 의하여 $A_n (n \geq 5)$은 가해군이 아니다.

다음 사실은 제2부에서 5차 다항식의 가해성을 논의할 때 중요한 역할을 한다.

> **≪정리 8.30≫** $S_n (n \geq 5)$은 가해군이 아니다.

증명 $n \geq 5$인 경우에 S_n의 정규열은 $S_n \geq \{1\}$과 $S_n \geq A_n \geq \{1\}$ 두 가지 뿐이다. 그런데 S_n, A_n이 가환군이 아니므로 S_n은 가해군이 아니다. ■

위 정리의 증명을 다음과 같이 할 수도 있다. 즉, $A_n (n \geq 5)$는 가해군이 아니므로 정리 8.14에 의하여 $S_n (n \geq 5)$도 가해군이 아니다.

과제 8.31 위 정리를 다음과 같이 직접 증명할 수도 있음을 확인하여라.

S_n이 가해군이라면, 가해군의 정의에 요구되는 다음과 같은 가환 정규열이 존재한다: $S_n = G_0 \geq G_1 \geq \cdots \geq G_t = \{1\}$. 이제 $(rst) \in G_1$이고 u, v는 r, s, t가 아닌 $\{1, 2, \cdots, n\}$의 원소라고 하자. 이러한 선택은 $n \geq 5$이므로 가능하다. S_n / G_1이 가환군이므로, 임의의 (tus), $(srv) \in S_n$에 대하여 다음이 성립한다.

$$\begin{aligned}(tus)(srv)(tus)^{-1}(srv)^{-1} &= (tus)(srv)(tsu)(svr)\\ &= (rst) \in G_1\end{aligned}$$

결국 G_1은 모든 3항 순환치환을 포함한다. 마찬가지로 G_1 / G_2가 가환군이므로 G_2도 모든 3항 순환치환을 포함한다는 것을 증명할 수 있다. 이 과정을 반복하면 $G_t = \{1\}$도 모든 3항 순환치환을 포함해야 한다. 이는 모순이다. 따라서 $S_n (n \geq 5)$는 가해군이 아니다.

뒷 이야기

1. 다음 정리로부터 대칭군의 구조는 일반적으로 복잡할 수밖에 없다는 것을 예상할 수 있다.

> **≪정리 8.32≫** (케일리, Cayley)
> 임의의 군 G는 적당한 집합 X 위의 대칭군 S_X의 부분군과 동형이다. 특히 $|G|=n$이면 G는 S_n의 부분군과 동형이다.

증명 먼저 $X=G$라고 할 때, 각 원소 $g \in G$에 대하여 다음과 같이 정의되는 함수는 S_X의 원소이다.

$$\phi_g : X \to X, \quad \phi_g(x)=gx$$

이제 함수 $\phi : G \to S_X$, $\phi(g)=\phi_g$는 잘 정의되는 군준동형사상이다. 한편 $\text{Ker}\ \phi=\{e\}$이므로 ϕ는 단사이다. 따라서 군제1동형정리에 의하여 군 G는 S_X의 부분군과 동형이다. ■

2. 다음은 제2부에서 다항식의 가해성을 논의할 때 이용된다.

자연수 r에 대하여 r항 순환치환의 위수는 r이다. 또 분리된 순환치환의 곱의 위수는 각 순환치환의 위수들의 최소공배수이다. 따라서 위수가 소수 p인 치환은 p항 순환치환이다.

> **≪정리 8.33≫** 소수 p에 대하여 S_p의 부분군 H가 호환과 위수가 p인 치환을 포함하면 $H=S_p$이다.

증명 H에 포함되는 호환은 (kl), 위수가 p인 치환을 p항 순환치환인 $(kab\cdots)$라고 하자. $(kab\cdots)$를 적절히 거듭제곱하면 $(klcd\cdots) \in H$이고 p가 소수이므로 $(klcd\cdots)$의 위수도 p인 순환치환이다. 여기서 $(kl)=(12)$, $(klcd\cdots)=(123\cdots p)$라고 가정하여도 일반성을 잃지 않는다. 이제, 다음 관계를 알 수 있다.

$$(12)(12\cdots p)=(23\cdots p),$$
$$(23\cdots p)^k(12)(23\cdots p)^{-k}=(1\ k+2),\ 1\le k\le p-2,$$
$$(1k)(1j)(1k)=(kj)$$

결국 H는 모든 호환을 포함하므로 $H=S_p$이다. ■

과제 8.34 가. 다음을 확인하여라.

(1) 임의의 $i\neq 1$, $j\neq 1$, $i\neq j$에 대하여 다음이 성립한다.

$$(1i)=(12)(23)\cdots(i-1\ i)(i-2\ i-1)\cdots(23)(12)$$

(2) 임의의 자연수 $n(n\ge 2)$에 대하여 S_n은 $\{(12), (23), \cdots, (n-1\ n)\}$에 의하여 생성된다.

나. 위 증명 과정을 참고하여 임의의 자연수 $n(n\ge 2)$에 대하여 S_n은 다음에 의하여 생성됨을 설명하여라.

(1) $\{(12), \cdots, (1n)\}$ (2) $\{(12), (12\cdots n)\}$

3. 다음을 참고하여 실로우(Sylow) 정리에 관하여 조사하여라.

군의 구조를 규명할 때 실로우에 의한 세 정리(제1, 제2, 제3 실로우 정리)는 유용하다. 여기에서는 제1 실로우 정리만을 증명없이 소개한다.

≪**정리 8.35**≫ 유한군 G의 위수가 $|G| = p^k m$ ($(p, m) = 1$, $k \geq 1$)이면 군 G는 위수가 p^i ($1 \leq i \leq k$)인 부분군을 적어도 하나 가진다.

이 정리에 의하면 군 G는 위수가 p^k인 부분군을 가진다. 이러한 군은 위수가 p의 거듭제곱인 부분군들의 극대(maximal) 부분군인데 이러한 부분군을 군 G의 실로우 p-부분군(Sylow p-subgroup)이라고 한다.

과제 8.36 ⋆가. 제1 실로우 정리, 제2 실로우 정리, 그리고 제3 실로우 정리에 대하여 알아보아라.

나. 다음을 확인하여라.

(1) 코오시(Cauchy) 정리(정리 8.9)는 제1 실로우 정리의 특수한 경우이다.

(2) 유한군 G의 부분군 H의 위수는 $|G|$의 약수이지만 유한군 G의 위수의 약수를 위수로 가지는 G의 부분군이 항상 있는 것은 아니다. 그러나 제1 실로우 정리에 의하면 유한군 G의 위수의 약수가 소수의 거듭제곱인 경우에는 그 위수를 가지는 G의 부분군이 항상 있다.

4. 단순환(simple ring)의 정의에 관하여 알아보고 다음을 확인하여라.

가. $\mathbb{Z}_p$(p는 소수)은 단순환이다.

나. 모든 체는 단순환이다.

⋆다. $\mathrm{Mat}_2(\mathbb{R})$ ($n \geq 2$)는 단순환이다.

IX

유한체를 어떻게 구성하나: 극대이데알

지난 줄거리

1. 과제 내용 중 해결하지 못한 문제는 무엇인가?

2. 다음 용어를 모두 사용하여 작문하여라.
   순환군, 가환군, 가해군, 부분군과 상군에 관한 가해군의 성질

3. 가환군이지만 순환군이 아닌 예는 무엇인가?

4. 가해군이지만 가환군이 아닌 예는 무엇인가?

5. 유한 비가환 단순군의 예는 무엇인가?

6. 가해군이 아닌 예는 무엇인가?

7. D_4의 조성열을 두 개 제시하여라.

8. Q_8의 조성열을 두 개 제시하여라.

이번 줄거리

1. 특수한 이데알로서 소이데알과 극대이데알을 안다.

2. 소이데알과 소수와의 관계를 안다.

3. 소이데알과 정역과의 관계를 안다.

4. 극대이데알과 체와의 관계를 안다.

5. 소이데알과 극대이데알과의 관계를 안다.

6. 소수가 아닌 위수를 가지는 유한체를 구성할 수 있다.

7. 유리계수 다항식환을 비롯하여 일반적인 체 위에서의 다항식환을 정수환과 연계하여 이해한다.

8. 유한체의 구성 절차를 통하여 다양한 수학적 기법이 활용됨을 안다.

여는 이야기

소수 위수의 유한체는 쉽게 구성할 수 있다.

이 장에서 논의하는 구체적인 문제는 다음과 같다.

- 어떤 자연수 n에 대하여 위수가 n인 유한체가 있는가?
- 소수 위수를 가지는 유한체를 구성하는 방법을 어떻게 일반화하여 위수가 n인 유한체(존재하는 경우)를 구성할 수 있는가?

정수환 $\mathbb{Z}$와 다항식 환 $\mathbb{Q}[x]$

유리계수 다항식 전체의 집합 $\mathbb{Q}[x]$은 다항식의 덧셈과 곱셈에 관하여 환이 된다. 이 다항식 환 $\mathbb{Q}[x]$은 정수환 $\mathbb{Z}$와 비슷한 점이 많다.

과제 9.1 가. 다음을 확인하여라.

(1) $\mathbb{Q}[x]$는 정역이다.

(2) $f(x),\ g(x) \in \mathbb{Q}[x]$, $g(x) \neq 0$이면, 다음 조건을 만족시키는 $q(x),\ r(x) \in \mathbb{Q}[x]$가 유일하게 있다.

$$f(x)=g(x)q(x)+r(x),\quad r(x)=0 \text{ 또는 } \deg r(x) < \deg g(x)$$

나. 0 다항식의 차수를 $-\infty$로 정의한다. 그 이유를 설명하여라.

다. 두 집합 $\mathbb{Z}$와 $\mathbb{Q}[x]$의 농도(cardinality)는 같음을 설명하여라.

다항식 환 $F[x]$

위에서 간략히 살폈듯이 다항식 환 $\mathbb{Q}[x]$은 정수환 $\mathbb{Z}$와 대수적구조가 비슷하다. 사실, 일반적인 체 F 위에서의 다항식 환 $F[x]$는 정수환 $\mathbb{Z}$와 대수적구조가 비슷하다.

과제 9.2 다음을 확인하여라.

F가 체이고 $f(x)$, $g(x) \in F[x]$, $g(x) \neq 0$이면, 다음 조건을 만족시키는 $q(x)$, $r(x) \in F[x]$가 유일하게 있다.

$$f(x) = g(x)q(x) + r(x),\ \ r(x) = 0 \text{ 또는 } \deg r(x) < \deg g(x)$$

정수환 $\mathbb{Z}$은 단항이데알 정역이다. 다항식 환 $F[x]$은 이 점에서도 정수환 $\mathbb{Z}$와 비슷하다.

과제 9.3 가. 다음을 설명하여라.

(1) 환 $F[x]$은 단항이데알 정역이다.

(2) 다항식 $f(x) \in F[x]$에 의하여 생성되는 이데알 $< f(x) >$는 다음과 같다.

$$< f(x) > = \{ f(x)h(x) \mid h(x) \in F[x] \}$$

(3) $F[x] = < 1 >$임을 설명하여라.

나. 위 (1)의 증명을 '순환군의 부분군은 순환군이다'의 증명과 비교하여라.

이제 정수환에서 소수를 정의하듯이 다항식 환에서 기약다항식을 정의할 수 있다. 먼저 다음 소수의 성질에 주목하자.

자연수 p가 소수이고 $a|p$이면 $a=\pm 1$ 또는 $a=\pm p$이다.

소수의 이 성질을 다항식의 경우에 적용하여 기약다항식을 다음과 같이 정의한다.

> **≪정의 9.4≫** 체 F 위의 다항식 $p(x) \in F[x]$, $\deg p(x) \geq 1$가 다음 조건을 만족시키면 $p(x)$를 기약다항식(irreducible polynomial)이라고 한다:
>
> $f(x)|p(x)$이면 적절한 $a \in F^{*}=F-\{0\}$에 대하여 $f(x)=a$ 또는 $f(x)=ap(x)$이다.

과제 9.5 가. 소수와 기약다항식의 정의를 비교 설명하여라. 이때, 정수환의 단원군은 $\mathbb{Z}^{*}=\{1, -1\}$이고 다항식 환 $F[x]$의 단원군은 F^{*}임에 유의하여라.

나. 다음을 확인하여라.

(1) 다항식 환 $F[x]$에서는 정수환 $\mathbb{Z}$에서와 마찬가지로 두 개 이상의 다항식에 대한 최대공약수(greatest common divisor)와 최소공배수(least common multiple)를 정의할 수 있다. 이 경우 최대공약수와 최소공배수는 최고차항의 계수가 1이 아닐 수 있으므로 유일하게 결정되지 않는다.

(2) 두 다항식 $f(x)$, $g(x) \in F[x]$의 최대공약수와 최소공배수를 각각 $d(x)$, $l(x)$라고 하면 다음이 성립한다.

$$< f(x) > + < g(x) > = < d(x) >,$$
$$< f(x) > \cap < g(x) > = < l(x) >$$

여기서 $< f(x) >$는 다항식 $f(x) \in F[x]$에 의하여 생성되는 $F[x]$의 단항이데알을 나타낸다.

다. 다항식 환 $F[x]$에서는 정수환 $\mathbb{Z}$에서와 마찬가지로 주어진 다항식을 인수분해할 수 있다. 실제로 x^4-4를 $\mathbb{Q}[x]$, $\mathbb{R}[x]$, $\mathbb{C}[x]$에서 각각 인수분해하여라.

다항식 환과 정보 통신

대수적 부호(algebraic code) 중에서 특히 중요한 것이 순환부호(cyclic code)이다. 사실, 여러 가지 중요한 선형 부호가 순환부호이다. 순환부호는 다항식 환의 상환으로 나타낼 수 있다.

과제 9.6 '자료: 대수학과 정보통신', 신현용·박승안·이민섭·이재학(1991), 또는 Hill(1986)을 참고하여 다음에 관하여 조사하여라.

가. 순환부호의 정의

나. 순환부호의 예

다. 순환부호이기 위한 필요충분조건

소이데알과 극대이데알

정수론과 과제 2.20에서 다음 세 명제는 모두 동치임을 살펴보았다.

- n이 소수이다.
- $\mathbb{Z}_n$이 정역이다.
- $\mathbb{Z}_n$이 체이다.

이제 위 사실을 일반적인 체 위에서의 다항식 환의 경우로 확장하자.

먼저 소수의 다음 성질에 주목하자.

p가 소수라고 하면, 다음이 성립한다.

$$p \mid ab \Rightarrow p \mid a \text{ 또는 } p \mid b$$

위 소수의 성질은 다음과 같이 나타낼 수 있다.

p가 소수일 때, $\mathbb{Z}$의 이데알 $p\mathbb{Z}$에 대하여, 다음이 성립한다.

$$ab \in p\mathbb{Z}\text{이면 } a \in p\mathbb{Z} \text{ 또는 } b \in p\mathbb{Z}\text{이다.}$$

이러한 소수의 성질을 이용하여 다음과 같이 특수한 이데알을 생각하여 보자.

≪**정의 9.7**≫ 단위원을 가지는 가환환 R의 이데알 P가 다음 조건을 만족시킬 때 이데알 P를 소(prime)이데알이라고 한다.

(1) $P \neq R$

(2) $ab \in P$이면 $a \in P$ 또는 $b \in P$이다.

과제 9.8 p가 소수일 때 $p\mathbb{Z}$는 소이데알임을 설명하여라.

p가 소수일 때 $p\mathbb{Z}$는 소이데알이고 $\mathbb{Z}/p\mathbb{Z} = \mathbb{Z}_p$는 정역(사실은 체)이다. 일반적으로 다음 정리가 성립한다.

≪**정리 9.9**≫ 단위원을 가지는 가환환 R의 이데알 P가 소이데알이기 위한 필요충분조건은 R/P가 정역인 것이다.

[증명 및 그림]

정수환의 경우를 염두해 둔다. 예를 들어, $R = \mathbb{Z}$와 소이데알 $P = 3\mathbb{Z}$인 경우를 생각한다. 특히, 소이데알의 정의는 소수의 성질을 일반화한 것임에 유념한다.

증명 먼저, P가 소이데알이라고 하고, R/P의 두 원소 $r_1 + P$와 $r_2 + P$에 대하여 $(r_1 + P)(r_2 + P) = P$라고 하자. $r_1 r_2 + P = P$이므로 $r_1 r_2 \in P$이다. P가 소이데알이므로 $r_1 \in P$ 또는 $r_2 \in P$이다. 즉, $r_1 + P = P$ 또는 $r_2 + P = P$이다. 따라서 R/P는 영인자를 가지지 아니한다. 한편, R/P는 단위원을 가지는 가환환이므로 R/P는 정역이다.

이제, R/P가 정역이고 $r_1 r_2 \in P$라고 하자. $P = r_1 r_2 + P =$

$(r_1+P)(r_2+P)$이므로 $r_1+P=P$ 또는 $r_2+P=P$이다.
즉, $r_1 \in P$ 또는 $r_2 \in P$이다. 따라서 P는 소이데알이다. ■

과제 9.10 가. 위 증명 과정을 정수환 $R=\mathbb{Z}$와 $P=3\mathbb{Z}$의 경우를 통하여 살펴보아라.

나. 다음을 확인하여라.

(1) 정수환 $\mathbb{Z}$에서 $3\mathbb{Z}$는 소이데알이고 $\mathbb{Z}/3\mathbb{Z}$는 정역(사실은 체)이다.

(2) 정수환 $\mathbb{Z}$에서 $6\mathbb{Z}$는 소이데알이 아니고, $\mathbb{Z}/6\mathbb{Z}$는 정역이 아니다.

한편, p가 소수일 때 $\mathbb{Z}$의 이데알 $p\mathbb{Z}$의 다음 성질에 주목하자.

어떤 이데알 I가 $p\mathbb{Z} \leq I \leq \mathbb{Z}$이면 $I=p\mathbb{Z}$ 또는 $I=\mathbb{Z}$이다.

이 성질은 이데알 $p\mathbb{Z}$의 극대성이라고 할 수 있다. 이 성질로부터 다음과 같은 정의를 생각하여 보자.

≪**정의 9.11**≫ 단위원을 가지는 가환환 R의 이데알 M이 다음 조건을 만족시킬 때 이데알 M을 극대(maximal)이데알이라고 한다.

(1) $M \neq R$

(2) 어떤 이데알 I가 $M \leq I \leq R$이면 $I=M$ 또는 $I=R$이다.

과제 9.12 p가 소수이면 $p\mathbb{Z}$는 극대이데알임을 설명하여라.

p가 소수이면 $p\mathbb{Z}$는 극대이데알이고 $\mathbb{Z}/p\mathbb{Z}=\mathbb{Z}_p$는 체이다. 일반적으로 다음 정리가 성립한다. 이 정리는 유한체를 구성할 때 유용하게 활용될 수 있다.

≪**정리 9.13**≫ 단위원을 가지는 가환환 R의 이데알 M이 극대이데알이기 위한 필요충분조건은 R/M가 체인 것이다.

[증명 밑 그림]

정수환의 경우를 염두에 둔다. 예를 들어, $R=\mathbb{Z}$와 극대 이데알 $P=3\mathbb{Z}$인 경우를 생각한다. 극대 이데알의 개념은 정수환에서 소수로 생성되는 이데알을 일반화한 것임에 유념한다.

증명 먼저 M가 극대이데알이라고 하고, R/M의 원소 $r+M(\neq M)$을 생각하자. 먼저 $rR+M$는 M을 품는 R의 이데알이지만 $r\notin M$이므로 $rR+M\neq M$이다. M이 극대이데알이므로 $rR+M=R$이다. 그런데 R은 단위원을 가지므로 $rs+m=1$인 $s\in R$과 $m\in M$이 있다. 따라서 $(r+M)(s+M)=1+M$이 되어 $r+M$은 R/M에서 곱셈에 관한 역원을 가진다. 한편, R/M는 단위원을 가지는 가환환이므로 R/M는 체이다.

이제, R/M가 체이고 $M\leq I\leq R$이며 $M\neq I$인 이데알 I를 생각하자. $M\neq I$이므로 $r\in I-M$인 원소 $r\in R$이 있다. R/M는 체이고 $r+M\neq M$이므로 $(r+M)(s+M)=1+M$인 $s+M\in R/M$이 있다. 따라서 $rs-1\in M$ 즉, $1=rs+m$, $m\in M$이다. 그런데 $rs\in I$이고 $m\in M$이므로 $1\in I$가 되어 $I=R$이다. 따라서 M은 극대이데알이다. ■

과제 9.14 가. 위 증명 과정을 정수환 $R=\mathbb{Z}$와 $P=3\mathbb{Z}$의 경우를 통하여 살펴보아라.

나. 다음을 확인하여라.

(1) 정수환 $\mathbb{Z}$에서 $3\mathbb{Z}$는 극대이데알이고 $\mathbb{Z}/3\mathbb{Z}$는 체이다.

(2) 정수환 $\mathbb{Z}$에서 $6\mathbb{Z}$는 극대이데알이 아니고, $\mathbb{Z}/6\mathbb{Z}$는 체가 아니다.

(3) 정수환 $\mathbb{Z}$에서 $0\mathbb{Z}=\{0\}$은 소이데알이지만 극대이데알은 아니다.

다. 위 증명 과정에서 '$M \le I \le R$이면 $I=M$ 또는 $I=R$'를 보이기 위하여 '$M \le I \le R$이며 $I \ne M$이면 $I=R$'임을 보였다. 그 논리의 타당성을 설명하여라.

단위원을 가지는 가환환 R에서 정리 9.9와 정리 9.13에 의하면 극대이데알은 소이데알임을 알 수 있다. 그러나 $\mathbb{Z}$의 어떤 이데알 $m\mathbb{Z}(m \in \mathbb{N})$가 소이데알이기 위한 필요충분조건은 $m\mathbb{Z}$가 극대이데알인 것이고, 이는 다시 m이 소수인 것이다.

다항식 환 $F[x]$은 이 점에서도 정수환 $\mathbb{Z}$와 비슷하다.

≪정리 9.15≫ 다항식 $q(x) \in F[x]$, $\deg q(x) \ge 1$에 대하여 다음 조건은 서로 동치이다.

가. $q(x)$는 기약다항식이다.

나. 이데알 $<q(x)>$가 극대이데알이다.

다. 이데알 $<q(x)>$가 소이데알이다.

증명 가 ⇒ 나.

$< q(x) > \leq < f(x) > \leq F[x]$이라고 하자. $f(x) | q(x)$이므로 $f(x) = a (a \in F^*)$ 또는 $f(x) = aq(x) (a \in F^*)$이다. 이는 $< f(x) > = F[x]$ 또는 $< f(x) > = < q(x) >$임을 뜻한다.

나 ⇒ 다.

이 증명은 분명하다.

다 ⇒ 가.

$q(x) = a(x)b(x)$라고 하자. $a(x)b(x) \in < q(x) >$이므로 $a(x) \in < q(x) >$ 또는 $b(x) \in < q(x) >$이다. 이는 $\deg a(x) \geq \deg q(x)$ 또는 $\deg b(x) \geq \deg q(x)$를 뜻한다. 그런데 $\deg q(x) \geq \deg a(x)$이고 $\deg q(x) \geq \deg b(x)$이다. 따라서 $b(x)$ 또는 $a(x)$가 F^*의 원소임을 뜻한다. ■

과제 9.16 가. 다음을 확인하여라.

(1) 다항식 환 $\mathbb{Z}[x]$은 단항이데알 정역이 아니다(과제 7.14).

(2) 다항식 환 $\mathbb{Z}[x]$에서 $< x >$는 소이데알이지만 극대이데알이 아니다.

나. 다음 절차에 따라 실수체 $\mathbb{R}$로부터 복소수체 $\mathbb{C}$를 구성하여라.

(1) $q(x) = x^2 + 1 \in \mathbb{R}[x]$는 기약다항식이다.

(2) $\mathbb{R}[x] / < q(x) >$는 체이다.

(3) $x + < q(x) >$를 i로 대응시키는 함수는 $\mathbb{R}[x] / < q(x) >$와 $\mathbb{C}$ 사이의 환동형사상이다.

다. '자료: 수의 확장'을 참고하여 다음 도입 절차에 관하여 조사하여라.

(1) 자연수의 도입
(2) 자연수에서 정수의 도입
(3) 정수에서 유리수의 도입
(4) 유리수에서 실수의 도입

유한체의 구성

위수가 소수인 유한체는 항상 있다. 사실, 임의의 소수 p에 대하여 $\mathbb{Z}/p\mathbb{Z}=\mathbb{Z}_p$는 위수가 p인 유한체이다.

유한체의 위수는 소수이어야만 할까? 그렇지 않다. 위수가 소수가 아닌 유한체가 있다. 사실, 이 강좌 제2부에서 확대체의 개념과 확대체의 간단한 성질을 이용하면 다음 사실을 알 수 있다: 유한체 F의 위수를 n이라고 하면 적당한 소수 p와 적당한 자연수 k가 있어서 $n=p^k$이다. 더 나아가 '분해체'와 연계하여 유한체를 논의하는데 이 때, 유한체에 관한 다음 사실을 알 수 있다.

과제 9.17 다음을 확인하여라.

가. 유한체 F의 위수는 다음과 같다: $|F|=p^k$. 여기서 p는 소수이고 k는 자연수다. 사실, F의 표수는 어떤 소수 p이고, F의 소체는 $\mathbb{Z}_p$이다. 이제, F의 $\mathbb{Z}_p$ 위에서의 차수 $[F:\mathbb{Z}_p]$를 k라고 하면 $|F|=p^k$이다.

나. 임의의 소수 p와 임의의 자연수 k에 대하여 위수가 p^k인 유한체는 항상 존재하고 유일하다.

여기에서는 임의의 소수 p와 임의의 자연수 k에 대하여 위수가 p^k인 유한체의 구성법을 알아보자.

이를 위하여 다음을 유념하자.

유한체 $\mathbb{Z}_p$ 위에서의 다항식 환 $\mathbb{Z}_p[x]$을 생각하자. 이 다항식 환은 다음과 같은 성질을 가진다.

가. $\mathbb{Z}_p[x]$는 단항이데알 정역이다.

나. $\mathbb{Z}_p[x]$에서 나눗셈 알고리즘을 활용할 수 있다.

다. $\mathbb{Z}_p[x]$의 이데알 $I = < q(x) >$가 극대이데알이 되기 위한 필요충분조건은 $q(x)$가 기약다항식인 것이다.

라. $\mathbb{Z}_p[x]$에서 인수정리가 성립한다.

과제 9.18 다음을 확인하여라.

가. 임의의 소수 p와 임의의 자연수 k에 관하여, $\mathbb{Z}_p[x]$에는 k차 기약다항식이 항상 있다(Lidle & Pilz, 1984).

나. 다항식 $q(x) \in \mathbb{Z}_p[x]$가 k차 기약다항식이면, $\mathbb{Z}_p[x]/ < q(x) >$는 위수가 p^k인 유일한 유한체이다.

유한체 구성의 다음 절차에 다양한 수학적 기법이 활용됨을 알 수 있다.

정수환 $\mathbb{Z}$와 소수 p에 의한 극대이데알 $p\mathbb{Z}$

→ 유한 소체 $\mathbb{Z}_p$의 구성

→ 다항식 환(체가 아님) $\mathbb{Z}_p[x]$의 구성

→ k차 기약다항식 $q(x) \in \mathbb{Z}_p[x]$의 생성

→ 극대이데알 $<q(x)>$에 의한 $\mathbb{Z}_p[x]$ 위의 동치 관계

→ 분할에 의한 동치류 사이의 덧셈과 곱셈의 정의

→ 상환 $\mathbb{Z}_p[x]/<q(x)>$의 구성

→ 위수가 p^k인 유한체

이제 위수가 4, 8, 9인 유한체를 구체적으로 구성하여 보자.

위수가 4인 체

이 경우는 소체 $\mathbb{Z}_2$ 위의 다항식 환 $\mathbb{Z}_2[x]$을 생각한다. 인수정리에 의하여 $q(x)=x^2+x+1 \in \mathbb{Z}_2[x]$은 2차 기약다항식이다. 따라서 $<q(x)>$은 $\mathbb{Z}_2[x]$의 극대이데알이고 상환

$$\mathbb{Z}_2[x]/<q(x)> = \{0+I,\ 1+I,\ x+I,\ x+1+I\}$$

는 위수가 $2^2=4$인 유일한 유한체이다. 여기서 $I=<q(x)>$이다.

위수가 8인 체

인수정리에 의하여 다항식 $q(x)=x^3+x+1 \in \mathbb{Z}_2[x]$는 3차 기약다항식이다. 이제, $\mathbb{Z}_2[x]/<q(x)>$는 위수가 $2^3=8$인 유일한

유한체이고 다음과 같이 주어진다.

$$\{0+I,\ 1+I,\ x+I,\ x+1+I,\ x^2+I,\ x^2+1+I,\\ x^2+x+I,\ x^2+x+1+I\}.$$

여기서 $I=<q(x)>$이다.

위수가 9인 체

인수정리에 의하여 다항식 $q(x)=x^2+1 \in \mathbb{Z}_3[x]$는 2차 기약다항식이다. 이제, $\mathbb{Z}_3[x]/<q(x)>$는 위수가 $3^2=9$인 유일한 유한체이고 다음과 같이 주어진다.

$$\{0+I,\ 1+I,\ 2+I,\ x+I,\ x+1+I,\ x+2+I,\\ 2x+I,\ 2x+1+I,\ 2x+2+I\}$$

여기서 $I=<q(x)>$이다.

과제 9.19 가. 정수론에서 최대공약수를 구하는데 활용하는 유클리드 알고리즘(Euclidean algorithm)을 이용하면 유한체에서 0이 아닌 원소의 곱셈에 관한 역원을 구할 수 있다.

(1) $\mathbb{Z}_{19}=\{0, 1, \cdots, 18\}$에서 4의 곱셈에 관한 역원을 구하여라.

(2) 앞에서 구성한 위수가 9인 유한체에서 $x+2+I$의 곱셈에 관한 역원을 구하여라.

(3) 0, I가 $\mathrm{Mat}_2(\mathbb{R})$의 영행렬과 단위행렬일 때 A^2-A+I

=0을 만족시키는 행렬 A의 역행렬을 구하라.

나. 다음을 확인하여라.

(1) $\mathbb{Z}_2[x]$에 x^2+x+1 외에 다른 2차 기약다항식이 없다.

(2) $\mathbb{Z}_2[x]$에 x^3+x+1 외에 다른 3차 기약다항식 하나를 제시하여라.

(3) 위 (2)에 제시된 기약다항식을 이용하여 위수가 8인 체를 구성하여라.

(4) $\mathbb{Z}_3[x]$에는 x^2+1 외에 다른 2차 기약다항식이 있다.

(5) 위 (4)에 제시된 기약다항식을 이용하여 위수가 9인 체를 구성하여라.

(6) 위 (5)에서 구성한 체와 본문에서 제시한 위수가 9인 체에서 각 원소의 덧셈에 관한 역원과 곱셈에 관한 역원(있는 경우)을 구하여라.

*(7) 일반적으로 다항식환 $\mathbb{Z}_p[x]$에는 k차 기약다항식이 항상 있고 여러 개 있을 수 있다. 그러나 다른 기약다항식을 사용하여 같은 위수의 유한체를 구성하더라도 그 두 유한체는 항상 동형이다.

다. 유한체 F_q($q=p^k$, p는 소수)에 대하여 다음을 증명하여라.

(1) $|GL_n(F_q)| = (q^n-1)(q^n-q)\cdots(q^n-q^{n-1})$

(2) $f: GL_n(F_q) \to F_q^*$, $f(A) = |A|$는 위로의 군준동형사상이다.

(3) $|SL_n(F_q)| = \dfrac{|GL_n(F_q)|}{q-1}$

뒷 이야기

1. 다음 물음에 답하여라.

   가. 정수환 $\mathbb{Z}$로부터 유리수체 $\mathbb{Q}$를 구성하는 방법을 설명하여라.

   나. 일반적인 정역에서 그 정역을 품는 체를 구성하는 방법을 설명하여라. 사실, 이러한 체를 그 정역의 분수체(field of fractions)라고 한다.

   다. 체의 분수체는 무엇일까? $\mathbb{Z}_2$에 위 '가'의 과정을 통하여 $\mathbb{Z}_2$의 분수체는 $\mathbb{Z}_2$임을 확인하여라.

2. 임의의 $P\in${순환군, 가환군, 비가환군, 유한환, 유한체, 실벡터공간}에 관하여 다음을 알아보아라: 임의의 자연수 n에 대하여 위수가(차원이) n인 P의 존재성과 유일성.

3. 유한체의 표수는 0이 아닌 어떤 소수 p이다. 무한체의 표수도 어떤 소수 p일 수 있다. 표수가 2인 무한체를 하나 제시하여라.

4. 다음을 참고하여 모든 환 $R(\neq\{0\})$는 극대이데알을 적어도 하나 가짐을 확인하여라.

   > 다음 집합을 생각하자.
   >
   > $$\{I \mid I \subsetneq R,\ I\text{는 } R\text{의 이데알}\}$$
   >
   > 공집합이 아닌 이 집합은 집합의 포함관계에 의한 반순서(partial order) 집합이고 모든 연쇄(chain)는 상계(upper bound)를 가진다. 따라서 이 집합은 조른의 보조정리(Zorn's lemma)

에 의하여 극대원을 가진다. 이 극대원은 R의 극대이데알이다.

5. 환 제1동형정리를 이용하여 다음을 확인하여라.

> 가환환 R, S와 위로의 환준동형사상 $f : R \to S$에 대하여 다음이 성립한다.
> 가. S가 체이면 $\operatorname{Ker} f$는 R의 극대이데알이다.
> 나. S가 정역이면 $\operatorname{Ker} f$는 R의 소이데알이다.

6. 과제 9.16 가.를 다음과 같이 설명할 수 있음을 확인하여라.

> 함수 $\phi : \mathbb{Z}[x] \to \mathbb{Z}$, $\phi(f(x)) = a_0$, $f(x) = a_0 + \cdots + a_n x^n$는 위로의 환준동형사상이다. 여기서 $\operatorname{Ker} \phi = \langle x \rangle$이다. 위 5. 나.에 의하여 $\langle x \rangle$는 소이데알이다. 한편, $\langle x \rangle \lneq \langle 2, x \rangle \lneq \mathbb{Z}[x]$이다.

*7. 다음 물음에 답하여라.

가. $\mathbb{Z}_2[x]$와 $\mathbb{Z}_3[x]$ 안에 있는 2차 기약다항식은 각각 모두 몇 개인가?

나. p가 소수일 때, $\mathbb{Z}_p[x]$ 안에 있는 모닉 2차 기약다항식의 개수는 $\dfrac{p(p-1)}{2}$임을 보여라.

8. 표수가 0인 체는 유리수체 $\mathbb{Q}$, 실수체 $\mathbb{R}$, 그리고 복소수 체 $\mathbb{C}$ 등 모두 무한체이다. 한편, 임의의 소수 p에 대하여 표수가 p인 무한체의 예로서 다음을 들 수 있다.

$$\mathbb{Z}_p(x) = \left\{ \frac{f(x)}{g(x)} \mid f(x),\ g(x) \in \mathbb{Z}_p[x],\ g(x) \neq 0 \right\}$$

이제, 유한체에 관하여 다음을 확인하여라.

가. 임의의 소수 p에 대하여 위수가 p인 유한체는 다음 사실과 절차에 따라 구성할 수 있다.

(1) p에 의하여 생성되는 이데알 $p\mathbb{Z}$는 단항이데알정역 $\mathbb{Z}$의 극대이데알이다.

(2) 상환 $\mathbb{Z}/p\mathbb{Z}(\equiv \mathbb{Z}_p)$는 위수가 p인 체이다. 물론, 이 체의 표수는 p이다.

나. 임의의 소수 p와 임의의 자연수 k, $k>1$에 대하여 위수가 p^k인 유한체는 다음 사실과 절차에 따라 구성할 수 있다.

(1) 임의의 자연수 k에 대하여 차수가 k인 기약다항식 $q(x) \in \mathbb{Z}_p[x]$는 항상 존재한다.

(2) k차 기약다항식 $q(x) \in \mathbb{Z}_p[x]$에 의하여 생성되는 이데알 $< q(x) >$는 단항이데알정역 $\mathbb{Z}_p[x]$의 극대이데알이다.

(3) 상환 $\mathbb{Z}_p[x]/< q(x) >$는 위수가 p^k인 체이다.

X

마무리

지난 줄거리

1. 과제 내용 중 해결하지 못한 문제는 무엇인가?

2. 다음 용어를 모두 사용하여 작문하여라.
   $\mathbb{Z}$, $\mathbb{Q}[x]$, 임의의 체 F 위에서의 다항식 환 $F[x]$, $\mathbb{Z}_p[x]$, 단항이데알 정역, 극대이데알, 소수, 기약다항식, 유한체의 구성

3. 정수환 $\mathbb{Z}$에서 다음 용어 모두를 사용하여 작문하여라.
   단항이데알 정역, 극대이데알, 소수, 소수 위수의 유한체

4. 다항식 환 $\mathbb{Q}[x]$에서 다음 용어 모두를 사용하여 작문하여라.
   단항이데알 정역, 극대이데알, 기약다항식

5. 임의의 체 F 위에서의 다항식 환 $F[x]$에서 다음 용어 모두를 사용하여 작문하여라.
   단항이데알 정역, 극대이데알, 기약다항식

6. 유한체 $\mathbb{Z}_p$ 위에서의 다항식 환 $\mathbb{Z}_p[x]$에서 다음 용어 모두를 사용하여 작문하여라.

   단항이데알 정역, 극대이데알, 기약다항식, 유한체의 구성

7. 위수가 6인 유한체를 제시하여라.

8. $F_2[x](F_2=\{0,\ 1\})$에서 2차 기약다항식을 모두 나열하여라.

9. 위수가 4인 유한체를 구성하여라.

제1부의 전체 이야기

교사에게 주어진 수학적 주제에 관하여 이야기(story) 형태의 이해는 의미가 있다. 이 강좌에서 작문(essay) 형식의 문항을 자주 시도하는 것은 이러한 까닭이다. 대수학 전체를 하나의 이야기(Algebra as a Story), 더 나아가 수학 전체를 하나의 이야기(Mathematics as a Story)로 이해하려는 시도는 바람직하다.

이 강좌 제1부는 '대수적 구조(algebraic structure)'라는 주제를 종합적으로 소개하였다.

1. 주어진 집합과 거기에 잘 정의된 연산에 관하여 여러 가지 성질을 연구하는 것은 대수학의 큰 특징이다. 이 강좌에서는 주어진 집합과 거기에 잘 정의된 연산에 관하여 특별한 조건을 만족시키는 여러 가지 대수적구조를 주로 살펴보았다. 군, 환, 벡터공간이 이 강좌에서 논의한 대수적구조의 대표적인 예이다. 정수 전체의 집합 $\mathbb{Z}$에서 덧셈 연산을 생각하면 대표적인 군의 구조가 되고, 정수 전체의 집합에서 덧셈 연산과 곱셈 연산을 생각하면 대표적인 환의 구조가 된다. 한편, 좌표 평면이나 좌표 공간은 벡터공간의 예가 된다. 이 외에도 군, 환, 벡터공간의 여러 가지 예를 생각할 수 있다.

2. 대수적구조의 기본 성질을 부분구조, 상 구조, 그리고 직적(합)을 중심으로 살펴볼 수 있다. 군, 환, 벡터공간은 비슷한 성질이 많이 있다.

3. 부분 구조는 원래의 구조에 동치관계를 유도한다. 유한군의 경우에는 이러한 과정을 통하여 라그랑쥬 정리를 얻는다. 한편, 이 동치관계에 의하여 얻은 동치류 전체의 집합에 연산을 적절히 정의하여 상구조라고 하는 대수적구조를 부여할 수 있다. 이 때 군의 경우에는 정규부분군, 환의 경우에는 이데알이라는 특별한 부분구조를 필요로 한다. 선형구조(벡터공간)의 경우에는 특별한 부분공간을 필요로 하지 않는다.

4. 일반적으로 두 집합을 함수로 비교한다. 대수적구조를 비교함에 있어서는 군, 환, 벡터공간에 따라 각각 군준동형사상, 환

준동형사상, 선형사상이 사용된다. 이 세 가지 사상의 경우에도 비슷한 성질이 많이 있다.

5. 군 중에서 순환군은 매우 특별하여 그 구조가 단순하다. 사실, 무한순환군은 $\mathbb{Z}$ 이고 위수가 n인 순환군은 $\mathbb{Z}_n$이다.

6. 소수 위수를 가지는 유한체는 정수론에서 이미 살펴본 바가 있다. 그러나 소수의 거듭제곱 위수를 가지는 유한체의 구성은 단위원을 가지는 가환환과 그 환의 극대 이데알에 의하여 구성할 수 있다. 이와 관련하여 소체, 유한체 위에서의 다항식환, 기약다항식 등이 중요한 역할을 한다.

7. 이 강좌에서는 강좌의 내용을 수학의 다른 분야와의 연계성에 주목하였다.
   가. 강좌의 내용과 학교수학과의 연계
   나. 강좌의 내용과 집합론, 선형대수학, 정수론과의 연계
   다. 강좌의 내용과 기하학, 해석학, 위상수학, 확률론 등과의 연계

과제 10.1 '자료: 수학과 새 교육과정' 등을 참고하여 제1부에서 다뤄진 내용과 학교수학과의 관계에 대하여 조사하여라.

제1부 내용 점검 문항

1. 다음 용어를 모두 사용하여 글을 작성하여라.
   가. 내적직적(합), 외적직적(합)
   나. 환 $\mathbb{Z}_n$, 군 $\mathbb{Z}_n^*$, 오일러 함수 $\phi(n)$, 순환군, 원시근
   다. 단항이데알 정역, 극대이데알, 소이데알, 기약다항식, 유한체의 구성

2. 케일리 정리를 쓰고 증명하여라.

3. 두 환 $\mathbb{Z}$과 $\mathbb{Q}[x]$을 다음 관점에서 비교하여라.
   가. 단항이데알 정역
   나. 극대이데알과 소이데알과의 관계
   다. 극대이데알이 되기 위한 필요충분조건
   라. 유한체의 구성

4. 위수가 9인 유한체를 구성하여라.

5. 다음을 증명하여라.
   가. G가 군이고, $M \trianglelefteq G$, $N \trianglelefteq G$, $M \cap N = 1$이면, 모든 $m \in M$과 $n \in N$에 대하여 $mn = nm$이다.
   나. 임의의 체 F에 대하여 $F[x]$는 단항이데알 정역이다.
   다. 순환군의 부분군은 순환군이다.
   라. 단위원을 가지는 가환환 R의 이데알 M이 극대이데알이기

위한 필요충분조건은 R/M가 체인 것이다.

마. 다항식 $p(x) \in F[x]$, $\deg p(x) \geq 1$이 기약다항식이기위한 필요충분조건은 이데알 $<p(x)>$가 극대이데알인 것이다.

6. 무한 급수 $1-1+1-1+\cdots+1-1+\cdots$의 값을 구하는 다음 두 가지 풀이 방법을 결합법칙과 교환법칙 관점에서 비판하여라.

가. $1-1+1-1+\cdots+1-1+\cdots$

$=(1-1)+(1-1)+\cdots+(1-1)+\cdots$

$=0$

나. $1-1+1-1+\cdots+1-1+\cdots$

$=(1+1+\cdots+1+\cdots)-(1+1+\cdots+1+\cdots)$

$=\infty-\infty$

7. 다음 물음에 답하여라.

가. 정수계수 이차방정식의 근은 복소수체 안에 항상 있는가?

나. 대수학의 기본 정리와 대수적폐체에 관하여 설명하여라.

다. 유한체 $\mathbb{Z}_5=\{0, 1, 2, 3, 4\}$에서 이차방정식 $x^2-3=0$을 풀어라.

라. 사원수환 $\mathbb{H}$에서 이차방정식 $x^2+1=0$의 해를 여섯 개 구하여라.

8. 다음 물음에 답하여라.

가. 일차방정식의 일반적인 형태는 $ax=b$이다. 여기서 $a=0$이고 $b=0$이면 해는 무수히 많으나, $a=0$이지만 $b \neq 0$이면

해는 존재하지 않는다. 그러나 $a \neq 0$인 경우에는 b의 값에 무관하게 유일한 해 $a^{-1}b = \frac{b}{a}$를 가진다. 이 경우 해의 존재성과 유일성에 관한 한 a의 값이 중요한 역할을 한다.

나. 미지수가 두 개인 일차방정식 두 개로 이루어진 연립방정식은 다음과 같은 행렬로 표현이 가능하다: $AX = B$. 이 연립방정식의 해에 관하여 위의 일차방정식의 경우와 비교하여 논의하여라.

다. 자연수 n을 법(modulus)으로 하는 일차 합동식 $ax \equiv b \pmod{n}$의 해의 존재성과 해의 개수에 관하여 알아보아라.

라. 위 세 문제를 통하여 일차방정식, 일차연립방정식, 그리고 일차합동식의 해의 존재성, 해의 개수 등에 관하여 비교 설명하여라.

9. 자연수 집합 $\mathbb{N}$, 정수 전체의 집합 $\mathbb{Z}$, 유리수 전체의 집합 $\mathbb{Q}$, 실수 전체의 집합 $\mathbb{R}$, 복소수 전체의 집합 $\mathbb{C}$, 그리고 사원수 전체의 집합 $\mathbb{H}$에 대하여 다음 관점에서 비교하여라.

가. 집합의 농도

나. 구체적인 정렬 가능성

다. 다항식의 해 존재성

라. 대수적구조

마. 조밀성과 완비성

바. 집합론에서의 기수(cardinal number)와 서수(ordinal number)를 수의 확장과 관련하여 논의하여라. 이 때, 대수적인 성질(예를 들어, 교환 법칙, 역원, 분배 법칙 등)은 만족스럽

지 못함을 확인하여라.

사. 환 R가 $\mathbb{Q}$, $\mathbb{Z}$, $\mathbb{Z}_6$, 또는 $\mathbb{Z}_7$일 때, 다음 물음에 답하여라.

(1) 어떤 환 R에서 다음 주장이 성립하는가?

$$xy=0\text{이면 } x=0 \text{ 또는 } y=0\text{이다.}$$

(2) 어떤 환 R에서 $\frac{1}{2}+\frac{1}{3}$을 계산할 수 있는가? 계산할 수 있다면 그 값은 얼마인가?

(3) 각 환에 대하여 다음 이차방정식의 해에 관하여 알아보아라.

$$x^2=a,\ a\in R$$

10. 아래 식을 간단하게 계산하는 방법을 설명하고, 그 계산 과정에서 다음 개념들이 어떻게 활용되는지를 살펴보아라: 결합법칙, 교환법칙, 분배법칙, 항등원, 역원.

가. $123\times 345\times 0$

나. $123\times 345\times \frac{1}{123}$

다. $123+345+(-345)$

라. $123+345+(-123)$

마. $123\times 999+123\times 1$

11. 일차방정식 $x+3+x=2+3$을 다음과 같은 절차에 따라 풀었다. 각 단계에서 적용된 연산 법칙은 무엇인가?

가. $x+x+3=2+3$

나. $x+x=2+3+(-3)$

다. $x+x=2+\{3+(-3)\}$

라. $x+x=2+0$

마. $x+x=2$

바. $2x=2$

사. $(\frac{1}{2})2x=(\frac{1}{2})2$

아. $1x=1$

자. $x=1$

12. 정수론에서의 다음 정리(페르마-오일러)를 군 $\mathbb{Z}_n^*$와 라그랑쥬 정리 등을 이용하여 설명하여라.

> n이 자연수이고 $(a, n)=1$이면 $a^{\varphi(n)} \equiv 1 \pmod{n}$이다.

13. 수학의 역사에서 여성 수학자의 역할은 주목할 만하다. 다음은 여성수학자 뇌터에 관한 글이다.

> 에미 뇌터(Emmy Noether, 1882 - 1935)는 독일의 한 유대인가정에서 태어난 여성 수학자이다. 어릴 때에는 수학보다 음악이나 춤에 많은 관심을 보였지만, 에를랑겐대학교의 수학교수였던 아버지의 영향으로 수학을 공부하게 되었다. 그러나 당시에는 여성이 공부하는 것은 어려웠다. 사실, 에를랑겐대학교에 여성의 등록이 처음으로 허락된 것은 1904년이다. 뇌터도 이 때 등록하여 수학을 본격적으로 공부한 것이다. 그녀는 여러 수학자들과 함께 연구하면

서 명성을 얻기 시작하였다. '칸토어 선생님이 만드신 이 낙원에서 누구도 우리를 쫓아내지 못할 것(No one will drive us out of this paradise that Cantor has created for us.)' 이라며 칸토어의 집합론에 찬사를 보낸 힐베르트(D. Hilbert)는 뇌터의 재능을 인정하고, 그녀로 하여금 힐베르트 자신이 교수로 있던 괴팅겐대학에서 강의할 수 있도록 노력하였다. 그러한 노력은 결실을 거두지 못하다가, 1919년에 이르러서야 강의할 수 있는 자격을 겨우 얻었다. 그러나 뇌터의 탁월한 능력과 업적에도 불구하고 당시 히틀러의 나치정부는 유대인 교수들의 학부강의를 금지하였다. 결국, 그녀는 1933년 독일을 탈출하여 미국 브린모어 대학(Bryn Mawr College)으로 갔으나 1935년 병을 얻고 수술 직후 사망하였다. 그녀의 사망 소식을 접한 아인슈타인(A. Einstein)은 1935년 5월 5일 자 뉴욕 타임즈 부고기사에서 그녀를 '탁월한(distinguished) 수학자'이며 '교수(Professor)에미 뇌터'라고 칭하며 애도하였다. 당시 '교수(Professor)'라는 칭호는 대단한 명예였다. 뇌터는 '교수'로서 충분한 실력과 자격이 있었음에도 생전에는 그렇게 불리지 아니하였지만, 아인슈타인은 기꺼이 그녀에게 그 명예를 돌린 것이다. 여성이면서 유대인으로서 많은 어려움을 겪었지만, 뇌터는 대수학 발전에 크게 기여하였을 뿐만 아니라 수학과 물리학의 깊은 관계도 밝혔다.

'자료 : 수학판타지 8' 또는 다른 인터넷 자료를 통하여 뇌터 등 다른 여성수학자에 관하여 좀 더 자세히 알아보아라.

제 2 부: 대수적구조의 응용

제2부는 45시간 분량으로 구성하였다. 시간 배당의 예는 다음과 같다.

XI. 들어가며 ——— 3시간
XII. 기하 문제를 대수 문제로: 작도가능성 ——— 6시간
XIII. 방정식의 근, 어디 있나: 분해체 ——— 6시간
XIV. 체의 문제를 군의 문제로: 갈로아군 ——— 6시간
XV. 유용한 확대체: 갈로아 확대체 ——— 6시간
XVI. 문제 푸는 열쇠: 갈로아이론의 기본 정리 ——— 6시간
XVII. 다항식, 풀 수 있나: 시원한 대답 ——— 9시간
XVIII. 마무리 ——— 3시간

XI

들어가며

전체 내용의 개관

1. 작도가능성과 다항식의 해에 관한 문제는 대수학에서 중요하다. 이들 문제는 수학이나 수학사적으로는 물론 수학교육적 측면에서도 의의가 크다. 학교수학과도 긴밀히 관련되기 때문이다. 따라서 교사는 이에 관하여 종합적인 이해를 할 필요가 있다. 이 두 가지 문제가 이 강좌 제2부의 주제다.

2. 작도가능성의 문제는 기하학적인 문제라고 할 수 있다. 이 강좌에서는 이 문제를 대수학적 문제로 변환하여 해결한다. 이 강좌의 앞 부분에서는 3대 작도 불가능문제를 해결하고 이 강좌의 뒷 부분에서 정다각형의 작도가능성 문제를 해결한다.

3. 이차 다항식의 근의 공식은 쉽게 유도할 수 있지만 삼차 다항식과 사차 다항식의 근의 공식은 16세기에 구해졌다. 그런데 오차 다항식근의 공식은 그 후 거의 300년이 지나도록 구해지지 않았다. 결국 루피니(Ruffini)와 아벨은 오차 다항식의 근의 공식이 존재하지 않음을 알아냈다.[1] 그리고 얼마 후에 갈로아

는 다항식의 근의 공식에 관한 이론(갈로아이론이라고 불린다)을 발견하였다. 갈로아이론에서는 다항식의 해에 관한 문제를 확대체의 문제로 이해하고 이를 다시 군론의 문제로 변환하여 문제를 해결한다. 궁극적으로 일반적인 오차 이상의 다항식은 풀 수 없다는 사실을 증명한다. 사실, 갈로아이론에서는 다항식의 근을 품는 확대체를 만들고, 이 확대체의 성질을 대칭군과 연계하여 논한다. S_5가 가해군이 아니라는 것을 이용하여 일반적인 5차 다항식의 경우에는 근의 공식이 없음을 증명한다. 직관적으로 말하면 근의 공식은 사칙 연산과 거듭제곱근을 이용하는 것만을 허용하는 것으로 생각한다. 제2부의 주요 주제인 갈로아의 이론은 일반적인 5차 다항식의 근 중에는 유리수에서 사칙 연산과 거듭제곱근을 이용하여 나타낼 수 없는 것이 있다는 것을 증명한다.

4. 확대체는 자연스럽게 정의되는 스칼라 배에 의하여 벡터공간이 된다. 따라서 확대체에서는 필요에 따라 군과 환의 구조는 물론 벡터공간의 구조를 활용할 수 있다.

5. 군론의 용어 중 정규부분군, 가해군 등은 갈로아이론과 밀접한 관련이 있다. 즉, 이 개념들은 정규확대체, 다항식의 가해성 등의 개념과 연계된다. 사실, 다항식의 해에 관한 이론은 확대체의 문제로 변환되고, 확대체의 문제는 '갈로아이론의 기본 정리' 등에 의하여 군론의 문제로 변환된다. 추상대수학에서 사용하는 군, 정규부분군, 가해군 등의 개념은 갈로아이

1) 루피니의 증명에는 오류가 있었다.

론에서 시작되었다고 할 수 있다.

6. 갈로아이론은 일반적인 표수에 대해서도 가능하지만 이 강좌에서는 목표의 효율적 달성을 위하여 표수가 0인 체에 국한한다. 따라서 이 책에서는 특별한 언급이 없는 한 체의 표수는 0이다.

7. 다항식의 풀이는 제2부의 주요 주제이다. 다항식의 풀이 특히, 다항식의 근의 존재성과 관련하여 대수학의 기본 정리는 중요하지만 이 책에서는 증명하지 않는다.

8. 이 책에서는 군, 환, 체, 벡터공간 등의 대수적구조 전반에 걸친 종합적인 이해를 꾀함은 물론, 수학의 여러 분야의 연계성에도 주목한다. 앞에서 언급하였듯이, 작도가능성이나 다항식의 풀이는 학교수학과 긴밀히 연계된다. 그러나 제2부에서의 주된 논의는 학교수학과의 접점을 구체적으로 제시하기에는 그 수준이 다소 높다. 따라서 제2부에서는, 다루는 내용과 학교수학과의 연계를 무리하게 시도하지 않는다. 실생활과의 연계 경우도 마찬가지이다. 즉, 다항식의 가해성은 대칭성(symmetry) 등 주변에서 쉽게 관찰될 수 있는 법칙과 관련되지만, 그 정도까지의 연계는 시도하지 않는다.

9. 이 책의 '마무리'에서는 이 책 내용 전체에 대한 종합적인 이해를 돕기 위하여 여러 가지 형태의 문제를 제시한다.

제2부를 위한 기초 사항

근의 공식

가. 일차방정식의 근의 공식은 다음과 같다.

$$ax+b=0,\ a\neq 0$$

$$x=\frac{-b}{a}$$

나. 이차방정식의 근의 공식은 다음과 같다.

$$ax^2+bx+c=0,\ a\neq 0$$

$$x=\frac{-b\pm\sqrt{b^2-4ac}}{2a}$$

다. 삼·사차방정식의 근의 공식

위 이차방정식의 근의 공식은 다음과 같은 과정을 거쳐 구한다. 즉, $x^2+ax+b=0$에서 $x=y-\frac{a}{2}$를 대입하여 일차항이 없는 이차방정식 $y^2+p=0$을 얻고, 이로부터 y를 구하고 이어서 x를 구한 것이다. 마찬가지로, 삼차방정식 $x^3+ax^2+bx+c=0$에서 $x=y-\frac{a}{3}$를 대입하면 이차항이 없는 삼차방정식 $y^3+3py+q=0$을 얻고 이 형태의 삼차방정식을 푼다. 사차방정식 $x^4+ax^3+bx^2+cx+d=0$의 경우에는 $x=y-\frac{a}{4}$를 대입하여 삼차항이 없는 사차방정식 $y^4+qy^2+ry+s=0$의 형태로 바꾸어 푼다.

과제 11.1 '자료: 삼차 사차다항식의 해' 또는 '자료: 인수분해 기법' 등을 참고하여 삼차방정식과 사차방정식의 해를 구하는 과정을 살펴보아라.

도형의 작도

중학교 1학년(7학년)에서 삼각형 등의 간단한 도형을 작도한다. 이 강좌에서는 작도가능한 도형(또는 수)의 범위를 살핀다.

과제 11.2 중학교 1학년 교재를 참고하여 다음에 관하여 조사하여라.

가. '작도'에서 사용하는 도구는 무엇인가?

나. 7-나 단계에서 어떠한 도형을 작도하는가?

기초 군론

군론은 갈로아이론으로부터 발생했다고 할 수 있다. 그만큼 군론은 이 강좌에서 중요한 역할을 한다.

과제 11.3 가. 다음에 관하여 조사하여라.

(1) 제1, 제2, 제3 동형정리

(2) 대응정리

(3) 가해군의 정의

(4) 유한가해군의 조성열

(5) 가해군의 성질

(가) 가해군의 부분군은 가해군이다.

(나) 가해군의 상군은 가해군이다.

나. 다음을 확인하여라.

(1) $S_n(n \le 4)$은 가해군이다.

(2) $A_n(n \ge 5)$은 단순군이다.

(3) $S_n(n \ge 5)$은 가해군이 아니다.

극대이데알

단위원을 가지는 가환환에서 극대이데알은 중요한 성질을 가진다.

과제 11.4 가. 다음에 관하여 조사하여라.

(1) 극대이데알의 정의

(2) 극대이데알의 성질

(가) 단위원을 가지는 가환환 R의 이데알 M이 극대이데알이기 위한 필요충분조건은 R/M가 체인 것이다.

(나) 체 F와 다항식 $p(x) \in F[x]$ $(\deg p(x) \ge 1)$에 대하여 다음 조건은 서로 동치이다.

① $p(x)$는 기약다항식이다.

② 이데알 $<p(x)>$가 극대이데알이다.

기약다항식

기약다항식은 극대이데알을 생성하는 등 여러 면에서 중요한 역할을 한다. 따라서 주어진 다항식이 기약인지 아닌지 판정하는 것은 중요하다.

앞에서 살펴보았듯이 2차나 3차 다항식의 경우는 인수정리를 이용하여 기약인지 아닌지를 판정할 수 있지만 4차 이상의 다항식의 경우에는 그 판정이 쉽지 않다.

이런 점에서 다음 정리는 유용하다.

≪정리 11.5≫ (아이젠슈타인 규준, Eisenstein Criterion)
다항식 $a(x)=a_0+a_1x+\cdots+a_nx^n\in\mathbb{Z}[x]$와 소수 p에 대하여 $p|a_0, \cdots, p|a_{n-1}, p\nmid a_n$이고 $p^2\nmid a_0$이면 $a(x)$는 기약이다.

증명 $p|a_0, \cdots, p|a_{n-1}, p\nmid a_n$이고 $p^2\nmid a_0$라고 하면, 표준 위로의 사상 $\phi:\mathbb{Z}\to\mathbb{Z}_p$로부터 유도되는 $\phi^*:\mathbb{Z}[x]\to\mathbb{Z}_p[x]$에 의한 $a(x)$의 상은 $\phi^*(a(x))=\overline{a_n}x^n$이다. 여기서, $\overline{a_n}\in\mathbb{Z}_p$은 p를 법으로 하는 a_n의 동치류를 나타낸다. 이제, 다항식 $a(x)$가 기약이 아니라면

$$a_0+a_1x+\cdots+a_nx^n=(b_0+b_1x+\cdots+b_mx^m)$$
$$(c_0+c_1x+\cdots+c_kx^k),\ m\geq 1,\ k\geq 1$$

이고

$$\overline{a_n}x^n = \overline{b_m}x^m \cdot \overline{c_k}x^k$$

이다. 결국 $p|b_0$, $p|c_0$이므로 $p^2|a_0$이 되어 모순이다. ■

과제 11.6 가. 위 증명에서 $\overline{a_n}x^n = \overline{b_m}_m x^m \cdot \overline{c_k}x^k$이어야 함을 설명하여라.

나. $x^n+5\,(n \geq 1)$는 기약임을 설명하여라. 이 사실로부터 임의의 차수에 관하여 기약다항식이 있음을 알 수 있다.

다. $\mathbb{Q}[x]/< x^5-4x+22 >$는 체임을 증명하여라.

⋆라. Lidle & Pilz(1984)를 참고하여 다음 사실을 확인하여라.

(1) 임의의 유한체 F와 임의의 자연수 n에 대하여 n차 기약다항식 $f(x) \in F[x]$은 항상 존재한다.

(2) 위 (1)에서 n차 기약다항식의 개수도 알 수 있는데 그 증명과정에서 뫼비우스의 반전 공식(Möbius Inversion Formula)이 사용된다.

아이젠슈타인 규준에 의해 다음도 알 수 있다.

다항식 $a(x)=a_0+a_1x+\cdots+a_nx^n \in \mathbb{Z}[x]$와 소수 p에 대하여

$$p \mid a_n,\ p \mid a_{n-1},\ \cdots,\ p \mid a_1,\ p \nmid a_0 \text{이고 } p^2 \nmid a_n$$

이면 $a(x)$는 기약이다.

사실,

$$a(x)=f(x)g(x),\ \deg f(x)=r \geq 1,\ \deg g(x)=s \geq 1$$

이라고 하면,

$$a^*(x)=x^n a\left(\frac{1}{x}\right)=x^n f\left(\frac{1}{x}\right)g\left(\frac{1}{x}\right)=x^r f\left(\frac{1}{x}\right)x^s g\left(\frac{1}{x}\right)$$

가 되어 기약이 아니다. 그러나 $a^*(x)$는 아이젠슈타인 규준에 의해 기약이므로 모순에 이른다.

≪정리 11.7≫ p가 소수일 때 다항식

$$f(x)=\frac{x^p-1}{x-1}=x^{p-1}+x^{p-2}+\cdots+x+1\in\mathbb{Z}[x]$$

는 기약이다.

증명 V장 '뒷 이야기'와 아이젠슈타인 규준에 의하여 다음은 기약이다.

$$g(x)=f(x+1)=\frac{(x+1)^p-1}{(x+1)-1}=x^{p-1}+{}_pC_1x^{p-2}+\cdots+{}_pC_{p-1}$$

따라서 $f(x)$도 기약이다. ■

뒷 이야기

1. 이차방정식의 근의 공식을 유도하는 과정에서 다음과 같은 대수적인 구조가 어떻게 활용되는지 살펴보아라.
   가. 실수집합은 덧셈에 관하여 가환군이다.
   나. 실수집합은 체를 이룬다.

*2. Mazur(2003)를 참고하여 삼·사차 다항식의 근의 공식의 발견 과정에 얽힌 에피소드 등에 관하여 알아보아라.

*3. 다음을 참고하여 1부터 9까지의 자연수들이 가지는 몇 가지 특징적인 사실을 조사하여라.
   가. 1
   (1) 정수군 $\mathbb{Z}$의 생성자(generator)이다. 1은 그것의 덧셈에 관한 역원 -1과 함께 단 두 개의 생성자 중 하나이다.
   (2) 정수환 $\mathbb{Z}$에서 1은 그것의 덧셈에 관한 역원 -1과 함께 곱셈에 관한 역원을 가지는 단 두 개의 원소 중 하나이다.
   (3) 오일러의 식 $e^{\pi i}+1=0$에 0과 함께 등장한다.
   나. 2
   (1) 컴퓨터는 모든 수를 이진법으로 인식하고 계산한다.
   (2) 유한 비가해군의 위수는 2의 배수 즉, 짝수이다(Feit-Thompson 정리).
   다. 3
   (1) $x^n+y^n=z^n$은 $n \geq 3$이면 자명하지 않은 정수해를 가지지 아니한다(페르마 마지막 정리).
   (2) 대칭군 S_n은 $n \geq 3$이면 비가환군이다.
   라. 4
   (1) 동형이 아닌 두 개 이상의 가환군이 있는 가장 작은

위수이다.

(2) 유한체의 위수 중 소수가 아닌 가장 작은 수이다.

마. 5

(1) 교대군 A_n은 $n \geq 5$이면 비가환 단순군(따라서 비가해군)이다.

(2) 오차 이상의 유리계수다항식은 일반적으로 근의 공식이 없다.

(3) 정다면체는 다섯 개 밖에 없다.

바. 6

(1) 유한 비가환군의 최소 위수는 6이다.

(2) 서로 수직인 라틴 방진(MOLS, mutually orthogonal Latin squares)이 차수가 2와 6 이외에는 항상 있다. 차수가 2인 경우에 MOLS가 없는 것은 자명하고 차수가 6인 경우에 MOLS가 없다는 것은 오일러의 '36장교 문제(Euler's 36 officers problem)'의 해결이다.

(3) 가장 작은 완전수(perfect number)이다.

사. 7

페르마소수(Fermat prime)가 아닌 최소 홀수 소수이다. 따라서 정칠각형은 작도가능하지 않은 최소 정다각형이다.

아. 8

(1) 2보다 큰 자연수 중에서 원시근을 가지지 않는 가장 작은 수이다.

(2) 벡터공간 $\mathbb{R}^n$에서 거리를 보존하는(distance preserving) 곱셈은 $n=1, 2, 4, 8$인 경우에 한하여 정의된다. 즉, 실수, 복소수, 사원수(quaternion), 팔원수(octonion)의

경우이다. 따라서 벡터곱(vector product)은 삼차원 유클리드공간과 칠차원 유클리드공간에서만 정의된다.

자. 9

예각삼각형 ABC에서 세 변의 중점 A', B', C', 세 수선의 발 D, E, F, 그리고 수심 H에 대하여 선분 AH, BH, CH 각각의 중점 K, L, M은 한 원 위에 있다. 이 원을 구점원(nine point circle)이라고 한다.

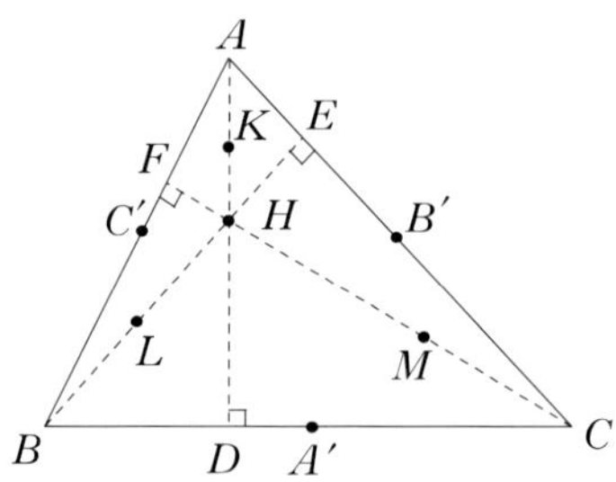

***4.** 다음 자료를 참고하여 수집합 각각의 특징을 알아보아라.

> 실수체 ℝ는 완비순서체(complete ordered field)이다. 사실, ℝ는 본질적으로 유일한 완비순서체임을 증명할 수 있다. 복소수체 ℂ에서는 음수의 제곱근을 허락함으로써 '순서'의 개념이 무의미하지만, 실수체 ℝ의 유한확대체(XII장)로서는 ℝ 외에는 유일하다. 한편, 사원수환 ℍ는 곱셈에 관한 교환법칙을 상실하지만, 실수체 ℝ의 유한차원 나눗셈다원환(finite-dimensional division algebra)으로서는 ℝ와 ℂ 외에는 유일하다. 이제, 실수체 ℝ, 복소수체 ℂ, 사원수환 ℍ 외에 노름나눗셈다원환(normed division algebra)은 하나만 더 존재한다.이것이 팔원수환이다. 그러나 팔원수의 곱셈에서는 교환법칙은 물론이고 결합법칙조차도 포기하여야 한다.

XII

기하 문제를 대수 문제로: 작도가능성

지난 줄거리

1. 과제 내용 중 해결하지 못한 문제는 무엇인가?

2. 다음 용어를 모두 사용하여 작문하여라.
   체 위에서의 다항식 환, 기약다항식의 판별, 아이젠슈타인 규준

3. 중학교 과정에 나오는 '작도'는 무엇을 뜻하는가?

4. 다음 사실을 확인하여라.
   가. 단위원을 가지는 가환환 R의 이데알 M이 극대이데알이기 위한 필요충분조건은 R/M가 체인 것이다.
   나. 다항식 $p(x) \in F[x]$, $\deg p(x) \geq 1$에 대하여 다음 조건은 서로 동치이다.
      (1) $p(x)$는 기약다항식이다.
      (2) 이데알 $< p(x) >$가 극대이데알이다.
      (3) 이데알 $< p(x) >$가 소이데알이다.

5. 분모의 유리화와 분모의 실수화는 무엇인가? 체의 정의와 관련하여 설명하여라.

6. 벡터공간과 차원의 정의를 각각 설명하여라.

이번 줄거리

1. 기하학적 문제가 어떻게 대수학적인 문제로 변환되는지 이해한다.

2. 작도가능한 수 전체의 집합은 실수체 $\mathbb{R}$의 부분체임을 안다.

3. 각의 작도가능성은 근본적으로 수의 작도가능성과 같음을 안다.

4. 여러 가지 확대체를 알고 그들 상호간의 관계를 이해한다.

5. 유한확대체의 차수와 다항식의 차수와의 관계를 안다.

6. 수학적 의미에서 작도가능한 수보다 작도불가능한 수가 많음을 이해한다.

7. 작도가능성의 문제가 삼각함수, 초월수 등과 관계됨을 안다.

여는 이야기

작도가능성의 문제는 수학, 수학사, 수리철학, 그리고 수학교육 등 여러 측면에서 중요하다. 특히 기하학적 문제의 대수적 해결이라는 특징은 주목할 만하다.

이 장에서 논의하는 구체적인 문제는 다음과 같다.

- 작도과정을 어떻게 대수적으로 나타낼 수 있는가?
- 대수적으로 나타낸 작도가능성의 문제를 어떻게 해결하는가?

작도 문제의 대수적 이해

자(눈금 없는)와 컴퍼스를 사용하는 작도의 문제는 학교 수학에서도 간략히 다루어진다. 여기에서는 작도의 과정을 대수적으로는 어떻게 나타낼 수 있는지 살핀다.

과제 12.1 다음을 작도하고 과정을 설명하여라.

(1) 선분의 중점

(2) 선분의 수직이등분선

(3) 수선의 발

(4) 평행선

(5) 각의 이등분

(6) 정삼각형, 정사각형

유클리드 원론에 정오각형의 작도 등 작도에 관한 내용이 있지만 정 칠각형의 작도 등 일반적인 정다각형의 작도에 관하여는 언급이 없다. 작도가능성의 문제는 수학사에서 장기간에 걸친 미해결 문제였다고 할 수 있다.

과제 12.2 가. 정오각형의 작도는 유클리드 원론(Euclid, 1956, Vol. I , p. 403; Vol. II. p. 96, 100 등)에 소개되어 있음을 확인하여라.

나. '자료: 정오각형의 작도'를 참고하여 정오각형을 작도하여라.

작도가능성 문제의 해결과정은 수학의 중요한 특징을 보여준다. 특히 기하학적인 문제를 체와 벡터공간의 개념 등을 활용하는 대수적인 접근으로 해결한 것은 주목할 만하다. 작도가능성의 문제에는 이 외에도 삼각함수, 초월수, 기약다항식 등 다양한 수학적 개념과 관련된다.

한편, 작도가능성의 문제는 수학사적으로도 중요한 문제라고 할 수 있다.

과제 12.3 '과제 1.32.사'의 내용을 참고하여 직관적, 기하적, 그리고 대수적 접근의 상보관계를 살펴보아라.

이제, 작도가능성의 문제를 대수적인 접근으로 살펴보자.

보통 '작도'라 하면 눈금 없는 자와 컴퍼스만을 사용하는 것을 뜻한다. 따라서 작도는 어떤 계획에 따라 직선과 직선의 교점, 직선과 원의 교점, 또는 원과 원의 교점을 구하는 과정이라고 할 수 있다. 이와 같은 기하적인 과정을 대수적으로 이해하면 두 개의 직선의 방정식에 의한 연립방정식, 한 개의 직선의 방정식과 한 개의 원의 방정식에 의한 연립방정식, 또는 두 개의 원의 방정식에 의한 연립방정식을 풀어 그 해를 구하는 과정이라고 할 수 있다. 결국, 다음과 같은 형태의 연립방정식을 푸는 것이다.

$$\begin{cases} ax+by+c=0 \\ dx+ey+f=0, \end{cases}$$

$$\begin{cases} x^2+y^2+ax+by+c=0 \\ dx+ey+f=0, \end{cases}$$

또는

$$\begin{cases} x^2+y^2+ax+by+c=0 \\ x^2+y^2+dx+ey+f=0 \end{cases}$$

따라서 교점의 작도를 그 점의 좌표 즉, 수(number)의 작도로 이해할 수 있다. 예를 들어, 주어진 단위 길이의 이등분점을 작도하는 것은 수 $\frac{1}{2}$을 작도하는 것이 된다.

이제, 단위 길이는 주어지는 것 즉, 작도 가능한 것으로 하자. 자와 컴퍼스를 사용하면 모든 자연수는 작도가능함을 알 수 있다. 음의 정수의 작도는 특별한 기하학적인 의미를 부여하기보다는 대수적인 편리함을 위하여 작도 가능한 것으로 한다. 따라서 정수환 $\mathbb{Z}$의 모든 원소 즉, 모든 정수는 작도가능하다. 이제, 유리수의 작도가능성을 알아보자. 먼저 $\frac{1}{2}$이 작도가능하다.

과제 12.4 $\frac{1}{3}$을 작도하여라. 즉, 주어진 선분을 삼등분하여라.

사실, 모든 단위 분수 $\frac{1}{n}\,(n \in \mathbb{N})$, 더 나아가 모든 양의 유리수 $\frac{m}{n}\,(m,\ n \in \mathbb{N})$을 작도할 수 있다. 음의 정수 경우와 마찬가지로 음의 유리수도 대수적 편리함을 위하여 작도가능한 것으로 한다. 따라서 유리수체 $\mathbb{Q}$의 모든 원소는 작도가능함을 알 수 있다.

과제 12.5 다음을 확인하여라.

작도가능한 무리수가 있다. 사실, 피타고라스 정리에 의하면 $\sqrt{2}$ 등 모든 $\sqrt{n}\,(n \in \mathbb{N})$는 작도 가능하다.

작도가능한 실수 전체의 집합은 좋은 대수적인 구조를 가진다. 먼저, 덧셈에 관하여 가환군이 됨을 알 수 있다. 더 나아가 다음 정리가 성립한다.

≪정리 12.6≫

가. α, β가 작도가능하면, α/β도 작도가능하다.

나. α가 작도가능하면, $\sqrt{\alpha}$도 작도가능하다.

증명 가. 아래의 왼쪽 그림에서 좌표평면에 $(\alpha, 0)$과 $(0, \beta)$의 점을 잡는다. 단위길이를 이용하여 (0, 1)을 잡는다. 평행선 작도를 이용하여 (0, 1)을 지나면서 $(\alpha, 0)$, $(0, \beta)$를 지나는 직선과 평행한 직선을 작도한다. 작도한 평행선이 x축과 만나는 좌표를 $(\gamma, 0)$이라고 하면, $\gamma = \alpha/\beta$이다.

나. 아래 오른쪽 그림에서 두 점 $(\alpha+1, 0)$과 $(\frac{\alpha+1}{2}, 0)$을 잡고 $(\frac{\alpha+1}{2}, 0)$을 중심으로 하고 반지름이 $\frac{\alpha+1}{2}$인 반원을 그림과 같이 그린다. 이제 $(1, 0)$에서 수선을 세우고 반원과 만나는 점을 $(1, \delta)$라고 하면 $\delta = \sqrt{\alpha}$이다. ■

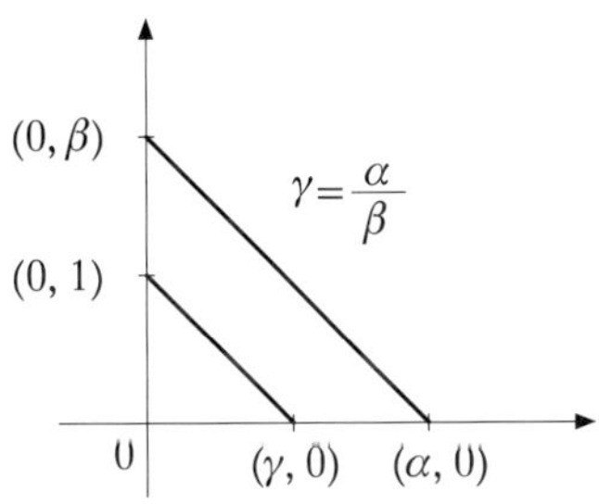

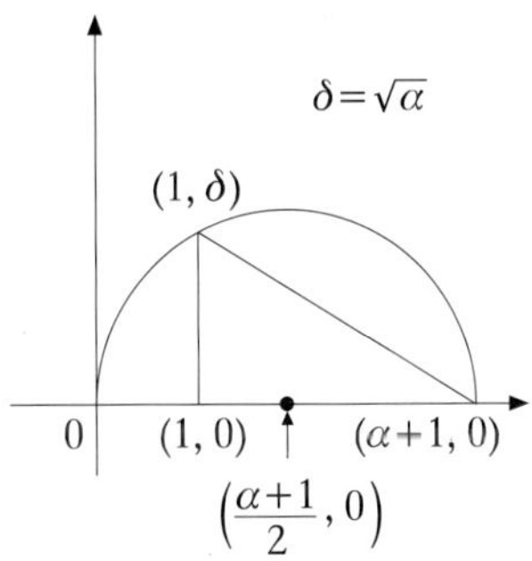

위 정리로부터 다음을 알 수 있다.

> **≪정리 12.7≫** 두 수 α와 β가 작도가능하면, $\alpha\beta$도 작도가능하다.

증명 단위 길이 1이 작도가능하고 β가 작도가능하므로 $\frac{1}{\beta}$가 작도가능하다. 이제 α와 $\frac{1}{\beta}$가 작도가능하므로 $\frac{\alpha}{\frac{1}{\beta}}=\alpha\beta$도 작도가능하다. ■

과제 12.8 C를 작도가능한 실수 전체의 집합이라고 할 때 다음을 확인하여라.

가. 다음과 같은 포함관계가 성립한다.

$$\mathbb{N} \subset \mathbb{Z} \subset \mathbb{Q} \subset C \subset \mathbb{R}$$

나. 집합 C는 실수의 덧셈과 곱셈에 관하여 체이다.

이상으로부터 집합 C가 체의 구조를 가짐은 물론 작도가능한 무리수가 많이 있음을 알 수 있다. 그렇다면 모든 무리수도 작도가능하지 않을까?

사실은 작도가능하지 않은 무리수가 있다. 이 장의 목표는 다음 세 실수(무리수)는 작도가능하지 않음을 보이는 것이다.

$$\sqrt{\pi}\,,\ \sqrt[3]{2}\,,\ \cos 20^\circ$$

과제 12.9 각(angle) 20°가 작도가능하기 위한 필요충분조건은 수(number) $\cos 20^\circ$가 작도가능한 것임을 설명하여라.

모든 유리수는 작도가능하므로 작도과정에서 직선을 결정하는 두 점의 좌표는 모두 유리수이고, 원을 결정하는 중심과 반지름도 모두 유리수라고 가정할 수 있다. 따라서 얻어지는 직선의 방정식과 원의 방정식의 계수는 모두 유리수라고 할 수 있다. 한편, 앞에서 살펴보았듯이 작도는 연립방정식의 풀이과정으로 볼 수 있다. 연립방정식의 해는 연립방정식을 이루는 각 방정식의 계수에 크게 영향 받는다. 작도 과정에서 얻어지는 방정식의 계수가 모두 유리수일 때 연립방정식의 해는 일반적으로 다음과 같은 모양의 수임을 알 수 있다.

$$\alpha+\beta\sqrt{\gamma},\ \text{여기서 } \alpha, \beta, \gamma\text{는 유리수}$$

과제 12.10 가. 위 사실을 확인하여라.

나. 다음을 확인하여라.

(1) 고등학교 과정에서 다음과 같은 수 집합을 다룬다.

$$K=\{a+b\sqrt{2}\,|\,a,\ b\in\mathbb{Q}\}$$

이 집합과 관련하여 분모의 유리화를 생각할 수 있다. 사실, 이 집합 K는 실수 전체의 집합 $\mathbb{R}$의 부분집합으로서 체가 되고 분모의 유리화는 위 집합이 체가 되는 증명 과정 중 일부이다.

(2) 분모의 실수화는 복소수 전체의 집합 $\mathbb{C}=\{a+bi\,|\,a,\ b\in\mathbb{R}\}$가 체가 되는 증명 과정 중 일부이다.

(3) $K\subset C$

유한확대체

작도가능성의 문제를 대수적으로 살펴보기 위하여 유용한 몇 가지 내용을 살펴보자.

군, 환, 그리고 벡터공간의 경우에는 부분구조와 상(quotient) 구조(가능한 경우)가 중요한 역할을 한다. 그러나 체의 경우에는 상황이 다소 다르다. 체는 유의미한 이데알을 가지지 않기 때문에 유의미한 상구조를 생각할 수 없다.

체의 경우에서는 확대체의 개념이 중요한 역할을 한다.

≪**정의 12.11**≫ F가 K의 부분체일 때 (즉, $F \leq K$일 때), K를 F의 확대체(extension)라고 하고, F를 K의 기초체(ground field)라고 한다.

과제 12.12 실수체와 복소수체는 유리수체의 확대체임을 확인하여라.

확대체는 기초체 위에서 벡터공간이 된다. 따라서 확대체를 다룰 때에는 환(체)의 성질과 함께 벡터공간의 성질을 활용할 수 있다.

과제 12.13 다음을 설명하여라.

가. F, K가 체이고 $F \leq K$이면, K는 F 위에서 벡터공간이 된다.

나. F, K가 체이고 $F \leq K$이면, 일반적으로 F를 K 위에서의 벡터공간으로 정의하기가 자연스럽지 않다.

다. 유한체 F의 소체는 적당한 소수 p에 대하여 $\mathbb{Z}_p$이다. 따라서 F는 $\mathbb{Z}_p$의 확대체이고 F는 $\mathbb{Z}_p$ 위에서의 벡터공간이며 F의 위수는 $p^k\,(k \in \mathbb{N})$이다.

≪정의 12.14≫ F, K가 체이고 $F \leq K$인 경우, F 위에서 벡터공간 K의 기저가 유한 집합이면, K는 F 위의 유한 차원 벡터공간이 되는데 그 차원을 'K의 F 위에서의 차수(degree)'라고 하고 $[K : F]$와 같이 나타낸다. 이 경우 K는 F의 유한확대체(finite extension)라고 부른다. 반대로 K의 기저가 무한 집합이면 K는 F 위의 무한 차원 벡터공간이 되고, K를 F의 무한확대체라고 부른다.

과제 12.15 가. 앞으로 전개되는 이야기를 참고하여 $[K : F]$를 '차원'이라고 하지 않고 '차수'라고 부르는 이유를 생각하여 보아라.

나. 다음을 확인하여라.

(1) K가 F의 유한확대체라는 말은 K가 유한체라는 말이 아니다.

(2) 복소수 체 $\mathbb{C}$는 실수체 $\mathbb{R}$ 위에서 2차원 벡터공간이다. 따라서 $\mathbb{C}$는 $\mathbb{R}$의 유한확대체이다.

(3) 실수체 $\mathbb{R}$는 유리수체 $\mathbb{Q}$ 위에서 무한확대체이다.

(4) $K=\{a+b\sqrt{2} \mid a,\ b \in \mathbb{Q}\}$는 유리수체 $\mathbb{Q}$ 위에서 2차원 벡터공간이다. 사실, $\{1,\ \sqrt{2}\}$는 벡터공간 K의 기저이다.

이 강좌에서의 확대체는 특별한 언급이 없는 한 유한확대체이다.

> **≪정리 12.16≫** 세 체 $F \le K \le L$에 대하여 $[K:F]$, $[L:K]$가 각각 유한이면, L은 F의 유한확대체이고 $[L:F]=[L:K][K:F]$이다.

[증명 및 그림]

$\{a_1, \cdots, a_n\}$가 F 위의 K의 기저이고, $\{b_1, \cdots, b_m\}$가 K 위의 L의 기저일 때, $\{a_i b_j \mid i=1, \cdots, n,\ j=1, \cdots, m\}$가 F 위의 L의 기저임을 증명한다.

증명 임의의 $z \in L$은 다음과 같이 표현된다.

$$z=\sum_{j=1}^{m} y_j b_j \,(y_j \in K)$$

다시 y_j는 다음과 같이 표현된다.

$$y_j=\sum_{i=1}^{n} x_{ij} a_i \,(x_{ij} \in F)$$

따라서 $z=\sum_{j=1}^{m}(\sum_{i=1}^{n} x_{ij} a_i) b_j=\sum_{j=1}^{m}\sum_{i=1}^{n} x_{ij}(a_i b_j)$이므로 L의 원소는 nm개의 원소 $a_i b_j \in L$에 의하여 생성된다. 이제 $\sum_{j=1}^{m}\sum_{i=1}^{n} c_{ij} a_i b_j=0$ $(c_{ij} \in F)$이라고 가정하면 $\sum_{j=1}^{m}(\sum_{i=1}^{n} c_{ij} a_i) b_j=0$, $\sum_{i=1}^{n} c_{ij} a_i \in K$이고 $\{b_1, \cdots, b_m\}$은 K 위의 L의 기저이므로, 모든 j에 대하여

$\sum_{i=1}^{n} c_{ij}a_i = 0$이다. 다시 $\{a_1, \cdots, a_n\}$은 F 위의 K의 기저이므로 모든 i, j에 대하여 $c_{ij}=0$이다. 따라서 $\{a_ib_j \mid 1 \le i \le n,\ 1 \le j \le m\}$는 체 F 위에서 L의 기저이다. ■

과제 12.17 위 정리의 내용을 군론에서의 라그랑쥬 정리의 내용과 비교하여라.

단순확대체

여러 형태의 확대체를 생각할 수 있다. 먼저 기초체와 기초체의 원소가 아닌 한 원소에 의해 생성되는 확대체를 생각한다.

> **≪정의 12.18≫** $F \le K$이고 $\alpha \in K$일 때, F와 α를 포함하는 K의 가장 작은 부분체를 $F(\alpha)$라고 나타내고 F의 α에 의한 단순 확대체(simple extension)라고 한다.

과제 12.19 가. 위 정의에서의 $F(\alpha)$에 대하여 다음을 확인하여라.

(1) $\alpha \in F$이면 $F(\alpha) = F$이다.

(2) $F(\alpha)$는 K의 부분체이다.

(3) $F(\alpha)$는 F와 α를 품는 모든 체의 교집합이다.

(4) $F(\alpha) = \left\{ \dfrac{f(\alpha)}{g(\alpha)} \,\middle|\, f(x),\ g(x) \in F[x],\ g(\alpha) \ne 0 \right\}$

나. 다음을 설명하여라.

(1) $\mathbb{Q}(\sqrt{2}) = \{a+b\sqrt{2} \mid a,\ b\in\mathbb{Q}\}$

(2) $\mathbb{R}(i) = \{a+bi \mid a,\ b\in\mathbb{R}\} = \mathbb{C}$

다. $F \le K$이고, $\alpha\in K$일 때, F와 α를 포함하는 K의 가장 작은 부분환을 $F[\alpha]$라고 나타낸다. $F[\alpha]$에 대하여 다음을 확인하여라.

(1) $F[\alpha]$는 F와 α를 품는 모든 환의 교집합이다.

(2) $F[\alpha]=\{f(\alpha) \mid f(x)\in F[x]\}$

라. 일반적으로 $F[\alpha] \subseteq F(\alpha)$임을 설명하여라.

$F \le K$이고, $\alpha_1,\ \alpha_2\in K$일 때, F와 $\alpha_1,\ \alpha_2$를 포함하는 K의 가장 작은 부분체를 $F(\alpha_1,\ \alpha_2)$라고 나타내면 다음이 성립함을 알 수 있다.

$$F(\alpha_1,\ \alpha_2)=F(\alpha_1)(\alpha_2)$$

$F(\alpha_1,\ \alpha_2,\ \cdots,\ \alpha_n)$인 경우에도 마찬가지로 이해할 수 있다.

과제 12.20 다음 각각의 확대체에 대한 기저를 하나씩 제시하여라.

가. $\mathbb{Q} \le \mathbb{Q}(\sqrt{2})$ 나. $\mathbb{Q} \le \mathbb{Q}(\sqrt{3})$

다. $\mathbb{Q} \le \mathbb{Q}(\sqrt[3]{2})$ 라. $\mathbb{Q} \le \mathbb{Q}(\sqrt{2},\ \sqrt{3})$

마. $\mathbb{Q} \le \mathbb{Q}(\sqrt{2},\ \sqrt{-1})$ 바. $\mathbb{R} \le \mathbb{R}(\sqrt{-2})$

대수적인 원소

≪**정의 12.21**≫ $F \leq K$, $u \in K$일 때, u를 근으로 갖는 0이 아닌 다항식이 $F[x]$에 있으면, u는 F 위에서 대수적(algebraic over F)이라고 한다. 한편, u를 근으로 갖는 다항식이 $F[x]$에 있지 않으면 u는 F 위에서 초월적(transcendental over F)이라고 한다.

과제 12.22 다음을 확인하여라.

가. 임의의 체 F에 대하여, $c \in F$는 $x-c \in F[x]$의 근이므로, F의 임의의 원소는 모두 F 위에서 대수적이다. 모든 유리수는 유리수체 $\mathbb{Q}$ 위에서 대수적이다.

나. $\mathbb{R} \leq \mathbb{C}$에서 i는 $x^2+1 \in \mathbb{R}[x]$의 근이므로, i는 $\mathbb{R}$ 위에서 대수적이다. 또, $\mathbb{Q} \leq \mathbb{C}$에서 i는 $x^2+1 \in \mathbb{Q}[x]$의 근이므로, i는 $\mathbb{Q}$ 위에서 대수적이다.

이제, $F \leq K$이고 $u \in K$가 F 위에서 대수적이면, $F[x]$ 안에 u를 근으로 갖는 다항식이 있다. 자연수 집합에서의 정렬성에 의하여 그러한 다항식 중에서 최저차 모닉(monic) 다항식 $p(x) \in F[x]$를 찾을 수 있다. 이 다항식 $p(x)$를 F 위의 $u \in K$의 최소다항식(minimal polynomial)이라고 하고 $\mathrm{irr}(u, F)$와 같이 나타낸다.

과제 12.23 다음을 확인하여라.

가. 다항식 $g(x) \in F[x]$가 u를 근으로 가지면 u의 최소다항식

은 $g(x)$를 나눈다.

나. 최소다항식은 기약다항식이며 유일하다.

다. $h(x)=x^2-3\in\mathbb{R}[x]$는 $\mathbb{Q}$ 위에서 기약다항식으로서 $\mathbb{Q}$ 위의 $\sqrt{3}$의 최소다항식이다. 그러나 $h(x)$는 $\mathbb{R}$ 위에서는 기약다항식이 아니다. 사실, x^2-3는 $\mathbb{R}$ 위에서 다음과 같이 분해된다: $x^2-3=(x-\sqrt{3})(x-\sqrt{3})$.

다음 정리로부터 대수적인 수에 의한 단순확대체의 차수는 그 수의 최소다항식의 차수와 같음을 알 수 있다.

≪정리 12.24≫ $F\leq K$이고 $u\in K$가 F 위에서 대수적이라고 하자. u의 최소다항식 $p(x)$의 차수가 n이면, 다음이 성립한다.

가. $F(u)\cong F[x]/<p(x)>$

나. $\{1, u, u^2, \cdots, u^{n-1}\}$은 F 위에서 벡터공간 $F(u)$의 기저이다.

다. $[F(u):F]=n$

증명 가. $F(u)$는 F와 u를 포함하는 체이므로, $b_0+b_1u+b_2u^2+\cdots+b_tu^t$, $(b_i\in F)$의 형태의 원소는 모두 $F(u)$의 원소다. $\phi: F[x]\to F(u)$를 $\phi(f(x))=f(u)$로 정의하면, ϕ는 환준동형사상이다. Ker ϕ는 u를 근으로 갖는 다항식 $f(x)\in F[x]$ 모두의 집합이다. 그리고 Ker $\phi=<p(x)>$로 표시되는 단항이데알이다. 제1동형정리에 의하여 $F[x]/<p(x)>\cong \text{Im}\,\phi$이고 Im ϕ는 정역이므로 $p(x)$는 기약다항식이다. 따라서 $F[x]/<p(x)>\cong\text{Im}\,\phi$는 체이다. 이제, F의 임의의 원소 a

에 대하여 $\phi(a)=a$이고, $\phi(x)=u$이므로 $\text{Im}\,\phi$는 F와 u를 품는 $F(u)$의 부분체다. 그런데 $F(u)$는 F와 u를 품는 가장 작은 체이므로 $F(u)=\text{Im}\,\phi \cong F[x]/<p(x)>$이다.

나, 다. $F(u)=\text{Im}\,\phi$이므로 0이 아닌 $F(u)$의 원소는 모두 $f(u)$의 형태로 쓸 수 있다. $p(x)$의 차수가 n이면, 다음 조건을 만족시키는 $q(x)$와 $r(x)$가 있다.

$$f(x)=p(x)q(x)+r(x),$$
$$r(x)=b_0+b_1x+b_2x^2+\cdots+b_{n-1}x^{n-1}$$

이제

$$\begin{aligned} f(u) &= p(u)q(u)+r(u) \\ &= r(u) \\ &= b_0+b_1u+\cdots+b_{n-1}u^{n-1} \end{aligned}$$

이므로 $\{1, u, u^2, \cdots, u^{n-1}\}$은 $F(u)$를 생성한다. 한편,

$$c_0+c_1u+c_2u^2+\cdots+c_{n-1}u^{n-1}=0 \quad (c_i \in F)$$

이면 u는 다항식

$$c_0+c_1x+c_2x^2+\cdots+c_{n-1}x^{n-1}$$

의 해가 된다. 그런데 u의 최소다항식 $p(x)$의 차수가 n이므로, 위의 다항식은 영다항식이다. 따라서 $\{1, u, u^2, \cdots, u^{n-1}\}$는 일차독립이다. 결국, $\{1, u, u^2, \cdots, u^{n-1}\}$가 $F(u)$의 기저이므로 $[F(u):F]=n$이다. ■

과제 12.25 가. 위 증명 과정에서 다음을 설명하여라.

(1) 함수 ϕ는 잘 정의된다.

(2) 함수 ϕ는 환준동형사상이다.

(3) $\mathrm{Im}\,\phi$는 정역이다.

(4) $p(x)$는 왜 u의 최소다항식인지 설명하여라.

나. u가 F 위에서 대수적이면 $F[u] = F(u)$임을 설명하여라.

다. 다음을 확인하여라.

(1) $\mathbb{Q}[\sqrt{2}]=\mathbb{Q}(\sqrt{2})=\{a+b\sqrt{2} \mid a,\ b \in \mathbb{Q}\}$

(2) $\mathbb{Q}[\sqrt[3]{2}]=\mathbb{Q}(\sqrt[3]{2})=\{a+b\sqrt[3]{2}+c\sqrt[3]{4} \mid a,\ b,\ c \in \mathbb{Q}\}$

라. 위 정리에서 u가 F 위에서 초월적인 경우는 어떻게 될까? $F \le K$이고 u가 F 위에서 초월적인 경우 다음을 확인하여라.

(1) 함수 ϕ는 잘 정의되고 환준동형사상이다.

(2) $\mathrm{Ker}\,\phi=\{0\}$이어서 ϕ는 일대일이다.

(3) $F[x] \cong F[u]$가 성립한다.

(4) $\mathrm{Im}\,\phi=F[u] \neq F(u)$이다.

마. u가 F 위에서 초월적인 경우에 다음을 설명하여라: $F(x) \cong F(u)$. 단, 여기서 $F(x)$는 F 계수 유리식 전체로 이루어지는 체를 나타낸다. 즉,

$$F(x)=\left\{ \frac{f(x)}{g(x)} \mid f(x),\ g(x) \in F[x],\ g(x) \neq 0 \right\}.$$

대수적확대체

이미 살펴보았듯이 대수적 원소는 중요한 역할을 한다. 단순확대체와 함께 중요한 역할을 하는 확대체가 대수적확대체이다.

≪**정의 12.26**≫ $F \le K$이고 K의 모든 원소가 F 위에서 대수적일 때, K를 F의 대수적 확대체(algebraic extension)라고 한다.

과제 12.27 가. 다음을 확인하여라: 복소수체 $\mathbb{C}$의 원소 $a+bi$는

$$(x-(a+bi))(x-(a-bi))=x^2-2ax+(a^2+b^2)\in\mathbb{R}[x]$$

의 근이다. 따라서 복소수체 $\mathbb{C}$는 실수체 $\mathbb{R}$의 대수적확대체이다.

나. 수 $a+b\sqrt{2}\,(a,\ b\in\mathbb{Q})$을 근으로 가지는 유리계수다항식을 제시하여라.

뒤(과제 12.41)에서 다시 언급하겠지만 실수체 $\mathbb{R}$는 유리수체 $\mathbb{Q}$의 대수적확대체가 아니다. 따라서 $\mathbb{C}$도 $\mathbb{Q}$의 대수적확대체가 아니다.

≪**정리 12.28**≫ K가 F의 유한확대체이면, K는 F의 대수적 확대체이다.

증명 임의의 $u\in K$가 F 위에서 대수적임을 보인다. 먼저 $[K:F]=n$라고 하고 K의 부분집합 $\{1,\ u,\ u^2,\ \cdots,\ u^n\}$을 생각하자. $u^i=u^j$ $(i<j\le n)$이면 u는 $x^i-x^j\in F[x]$의 근이 되어 u는 F 위에서 대수적이다. 이제 모든 $i,\ j\le n$에 대하여 $u^i\ne u^j$이면, $\{1,\ u,\ u^2,\ \cdots,\ u^n\}$는 $n+1$개의 원소를 갖는 K의 부분 집합으로서 일차종

속이다. 따라서 모두가 0은 아닌 계수 c_i에 대하여 $c_0 + c_1u + \cdots + c_nu^n = 0$이 성립한다. 결국 $F[x]$ 안에 u를 근으로 하는 0이 아닌 다항식 $c_0 + c_1x + \cdots + c_nx^n$가 있으므로 u는 대수적이다. ■

> **≪정리 12.29≫** $K = F(u_1, \cdots, u_n)$이고, 각각의 u_i가 대수적이면, K는 F의 유한확대체이다.

증명 체 K는 다음과 같은 확장으로 얻을 수 있다.

$$F \le F(u_1) \le F(u_1, u_2) \le \cdots \le F(u_1, \cdots, u_n) = K$$

여기서 $F(u_1, u_2) = F(u_1)(u_2)$, $F(u_1, u_2, u_3) = F(u_1, u_2)(u_3)$, $\cdots$ 이다. 이때 각각의 u_i는 $F(u_1, \cdots, u_{i-1})$ 위에서 대수적이다. 따라서 $[F(u_1, \cdots, u_i) : F(u_1, \cdots, u_{i-1})]$는 유한이다. 그런데 다음과 같은 까닭에 $[K : F]$는 유한이고 K는 F 위에서 대수적이다.

$$\begin{aligned}[K : F] = [K &: F(u_1, \cdots, u_{n-1})] \\ &\cdots [F(u_1, u_2) : F(u_1)][F(u_1) : F]\end{aligned}$$ ■

과제 12.30 다음을 확인하여라.

가. $K = \mathbb{Q}(\sqrt{2}, \sqrt{3})$는 $\mathbb{Q}$의 대수적확대체이다.

나. $\mathbb{Q}$위에서 대수적인 수 α에 의한 단순확대체 $\mathbb{Q}(\alpha)$는 $\mathbb{Q}$의 유한확대체이다.

다. $\mathbb{Q}$위에서 초월적인 수 π에 의한 단순확대체 $\mathbb{Q}(\pi)$는 $\mathbb{Q}$의 무한확대체이다.

≪**정리 12.31**≫ L이 K의 대수적확대체이고 K가 F의 대수적 확대체이면, L은 F의 대수적확대체이다.

증명 $u\in L$이면 u는 K 위에서 대수적이므로 $a_0+a_1u+a_2u^2+\cdots+a_mu^m=0$을 만족시키는 $a_i\in K(i=0,\cdots,m)$가 있다. 각각의 a_i는 $F(a_0,\cdots,a_m)$의 원소이므로 u는 $F(a_0,\cdots,a_m)$ 위에서 대수적이다.

$$[F(a_0,\cdots,a_m,u):F]$$
$$=[F(a_0,\cdots,a_m,u):F(a_0,\cdots,a_m)][F(a_0,\cdots,a_m):F]$$

인데 우변의 두 항이 각각 유한이므로 좌변은 유한이다. 따라서 u는 F 위에서 대수적이다. ■

≪**정리 12.32**≫ $F\leq K$이고, E를 K의 원소 중에서 F 위에서 대수적인 원소 전체의 집합이라고 하면, E는 체이며 F의 대수적확대체이다.

증명 F의 모든 원소는 F 위에서 대수적이므로 $F\subset E$이다. $u, v\in E$이면 정의에 의하여 u, v는 F 위에서 대수적이다. 따라서 $F(u, v)$는 대수적확대체이고, $F(u, v)\subset E$가 성립한다. $F(u, v)$는 체이므로, $u+v,\ uv,\ -u,\ -v\in F(u, v)\subset E$가 된다. u가 0이 아니면 같은 이유로 $u^{-1}\in E$이다. 따라서 E는 체이다. ■

과제 12.33 가. 유리수체 $\mathbb{Q}$ 위에서 대수적인 실수 전체의 집합은 실수체의 부분체임을 설명하여라.

나. 위에서 살펴 본 유리수체 $\mathbb{Q}$ 위에서 대수적인 실수 전체로

이루어지는 체는 $\mathbb{Q}$의 대수적확대체이지만 $\mathbb{Q}$의 무한확대체임을 설명하여라.

다. 단순확대체, 유한확대체, 대수적확대체 상호 간의 관계를 알아보아라.

작도가능성

이제 작도가능성과 직접적으로 연관된 확대체에 대하여 알아보자.

먼저, $k \in \mathbb{Q}$이고 $\sqrt{k} \notin \mathbb{Q}$이면, $\{1, \sqrt{k}\}$는 벡터공간 $\mathbb{Q}(\sqrt{k})$의 $\mathbb{Q}$ 위에서의 기저가 된다. 다음 사실을 알 수 있다.

≪정리 12.34≫ $k \in \mathbb{Q}$이고 $\sqrt{k} \notin \mathbb{Q}$일 때, 다음이 성립한다.

가. $\mathbb{Q}(\sqrt{k}) = \{a + b\sqrt{k} \mid a, b \in \mathbb{Q}\}$

나. $[\mathbb{Q}(\sqrt{k}) : \mathbb{Q}] = 2$

위 정리는 다음과 같이 일반화할 수 있다.

≪정리 12.35≫ F가 실수체 $\mathbb{R}$의 부분체이고, $k \in F$, $\sqrt{k} \notin F$일 때 다음이 성립한다.

가. $F(\sqrt{k}) = \{a + b\sqrt{k} \mid a, b \in F\}$

나. $[F(\sqrt{k}) : F] = 2$

과제 12.36 F가 실수체 $\mathbb{R}$의 부분체이면 $\mathbb{Q} \leq F$임을 설명하여라.

앞에서 작도가능하지 않은 실수가 있다고 하였다. 과연 작도가능하지 않은 수는 무엇일까? 사실, 이 의문에 대한 답을 먼저 제시하면 대충 다음과 같다.

가. 실수 α가 작도가능하면 $[\mathbb{Q}(\alpha) : \mathbb{Q}]=2^k$ (k는 0 또는 자연수)이다. 사실, 작도가능한 실수의 형태는 유리수의 제곱근, 유리수의 4 제곱근, 유리수의 8 제곱근, … 등과 크게 다르지 않다.

나. 실수 중에는 작도가능하지 않은 수가 많이 있다. 작도가능성의 문제에 나타나는 세 수 $\sqrt{\pi}$, $\sqrt[3]{2}$, 그리고 $\cos 20^\circ$는 모두 가능하지 않은 수이다. 사실, 작도가능한 수 전체의 집합은 가부번 집합이지만 작도가능하지 않은 수 전체의 집합은 비가부번 집합이다.

다음 사실은 쉽게 알 수 있다.

≪정리 12.37≫ 가. 유리수를 좌표로 갖는 두 점을 통과하는 직선은 다음과 같이 표시된다.

$$ax+by+c=0,\ a,\ b,\ c \in \mathbb{Q}$$

나. 중심의 좌표와 반지름이 유리수인 원은 다음과 같이 표시된다.

$$x^2+y^2+rx+sy+t=0,\ r,\ s,\ t \in \mathbb{Q}$$

위 사실을 다음과 같이 일반화 할 수 있다.

≪정리 12.38≫ F가 $\mathbb{R}$의 부분체일 때 다음이 성립한다.
가. F의 원소를 좌표로 갖는 두 점을 지나는 직선은 다음과 같이 표시된다.

$$ax+by+c=0,\ a,\ b,\ c\in F$$

나. 중심의 좌표와 반지름이 F의 원소인 원은 다음과 같이 표시된다.

$$x^2+y^2+rx+sy+t=0,\ r,\ s,\ t\in F$$

과제 12.39 다음을 확인하여라.
F가 실수체 $\mathbb{R}$의 부분체이고, L_1, L_2는 계수가 F의 원소인 직선이고, C_1, C_2는 계수가 F의 원소인 원이면 다음이 성립한다.
가. L_1, L_2의 교점의 좌표는 F의 원소이다.
나. C_1, C_2의 교점의 좌표는 $F(\sqrt{k})$ $(k\in F)$의 원소이다.
다. L_1, C_1의 교점의 좌표는 $F(\sqrt{k})$ $(k\in F)$의 원소이다.

위 정리를 F가 $\mathbb{Q}$인 경우에는 쉽게 확인할 수 있다.

> **≪정리 12.40≫** 실수 α가 작도가능하면 다음 조건을 만족시키는 실수 $\alpha_1, \alpha_2, \cdots, \alpha_n$가 있다:
>
> 가. $\alpha_1 \in \mathbb{Q}$
>
> 나. $\alpha_i \in \mathbb{Q}(\sqrt{\alpha_1}, \cdots, \sqrt{\alpha_{i-1}})$, $i=2, \cdots, n$
>
> 다. $\alpha \in \mathbb{Q}(\sqrt{\alpha_1}, \cdots, \sqrt{\alpha_n})$

증명 유리수 좌표평면 $\mathbb{Q} \times \mathbb{Q}$에서 작도를 시작하였다고 하자. 처음 작도가 유리계수를 가지는 두 직선의 교점이라면 작도한 점의 좌표는 유리수이다. 그러나 작도한 점이 각각 유리계수를 가지는 원과 직선의 교점이라면 그 점의 좌표는 적절한 유리수 α_1에 대하여 $\mathbb{Q}(\sqrt{\alpha_1})$의 원소이다. 이제, 작도는 유한 번 만에 끝나므로 귀납적인 과정으로 정리를 증명할 수 있다. ■

과제 12.41 가. 다음을 확인하여라.

(1) 작도가능한 수는 대수적이다.

(2) 유리수체 $\mathbb{Q}$ 위에서의 대수적인 수 전체의 집합은 가부번(denumerable)이며 체가 된다. 따라서 실수체 $\mathbb{R}$는 유리수체 $\mathbb{Q}$의 대수적확대체가 아니다.

나. 위 정리의 역이 성립함을 설명하여라.

다. 작도가능한 수 전체로 이루어지는 체는 $\mathbb{Q}$ 위에서 무한확대체이다.

위 정리에서 $\mathbb{Q}(\alpha) \leq \mathbb{Q}(\sqrt{\alpha_1}, \cdots, \sqrt{\alpha_n})$ 임에 주목할 필요가 있다.

≪정리 12.42≫ 위의 정리에서

$$[\mathbb{Q}(\sqrt{\alpha_1}, \cdots, \sqrt{\alpha_i}) : \mathbb{Q}(\sqrt{\alpha_1}, \cdots, \sqrt{\alpha_{i-1}}] \ (i=2, \cdots, n)$$

은 1 또는 2이다.

증명 $\sqrt{\alpha_i}$가 $\mathbb{Q}(\sqrt{\alpha_1}, \cdots, \sqrt{\alpha_{i-1}})$에 속하면 문제의 차수는 1이고, 그렇지 않으면 $x^2-\alpha_i$는 $\mathbb{Q}(\sqrt{\alpha_1}, \cdots, \sqrt{\alpha_{i-1}})$ 위에서 $\sqrt{\alpha_i}$의 최소다항식이므로 정리 12.24에 의하여 문제의 차수는 2이다. ■

위 정리로부터 다음을 알 수 있다:

α가 작도가능하다고 할 때, $[\mathbb{Q}(\alpha) : \mathbb{Q}]=2^k$ (k는 0 또는 자연수)이다.[1)]

3대 작도 불가능 문제는 다음과 같다.

가. 부피가 2인 정육면체의 한 변의 길이($\sqrt[3]{2}$)는 작도 불가능하다.

나. $\cos 20^\circ$은 작도 불가능하다.

다. $\sqrt{\pi}$는 작도 불가능하다.

세 개의 작도 불가능 문제 중에서 처음 두 문제는 다음과 같은 과정을 통하여 쉽게 해결할 수 있다.

가. 정육면체가 주어진 경우에 부피가 2배인 정육면체의 한 변을 작도하는 것이 불가능함을 보인다. 주어진 정육면체의 부피가 1이면 $x^3-2=0$의 실수해가 새로운 정육면체의 한 변의 길이가

1) 이 사실의 역에 관해서는 보충문항 II 73~74를 참조하여라.

된다. 그러나 x^3-2는 유리수 근이 없으므로 이 다항식은 $\sqrt[3]{2}$의 최소다항식이다. 따라서 부피가 2배인 새로운 정육면체의 한 변의 길이는 작도 불가능하다.

나. 60°도의 3등분이 불가능함을 증명하기 위하여 먼저, 코사인의 3배각 공식에 의한 다음 식에 주목한다: $\cos 60^\circ = 4\cos^3 20^\circ - 3\cos 20^\circ$. 이 식에 의하여 $\cos 20^\circ$은 다음 다항식의 근이다: $8x^3-6x-1$. 그런데 이 다항식은 유리수 근을 갖지 않으므로 $\cos 20^\circ$의 최소다항식이다. 따라서 $\cos 20^\circ$은 작도 불가능하다.

마지막 작도 불가능 문제 즉, $\sqrt{\pi}$의 작도 불가능성 증명은 π의 초월성을 필요로 한다.

과제 12.43 다음을 확인하여라.

가. 처음 두 개의 작도 불가능 문제는 1837년에 반첼(P. L. Wantzel, 1814-1848)에 의하여 해결되었다(한인기, 2003).

나. 1882년에 Lindemann(1852-1938)이 π가 초월수임을 증명하였다.

이제 $\sqrt{\pi}$가 작도가능하다고 하자. 작도가능한 수 전체의 집합은 체이므로 π가 작도가능하고 따라서 π가 대수적이다. 이는 모순이다. 결국 $\sqrt{\pi}$는 작도 불가능하다.

과제 12.44 $\sqrt{\pi}$의 작도 불가능성을 다음과 같이 논증할 수도 있음을 확인하여라: $\sqrt{\pi}$가 작도가능하면 $\sqrt{\pi}$는 대수적이다. 대수적인 수 전체의 집합은 체이므로 π가 대수적이다. 이는 모순이다. 따라서 $\sqrt{\pi}$는 작도 불가능하다.

뒷 이야기

1. 다음에 관하여 조사하여라.

가. 자연수 2^m-1가 소수이면 m은 소수다. 2^m-1 (m은 소수) 꼴의 소수를 메르센소수(Mersenne prime)라고 한다.

나. 자연수 2^m+1가 소수이면 $m=2^k\,(k\in\mathbb{N})$이다. $2^m+1(m=2^k,\ k\in\mathbb{N})$ 꼴의 소수를 페르마소수(Fermat prime)라고 한다.

2. 작도가능성의 문제는 3대 작도 불가능 문제 외에 정다각형의 작도 문제가 있다. 박평우·김운규·정광택(2002) 등을 참고하여 정다각형과 일반각의 작도가능성에 대하여 조사하여라.

가. 정3각형과 정4각형의 작도는 자명하다. 따라서 정 6, 12, 24, … 각형의 작도와 정 8, 16, 32, … 각형의 작도도 가능하다.

나. 정오각형의 작도가능하다. 정 10, 20, 40, … 각형의 작도도 가능하다. 정오각형의 작도와 황금비의 작도는 유클리드 원론에 소개되어 있다.

다. 정 5 각형(72°)의 작도가 가능하고 20°의 작도가 가능하지 않으므로, 자연수 n에 대하여 각 n°의 작도가능성에 대하여 다음을 알 수 있다.

(1) 각 n°의 작도가 가능하기 위한 필요충분조건은 $n\equiv 0 \pmod 3$이다.

(2) 각 n°의 3 등분 가능하기 위한 필요충분조건은 $n\equiv 0$

(mod 9)이다.[2)]

라. 정9, 18각형은 작도가능하지 않다. 정15각형은 작도가능하다.

마. 1826년 가우스는 다음을 보였다:[3)] $2^{2^k}+1$형태의 소수 p에 대하여 정p각형은 작도가능하다. 사실, 정n각형이 작도가능하기 위한 필요충분조건은 n이 다음과 같을 때이다: $n=2^m\,(m \geq 2)$ 또는 $n=2^k p_1 p_2 \cdots p_r\,(k \geq 0)$. 여기서 p_1, p_2, $\cdots$, p_r은 서로 다른 페르마소수이다.

바. 위 정리로부터 다음 사실을 알 수 있다.

(1) 정7, 11, 13, 19각형은 작도가능하지 않다. 정14각형도 작도가능하지 않다.

(2) 정17각형은 작도가능하다.

사. '자료: 정오각형의 작도'를 참고하여 정오각형을 실제로 작도하고, '자료: 정칠각형은 작도가능하지 않다'를 참고하여 정칠각형의 작도 불가능성을 구체적으로 설명하여라.

아. 정다각형의 작도 문제는 가우스 이전까지 2000여 년 동안 괄목할 만한 연구가 기록되지 아니하였다. 왜 그러하였는지 추측하여 보자.

> 'The division of a circle into three and into five equal parts was already known in Euclid's time; it is amazing that nothing new was added to these discoveries in the next two thousand

---

2) 반첼은 임의의 유리수 n에 대하여 n°의 3등분이 가능하기 위한 필요충분조건은 $n=\dfrac{90k}{2^l}$, k, $l \in \mathbb{N}$ 임을 증명하였다.

3) 이 책의 뒤에서 증명한다.

years, that the geometers considered it as confirmed that, except for these cases and those that could be derived from them, regular polygons could not be constructed with compass and straight−edge (Dörrie, 1965, p. 178).'

3. 다음에 대하여 알아보아라.

가. 정오각형을 작도하면 황금비가 작도됨을 설명하여라.

나. 황금비는 다음 무한단순연분수의 값임을 증명하고, '자료: 피보나치 수열' 등을 참고하여 황금비는 피보나치수열과 관련됨을 확인하여라.

$$1+\cfrac{1}{1+\cfrac{1}{1+\cfrac{1}{\cdots}}}$$

다. 위 계산의 정당성과 관련하여 연분수의 수렴성에 대하여 알아보고 다음 논증을 정당화 또는 논박하여라.

(1) $0.999\cdots=1$임을 다음과 같이 증명한다.
$0.999\cdots=x$라고 하면 $9.999\cdots=10x$이다. 따라서 $9x=9$이므로 $x=1$이다.

(2) $1+(-1)+1+(-1)+1+(-1)+1+(-1)+\cdots$
$=1-\{1+(-1)+1+(-1)+1+(-1)+1+(-1)+\cdots\}$
만일 $1+(-1)+1+(-1)+1+(-1)+1+(-1)+\cdots$를 S라고 하면 $S=1-S$가 성립하여 $S=\dfrac{1}{2}$을 얻는다.

(3) $1-2+4-8+16-32+64-\cdots$

$=1-2(1-2+4-8+16-32+64-\cdots)$

이제 $1-2+4-8+16-32+64-\cdots$를 S라고 하면 $S=1-2S$가 성립하여 $S=\frac{1}{3}$을 얻는다.

(4) $1+2+4+8+16+32+64+\cdots$

$=1+2(1+2+4+8+16+32+64+\cdots)$

이제 $1+2+4+8+16+32+64+\cdots$를 S라고 하면 $S=1+2S$가 성립하여 $S=-1$을 얻는다.

라. 황금비에 관하여 다음을 조사하여라.

(1) 미술에서의 황금비 적용의 예(계영희, 1984)[4)]

(2) 음악에서의 황금비 적용의 예(김성숙, 2005)

4. 박영훈(2002), 허민(2000), 박평우·김운규·정광택(2002), 그리고 아래 자료 등을 참고하여 초월수(transcendental number)에 관하여 조사하여라.

가. 1851년에 Liouville은 주어진 수가 대수적인지 아닌지를 판별할 수 있는 한 가지 방법을 제안하였다. 예를 들어, 다음 수는 대수적이 아니다:

$$\Sigma_{n=1}^{\infty}\left(\frac{1}{10^{n!}}\right)=0.110001000000000000000001000\cdots.$$

여기서 소수점 이하 1!, 2!, ⋯, n!, ⋯의 자리에서 1이 나타난다.

---

4) 계영희(1984)에는 레오나르드 다빈치의 '인체 비례' 그림에 나타난 '원과 같은 넓이를 가지는 정사각형'의 그림도 언급된다.

나. 에르미트(C. Hermite)는 1873년에 e가 초월수임을 보였다 (Herstein, p. 217).

다. 린데만(C. L. F. Lindemann)은 1882년에 π가 초월수임을 보였다.

라. 다음과 같은 사실들이 알려져 있다.

(1) $\alpha(\neq 0)$가 대수적이면 e^{α}는 초월적이다.

(2) $\alpha(\neq 0, 1)$는 대수적이고 β가 대수적 무리수이면 α^{β}는 초월수다. 예를 들어, $2^{\sqrt{2}}$는 초월수이다.

마. 다음 수(Euler 상수)는 초월수인지(심지어 무리수인지 조차) 아직 알려져 있지 않다: $C=\lim_{n\to\infty}(1+1/2+\cdots+1/n-\log n)$. 이 수는 감마(gamma) 함수에 등장한다.

5. '자료: 무리수와 초월수' 또는 박평우·김운규·정광택(2002)을 참고하여 e와 π가 무리수임을 보여라. 사실, I. Niven(당시 미국 Purdue대학 재직)은 Bulletin of the American Mathematical Monthly(Vol. 53, 1947, p. 509)에 π가 무리수임을 보이는 한 쪽짜리 논문을 발표하였다.

6. 유한성과 표수와의 관계를 알아보아라.

가. 표수가 p인 무한체는 무엇인가?

나. 표수가 0인 유한체는 있는가?

7. $F \leq K$, $u \in K$일 때, u에 의한 F의 단순확대체 $F(u)$의 구조는 u가 F 위에서 대수적인 경우와 초월적인 경우가 크게 다르

다. 다음을 조사하여라.

가. u가 F 위에서 대수적 또는 초월적인 각각의 경우 $F[x]$와 $F[u]$의 관계는 무엇인가?

나. u가 F 위에서 대수적 또는 초월적인 각각의 경우 $F(x)$와 $F(u)$의 관계는 무엇인가?

다. u가 F 위에서 대수적 또는 초월적인 각각의 경우 $F[u]$와 $F(u)$의 관계는 무엇인가? 언제 $F[u]=F(u)$일까?

8. 박평우·김운규·정광택(2002)와 한인기(2003) 등을 참고하여 다음에 대하여 알아보아라: 3대 작도 불가능 수는 눈금 없는 자와 컴퍼스 외의 다른 도구를 사용하면 가능하다. 사실, 타원이나 쌍곡선을 그릴 수 있는 도구를 어렵지 않게 만들 수 있다. 그러한 도구도 사용할 수 있다면 작도가능한 도형은 훨씬 많아진다. 예를 들어, 임의의 각을 삼등분할 수 있다. 한편, 컴퍼스 만을 이용하는 작도와 자만을 이용하는 작도에 대하여 생각할 수 있다.

*9. 신현용·한인기·서봉건·최선희(2002)[5)]를 참고하여 종이 접기를 작도가능성의 문제와 관련하여 조사하여라.

가. 작도가 가능하면 종이 접기도 가능하다.

나. 작도 불가능하나 종이 접기가 가능한 경우가 있다.

다. 종이 접기는 자와 컴퍼스의 기능을 모두 할 수 있다.

라. 종이 접기에 의하여 3차 대수방정식의 해를 구할 수 있다.

---

5) 이 글에는 종이 접기 가능성과 거듭제곱근 확대체의 관계를 잘못 설명한 부분이 있다.

즉, $\sqrt[3]{2}$의 길이를 접을 수 있다.

마. 종이 접기에 의하여 각의 3등분이 가능하다.

★10. Row(1966) 55쪽을 참고하여 주어진 수의 세제곱근의 종이 접기와 이와 관련된 전설에 대하여 알아보아라. 또 이 문제와 관련하여 Plato의 제자 Menaechmus[6] 업적에 관하여 알아보아라.

11. 다음을 확인하여라.

다항식 $x^2-2\in\mathbb{Q}[x]$의 근을 모두 품는 $\mathbb{Q}$의 확대체는 $\mathbb{Q}(\sqrt{2})$이고 $\mathbb{Q}(\sqrt{2})$의 원소는 $a+b\sqrt{2}\ (a,\ b\in\mathbb{Q})$와 같은 꼴로서 유리수의 덧셈, 뺄셈, 곱셈, 나눗셈, 그리고 거듭제곱근을 사용하여 나타내어진다.

12. 현행 수학과 7학년(중학교 1학년) 교육과정 중 기하 영역에서 간단한 도형을 작도한 후에 합동인도형과 삼각형의 결정조건과 합동조건을 다룬다. 그 결과 작도의 타당성을 설명하기가 어려울 때가 있다. 합동인 도형과 삼각형의 결정조건과 합동조건을 먼저 다룬 후에 도형의 작도를 다루는 방안에 대하여 논의하여라.

---

6) 다음은 유명한 이야기이다: Alexander asked Menaechmus to teach him geometry concisely, but Menaechmus replied: "O king, through the country there are royal roads and roads for common citizens, but in geometry there is one road for all." 사실, 유클리드도 톨레미(Ptolemy)왕에게 비슷한 이야기를 하였다고 전해진다.

XIII

방정식의 근, 어디 있나: 분해체

지난 줄거리

1. 과제 내용 중 해결하지 못한 문제는 무엇인가?

2. 다음 용어를 모두 사용하여 작문하여라.
   작도가능성의 문제, 3대 작도 불가능의 문제, 대수적 해결, 정다각형의 작도가능성

3. 확대체는 기초체 위에서 벡터공간으로서 자연스럽게 정의되지만 기초체는 확대체 위에서 벡터공간으로 자연스럽게 정의되지 않는다. 이유는 무엇인가?

4. 대수적확대체이지만 유한확대체가 아닌 예를 들어라.

5. 단순확대체이지만 유한확대체가 아닌 예를 들어라.

6. 작도가능하지 않은 수 다섯 개를 제시하여라.

7. 대수적인 수에 의한 단순확대체의 차수와 그 대수적인 수의 ( )의 차수는 같다. ( ) 안을 채우라.

이번 줄거리

1. 분해체를 언급할 때에는 해당되는 다항식을 꼭 언급해야 함을 안다.

2. 유한체는 극대 이데알에 의한 상환으로 구성할 수 있고 분해체로서 구성할 수도 있음을 안다.

3. 분해체의 최소성과 유일성을 이해하고, 이 사실로부터 주어진 위수를 가지는 유한체가 유일함을 설명할 수 있다.

4. 분해체는 유한확대체이며 그 차수의 상계(upper bound)를 안다.

5. 어떤 다항식의 분해체는 유한 정규확대체이고, 임의의 유한정규확대체는 어떤 다항식의 분해체임을 이해한다.

6. 여러 다항식의 분해체를 직접 구할 수 있다.

여는 이야기

유리계수 다항식의 근은 일반적으로 유리수가 아니다. 여기에서는 주어진 다항식의 해를 모두 품고 있는 확대체에 대하여 살펴본다.

이 장에서 논의하는 구체적인 문제는 다음과 같다.

- 주어진 다항식의 분해체는 어떻게 구하나?
- 분해체는 유한확대체인가? 그렇다면 그 차수는 얼마인가?
- 분해체를 이용하여 유한체를 구성하는 방법은 무엇인가?

분해체

다항식 x^2-1의 근은 유리수체 안에 있다. 그러나 x^2-2의 근은 유리수체 안에 있지 않다. 즉, x^2-1은 유리수체에서 분해(split) 되지만 x^2-2는 유리수체에서 분해되지 않는다.

다항식 x^2-2는 실수체에서 분해되지만, 여기서는 x^2-2를 분해하는 '최소'체에 주목한다.

제2부에서는 특별한 언급이 없는 한 모든 체의 표수는 0으로서 유리수체의 확대체로 볼 수 있다.

> **≪정의 13.1≫** $f(x) \in F[x]$의 분해체(splitting field)는 $f(x)$의 '모든 근'을 포함하는 가장 작은 F의 확대체이다. 즉, F의 확대체 K 위에서 $f(x)=c(x-u_1)(x-u_2)\cdots(x-u_n)$이고, $K=F(u_1, u_2, \cdots, u_n)$일 때, K는 $f(x) \in F[x]$의 분해체이다.

체 F 위에서 대수적인 원소 u에 의한 단순확대체 $F(u)$를 구체적으로 구성할 수 있다(정리 12.24). 이러한 과정을 반복하면 F 위에서 대수적인 원소 $u_1, \cdots, u_n$에 의한 확대체 $F(u_1, \cdots, u_n)$도 구체적으로 구성할 수 있다. 따라서 임의로 주어진 다항식 $f(x) \in F[x]$의 분해체는 항상 존재한다.

한편, 분해체를 언급할 때에는 다항식은 물론 그 다항식의 계수가 어느 체에 속하는지도 분명히 언급해야 한다.

과제 13.2 다음을 확인하여라.

가. 다항식 $x^2-1 \in \mathbb{Q}[x]$의 모든 근을 품는 $\mathbb{Q}$의 최소확대체 즉, $x^2-1 \in \mathbb{Q}[x]$의 $\mathbb{Q}$ 위에서의 분해체는 $\mathbb{Q}$이다.

나. 다항식 $x^2-2 \in \mathbb{Q}[x]$의 $\mathbb{Q}$ 위에서의 분해체는 $\mathbb{Q}(\sqrt{2})$이다.

다. 다항식 $x^2+1 \in \mathbb{R}[x]$의 $\mathbb{R}$ 위에서의 분해체는 $\mathbb{C}$이다.

라. $x^2+1 \in \mathbb{Q}[x]$의 $\mathbb{Q}$ 위에서의 분해체는 $\mathbb{Q}(i)$이다.

마. $x^4-x^2-2=(x^2-2)(x^2+1) \in \mathbb{Q}[x]$의 $\mathbb{Q}$ 위에서의 분해체는 $\mathbb{Q}(\sqrt{2}, i)$이다.

다음 정리로부터 분해체는 유한확대체임을 알 수 있다.

≪정리 13.3≫ 차수가 $n>0$인 다항식 $f(x)\in F[x]$의 분해체 K에 대하여 $[K:F]\le n!$이다.

증명 $f(x)$의 차수에 대한 수학적 귀납법을 이용한다. $\deg f(x)=1$일 때, $K=F$이므로 $[K:F]=[F:F]=1$이다. 이제 $\deg f(x)\le n-1$인 경우에 주어진 정리가 성립한다고 가정한다. $\deg f(x)=n$일 때, $f(x)$의 기약인수인 모닉 다항식 $p(x)$를 생각하고 u가 $p(x)$의 한 근이라고 하자. u는 당연히 $f(x)$의 근이고, $[F(u):F]=\deg p(x)\le\deg f(x)=n$이 성립한다. 이제, 인수정리에 의하여 $f(x)=(x-u)g(x)$, $g(x)\in F(u)[x]$이다. $F(u)$ 위의 $g(x)$의 분해체는 K이다. $g(x)$의 차수는 $n-1$이므로, 귀납적 가정에 의하여 $[K:F(u)]\le(n-1)!$이다. 따라서 K는 $f(x)$의 분해체이고 다음이 성립한다.

$$[K:F]=[K:F(u)][F(u):F]\le n(n-1)!=n!$$ ■

위 정리에 의하면 n차 다항식의 분해체의 차수는 $n!$ 이하이다. 그런데 n차 대칭군 S_n의 위수는 $n!$이다. 사실, 이 두 사실은 서로 무관하지 않다. 이에 관하여 뒤에서 자세히 논의한다.

과제 13.4 위 정리에서 등식이 성립하는 경우와 성립하지 않는 경우가 있음을 다음 예를 통하여 확인하여라.

가. $x^2-2\in\mathbb{Q}[x]$의 $\mathbb{Q}$ 위에서의 분해체는 $\mathbb{Q}(\sqrt{2})$이고, $[\mathbb{Q}(\sqrt{2}):\mathbb{Q}]=2!=2$이다.

나. $x^3-2\in\mathbb{Q}[x]$의 $\mathbb{Q}$ 위에서의 분해체는 $\mathbb{Q}(\sqrt[3]{2},\ \omega)$이고, $[\mathbb{Q}(\sqrt[3]{2},\ \omega):\mathbb{Q}]=6=3!$이다.

다. $x^4-4\in\mathbb{Q}[x]$의 $\mathbb{Q}$ 위에서의 분해체는 $\mathbb{Q}(\sqrt{2},\ i)$이고, $[\mathbb{Q}(\sqrt{2},\ i):\mathbb{Q}]=4<4!$이다.

동형사상 $\sigma: F\rightarrow E$은 자연스럽게 동형사상 $\sigma^*: F[x]\rightarrow E[x]$로 확장된다. 이때, 기약다항식 $p(x)\in F[x]$의 동형사상 σ^*에 의한 상 $\sigma^*(p(x))\in E[x]$도 기약다항식이다. 편의상, 임의의 $f(x)\in F[x]$에 대하여 $\sigma^*(f(x))$를 $f^*(x)$로 나타낸다.

과제 13.5 위에서 $\sigma^*(p(x))(\equiv p^*(x))\in E[x]$가 기약다항식임을 설명하여라.

≪정리 13.6≫ $\sigma: F\rightarrow E$가 동형사상이고, 기약다항식 $p(x)\in F[x]$의 한 근을 u, 기약다항식 $p^*(x)$의 한 근을 v라고 하자. 그러면 $\sigma: F\rightarrow E$는 다음과 같은 조건을 만족시키는 동형사상 $\bar{\sigma}: F(u)\rightarrow E(v)$로 확장된다.

가. $\bar{\sigma}(u)=v$

나. $\bar{\sigma}(c)=\sigma(c),\ \forall c\in F$

증명 먼저, 정리 12.24의 증명에서와 같이 v의 최소다항식 $p^*(x)$에 대하여 $\bar{\tau}(g(x)+<p^*(x)>)=g(v)$로 정의되는 다음과 같은 동형사상이 있다.

$$\bar{\tau} : E[x]/<p^*(x)> \to E(v)$$

이제, $\pi : E[x] \to E[x]/<p^*(x)>$를 표준 준동형사상이라고 하면 다음과 같은 함수의 합성을 생각할 수 있다.

$$\begin{array}{ccccccc} F[x] & \overset{\sigma^*}{\to} & E[x] & \overset{\pi}{\to} & E[x]/<p^*(x)> & \overset{\bar{\tau}}{\to} & E(v) \\ f(x) & \mapsto & f^*(x) & \mapsto & f^*(x)+<p^*(x)> & \mapsto & f^*(v) \end{array}$$

위에 있는 각각의 사상이 모두 위로의 준동형사상이므로 그의 합성 $\alpha=\bar{\tau}\pi\sigma^*$도 위로의 준동형사상이다. 이제 Ker α는 $h^*(v)=0$을 만족시키는 다항식 $h(x)\in F[x]$ 모두의 집합이다. 그런데 $\bar{\tau}$는 동형사상이므로 $h^*(v)=0$는 $h^*(x)\in<p^*(x)>$을 의미한다. 즉, $h^*(x)$는 $p^*(x)$의 배수 즉, $h^*(x)=k(x)p^*(x)$, $k(x)\in E[x]$이다. 그런데 σ^*는 동형사상이므로 $h(x)=(\sigma^*)^{-1}(k(x))p(x)$가 된다.

따라서 Ker α는 단항이데알 $<p(x)>$이다. 이제, 제1동형정리에 의하여 $F[x]/<p(x)>\cong E(v)$가 성립한다. 이 동형사상을 θ라고 하면, $\theta(f(x)+<p(x)>)=f^*(v)$이 된다. 여기서 $\theta(x+<p(x)>)=v$이고, $c\in F$에 대하여 $\theta(c+<p(x)>)=\sigma(c)$이므로, 다음과 같은 그림을 얻는다.

$$\begin{array}{ccccc} F(u) & \overset{\bar{\phi}}{\leftarrow} & F[x]/<p(x)> & \overset{\theta}{\to} & E(v) \\ f(u) & \leftarrow & f(x)+<p(x)> & \to & f^*(v) \\ c & \leftarrow & c+<p(x)> & \to & \sigma(c),\ c\in F \end{array}$$

여기에서 $\bar{\phi}$는 위의 $\bar{\tau}$와 같은 방식으로 얻어진 동형사상이다. 이제, $\bar{\sigma}=\theta\circ\bar{\phi}^{-1} : F(u)\to E(v)$는 σ의 확장으로서 u를 v로 대응시키는 동형사상이다. ■

한가지 예를 들어보자. $\mathbb{Q}$ 위에의 기약다항식 x^3-2의 해는 $\sqrt[3]{2}$, $\sqrt[3]{2}\omega$, $\sqrt[3]{2}\omega^2$이다. 여기서 ω는 $x^2+x+1=0$의 한 근이다. 이제, 단위(항등)함수 σ: $\mathbb{Q}\to\mathbb{Q}$는 $\bar{\sigma}(\sqrt[3]{2})=\sqrt[3]{2}\omega$가 성립하는 $\bar{\sigma}$: $\mathbb{Q}(\sqrt[3]{2})\to\mathbb{Q}(\sqrt[3]{2}\omega)$로 확장될 수 있다.

과제 13.7 가. 위 정리를 다음과 같은 절차에 따라 증명하여라.

(1) 두 동형사상 $\alpha: F(u)\to F[x]/<p(x)>$과 $\beta: E[x]/<p^*(x)>\to E(v)$은 자연스럽게 정의된다.

(2) $F[x]/<p(x)>$와 $E[x]/<p^*(x)>$ 사이에도 동형사상 γ가 자연스럽게 정의된다.

(3) $\beta\circ\gamma\circ\alpha$는 주어진 조건을 만족시키는 동형사상이다.

나. 다음에 대하여 조사하여라.

(1) 함수의 축소(restriction)

(2) 함수의 확장(extension)

≪정리 13.8≫ 동형사상 $\sigma: F\to E$에 대하여 $f(x)\in F[x]$와 $f^*(x)\in E[x]$를 생각하자. K가 $f(x)\in F[x]$의 분해체이고, L이 $f^*(x)\in E[x]$의 분해체이면 σ는 다음 조건을 만족시키는 동형사상 $\tau: K\to L$로 확장된다: 모든 $a\in F$에 대하여 $\tau(a)=\sigma(a)$이다.

증명 $f(x)$의 차수에 대한 수학적 귀납법을 이용한다. $\deg f(x)=1$인 경우, $K=F$, $L=E$이므로 σ 자신을 동형사상으로 사용할 수 있다. 이제, $\deg f(x)\le n-1$인 경우에 위 정리가 성립한다고 가정하고 $\deg f(x)=n$라고 하자. $f(x)$는 기약인수 모닉 다항식, $p(x)\in F[x]$를 갖는다. 그러면 $p^*(x)\in E[x]$는 $f^*(x)$의 기약인수 모닉 다항식이 된다. $p(x)$의 근은 모두 $f(x)$의 근이므로 K는 $p(x)$의 근을 모두 포함한다. 마찬가지로 L은 $p^*(x)$의 근을 모두 포함한다. $u\in K$가 $p(x)$의 근이고, $v\in L$이 $p^*(x)$의 근이라고 하자. 그러면 정리 13.6에 의하여 $\sigma : F\to E$는 다음 조건을 만족시키는 동형사상 $\delta : F(u)\to E(v)$로 확장된다: $\delta(u)=v$이고, 모든 $a\in F$에 대하여 $\delta(a)=\sigma(a)$. 한편, 인수정리에 의하여 $f(x)=(x-u)g(x)\in F(u)[x]$이고, $\delta^*(f(x))=\delta^*((x-u))\delta^*(g(x))=(x-v)\delta^*(g(x))\in E(v)[x]$이다. 이제, K는 $F(u)$ 위의 $g(x)$의 분해체이며 L은 $E(v)$ 위의 $g^*(x)(=\delta^*(g(x)))$의 분해체이다. $g(x)$의 차수가 $n-1$이므로 귀납적 가정에 의하여, 동형사상 $\delta : F(u)\to E(v)$는 모든 $a\in F$에 대하여 $\tau(a)=\delta(a)=\sigma(a)$를 만족시키는 $\tau : K\to L$로 확장된다. ■

과제 13.9 다음을 확인하여라.

가. 위 정리에서 $F=E$인 경우를 생각하면 임의의 다항식 $f(x)$의 분해체는 모두 동형임을 설명할 수 있다.

나. α와 β가 같은 기약다항식 $p(x)\in F[x]$의 근이라고 하자. 그러면 $F(\alpha)\cong F[x]/<p(x)>$이고 $F(\beta)\cong F[x]/<p(x)>$이므로 $F(\alpha)$와 $F(\beta)$ 사이에는 다음 조건을 만족시키는 동형사상 σ가 있다: $\sigma(\alpha)=\beta$이고 모든 $a\in F$에 대하여 $\sigma(a)=a$이다.

다. '자료: 대칭성'을 참고하여 분해체의 유일성에 대하여 자세히 조사하여라.

정규확대체

≪**정의 13.10**≫ K가 F의 대수적확대체이고, K의 한 원소를 근으로 갖는 기약다항식 $f(x) \in F[x]$이 $K[x]$에서 일차식의 곱으로 분해될 때, K를 F의 정규확대체(normal extension)라고 한다.

정규확대체는 정규부분군과 밀접한 관계가 있다. 이에 관한 자세한 내용은 뒤에서 논의한다.

과제 13.11 다음을 설명하여라.

가. $\mathbb{Q}(\sqrt{2})$는 $\mathbb{Q}$의 정규확대체이다.

나. K가 F의 대수적확대체이고, K의 한 원소를 근으로 갖는 기약다항식 $f(x) \in F[x]$의 모든 근이 K에 있을 때 K는 F의 정규확대체이다.

다. $\mathbb{Q}(\sqrt[3]{2})$는 $\mathbb{Q}$의 정규확대체가 아니다.

다음 정리는 쉽게 증명할 수 있다.

≪**정리 13.12**≫ K와 L이 F의 유한확대체이고, 동형 사상 $f: K \to L$이 있고, F의 임의의 원소 c에 대하여 $f(c)=c$가 성립하면 $[K:F]=[L:F]$이다.

증명 K의 F 위에서의 기저를 $\{\alpha_1, \cdots, \alpha_n\}$라고 하면 $\{f(\alpha_1), \cdots,$

$f(\alpha_n)\}$는 L의 F 위에서의 기저이다. ■

정규확대체가 아닌 $\mathbb{Q}(\sqrt[3]{2})$는 $\mathbb{Q}$ 위에서 분해체가 아니다. 다음 정리에서 유한확대체의 경우에는 분해체와 정규확대체는 밀접한 관계에 있음을 알 수 있다.

≪정리 13.13≫ 다음의 두 조건은 동치이다.
가. K는 어떤 다항식 $f(x)\in F[x]$의 분해체이다.
나. K는 F의 유한, 정규확대체이다.

증명 K가 $f(x)\in F[x]$의 분해체이면 $K=F(u_1, \cdots, u_n)$으로 표시된다. 여기서 $u_i(i=1, \cdots, n)$는 $f(x)$의 근이다. 정리 13.3에 의하여 K는 F의 유한확대체이다. 이제 $p(x)\in F[x]$가 기약다항식이고 한 근이 $v\in K$라고 하자. $p(x)$의 임의의 다른 근, 예를 들어 w가 K의 원소임을 보이면 된다. v, w는 동일한 기약다항식의 근이므로, 다음 조건을 만족시키는 동형사상 $\sigma: F(v)\to F(w)$가 있다: $\sigma(v)=w$이고 $\sigma(a)=a$, $a\in F$이다. 한편,

$$\begin{aligned} K(w) &= F(u_1, \cdots, u_n)(w) = F(u_1, \cdots, u_n, w) \\ &= F(w)(u_1, \cdots, u_n) \end{aligned}$$

이므로 $K(w)$는 $f(x)\in F(w)[x]$의 $F(w)$ 위의 분해체이다. 한편, $v\in K$이므로 K는 $f(x)\in F(v)[x]$의 $F(v)$ 위의 분해체이다. 따라서 정리 13.8에 의하여 동형사상 $\sigma: F(v)\to F(w)$는 동형사상 $\tau: K\to K(w)$로 확장된다. 여기서 다음이 성립한다: $\tau(a)=a$, $a\in F$. 따라서 정리 13.12에 의하여 $[K:F]=[K(w):F]$이고, 이는 $[K(w):K]=1$ 즉, $K(w)=K$임을 뜻한다. 즉, $w\in K$이므로 K는 F의 정규확대체이다.

이제, 정리에서의 반대 방향 주장을 증명하자. K가 F의 정규확대체이고 기저가 $\{u_1, \cdots, u_n\}$이면 $K=F(u_1, \cdots, u_n)$이다. u_i의 최소다항식을 $p_i(x)$라고 하자. K가 정규확대체이므로 $p_i(x)$는 K에서 분해된다. $f(x)=p_1(x)\cdots p_n(x)$로 두면, K는 $f(x)$의 분해체이다. ■

과제 13.14 다음을 확인하여라.

$\mathbb{Q}(\sqrt{2})$는 다항식 $x^2-2\in\mathbb{Q}[x]$의 분해체이므로 정규확대체이다.

형식적 미분

기약(irreducible)인 유리계수다항식 $f(x)\in\mathbb{Q}[x]$는 중근(multiple root)을 가질 수 있을까? 그렇지 않다. 이에 관하여 살펴보기 위하여 형식적 미분(formal derivative)의 개념에 관하여 알아보자.

≪정의 13.15≫ 다항식 $f(x)=a_nx^n+a_{n-1}x^{n-1}+\cdots+a_2x^2+a_1x+a_0\in F[x]$에 대하여 다음과 같이 정의된 다항식 $f'(x)$를 다항식 $f(x)$의 형식적 미분이라고 한다:

$$f'(x)=na_nx^{n-1}+(n-1)a_{n-1}x^{n-2}+\cdots+2a_2x+a_1\in F[x].$$

과제 13.16 가. 위에서 정의된 형식적 미분은 미적분학에 나오는 다항식의 미분과 같아 보이는데 왜 '형식적' 미분이라고 할까?

나. 형식적 미분의 다음 성질을 증명하고, 미적분학에서 증명한 다항식의 도함수 성질과 비교하여 보아라.

(1) $(f(x)+g(x))'=f'(x)+g'(x)$

(2) $(f(x)g(x))'=f'(x)g(x)+f(x)g'(x)$

다. 정의 13.15에서 $f'(x)\in F[x]$임을 설명하여라.

> **≪정리 13.17≫** 다항식 $f(x)\in F[x]$가 분해체 안에서 중근을 가지지 않을 필요충분조건은 다항식 $f(x)$와 그의 형식적 미분 $f'(x)$가 서로소인 것이다.

증명 먼저, $f(x)$가 분해체 K안에서 중근 u를 가진다면 $f(x)=(x-u)^2g(x)$, $g(x)\in K[x]$이다. 따라서 $f(x)$와 $f'(x)$는 $x-u$를 공통인수로 가지므로 F 계수를 가지는 u의 최소다항식을 공통인수로 가진다(과제 12.23.가). 이제, $f(x)$와 $f'(x)$가 서로소가 아니면 한 공약수 $x-u\in K[x]$를 가진다. $f(x)=(x-u)g(x)$, $g(x)\in K[x]$라고 하면 $f'(x)=g(x)+(x-u)g'(x)$이므로 $g(x)$도 $x-u$를 인수로 가진다. 따라서 $f(x)=(x-u)^2h(x)$, $h(x)\in K[x]$가 되어 $f(x)$는 중근을 가진다. ■

과제 13.18 가. 다음을 확인하여라.

(1) 위 정리는 표수가 0이 아닌 경우에도 성립한다.

(2) 표수가 0인 체 F에 대하여 기약다항식 $f(x)\in F[x]$는 F의 어떠한 확대체 안에서도 중근을 가지지 않는다.

*나. 표수가 0이 아닌 일반적인 체 위에서의 기약다항식으로서 중근을 가지는 예를 하나 찾아라.

다. 이 과제의 경우에는 체의 표수가 0이 아니다. 다음을 확인하여라.

(1) $\mathbb{Z}_p$는 표수가 p인 체이다.

(2) 유한체 F의 표수는 어떤 소수 p이고 이 경우 F의 소체는 $\mathbb{Z}_p$이다.

(3) 표수가 p인 유한체 F는 $\mathbb{Z}_p$ 위의 유한차수(예를 들어, k) 벡터공간이다. 이 경우 벡터공간으로서의 F는 $\mathbb{Z}_p \times \cdots \times \mathbb{Z}_p = \mathbb{Z}_p^k$와 동형이다. 따라서 $|F| = p^k$이다.

(4) 다음을 확인하여라.

(가) $\mathbb{Z}_p$의 모든 원소는 다항식 $x^{p^k} - x \in \mathbb{Z}_p[x]$의 해이다.

(나) 다항식 $x^{p^k} - x$의 해 전체의 집합에는 덧셈과 곱셈이 잘 정의된다. 이때 V장 '뒷 이야기'를 참고하여라.

(다) 다항식 $x^{p^k} - x$의 해 전체의 집합은 체이다.

(라) 다항식 $x^{p^k} - x$는 중근을 가지지 않는다.

(마) 다항식 $x^{p^k} - x$의 분해체의 위수는 p^k이다.

(바) 다항식 $x^{p^k} - x$의 분해체의 모든 원소는 그 다항식의 해이다. 즉, 다항식 $x^{p^k} - x$의 분해체는 그 다항식의 해들로만 이루어진다.

(사) 위수가 p^k인 유한체는 다음 다항식의 분해체이다.

$$x^{p^k} - x \in \mathbb{Z}_p[x]$$

(5) 위 (사)에 근거하여 다음을 설명하여라.

위수가 p^k인 모든 유한체는 동형이다.

(6) 다음 다항식의 분해체를 구하여라.

(가) $x^2-x=x^2+x \in \mathbb{Z}_2[x]$

(나) $x^3-x \in \mathbb{Z}_3[x]$

(다) $x^4-x=x^4+x \in \mathbb{Z}_2[x]$

(7) 위 (6)에서 구한 위수가 2, 3, 4인 유한체 각각의 경우 각 원소의 곱셈에 관한 역원을 계산하여라.

(8) 다음을 확인하여라.

(가) 제1부 IX장에서 위수가 4인 체를 다음과 같이 구성하였다.

$$\mathbb{Z}_2[x]/ < p(x) > = \{0+I,\ 1+I,\ x+I,\ x+1+I\}$$

여기서, 기약다항식 $p(x)$는 $x^2+x+1 \in \mathbb{Z}_2[x]$이다. 이 경우에는 $(x+I)^2$는 $x+1+I$임을 쉽게 알 수 있다.

(나) $x^4-x=x^4+x \in \mathbb{Z}_2[x]$의 분해체로서 얻은, 위수가 4인 체를 $\{0,\ 1,\ \alpha,\ \beta\}$라고 하면 $\alpha^2=\beta$임을 다음과 같이 설명할 수 있다.

α^2은 0 또는 α일 수 없다. 또, $\alpha^4=\alpha$이므로 $\alpha^2 \neq 1$이다. $\alpha^2+\alpha+1=0$이므로 $\alpha^2 \neq 1$이라고 설명할 수도 있다. 따라서 $\alpha^2=\beta$이다.

라. 극대이데알을 이용하여 유한체를 구성할 때와 분해체로서 유한체를 구성할 때의 유한체 구성 절차와 원소 간의 연산 등에 관하여 비교하여라.

뒷 이야기

1. 다음 개념들에 나타나는 공통적인 특징에 관하여 알아보아라.
   가. 최소상계(the least upper bound)
   나. 최소 공배수
   다. 주어진 벡터들에 의한 생성 공간
   라. $F(\alpha)$와 $F[\alpha]$의 정의
   마. 분해체

2. $f(x) \in F[x]$인 모든 다항식이 F에서 분해될 때, F를 '대수적으로 닫혀있다(algebraically closed)'고 한다. 대수학의 기본 정리에 의하면 복소수체 $\mathbb{C}$는 대수적으로 닫힌 체이다. K가 F의 확대체이고, K는 대수적으로 닫혀있을 때, K를 F의 '대수적 폐체(algebraic closure)'라고 한다. 복소수체 $\mathbb{C}$는 유리수체 $\mathbb{Q}$의 대수적폐체이다. 위상수학(topology)에서의 '닫힌 집합(closed set)'과 '닫힘(폐포, closure)'의 개념은 '대수적으로 닫혀있다(closed)'와 '대수적 폐체(closure)' 개념과 관련이 있는지 논의하여라.

3. 다음에 관하여 조사하여라.
   가. 미적분학의 기본 정리
   나. 산술(정수론)의 기본 정리
   다. 사영기하학의 기본 정리

XIV

체의 문제를 군의 문제로: 갈로아군

지난 줄거리

1. 과제 내용 중 해결하지 못한 문제는 무엇인가?

2. 다음 용어를 모두 사용하여 작문하여라.
다항식의 근, 분해체, 분해체의 차수, 정규확대체

3. 분해체의 정의를 기술하여라.

4. 다항식 $f(x)=x^2-2 \in \mathbb{Q}[x]$와 $g(x)=x^2+1 \in \mathbb{R}[x]$ 각각의 $\mathbb{Q}$ 또는 $\mathbb{R}$ 위에서의 분해체는 무엇인가?

5. 위수가 4인 유한체를 구성하는 방법 두 가지(극대 이데알을 이용하는 방법과 분해체를 이용하는 방법)를 설명하여라.

6. 다음 차수를 각각 계산하여라: $[\mathbb{Q}(\sqrt{2}):\mathbb{Q}]$, $[\mathbb{Q}(\sqrt{2}, i):\mathbb{Q}]$.

7. 유리계수 다항식의 분해체는 유한, 대수적, 그리고 ( )확대체이다. ( ) 안에 적절한 용어는 무엇인가?

8. 다항식 $x^4-x^2-2=(x^2-2)(x^2+1)\in\mathbb{Q}[x]$의 분해체의 $\mathbb{Q}$ 위에서의 차수는 얼마인가?

9. 정규확대체의 정의를 기술하여라.

10. $\mathbb{Q}(\sqrt{2})$는 $\mathbb{Q}$의 정규확대체인가? $\mathbb{Q}(\sqrt[3]{2})$는 어떠한가?

이번 줄거리

1. 확대체 열로부터 부분군 열을 얻고, 부분군 열로부터 확대체 열을 얻는 방법을 안다.

2. 위의 관계에서 군론과 환(체)론과의 밀접한 관련성을 이해한다.

3. 다항식의 갈로아군과 대칭군의 관계를 안다.

4. 분해체의 여러 가지 특징을 이해한다.

5. 주어진 다항식의 갈로아군을 계산할 수 있다.

6. 갈로아군의 위수를 계산할 수 있다.

7. 여러 가지 예를 통하여 정리의 내용을 정확히 이해한다.

여는 이야기

이 장에서는 주어진 확대체로부터 군을 정의하고 특정한 군에 대하여 확대체를 정의한다.

이 장에서 논의하는 구체적인 문제는 다음과 같다.

- 주어진 확대체로부터 군을 어떻게 얻는가?
- 군으로부터 체는 어떻게 얻는가?
- 이렇게 얻은 확대체의 차수와 군의 지수 사이에는 어떠한 관계가 있는가?
- 분해체의 경우에는 위의 관계에 어떠한 특징이 있는가?

이 장에서도 특별한 언급이 없는 한 모든 체는 표수가 0이고, 따라서 유리수체 $\mathbb{Q}$의 확대체이다.

갈로아

루피니와 아벨은 $n \geq 5$일 때, 임의의 n차 다항식에 적용할 수 있는 즉, 임의의 다항식을 풀 수 있는 근의 공식은 없다는 것을 발견하였다. 여기서 '풀 수 있는 근의 공식' 등에 관한 정확한 뜻은 본문에서 정의한다.

갈로아는 훌륭한 이론을 개발하여 다음 질문에 대하여 경쾌한 답을 제시하였다: $n \geq 5$일 때, 어떤 n차 다항식에 덧셈, 뺄셈, 곱셈, 나눗셈, 그리고 거듭제곱근만을 사용하는 근의 공식이 존재하는가?

갈로아이론의 핵심적인 기법은, 다항식의 근의 문제를 확대체(분해체)의 문제로 해석하고, 확대체를 분석하기 위하여 그것의 갈로아군 즉, 군론을 이용하는 것이다.

자기동형군

K가 체라고 할 때 집합 $\mathrm{Aut}(K)=\{\sigma \mid \sigma: K \to K$는 동형사상$\}$을 생각하자. 이 집합 $\mathrm{Aut}(K)$에 사상(함수)의 합성 연산을 주면, $\mathrm{Aut}(K)$는 군을 이룸을 쉽게 보일 수 있다.

과제 14.1 가. XII장 '뒷 이야기'를 참고하여 군에 대한 자기동형군 $\mathrm{Aut}\ G$의 몇 가지 예에 대하여 조사하여라.

나. K가 체일 때 $\mathrm{Aut}(K)$는 군임을 설명하여라.

동형사상 $\sigma: K \to K$를 K의 자기동형사상이라고 하고, K의 자기동형사상 전체의 집합 $\mathrm{Aut}(K)$를 K의 자기동형군이라고 한다.

과제 14.2 다음을 확인하여라.

임의의 $\sigma \in \mathrm{Aut}(K)$에 대하여, $\sigma(1)=1$이다. 따라서 임의의 $a \in \mathbb{Q}$에 대하여 $\sigma(a)=a$이다. 따라서 $\mathrm{Aut}(\mathbb{Q})=\{1\}$이다. 더 나아가, P를 K의 소체라고 하면 임의의 $a \in P$와 임의의 $\sigma \in \mathrm{Aut}(K)$에 대하여 $\sigma(a)=a$이다.

갈로아군

≪정의 14.3≫ $F \le K$일 때, K의 자기동형사상 중에서, F의 모든 원소를 고정시키는 사상의 집합을 F 위의 K의 갈로아군(Galois group)이라고 하고 $G(K/F)$로 나타낸다.

위의 정의가 암시하듯이 다음이 성립한다.

≪정리 14.4≫ $F \le K$일 때, $G(K/F)$는 군이다.

증명 K에서의 항등함수는 $G(K/F)$의 원소이므로 $G(K/F) \neq \varnothing$이다. 이제 $\sigma,\ \tau \in G(K/F)$이면, $\sigma \circ \tau$도 K의 자기동형사상이고 F를 고정시키므로 $\sigma \circ \tau \in G(K/F)$이다. 한편, $\sigma,\ \tau,\ \gamma \in G(K/F)$이면, 합성함수의 성질에 따라 $(\sigma \circ \tau) \circ \gamma = \sigma \circ (\tau \circ \gamma)$이다. 또한 $\sigma \in G(K/F)$이면 σ^{-1}는 K의 자기동형사상이다. 그런데 $c \in F$일 때, $\sigma^{-1}(c) = c$이므로 $\sigma^{-1} \in G(K/F)$이다. ■

과제 14.5 다음을 확인하여라.

가. $F \le K$일 때, 갈로아군 $G(K/F)$의 원소는 F 위에서의 벡터 공간 K의 자기동형 선형사상이다.

나. 표수가 0인 임의의 체 K에 대하여 $\mathrm{Aut}(K) = G(K/\mathbb{Q})$이다.

≪정리 14.6≫ $F \le K$이고 $f(x) \in F[x]$라고 하자. $u \in K$가 $f(x)$의 근이고 $\sigma \in G(K/F)$이면, $\sigma(u)$도 $f(x)$의 근이다.

증명 먼저 $f(x)=c_0+c_1x+c_2x^2+\cdots+c_nx^n$라고 하면 $c_0+c_1u+c_2u^2+\cdots+c_nu^n=0$이다. σ는 준동형사상이고, 각각의 $c_i\in F$에 대하여 $\sigma(c_i)=c_i$이다.

$$
\begin{aligned}
0=\sigma(0)&=\sigma(c_0+c_1u+c_2u^2+\cdots+c_nu^n)\\
&=\sigma(c_0)+\sigma(c_1)\sigma(u)+\sigma(c_2)\sigma(u)^2+\cdots+\sigma(c_n)\sigma(u)^n\\
&=c_0+c_1\sigma(u)+c_2\sigma(u)^2+\cdots+c_n\sigma(u)^n\\
&=f(\sigma(u))
\end{aligned}
$$ ■

예를 들어, $\sigma\in G(\mathbb{Q}(\sqrt{2})/\mathbb{Q})$이면 $\sqrt{2}$는 x^2-2의 근이므로 $\sigma(\sqrt{2})$도 x^2-2의 근이다. 즉, $\sigma(\sqrt{2})=\sqrt{2}$이든가 $\sigma(\sqrt{2})=-\sqrt{2}$이다.

≪정리 14.7≫ K가 $f(x)\in F[x]$의 분해체이고 $u, v\in K$일 때, $F[x]$에서 u, v가 동일한 최소다항식을 가지기 위한 필요충분조건은 $\sigma(u)=v$를 만족시키는 $\sigma\in G(K/F)$가 있는 것이다.

증명 먼저, 정리 13.6에 의하여 u, v가 동일한 최소다항식을 가지면, $\delta(u)=v$이며 F의 모든 원소를 고정시키는 동형사상 $\delta: F(u)\to F(v)$가 있다. 이제, K는 $f(x)\in F(u)[x]$의 분해체이고 동시에 $f(x)\in F(v)[x]$의 분해체이다. 따라서 정리 13.8에 의하여 δ는 $\sigma(u)=v$를 만족시키는 $\sigma\in G(K/F)$로 확장된다. 반대로 $\sigma\in G(K/F)$이고 $\sigma(u)=v$이며 u의 최소다항식을 $p(x)\in F[x]$라고 하면, 정리 14.6에 의하여 $p(x)$는 v의 최소다항식이다. ■

위 정리에서와 같이 u와 v가 동일한 기약다항식의 근일 때 두 원소를 켤레(conjugate)라고 한다.

과제 14.8 가. 임의의 두 실수 a, b에 대하여 $a+bi$와 $a-bi$는 켤레임을 확인하여라.

나. $a+b\sqrt{2}$, a, $b\in\mathbb{Q}$가 어떤 유리계수다항식의 근이면 $a-b\sqrt{2}$도 그 유리계수다항식의 근임을 설명하여라.

> **≪정리 14.9≫** $K=F(u_1, \cdots, u_n)$가 F의 대수적확대체라고 하자. 임의의 σ, $\tau\in G(K/F)$에 대하여 $\sigma(u_i)=\tau(u_i)(i=1, \cdots, n)$이면 $\sigma=\tau$이다.

증명 먼저, 정리 12.24에 의하여 $\sigma|_{F(u_1)}=\tau|_{F(u_1)}$임을 알 수 있다. 수학적 귀납법을 적용하면 $\sigma=\tau$임을 증명할 수 있다. ■

이제, 정리 14.6, 14.7, 14.9를 이용하면 여러 가지 갈로아군을 계산할 수 있다.

과제 14.10 다음을 확인하여라.

가. 갈로아군 $G(\mathbb{C}/\mathbb{R})$을 다음과 같이 계산할 수 있다. 먼저, $\sigma\in G(\mathbb{C}/\mathbb{R})$은 $\sigma(i)$의 값에 의하여 결정됨을 알 수 있다. 그런데 $\mathbb{C}=\mathbb{R}(i)$는 i의 최소다항식 $x^2+1\in\mathbb{R}[x]$의 분해체이고, $\sigma(i)$도 다항식 x^2+1의 근이다. 이때, x^2+1의 근은 i, $-i$이므로 두 가지 경우 즉, $\sigma(i)=i$인 경우와 $\sigma(i)=-i$인 경우를 생각할 수 있다. 결국, $G(\mathbb{C}/\mathbb{R})$는 위수가 2인

군 $\mathbb{Z}_2$이다.

나. 위와 같은 방법으로 $G(\mathbb{Q}(\sqrt{2})/\mathbb{Q})=\mathbb{Z}_2$임을 알 수 있다. 이 경우에는 $\mathbb{Q}(\sqrt{2})$는 $\sqrt{2}$의 최소다항식 $x^2-2\in\mathbb{Q}[x]$의 분해체인 것과 다음 사실에 유의한다.

$\sigma\in G(\mathbb{Q}(\sqrt{2})/\mathbb{Q})$이면 $\sigma(\sqrt{2})=\sqrt{2}$ 또는 $\sigma(\sqrt{2})=-\sqrt{2}$ 이다.

다. 같은 방법으로 $G(\mathbb{Q}(\sqrt{2},\ \sqrt{3})/\mathbb{Q})=V_4$임을 알 수 있다. 사실, $\mathbb{Q}(\sqrt{2},\ \sqrt{3})$은 다항식 $(x^2-2)(x^2-3)\in\mathbb{Q}[x]$의 분해체이며 $\sigma\in G(\mathbb{Q}(\sqrt{2})/\mathbb{Q})$이면 다음이 성립한다.

$$\begin{cases}\sigma(\sqrt{2})=\sqrt{2}\\ \sigma(\sqrt{3})=\sqrt{3}\end{cases},\quad \begin{cases}\sigma(\sqrt{2})=\sqrt{2}\\ \sigma(\sqrt{3})=-\sqrt{3}\end{cases},$$

$$\begin{cases}\sigma(\sqrt{2})=-\sqrt{2}\\ \sigma(\sqrt{3})=\sqrt{3}\end{cases},\quad \begin{cases}\sigma(\sqrt{2})=-\sqrt{2}\\ \sigma(\sqrt{3})=-\sqrt{3}\end{cases}$$

이제, $\mathbb{Q}(\sqrt{2},\ \sqrt{3})$와 $\mathbb{Q}$ 사이의 중간체들의 격자도는 다음과 같다.[1)]

이 격자도에서 다음을 알 수 있다.

$$|G(\mathbb{Q}(\sqrt{2},\ \sqrt{3})/\mathbb{Q}(\sqrt{2}))|$$

---

1) $\mathbb{Q}(\sqrt{2}+\sqrt{3})=\mathbb{Q}(\sqrt{2},\ \sqrt{3})$이다. 사실, $\sqrt{2}+\sqrt{3}\in\mathbb{Q}(\sqrt{2},\sqrt{3})$이므로 $\mathbb{Q}(\sqrt{2}+\sqrt{3})\subset\mathbb{Q}(\sqrt{2},\sqrt{3})$이다. 한편, $\alpha=\sqrt{2}+\sqrt{3}$라고 하면, $\alpha^{-1}=-\sqrt{2}+\sqrt{3}$이므로 $\sqrt{2}=\frac{1}{2}(\alpha-\alpha^{-1})\in\mathbb{Q}(\sqrt{2}+\sqrt{3})$이고 $\sqrt{3}=\frac{1}{2}(\alpha+\alpha^{-1})\in\mathbb{Q}(\sqrt{2}+\sqrt{3})$이다. 따라서 $\mathbb{Q}(\sqrt{2},\sqrt{3})\subset\mathbb{Q}(\sqrt{2}+\sqrt{3})$이다.

$$\begin{aligned} &= |G(\mathbb{Q}(\sqrt{2},\ \sqrt{3})/\mathbb{Q}(\sqrt{3}))| \\ &= |G(\mathbb{Q}(\sqrt{2},\ \sqrt{3})/\mathbb{Q}(\sqrt{6}))| \\ &=2 \end{aligned}$$

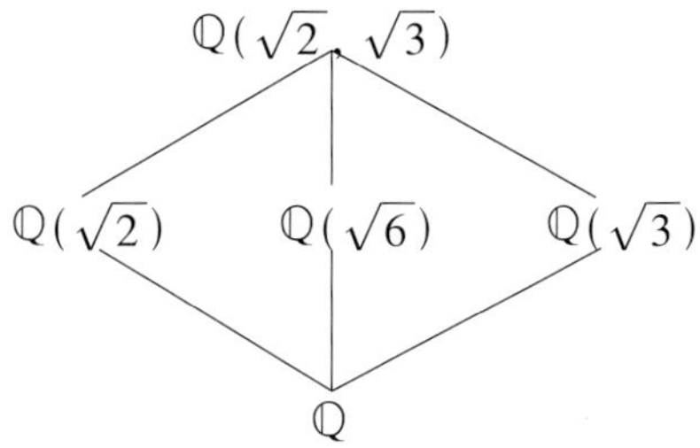

한편,

$$\begin{aligned} &|G(\mathbb{Q}(\sqrt{2})/\mathbb{Q})| \\ &= |G(\mathbb{Q}(\sqrt{3})/\mathbb{Q})| \\ &= |G(\mathbb{Q}(\sqrt{6})/\mathbb{Q})| \\ &=2 \end{aligned}$$

한편, V_4의 부분군의 격자도는 다음과 같다.

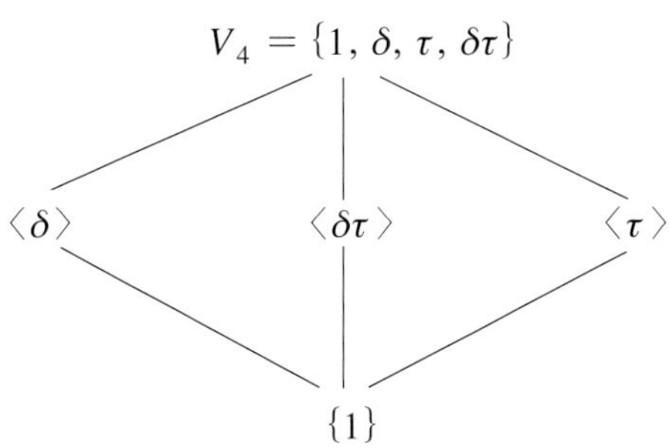

위 격자도에서 각 지수는 2이다.

라. 위 두 격자도에서 다음과 같은 대응관계를 조사하여라.

(1) $G(\mathbb{Q}(\sqrt{2}, \sqrt{3})/\mathbb{Q}(\sqrt{2})) = <\delta>$이고 $G(\mathbb{Q}(\sqrt{2}, \sqrt{3})/\mathbb{Q}(\sqrt{3})) = <\tau>$라고 하면 $G(\mathbb{Q}(\sqrt{2}, \sqrt{3})/\mathbb{Q}(\sqrt{6})) = <\delta\tau>$이다.

(2) $\mathbb{Q}(\sqrt{2}, \sqrt{3})$, $\mathbb{Q}(\sqrt{2})$, $\mathbb{Q}(\sqrt{3})$, $\mathbb{Q}(\sqrt{6})$는 각각 $(x^2-2)(x^2-3) \in \mathbb{Q}[x]$, $x^2-2 \in \mathbb{Q}[x]$, $x^2-3 \in \mathbb{Q}[x]$, $x^2-6 \in \mathbb{Q}[x]$의 분해체로서 $\mathbb{Q}$의 정규확대체이다.

(3) V_4의 부분군 $\{1\}$, $<\delta>$, $<\tau>$, 그리고 $<\delta\tau>$는 모두 정규부분군이다.

마. $G(\mathbb{Q}(\omega, \sqrt[3]{2})/\mathbb{Q}) \cong S_3$, $\omega = \dfrac{-1+\sqrt{3}\,i}{2}$이다. 사실, $\mathbb{Q}(\omega, \sqrt[3]{2})$와 $\mathbb{Q}$ 사이의 중간체들의 격자도는 다음과 같다.

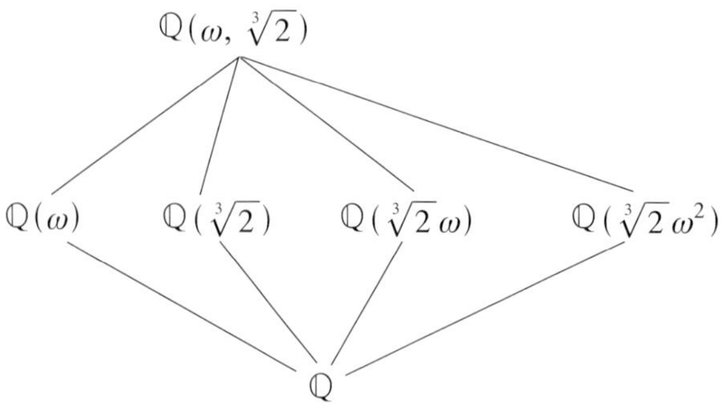

위 격자도에서 다음을 알 수 있다.

(1) $|G(\mathbb{Q}(\omega, \sqrt[3]{2})/\mathbb{Q}(\omega))| = 3$

(2) $2=|G(\mathbb{Q}(\omega, \sqrt[3]{2})/\mathbb{Q}(\sqrt[3]{2})|$

$=|G(\mathbb{Q}(\omega, \sqrt[3]{2})/\mathbb{Q}(\sqrt[3]{2}\,\omega)|$

$=|G(\mathbb{Q}(\omega, \sqrt[3]{2})/\mathbb{Q}(\sqrt[3]{2}\,\omega^2)|$

한편, S_3 부분군의 격자도는 다음과 같다.

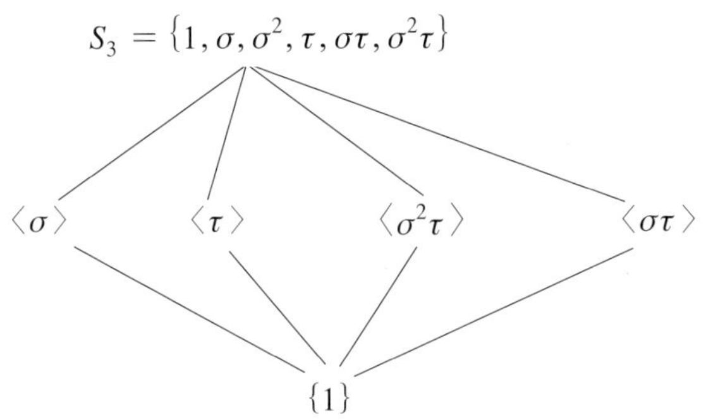

위 격자도에서 각 지수는 2 또는 3이다.

바. 위 두 격자도에서 다음과 같은 대응관계를 조사하여라. 특히, $x^2+x+1\in\mathbb{Q}[x]$의 분해체인 $\mathbb{Q}(\omega)$과 S_3의 정규부분군과의 대응관계에 주목하여라.

(1) $G(\mathbb{Q}(\omega, \sqrt[3]{2})/\mathbb{Q}(\omega)) =<\sigma>$, $\sigma(\sqrt[3]{2}) = \sqrt[3]{2}\,\omega$이고 $G(\mathbb{Q}(\omega, \sqrt[3]{2})/\mathbb{Q}(\sqrt[3]{2})) =<\tau>$라고 하면 $G(\mathbb{Q}(\omega, \sqrt[3]{2})/\mathbb{Q}(\sqrt[3]{2}\,\omega)) =<\sigma^2\tau>$이고 $G(\mathbb{Q}(\omega, \sqrt[3]{2})/\mathbb{Q}(\sqrt[3]{2}\,\omega^2)) =<\sigma\tau>$이다.

(2) $\mathbb{Q}(\omega, \sqrt[3]{2})$와 $\mathbb{Q}(\omega)$는 각각 $x^3-2\in\mathbb{Q}[x]$, $x^2+x+1\in\mathbb{Q}[x]$의 분해체로서 $\mathbb{Q}$의 정규확대체이다.

(3) S_3의 부분군 $\{1\}$과 $<\sigma>$는 모두 정규부분군이다.

≪정리 14.11≫ K가 다항식 $f(x) \in F[x]$의 분해체이고, $f(x)$가 K 안에서 n개의 서로 다른 근을 가지면 $G(K/F)$는 S_n의 부분군과 동형이다.

증명 다항식 $f(x)$가 K 안에서 n개의 서로 다른 근 $u_1, \cdots, u_n$을 갖는다고 하자. $\sigma \in G(K/F)$이면 $\sigma(u_1), \cdots, \sigma(u_n)$도 $f(x)$의 서로 다른 근이다. 따라서 $K=F(u_1, \cdots, u_n)$에 정의된 σ를 $R=\{u_1, \cdots, u_n\}$에 축소시키면, 축소 함수 $\sigma|_R$은 S_n의 한 원소가 된다. 이제, $\phi : G(K/F) \to S_n$을 $\phi(\sigma)=\sigma|_R$로 정의하면 ϕ는 일대일인 군준동형사상이다. 이제, 군제1동형정리에 의하여 $G(K/F)$는 S_n의 부분군과 동형이다. ■

라그랑쥬(정리 3.24)에 의하면, 위 정리에서 $G(K/F)$의 위수 즉, $|G(K/F)|$는 $n!$의 약수임을 알 수 있다.

과제 14.12 가. 위 증명에서 다음을 설명하여라.

(1) $\sigma|_R$은 S_n의 한 원소이다.

(2) $\phi : G(K/F) \to S_n$는 군준동형사상이다.

(3) $\text{Ker } \phi = \{1\}$이다.

나. 과제 14.10을 참고하여 다음 다항식에 관하여 정리 14.11을 확인하여라.

(1) $x^2-2 \in \mathbb{Q}[x]$

(2) $(x^2-2)(x^2-3) \in \mathbb{Q}[x]$

(3) $x^3-2 \in \mathbb{Q}[x]$

위의 정리에서처럼 어떤 다항식의 분해체에 의한 갈로아군을 그 다항식의 갈로아군이라고 한다.

과제 14.13 n차 다항식의 갈로아군의 위수는 $n!$의 약수임을 설명하여라.

불변체

K가 F의 확대체이고 $F \leq E \leq K$일 때, 체 E를 중간체라고 부르자.

≪정리 14.14≫ $F \leq K$이고 H가 $G(K/F)$의 부분군일 때,

$$K_H = \{k \in K \mid \sigma(k) = k, \ \forall \sigma \in H\}$$

는 F를 품는 K의 중간체이다.

증명 먼저, $\sigma(0)=0$, $\sigma(1)=1$이므로 0과 1은 K_H의 원소이므로 K_H는 공집합이 아니다. 이제, $c, d \in K_H$이면, 임의의 $\sigma \in H$에 대하여 $\sigma(c+d)=\sigma(c)+\sigma(d)=c+d$이고 $\sigma(cd)=\sigma(c)\sigma(d)=cd$이므로 K_H는 덧셈과 곱셈에 관하여 닫혀있다. 임의의 $c \in K_H$와 임의의 $\sigma \in H$에 대하여 $\sigma(-c)=-\sigma(c)=-c$이고 $\sigma(c^{-1})=\sigma(c)^{-1}=c^{-1}$이므로 $-c$과 c^{-1}는 K_H의 원소이다. 따라서 K_H는 K의 부분체이다. 한편, $\sigma \in H$이면, $\sigma \in G(K/F)$이므로 임의의 $c \in F$에 대하여 $\sigma(c)=c$이다. 따라서 $F \leq K_H$이다. ■

위 정리에서 K_H를 H에 의한 K의 불변체(fixed field)라고 한다.

과제 14.15 가. R, R'이 단위원을 가지는 환이고 $f: R \to R'$이 환 준동형 사상일 때 $f(1)=1'$이 성립하지 않는 예를 제시하여라.

나. 환준동형사상 $f: R \to R'$이 전사이면 다음 조건을 만족시킴을 증명하여라.

(1) $f(1)=1'$

(2) $x \in R$가 곱셈에 관한 역원을 가지면 $f(x^{-1})=f(x)^{-1}$이다.

다. $F \leq K$이고 H가 $G(K/F)$의 부분군이면 $F \leq K_H \leq K$이다. 특히, $F \leq K_{G(K/F)} \leq K$이다.

라. $F \leq K$이고 H, J가 $G(K/F)$의 부분군이고 $H \geq J$이면 $K_H \leq K_J$이다.

마. $F \leq M \leq K$이면 $G(K/F) \geq G(K/M)$이다.

위 과제 '라'와 '마'를 다음과 같이 그림으로 나타낼 수 있다.

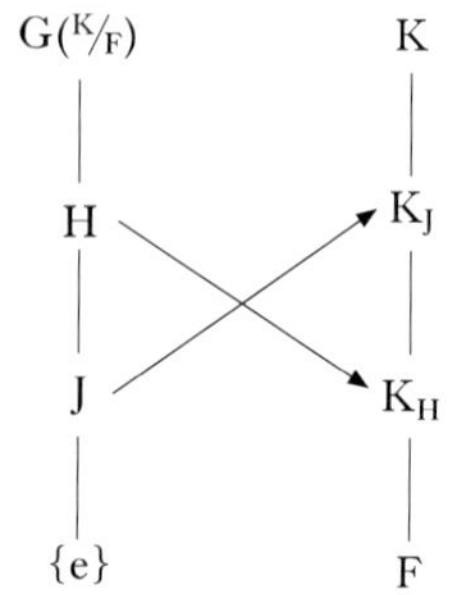

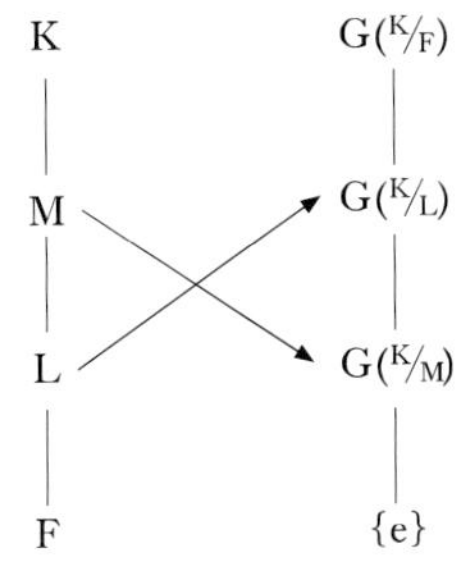

몇 가지 성질

앞에서 다항식의 갈로아군과 대칭군과의 관계를 살펴보았다. 이번에는 F의 확대체 K에 관하여 $|G(K/F)|$와 $[K:F]$와의 관계를 알아보자.

과제 14.16 다음을 확인하여라.

K가 n차 다항식 $f(x) \in F[x]$의 분해체이면, $|G(K/F)|$과 $[K:F]$는 모두 $n!$ 보다 같거나 작다.

사실, K가 n차 다항식 $f(x) \in F[x]$의 분해체이면, $|G(K/F)|$는 물론 $[K:F]$도 $n!$의 약수이다.

먼저, 다음 정리를 증명하자.

≪정리 14.17≫ 체 F 위에서 대수적인 원소 α에 대하여, α의 최소다항식의 근 중에서 $F(\alpha)$ 안에 있는 것의 갯수를 k라고 하면, $|G(F(\alpha)/F)| = k \leq [F(\alpha):F]$가 성립한다.

증명 $[F(\alpha):F]$는 α의 최소다항식의 차수이므로 $k \le [F(\alpha):F]$이다. 따라서 $|G(F(\alpha)/F)| = k$임을 증명하면 된다. 먼저 α의 최소다항식을 $p(x)$라고 하고, $\{\alpha_1(=\alpha), \alpha_2, \cdots, \alpha_k\}$를 $F(\alpha)$ 안에 있는 $p(x)$의 서로 다른 근 모두의 집합이라고 하자. 모든 i에 대하여, $F(\alpha_i) = F(\alpha)$이고, $\sigma_i(\alpha) = \alpha_i$인 $\sigma_i \in G(F(\alpha)/F)$가 있다(정리 13.6). 따라서 $k \le |G(F(\alpha)/F)|$이다. 한편, 임의의 $\sigma \in G(F(\alpha)/F)$에 대하여 $\sigma(\alpha)$는 어떤 $\alpha_j \in \{\alpha_1, \alpha_2, \cdots, \alpha_k\}$에 대하여 $\sigma(\alpha) = \alpha_j$이다(정리 14.6). 이 때, $\sigma = \sigma_j$임을 쉽게 보일 수 있다. 따라서 $|G(F(\alpha)/F)| \le k$이고, 결국 $k = |G(F(\alpha)/F)|$이다. ■

일반적으로 다음 정리가 성립한다.

> **≪정리 14.18≫** 가. K가 F의 유한확대체이면 $|G(K/F)| \le [K:F]$이다.
>
> 나. K가 F의 분해체이면 $|G(K/F)| = [K:F]$이다.

[증명 밑 그림]

K가 F의 분해체인 경우에는 다음 사실을 이용한다.

- K가 F의 분해체이면 K는 F의 유한 정규확대체이다(정리13.13).
- K가 F 위의 분해체이고, $u, v \in K$일 때, $F[x]$에서 u, v가 동일한 최소다항식을 가지기 위한 필요충분조건은 $\sigma(u) = v$를 만족시키는 $\sigma \in G(K/F)$가 있는 것이다(정리 14.7).

증명 $[K:F] = n$에 관한 수학적 귀납법으로 증명한다. 먼저 $[K:F] = 1$인 경우에는 분명하고 $1 < [K:F] < n$인 경우에 정리가 성립한다고 가정하고 $[K:F] = n$인 경우에 증명한다.

가. 먼저, $\alpha \in K-F$을 택하고 그 최소다항식을 $p(x)$라고 하면 $\deg p(x) > 1$이므로 $[K : F(\alpha)] < n$이고 귀납적 가정에 의하여 $|G(K/F(\alpha))| \leq [K : F(\alpha)]$이다. 편의상 $G=G(K/F)$, $H=G(K/F(\alpha))$로 나타내면 $H=\{\sigma \in G \mid \sigma(\alpha)=\alpha\}$이고 $H \leq G$임을 알 수 있다. 이제, 두 집합 G/H와 $R=\{\sigma(\alpha) \mid \sigma \in G\}$ 사이에 다음과 같이 정의되는 함수 $\phi : G/H \rightarrow R$를 생각한다: $\phi(\sigma H)=\sigma(\alpha)$. 잘 정의되는 이 함수는 일대일대응이므로 $|G : H|=|R| \leq [F(\alpha) : F]$이다. 라그랑쥬 정리로부터 다음을 알 수 있다.

$$\begin{aligned}|G(K/F)| &= |G| = |H|\,|G : H| \\ &\leq [K : F(\alpha)][F(\alpha) : F] = [K : F]\end{aligned}$$

나. 먼저, K가 다항식 $f(x) \in F[x]$의 분해체라고 하고 $f(x)$의 기약인수 중에서 2차 이상인 것이 있는데 그것을 $p(x)$라고 하자. $p(x)$의 한 근을 α라고 하면 $[K : F(\alpha)] < n$이고 귀납적 가정에 의하여 $|G(K/F(\alpha))| = [K : F(\alpha)]$이다. 위의 증명에서 R는 $p(x)$의 모든 근의 집합임에 유념하면 $|G : H| = |R| = [F(\alpha) : F]$임을 알 수 있다(과제 13.18 가 (2)). 따라서 다음을 알 수 있다.

$$\begin{aligned}|G(K/F)| &= |G| = |H|\,|G : H| \\ &= [K : F(\alpha)][F(\alpha) : F] = [K : F]\end{aligned}$$ ■

과제 14.19 가. 위 정리의 내용을 앞에서 증명한 다음 두 정리와 비교하여라.

(1) $f(x) \in F[x]$이고 $f(x)$의 차수가 $n>0$이면, $f(x)$의 분해체 K가 있고 $[K : F] \leq n!$이다(정리 13.3).

(2) K가 다항식 $f(x) \in F[x]$의 분해체이고, $f(x)$가 K 안

에서 n개의 서로 다른 근을 가지면 $G(K/F)$는 S_n의 부분군과 동형(정리 14.11)이므로 $|G(K/F)|$는 $n!$의 약수이다.

나. n차 기약다항식의 갈로아군의 위수는 $n!$의 약수이다. 이제, n차 기약다항식의 갈로아군의 위수는 n의 배수임을 설명하여라. 사실, K가 기약다항식 $p(x) \in F[x]$의 분해체이고 α를 $p(x)$의 한 근이라고 하면 다음이 성립한다.

$$[K:F]=[K:F(\alpha)][F(\alpha):F]=n[K:F(\alpha)],$$
$$|G(K/F)|=[K:F]$$

다. 다음을 확인하여라.

(1) $|G(\mathbb{Q}(\sqrt{2})/\mathbb{Q})|=2=[\mathbb{Q}(\sqrt{2}):\mathbb{Q}]$

(2) $|G(\mathbb{C}/\mathbb{R})|=2=[\mathbb{C}:\mathbb{R}]$

(3) $\omega=\dfrac{-1+\sqrt{3}i}{2}$일 때, 다음이 성립한다.

(가) $|G(\mathbb{Q}(\omega)/\mathbb{Q})|=2=[\mathbb{Q}(\omega):\mathbb{Q}]$

(나) $|G(\mathbb{Q}(\sqrt[3]{2},\ \omega)/\mathbb{Q})|=6=[\mathbb{Q}(\sqrt[3]{2},\ \omega):\mathbb{Q}]$

(4) $|G(\mathbb{Q}(\sqrt[3]{2})/\mathbb{Q})|=1,\ [\mathbb{Q}(\sqrt[3]{2}):\mathbb{Q}]=3$

*(5) $G(\mathbb{R}/\mathbb{Q})=\mathrm{Aut}(\mathbb{R})=\{1\},\ [\mathbb{R}:\mathbb{Q}]=\infty$

뒷 이야기

1. 다음에 대하여 토의하여라.
   가. 해석기하학에서의 대수적 기법
   나. 작도가능성에서의 체론의 유용성
   다. 다항식의 해에 관한 갈로아이론: 체론과 군론

2. 체 F 위에서 대수적인 α에 의한 단순확대체 $F(\alpha)$의 F 위에서의 차수는 F 위에서 α의 최소다항식의 차수와 같음을 증명하는 과정을 다음 용어를 중심으로 살펴보아라.
   가. 잘 정의된 환 준동형 사상
   나. 환 제 1 동형 정리의 응용
   다. 체 위에서의 다항식 환: 주 이데알 정역
   라. 체 F 위에서 α의 최소다항식
   바. $F[\alpha]=F(\alpha)$

3. 아벨과 갈로아의 업적에 관련한 수학사를 살펴보고 군론의 초기 역사에 관하여 살펴보아라.

4. 다음 상(prize)에 대하여 조사하여라.
   가. 노벨상
   나. 아벨(Abel)상
   다. 카블리(Kavli)상
   라. 필즈(Fields)메달
   마. 네발리나(Nevalina) 상

5. 갈로아군과 불변체의 정의와 관련하여 다음을 확인하여라.

가. 집합 A에서 집합 B로의 함수 f와 A의 부분집합 C에 대하여 다음 조건을 만족시키는 함수 $f|_C : C \to B$를 f의 C로의 축소(restriction)함수라고 한다.

$$f|_C(x) = f(x), \quad \forall x \in C$$

나. 집합 A에서 집합 B로의 함수 f와 A를 품는 집합 C에 대하여 다음 조건을 만족시키는 함수 $f|^C : C \to B$를 f의 C로의 확장(extension)함수라고 한다.

$$f|^C(x) = f(x), \quad \forall x \in A$$

다. 위상공간 A에서 위상공간 B로의 연속함수 f와 A의 부분공간 C에 대하여 축소함수 $f|_C : C \to B$는 연속함수이다.

*6. 위상공간 X와 X의 부분공간 A가 주어졌을 때 연속함수 $f : A \to \mathbb{R}$를 연속함수 $f|^X : X \to \mathbb{R}$로 확장하는 문제를 생각할 수 있다. Munkres(1975)를 참고하여 다음에 대하여 조사하여라.

가. Urysohn lemma

나. Tietze extension theorem

XV

유용한 확대체: 갈로아 확대체

지난 줄거리

1. 과제 내용 중 해결하지 못한 문제는 무엇인가?

2. 다음 용어를 모두 사용하여 작문하여라.
   다항식, 분해체, 갈로아군, 불변체

3. 다음을 계산하여라.
   가. $G(\mathbb{Q}(\sqrt{2})/\mathbb{Q})$와 $[\mathbb{Q}(\sqrt{2}) : \mathbb{Q}]$
   나. $G(\mathbb{Q}(\sqrt[3]{2})/\mathbb{Q})$와 $[\mathbb{Q}(\sqrt[3]{2}) : \mathbb{Q}]$
   다. $|G(\mathbb{Q}(\sqrt[3]{2}, \omega)/\mathbb{Q})|$와 $[\mathbb{Q}(\sqrt[3]{2}, \omega) : \mathbb{Q}]$
   라. $G(\mathbb{C}/\mathbb{R})$와 $[\mathbb{C} : \mathbb{R}]$

4. 다음을 정의하여라: 갈로아군, 불변체.

5. 다음을 설명하여라.
   가. $F \leq K$이고 G가 $G(K/F)$의 부분군이면 $F \leq K_G \leq K$이다.

나. $F \le K$이고 $H, J(H \ge J)$가 $G(K/F)$의 부분군이면 $K_H \le K_J$이다.

다. $L \le M \le K$이면 $G(K/L) \ge G(K/M)$이다.

6. 다음에서 ( ) 안을 적절히 채우라.

가. 기약다항식 $x^2-2 \in \mathbb{Q}[x]$의 두 근 $\sqrt{2}$와 $-\sqrt{2}$는 ( ) 이다.

나. 함수 $f \in G(\mathbb{Q}(\sqrt{2})/\mathbb{Q})$는 다음 조건을 만족시킨다.

$$f(\sqrt{2}) = (\quad) \text{ 또는 } (\quad)$$

다. $G(\mathbb{Q}(\sqrt{2}/\mathbb{Q}) \simeq (\quad)$

7. $F \le K$일 때 $u, v \in K$가 동일한 기약다항식 $f(x) \in F[x]$의 근이기 위한 필요충분조건은 무엇인가?

이번 줄거리

1. 지금까지 다룬 여러 가지 확대체와 연계하여 갈로아이론에서 중요한 갈로아 확대체를 이해한다.

2. 주어진 확대체가 갈로아 확대체인지 아닌지를 판별할 수 있다.

3. 주요 정리를 증명할 수 있다.

여는 이야기

이 장에서 논의하는 구체적인 문제는 다음과 같다.

• 갈로아군과 관련하여 분해체의 특징은 무엇인가?

여러 가지 확대체

과제 15.1 가. 유한확대체, 단순확대체, 대수적확대체 상호 간의 관계를 설명하여라.

나. 분해체와 정규확대체의 정의는 무엇이며 그 두 확대체 상호 간의 관계는 무엇인가?

다음 정리로부터 유한개의 대수적 원소에 의한 확대체는 단순확대체임을 알 수 있다.

≪정리 15.2≫ K가 F의 확대체라고 하고 $\alpha, \beta \in K$가 F 위에서 대수적이라고 하면 다음 조건을 만족시키는 $\gamma \in K$가 있다. $F(\alpha, \beta) = F(\gamma)$.

증명 먼저, $\mathrm{irr}(\alpha, F) = p(x)$, $\mathrm{irr}(\beta, F) = q(x)$라고 하고 $p(x)$와 $q(x)$의 모든 근을 각각 $\alpha_1 (=\alpha), \alpha_2, \cdots, \alpha_n$이고 $\beta_1 (=\beta), \beta_2, \cdots, \beta_m$이라고 하자. 여기서 모든 근은 단근이다. 다음 조건을 만족시키는 $a \in F$가 있다: $a \neq \dfrac{\alpha_i - \alpha}{\beta - \beta_j}$, $1 \leq i \leq n$, $2 \leq j \leq m$. 이제,

$\gamma = \alpha + a\beta$라고 하고 $F(\alpha, \beta) = F(\gamma)$임을 보인다. $h(x) = p(\gamma - ax) \in F(\gamma)[x]$라고 놓으면 $h(\beta) = 0$이고 $h(\beta_j) \neq 0$, $2 \leq j \leq m$이다. 따라서 $\mathrm{irr}(\beta, F(\gamma))$는 $h(x)$와 $q(x)$의 공통인수이다. 그런데 $h(x)$와 $q(x)$는 $x - \beta$ 외에는 공통인수를 가지지 아니하고 $\mathrm{irr}(\beta, F(\gamma)) = x - \beta$이므로 $\beta \in F(\gamma)$이다. 따라서 $\alpha \in F(\gamma)$이고 $F(\alpha, \beta) = F(\gamma)$이다. ■

이 정리에서는 체 F의 표수가 0임을 기억할 필요가 있다. 사실, 위 정리에서 F의 표수가 0이므로 F는 무한체이고, 증명 과정에서 a가 항상 존재한다. 한편, F의 표수가 0이므로 $F[x]$에서의 기약다항식(예를 들어, $q(x)$)은 중근을 가지지 않는다.

과제 15.3 가. $\mathbb{Q}(\sqrt{2}, \sqrt{3}) \neq \mathbb{Q}(\sqrt{6})$임을 설명하여라.

나. $\mathbb{Q}(\sqrt{2}, \sqrt{3}) = \mathbb{Q}(\gamma)$인 γ를 하나 제시하여라.

다. $\mathbb{Q}(\sqrt[3]{2}, \omega) = \mathbb{Q}(\gamma)$인 γ를 하나 제시하여라.

갈로아 확대체

지금까지 여러 가지 확대체에 대하여 논의하였다. 여기에서는 다항식의 풀이와 관련하여 중요한 또 하나의 확대체에 대하여 살펴본다.

> **≪정의 15.4≫** K가 F의 확대체라고 하자. 갈로아군 $G(K/F)$의 불변체가 F와 일치할 때 즉, $K_{G(K/F)} = F$일 때, K를 F의 갈로아 확대체라고 한다.

과제 15.5 다음을 설명하여라.

가. K가 F의 확대체일 때, $F \le K_{G(K/F)}$이다.

나. K가 F의 갈로아 확대체이기 위한 필요충분조건은 다음과 같다: 각 $u \in K-F$에 대하여 $\sigma(u) \neq u$인 $\sigma \in G(K/F)$가 있다.

다. $\mathbb{Q}(\sqrt{2})_{G(\mathbb{Q}(\sqrt{2})/\mathbb{Q})} = \mathbb{Q}$ (과제 14.10나) 이므로 $\mathbb{Q}(\sqrt{2})$는 $\mathbb{Q}$의 갈로아 확대체이다.

라. $\omega = \dfrac{-1+\sqrt{3}i}{2}$일 때, $\mathbb{Q}(\sqrt[3]{2}, \omega)_{G(\mathbb{Q}(\sqrt[3]{2}, \omega)/\mathbb{Q})} = \mathbb{Q}$ (과제 14.10 마)이므로 $\mathbb{Q}(\sqrt[3]{2}, \omega)$는 $\mathbb{Q}$의 갈로아 확대체이다.

마. $|G(\mathbb{Q}(\sqrt[3]{2})/\mathbb{Q})| = 1$ (과제 14.19 다 (4))이므로 $\mathbb{Q}(\sqrt[3]{2})_{G(\mathbb{Q}(\sqrt[3]{2})/\mathbb{Q})} = \mathbb{Q}(\sqrt[3]{2}) \neq \mathbb{Q}$이다. 따라서 $\mathbb{Q}(\sqrt[3]{2})$는 $\mathbb{Q}$의 갈로아 확대체가 아니다.

다음 정리는 갈로아 확대체와 분해체 사이의 관계를 말한다.

> **≪정리 15.6≫** F의 유한확대체 K가 갈로아 확대체이기 위한 필요충분조건은 K가 어떤 다항식 $f(x) \in F[x]$의 분해체인 것이다.

[증명 및 그림]

K는 어떤 다항식 $f(x) \in F[x]$의 분해체이기 위한 필요충분조건은 K가 F의 유한 정규확대체라는 사실을 이용한다.

증명 먼저, $\alpha \in K$에 대하여 $\mathrm{irr}(\alpha, F)=p(x)$라고 하고 K 안에 있는 $p(x)$의 모든 근을 $\alpha_1(=\alpha), \alpha_2, \cdots, \alpha_n$이라고 하자. 임의의 $\sigma \in G(K/F)$에 대하여 다음이 성립한다.

$$\{\alpha_1(=\alpha), \alpha_2, \cdots, \alpha_n\}=\{\sigma(\alpha_1), \sigma(\alpha_2), \cdots, \sigma(\alpha_n)\}$$

이제, $q(x)=(x-\alpha_1)\cdots(x-\alpha_n)$이라고 하면 임의의 $\sigma \in G(K/F)$에 대하여 $\sigma^*(q(x))=(x-\sigma(\alpha_1))\cdots(x-\sigma(\alpha_n))=q(x)$이다. 따라서 $q(x)$의 모든 계수는 임의의 $\sigma \in G(K/F)$에 의하여 부동이고 $K_{G(K/F)}=F$이므로 $q(x) \in F[x]$이다. 이제, $q(\alpha)=0$이므로 $p(x) \mid q(x)$ 즉, $p(x)=q(x)$이고 K는 $p(x)$의 모든 근을 가진다. 따라서 K는 F의 정규확대체이고 어떤 다항식 $f(x) \in F[x]$의 분해체이다. 한편, K가 어떤 다항식 $f(x) \in F[x]$의 분해체라고 하자. K는 $f(x) \in K_{G(K/F)}[x]$의 분해체이므로 다음이 성립한다.

$$|G(K/F)| \leq |G(K/K_{G(K/F)})|=[K : K_{G(K/F)}] \leq [K : F]$$

그런데 $|G(K/F)|=[K : F]$이므로 $K_{G(K/F)}=F$이다. ■

과제 15.7 가. 위 증명 마지막 부분에서 다음을 설명하여라.

$$|G(K/F)| \leq |G(K/K_{G(K/F)})|$$

나. 다음을 확인하여라.

(1) $K=\mathbb{Q}(\sqrt[3]{2}, \omega)$, $E_1=\mathbb{Q}(\sqrt[3]{2})$, $E_2=\mathbb{Q}(\sqrt[3]{2}\omega)$, 그리고 $E_3=\mathbb{Q}(\sqrt[3]{2}\omega^2)$라고 하자. 이 때, E_1, E_2, E_3는 $\mathbb{Q}$의 갈로아 확대체가 아니다. 사실, 모든 $i=1, 2, 3$에 대하여 $E_{i_{G(E_i/\mathbb{Q})}}=E_i \neq \mathbb{Q}$이다. 한편, $E_4=\mathbb{Q}(\omega)$는 $\mathbb{Q}$의 갈

로아 확대체이다. 즉, $E_{4_{G(E_4/\mathbb{Q})}}=\mathbb{Q}$이다. 한편, K는 $\mathbb{Q}$의 갈로아 확대체이므로 K는 E_1, E_2, E_3의 갈로아 확대체이다. 즉, 모든 $i=1, 2, 3$에 대하여 $K_{G(K/E_i)}=E_i$이다.

(2) $E_1=\mathbb{Q}(\sqrt{2})$, $E_2=\mathbb{Q}(\sqrt{3})$, 그리고 $E_3=\mathbb{Q}(\sqrt{6})$라고 하면 E_1, E_2, E_3는 모두 $\mathbb{Q}$의 갈로아 확대체이다.

정리 13.13과 정리 15.6에 의하면 다음을 알 수 있다.

체 F 위의 유한확대체 K에 대하여 다음 명제는 모두 동치이다.

- K가 F의 갈로아 확대체이다.
- K가 F 위의 한 다항식의 분해체이다.
- K가 F 위의 정규확대체이다.

≪정리 15.8≫ K가 F의 갈로아 확대체이고, E가 중간체이면, E는 $G(K/E)$의 불변체이다(K는 E의 갈로아 확대체이다).

증명 K가 F의 갈로아 확대체이므로, K는 어떤 다항식 $f(x)\in F[x]$의 분해체와 같다. 또한, K는 $f(x)\in E[x]$의 분해체로 볼 수 있다. 따라서 K가 E의 갈로아 확대체이다. ■

과제 15.9 가. 위 정리의 내용을 다음 사실과 비교하여라.
군 G와 $N\le K\le G$에서 N이 G의 정규부분군이면, N은 K의 정규부분군이다.

나. 다음 사실을 확인하여라.

(1) $\mathbb{Q}(\sqrt{2})$는 $\mathbb{Q}$ 위에서 갈로아 확대체이다.

(2) $\mathbb{Q}(\sqrt[3]{2})$는 $\mathbb{Q}$ 위에서 갈로아 확대체가 아니다.

(3) $\omega=\dfrac{-1+\sqrt{3}i}{2}$일 때, $\mathbb{Q}(\omega)$은 $\mathbb{Q}$ 위에서 갈로아 확대체이다.

(4) $\mathbb{Q} \le \mathbb{Q}(\sqrt[3]{2}) \le \mathbb{Q}(\sqrt[3]{2}, \omega)$에서 $\mathbb{Q}(\sqrt[3]{2}, \omega)$은 $\mathbb{Q}$의 갈로아 확대체이므로 $\mathbb{Q}(\sqrt[3]{2})$의 갈로아 확대체이다. 그러나 $\mathbb{Q}(\sqrt[3]{2})$는 $\mathbb{Q}$의 갈로아 확대체가 아니다.

(5) $\mathbb{Q} \le \mathbb{Q}(\sqrt{2}) \le \mathbb{Q}(\sqrt{2}, \sqrt{3})$에서 $\mathbb{Q}(\sqrt{2}, \sqrt{3})$는 $\mathbb{Q}$와 $\mathbb{Q}(\sqrt{2})$의 갈로아 확대체이다. 마찬가지로 $\mathbb{Q} \le \mathbb{Q}(\sqrt{3}) \le \mathbb{Q}(\sqrt{2}, \sqrt{3})$에서 $\mathbb{Q}(\sqrt{2}, \sqrt{3})$는 $\mathbb{Q}$와 $\mathbb{Q}(\sqrt{3})$의 갈로아 확대체이다. 한편, $\mathbb{Q}(\sqrt{2})$와 $\mathbb{Q}(\sqrt{3})$는 모두 $\mathbb{Q}$의 갈로아 확대체이다.

다. 위의 '나'와 과제 14.10을 참고하여 갈로아 확대체와 이에 대응하는 갈로아군의 정규성(normality) 사이의 관계를 설명하여라.

뒷 이야기

1. 기약다항식 $p(x) \in F[x]$(F는 체)의 한 개의 근만을 포함하는 확대체의 예를 찾아보아라.

2. 다음 용어를 모두 사용하여 작문하여라.
   가. 유리계수 일차다항식, 유리계수 이차다항식, 유리계수 삼차다항식, 유리계수 사차다항식, 유리계수 오차다항식, 다항식의 해, 분해체, 가해군, 대칭군 S_5
   나. 분해체, 정규확대체, 갈로아 확대체, 유한확대체, 단순확대체, 대수적확대체.

3. 다음을 계산하여라.

$$\mathbb{Q}(\sqrt[3]{2})_{G(\mathbb{Q}(\sqrt[3]{2})/\mathbb{Q})},\ \mathbb{Q}(\sqrt[3]{2},\ \omega)_{G(\mathbb{Q}(\sqrt[3]{2},\ \omega)/\mathbb{Q})},$$
$$\mathbb{Q}(\sqrt{2},\ \sqrt{3})_{G(\mathbb{Q}(\sqrt{2},\ \sqrt{3})/\mathbb{Q})}$$

4. 다음을 제시하여라.
   가. 대수적확대체이지만 유한확대체가 아닌 예
   나. 유한, 대수적, 단순확대체이지만 정규확대체가 아닌 예
   다. 단순확대체이지만 유한확대체가 아닌 예

5. 다항식 $x^4 - x^2 - 2 = (x^2 - 2)(x^2 + 1) \in \mathbb{Q}[x]$의 갈로아군을 계산하여라.

6. 다음을 확인하여라.

가. 대수적인 수 전체의 집합 A의 농도는 $\aleph_0$이다.

나. A는 덧셈에 관하여 닫혀있다.

다. π는 대수적이 아니다. 즉, π는 초월적이다.

라. 임의의 대수적인 수 r에 대하여 $f(r)=r+\pi$로 정의되는 함수 $f: A \to \mathbb{R}-A$는 잘 정의되고 일대일이다.

마. 초월적인 수 전체 집합 $\mathbb{R}-A$의 농도는 A의 농도보다 같거나 크다.

바. $\mathbb{R}-A$의 농도와 A의 농도의 합은 $\aleph_1$이고 A의 농도는 $\aleph_0$이므로 $\mathbb{R}-A$의 농도 $\aleph_1$이다. 따라서 초월적인 수 전체 집합의 농도는 대수적인 수 전체 집합의 농도보다 크다.

7. 다음을 확인하여라.

가. 작도가능한 수 전체의 집합 C의 농도는 $\aleph_0$이다.

나. C는 덧셈에 관하여 닫혀있다.

다. $\sqrt[3]{2}$는 작도가능하지 않다.

라. 임의의 작도가능한 수 r에 대하여 $f(r)=r+\sqrt[3]{2}$로 정의되는 함수 $f: C \to \mathbb{R}-C$는 잘 정의되고 일대일이다.

마. 작도가능하지 않은 수 전체 집합 $\mathbb{R}-C$의 농도는 C의 농도보다 같거나 크다.

바. $\mathbb{R}-C$의 농도와 C의 농도의 합은 $\aleph_1$이고 C의 농도는 $\aleph_0$이므로 $\mathbb{R}-C$의 농도 $\aleph_1$이다. 따라서 작도가능하지 않은 수 전체 집합의 농도는 작도가능한 수 전체 집합의 농도보다 크다.

XVI

문제 푸는 열쇠: 갈로아이론의 기본 정리

지난 줄거리

1. 과제 내용 중 해결하지 못한 문제는 무엇인가?

2. 다음 용어를 모두 사용하여 작문하여라.
   다항식의 분해체, 유한확대체, 정규확대체

3. 다음은 갈로아 확대체의 정의나 성질이다. ( ) 안을 적절히 채우라.
   가. K가 F의 확대체라고 하자. 갈로아군 $G(K/F)$의 불변체가 ( )와 일치할 때, K를 F의 갈로아 확대체라고 한다.
   나. K가 F의 갈로아 확대체이기 위한 필요충분조건은 다음과 같다: 각 $u \in K-F$에 대하여 ( )인 $\sigma \in G(K/F)$가 있다.

4. 다음 ( ) 안을 적절히 채우라.
   체 F 위의 유한확대체 K에 대하여 다음 명제는 모두 동치이다.
   가. K가 F의 갈로아 확대체이다.
   나. K가 F 위의 한 다항식의 ( )이다.
   다. K가 F 위의 ( )확대체이다.

5. 다음 중에서 옳은 것을 찾아라.

가. $\mathbb{Q}(\sqrt{2})$는 $\mathbb{Q}$ 위에서 갈로아 확대체(이다, 가 아니다).

나. $\mathbb{Q}(\sqrt[3]{2})$는 $\mathbb{Q}$ 위에서 갈로아 확대체(이다, 가 아니다).

다. $\omega = \dfrac{-1+\sqrt{3}i}{2}$일 때, $\mathbb{Q} \leq \mathbb{Q}(\sqrt[3]{2}) \leq \mathbb{Q}(\sqrt[3]{2}, \omega)$에서 $\mathbb{Q}(\sqrt[3]{2}, \omega)$은 $\mathbb{Q}$의 갈로아 확대체이므로 $\mathbb{Q}(\sqrt[3]{2})$의 갈로아 확대체(이다, 가 아니다).

6. 다항식 $x^4 - x^2 - 2 = (x^2-2)(x^2+1) \in \mathbb{Q}[x]$의 갈로아군을 계산하여라.

7. $\mathbb{Q}(\sqrt{2}, i) = \mathbb{Q}(\gamma)$인 γ를 하나 제시하여라.

8. 다음 예를 제시하여라.

가. 대수적확대체이지만 유한확대체가 아닌 체

나. 유한, 대수적, 단순확대체이지만 정규확대체가 아닌 체

다. 단순확대체이지만 유한확대체가 아닌 체

이번 줄거리

1. 갈로아이론의 기본 정리를 이해하고 정규부분군과 정규확대체와의 관계를 안다.

2. 여러 가지 정리의 내용을 많은 예를 통하여 이해한다.

여는 이야기

이 장에서 논의하는 구체적인 문제는 다음과 같다.

- 체에 관한 문제가 어떻게 군에 관한 문제로 바뀌는가?
- 체에서의 '차수(degree)'나 '정규확대체' 등의 개념이 각각 군에서의 '지수(index)' 또는 '정규부분군' 등의 개념과 어떻게 관련되는가?

앞에서 살펴 본 다음 내용은 이 장에서 유용하게 활용된다.

가. F의 표수가 0이고, K가 F의 유한확대체이면, K는 F의 단순확대체이다. 즉, $K=F(u)$로 표시된다.

나. K가 F의 분해체이면 $|G(K/F)|=[K:F]$이다.

다. 체 F 위의 유한확대체 K에 대하여 다음 명제는 모두 동치이다.

(1) K가 F의 갈로아 확대체이다.

(2) K가 F 위의 한 다항식의 분해체이다.

(3) K가 F 위의 정규확대체이다.

(4) 임의의 $u \in K-F$에 대하여 $\sigma(u) \neq u$인 $\sigma \in G(K/F)$가 있다.

라. 동형사상 $\sigma: F \to E$가 주어졌다고 하자. $f(x) \in F[x]$일 때, 대응 다항식 $\sigma^*(f(x)) \in E[x]$를 생각하자. 이때, K가 $f(x) \in F[x]$의 분해체이고, L이 $\sigma^*(f(x)) \in E[x]$의 분해체이면 σ는 다음 조건을 만족시키는 동형사상 $\tau: K \to L$로 확대된다: 모든 $a \in F$에 대하여 $\tau(a)=\sigma(a)$이다.

갈로아이론의 기본 정리

갈로아이론의 기본 정리(Fundamental Theorem of Galois Theory)는 먼저, 일정한 조건하에서 갈로아 확대체의 중간체의 집합과 갈로아군의 부분군의 집합 사이에 일대일 대응이 있음을 밝힌다.

≪정리 16.1≫ K가 F의 갈로아 확대체이고, K와 F 사이의 중간체 전체의 집합을 Σ라고 하고, $G(K/F)$의 모든 부분군의 집합을 Γ라고 하자. 임의의 $E\in\Sigma$와 $H\in\Gamma$에 대하여, 다음과 같이 정의된 두 함수를 생각하자.

$$\Phi : \Sigma \to \Gamma, \quad \Phi(E)=G(K/E),$$
$$\Psi : \Gamma \to \Sigma, \quad \Psi(H)=K_H$$

그러면 $\Phi\cdot\Psi=I_\Gamma$이고 $\Psi\cdot\Phi=I_\Sigma$이다.

증명 먼저, 두 함수 Φ, Ψ는 잘 정의됨을 쉽게 알 수 있다. K가 E의 갈로아 확대체이므로 $\Psi\cdot\Phi = I_\Sigma$이다. $\Phi\cdot\Psi = I_\Gamma$을 증명한다. $H\in\Gamma$라고 할 때 $H\le G(K/K_H)$이고 $G(K/K_H)$는 유한군이므로 $|G(K/K_H)| \le |H|$임을 증명하면 된다. 편의상, $K_H=E$라고 하자. 적당한 $\theta\in K$에 대하여 $K=E(\theta)$이고, $[K:E]$는 θ의 E 위에서의 기약다항식의 차수이다. 이제, $|H|=m$, $H=\{\sigma_1, \cdots, \sigma_m\}$이라고 하고, 다음 다항식을 생각하여 보자: $f(x)=(x-\sigma_1(\theta))\cdots(x-\sigma_m(\theta))$. 임의의 $\sigma\in H$에 관하여 $\{\sigma\sigma_1, \cdots, \sigma\sigma_m\}=H$이므로 $\sigma^*(f(x))=f(x)$이다. 즉, $f(x)$의 계수는 임의의 $\sigma\in H$

에 의하여 불변이다. 따라서 $f(x) \in E[x]$. 한편, $f(\theta)=0$이므로 $f(x)$는 θ의 E 위에서의 최소(기약)다항식으로 나누어진다. 따라서 $|G(K/E)|=[K:E] \leq m=|H|$ 이다. ■

과제 16.2 다음을 확인하여라.

가. 위 정리에서와 같이 K가 F의 갈로아 확대체일 경우에는 Φ가 일대일 대응이지만, 일반적인 경우에는 그렇지 않을 수 있다. 사실, $\mathbb{Q} \leq \mathbb{Q}(\sqrt[3]{2})=K$에서 $\Phi(\mathbb{Q})=G(K/\mathbb{Q})$, $\Phi(K)=G(K/K)$이다. 이 때, $G(K/\mathbb{Q})$와 $G(K/K)$는 모두 항등원만 가지는 자명한 군이므로, Φ는 일대일이 아니다.

나. 위 증명에서 $f(x) \in E[x]$라는 사실은 '$f(x)$는 θ의 E 위에서의 기약다항식으로 나누어진다'라고 주장함에 있어서 필수적이다. 사실, $\sqrt[3]{2}$의 $\mathbb{Q}$ 위에서의 기약다항식은 x^3-2이다. 그러나 $f(x)=x-\sqrt[3]{2} \in \mathbb{R}[x]$에서 $f(\sqrt[3]{2})=0$이지만 x^3-2로 나누어지지 않는다.

위의 정리에서 임의의 $H \in \Gamma$에 대하여 $H=G(K/K_H)$임을 알 수 있다. 이 사실을 이용하면 다음을 쉽게 증명할 수 있다.

≪정리 16.3≫ K는 F의 갈로아 확대체일 때 다음이 성립한다.

가. $F \leq L \leq M \leq K$이면 $[M:L]=|G(K/L):G(K/M)|$이다.

나. $J \leq H \leq G(K/F)$이면 $|H:J|=[K_J:K_H]$이다.

증명 가. $|G(K/L):G(K/M)|=\dfrac{|G(K/L)|}{|G(K/M)|}=\dfrac{[K:L]}{[K:M]}=[M:L]$

나. $|H| = |G(K/K_H)| = [K : K_H]$이므로 다음이 성립한다.

$$|H : J| = \frac{|H|}{|J|} = \frac{[K : K_H]}{[K : K_J]} = [K_J : K_H]$$ ■

과제 16.4 가. 위 정리 16.3의 내용을 342쪽과 343쪽에 있는 그림을 이용하여 설명하여라.

나. 갈로아이론의 기본 정리에서 체 K가 다음과 같을 때 위의 정리 16.1과 정리 16.3이 무엇을 뜻하는지 설명하여라.

(1) 1차 다항식 $x-1 \in \mathbb{Q}[x]$의 분해체

(2) 2차 다항식 $x^2-2 \in \mathbb{Q}[x]$의 분해체

다음 정리는 정규확대체가 어떻게 정규부분군과 관련되는지를 말한다.

> **≪정리 16.5≫** K는 F의 갈로아 확대체이고 K와 F의 중간체 E가 F의 정규확대체이면, 또 그러한 경우에만 $G(K/E)$는 $G(K/F)$의 정규부분군이 된다. 이때, $G(E/F) \cong G(K/F)/G(K/E)$이다.

[증명 밑 그림]

전사인 군준동형사상 $\phi : G(K/F) \to G(E/F)$를 적절히 정의하고 동형정리를 적용한다.

증명 먼저, $F \le E \le K$이며 E가 F의 정규확대체이면 다음 조건을 만족시키는 군준동형사상 $\phi : G(K/F) \to G(E/F)$가 있다.

(1) ϕ는 전사이다.

(2) Ker $\phi = G(K/E)$

이의 증명을 위하여 $\sigma \in G(K/F)$, $u \in E$이고 $p(x) \in F[x]$가 u의 최소다항식이라고 하자. E가 F의 정규확대체이고 $\sigma(u)$는 $p(x)$의 근이므로 $\sigma(u)$는 E의 원소이다. 즉, $\sigma \in G(K/F)$이면 $\sigma(E) \leq E$이다. 마찬가지로 $\sigma^{-1} \in G(K/F)$이므로 $\sigma^{-1}(E) \leq E$이고, $\sigma(E) = E$이다. 이제, $\phi : G(K/F) \to G(E/F)$를 $\phi(\sigma) = \sigma|_E$로 정의하면, ϕ는 군 준동형사상이고, Ker $\phi = G(K/E)$임을 쉽게 알 수 있다. 한편, K는 F 위의 분해체이고 $F \leq E$이므로, K는 어떤 다항식 $f(x) \in E[x]$의 분해체이다. 따라서 정리 13.8에 의하여 $\tau \in G(E/F)$는 $\sigma \in G(K/F)$로 확장된다. 이때, $\sigma|_E = \tau$이므로 $\phi(\sigma) = \tau$이다. 즉, ϕ는 전사이다. 이제, 제1군동형정리에 의하여 $G(E/F) \cong G(K/F)/G(K/E)$임을 알 수 있다.

한편, $G(K/E)$가 $G(K/F)$의 정규부분군이면 E는 F의 갈로아 확대체임을 증명한다. 임의의 $\tau \in G(K/E)$와 $\sigma \in G(K/F)$에 대하여 $\sigma^{-1}\tau\sigma \in G(K/E)$이다. 따라서 임의의 $x \in E$에 대하여 $(\sigma^{-1}\tau\sigma)(x) = x$ 즉, $\tau(\sigma(x)) = \sigma(x)$이다. 결국, $\sigma(x) \in K_{G(K/E)} = E$이다. 따라서 $\sigma|_E \in G(E/F)$이다. 이제, 임의의 $x \in E - F$에 대하여 $x \in K - F$이고 K는 F의 갈로아 확대체이므로 $\delta(x) \neq x$인 $\delta \in G(K/F)$가 있다. 따라서 $\delta|_E(x) \neq x$이고 $\delta|_E \in G(E/F)$이다. 이는 E가 F의 갈로아 확대체임을 뜻한다. ■

과제 16.6 다음을 확인하여라.

가. $K = \mathbb{Q}(\sqrt[3]{2}, \omega)$, $E_1 = \mathbb{Q}(\sqrt[3]{2})$, $E_2 = \mathbb{Q}(\sqrt[3]{2}\omega)$, 그리고 $E_3 = \mathbb{Q}(\sqrt[3]{2}\omega^2)$라고 하면 E_1, E_2, E_3는 $\mathbb{Q}$의 갈로아 확대체가 아니다. 따라서 $G(K/E_1)$, $G(K/E_2)$, $G(K/E_3)$는 $G(K/\mathbb{Q})(\cong S_3)$의 정규부분군이 아니다. 이 사실을 직접

계산하여 봄으로써도 확인할 수 있다. 한편, $E_4=\mathbb{Q}(\omega)$는 $\mathbb{Q}$의 갈로아 확대체이다. 따라서 $G(K/E_4)$은 $G(K/\mathbb{Q})$의 정규부분군이다. 이 사실도 직접 계산하여 봄으로써 확인할 수 있다.

나. $K=\mathbb{Q}(\sqrt{2}, \sqrt{3})$, $E_1=\mathbb{Q}(\sqrt{2})$, $E_2=\mathbb{Q}(\sqrt{3})$, 그리고 $E_3=\mathbb{Q}(\sqrt{6})$라고 하면 E_1, E_2, E_3는 모두 $\mathbb{Q}$의 갈로아 확대체이다. 따라서 $G(K/E_1)$, $G(K/E_2)$, $G(K/E_3)$는 $G(K/\mathbb{Q})$의 정규부분군이다. 이 사실은 $G(K/\mathbb{Q})(\cong V_4)$가 가환군이므로 분명하다.

다. 위에서 '$\sigma(E)=E$'는 $\sigma(E)$가 체라는 사실과 $[\sigma(E):F]=[E:F]$(정리 13.12)를 이용하여 증명할 수도 있다.

라. 위 증명에서 'ϕ는 전사이다'를 다음과 같이 증명할 수도 있다.

> 먼저 $\mathrm{Im}\,\phi \le G(E/F)$인데, K와 E는 F의 갈로아 확대체이므로 $|\mathrm{Im}\,\phi| = |G(K/F)|/|G(K/E)| = \dfrac{[K:F]}{[K:E]} = [E:F] = |G(E/F)|$이다. 따라서 $|\mathrm{Im}\,\phi| = |G(E/F)|$ 즉, ϕ는 전사이다.

마. 위에서 E가 F의 갈로아 확대체임을 다음과 같이 증명할 수도 있다.

> $p(x)\in F[x]$가 $u\in E$를 근으로 가지는 기약다항식이라고 하자. $p(x)$의 다른 근 v도 E의 원소임을 보이면 된다. 먼저 $\sigma(u)=v$인 $\sigma\in G(K/F)$가 있다. 이제, 임의의 $\tau\in G(K/E)$에 대하여 $\sigma^{-1}\tau\sigma=\tau_1$ 즉, $\tau\sigma=\sigma\tau_1$인 $\tau_1\in G(K/E)$가 있다. 그런데 다음이 성립하므로 $v\in E$이다: $\tau(v)=\tau(\sigma(u))=\sigma(\tau_1(u))=\sigma(u)=v$.

뒷 이야기

1. 수학에서의 추상화(abstraction)를 다음과 관련하여 논의하여라.
   가. 작도가능성의 문제: 도형의 작도, 수의 작도
   나. 문장제: 식
   다. 사다리타기 게임
      호환, 호환의 곱, 일대일대응, 역함수
   라. 화투놀이('자료: 화투놀이')
      (1) 두 명이 놀이를 할 때에는 몇 장을 나누어 가져야 하며, 몇 장을 바닥에 펼쳐야 하나?
      (2) 세 명 또는 네 명의 경우는 어떠한가?
      (3) 이 놀이는 최대 몇 명까지 가능한가?
   마. 논리주의: 수학의 논리화
   바. 형식주의: 수학의 형식화
   사. 괴델의 불완전성 정리('자료: 괴델정리의 이해')
      괴델수, 초수학의 산술화

2. 지금까지의 갈로아이론에 활용된 다음 개념들에 대하여 조사하여라.

   가. 집합론
      (1) 두 함수가 서로 역함수가 되기 위한 필요충분조건
      (2) 함수의 축소(restriction)
      (3) 함수의 확대(extension)

나. 선형대수학

(1) 확대체와 벡터공간

(2) 확대체의 차수와 벡터공간의 차원

다. 정수론

(1) 오일러 ϕ-함수

(2) 페르마소수

라. 군론

(1) 라그랑쥬 정리

(2) 제1동형정리

(3) 정규부분군의 정의와 성질

마. 환론

(1) 체위에서의 다항식 환, 단항이데알 정역

(2) 기약다항식, 극대이데알, 체의 구성

3. 정규부분군과 정규확대체에 관하여 다음을 확인하여라.

가. 다음 조건을 만족시키는 세 군 G_1, G_2, G_3의 예를 D_4에서 찾아라: $G_1 \trianglerighteq G_2 \trianglerighteq G_3$이지만 $G_1 \ntrianglerighteq G_3$이다.

나. 다음 조건을 만족시키는 세 체 F_1, F_2, F_3의 예를 Hungerford (1990, p. 373)에서 찾아라: $F_1 \trianglerighteq F_2 \trianglerighteq F_3$이지만 $F_1 \ntrianglerighteq F_3$이다.

XVIII

다항식, 풀 수 있나: 시원한 대답

지난 줄거리

1. 과제 내용 중 해결하지 못한 문제는 무엇인가?

2. 다음 용어를 모두 사용하여 작문하여라.
   갈로아이론의 기본 정리, F 위의 갈로아 확대체 K, K와 F 사이의 중간체 전체의 집합, $G(K/F)$의 모든 부분군의 집합, 정규확대체, 정규부분군

3. 다항식 $x^3-2\in\mathbb{Q}[x]$의 분해체를 예로 들어 갈로아이론의 기본 정리를 설명하여라.

4. 갈로아이론의 기본 정리를 증명하는 과정에서 다음 사실은 어디에 이용되었는지를 설명하여라.
   함수 $f:X\to Y$에 대하여 다음이 성립한다.
   가. f가 일대일(단사, one-to-one) 함수이기 위한 필요충분조건은 $g\circ f=I_X$을 만족시키는 함수 $g:Y\to X$가 있는 것이다. 여기서 I_X는 X 위에서의 항등함수를 나타낸다.

나. f가 위로의(전사, onto) 함수이기 위한 필요충분조건은 $f \circ g = I_Y$을 만족시키는 함수 $g : Y \to X$가 있는 것이다. 여기서 I_Y는 Y 위에서의 항등함수다.

5. 다음 물음에 답하여라.
   가. 유한가해군은 왜 항상 조성열을 가지는가?
   나. 가해군의 부분군과 상군은 가해군인가?
   다. 가해군이 아닌 유한군의 예를 하나 제시하여라.

이번 줄거리

1. 다항식의 가해성의 개념을 정확히 이해한다.

2. 다항식의 가해성에 관한 갈로아규준을 이해한다.

3. 다항식의 근의 문제, 확대체의 문제, 군의 문제 등의 관련성을 이해한다.

4. 거듭제곱을 이용하여 줄 수 없는 다항식의 예를 안다.

5. 거듭제곱근 확대체를 작도가능성의 문제와 관련하여 이해한다.

6. 정다각형의 작도가능성과 페르마소수와의 관계를 안다.

7. 정 n 각형이 작도가능하기 위한 필요충분조건을 안다.

여는 이야기

지금까지 직관적으로 언급한 '다항식의 풀이'에 관하여 그 개념을 명확히 하고 해답을 찾는다.

이 장에서 논의하는 구체적인 문제는 다음과 같다.

- '다항식을 풀 수 있다'라는 말의 뜻은 무엇인가?
- 다항식의 가해성은 가해군과 어떻게 관계하나?
- 거듭제곱근 확대체의 정의와 작도가능성의 정의 사이에는 어떠한 관계가 있는가?

문제 제기

과제 17.1 가. 1, 2차 방정식의 근의 공식은 무엇인가?
나. 3, 4차 방정식의 근의 공식은 무엇인가(과제 11.1)?

1, 2, 3, 4차 유리계수다항식의 모든 근은 체의 연산(덧셈, 뺄셈, 곱셈, 나눗셈)과 거듭제곱을 적절히 사용하여 나타낼 수 있다.

과제 17.2 다음을 확인하여라.

가. $\sqrt[3]{2}$는 작도가능하지 않지만 유리수의 거듭제곱근이다.

나. 임의의 자연수 n에 대하여 $x^n-1\in\mathbb{Q}[x]$의 근은 다음과 같이 주어진다.

$$e^{\frac{2k\pi i}{n}} = \cos\frac{2k\pi}{n} + i\sin\frac{2k\pi}{n},\ k=0,\ 1,\ \cdots,\ n-1$$

다. $\cos\dfrac{2\pi}{7}$은 작도가능하지 않다('자료: 정칠각형은 작도 가능하지 않다').

뒤에서 $x^7-1 \in \mathbb{Q}[x]$의 모든 근은 적당한 유리수들의 유한 번의 덧셈, 뺄셈, 곱셈, 나눗셈, 또는 거듭제곱근으로 나타낼 수 있음을 알게 된다(정리 17.10, 정리 17.16, 과제 17.21). 사실, 임의의 자연수 n에 대하여 $x^n-1 \in \mathbb{Q}[x]$의 모든 근은 적당한 유리수들의 유한 번의 덧셈, 뺄셈, 곱셈, 나눗셈, 또는 거듭제곱근으로 나타낼 수 있다.

이상에서 알 수 있듯이 작도가능하지 않더라도 적당한 유리수들의 유한 번의 덧셈, 뺄셈, 곱셈, 나눗셈, 또는 거듭제곱근으로 나타낼 수 있을 수 있고, 또 $x^n-1 \in \mathbb{Q}[x]$ $(n \geq 1)$ 등과 같은 다항식의 모든 근도 그러하다.

일반적으로 5차 또는 그 이상의 모든 유리계수다항식의 경우에도 그러할까?

거듭제곱근 확대체

> **≪정의 17.3≫** 다음 조건을 만족시키는 $u_1, u_2, u_3, \cdots, u_t \in K$와 $n_i \in \mathbb{N}$ $(i=1, \cdots, t)$가 있을 때, K를 F의 거듭제곱근 확대체(radical extension)라고 한다:
> $F=F_0 \leq F_1 \leq \cdots \leq F_t = K$이고
>
> $$F_i = F_{i-1}(u_i),\ u_i^{n_i} \in F_{i-1}\ (i=1, \cdots, t)$$
>
> 이다.

과제 17.4 다음을 확인하여라.

가. $\mathbb{Q}(\sqrt[3]{2}, \omega)$는 $\mathbb{Q}$의 갈로아 거듭제곱근 확대체이다.

나. $\mathbb{Q}(\sqrt{2}, \sqrt{3})$는 $\mathbb{Q}$의 갈로아 거듭제곱근 확대체이다.

다. $\mathbb{Q}(\sqrt[3]{2})$는 $\mathbb{Q}$의 거듭제곱근 확대체이지만 갈로아 확대체는 아니다.

라. 갈로아 확대체이지만 거듭제곱근 확대체가 아닌 예는 뒤(과제 17.23)에서 제시한다.

> **≪정의 17.5≫** $f(x) \in F[x]$인 경우, $f(x)$의 분해체를 포함하는 F의 한 거듭제곱근 확대체가 있을 때, $f(x)$를 거듭제곱근을 이용하여 풀 수 있다(solvable by radicals)고 말한다.

거듭제곱근을 이용하여 풀 수 있는 다항식을 간단히 가해(solvable)다항식이라고 한다.

다항식 $f(x)$가 가해다항식이 아니라는 말은 $f(x)$의 근 중에 체의 연산과 거듭제곱근을 이용하여 표시할 수 없는 근이 있다는 뜻이다.

≪정의 17.6≫ $f(x) \in F[x]$인 경우, K가 $f(x)$의 분해체일 때, $G(K/F)$를 $f(x)$의 갈로아군이라고 한다.

원분확대체

복소평면에서 $z^n = 1$을 만족시키는 z는 원점을 중심으로 하는 단위원 위에 있다. 또 $\{z \in \mathbb{C} \mid z^n = 1\}$은 곱셈에 관하여 $\mathbb{Z}_n$과 동형인 군임을 쉽게 알 수 있다. 여기에서는 이러한 점들에 대하여 좀 더 자세히 살펴본다.

≪정의 17.7≫ 체 K의 원소 α가 $\alpha^n = 1 (n \in \mathbb{N})$을 만족시킬 때, α를 K에서의 단위원의 n제곱근(n-th root of unity)이라고 한다. 특히 $\alpha^n = 1$이지만 $0 < m < n$인 모든 정수 m에 대해서는 $\alpha^m \neq 1$일 때, α를 단위원의 원시n제곱근(primitive n-th root of unity)이라고 한다.

과제 17.8 가. 다음을 확인하여라.

(1) $\zeta = e^{\frac{2\pi i}{n}} = \cos\frac{2\pi}{n} + i\sin\frac{2\pi}{n}$는 단위원의 원시$n$제곱근

이다.

(2) F가 체일 때, $F^*=F-\{0\}$은 곱셈군을 이루고, 이 군의 유한 부분군은 순환군이다. 따라서 $\{\alpha\in\mathbb{C}\mid\alpha^n=1\}$은 $\mathbb{C}^*$의 순환 부분군이고 F가 유한체일 때, $F^*=F-\{0\}$은 순환군이다.

나. 정수론에서의 원시근(primitive root)에 관한 다음 물음에 답하여라.

(1) 법 n의 원시근이란 무엇인가?

(2) 법 n이 원시근을 가지기 위한 필요충분조건은 n이 다음과 같음을 확인하여라.

2, 4, p^k, $2p^k$. 여기서 p는 홀수 소수이다.

(3) $\mathbb{Z}_n^*$이 순환군이기 위한 필요충분조건은 무엇인가?

다. 유한순환군의 각 원소의 위수는 어떻게 구할 수 있는가?

≪정의 17.9≫ 체 F 위에서 $f(x)=x^n-1\in F[x]$의 분해체를 제n원분 확대체(n-th cyclotomic extension)라고 부른다.

≪정리 17.10≫ ζ가 단위원의 원시n제곱근일 때, F 위에서의 제n원분확대체 K에 관하여 다음이 성립한다.

가. $K=F(\zeta)$.

나. K는 F의 정규확대체이다.

다. $G(K/F)$는 가환군이다.

증명 처음 두 주장은 분명하다. 이제 임의의 $\sigma \in G(K/F)$에 대하여 $\sigma(\zeta)$는 $\{1, \zeta, \cdots, \zeta^{n-1}\}$를 생성한다. 따라서 $\sigma(\zeta)=\zeta^i$인 $i \in \mathbb{Z}_n^*$가 유일하게 있다. 다음과 같이 정의되는 함수를 생각하여 보자.

$$\phi : G(K/F) \to \mathbb{Z}_n^*, \ \phi(\sigma)=i$$

여기서 $\sigma(\zeta)=\zeta^i$이고 $\tau(\zeta)=\zeta^j$라고 하면 $(\sigma\tau)(\zeta)=(\zeta^i)^j=\zeta^{ij}$이므로 $\phi(\sigma\tau)=ij=\phi(\sigma)\phi(\tau)$이다. 한편, $\mathrm{Ker}\ \phi=\{1\}$이므로 ϕ는 일대일인 군준동형사상이다.[1) ■

과제 17.11 다음을 설명하여라.

$[K:F]$는 $\varphi(n)$의 약수이다. 여기서 φ는 오일러 함수이다.

위의 정리의 증명과 비슷하게 다음 정리를 증명할 수 있다.

> **≪정리 17.12≫** F가 단위원의 원시n제곱근을 포함하는 체이고, 다항식 $x^n-c \in F[x]$의 한 근을 u라고 하면, 다항식 x^n-c의 분해체는 $K=F(u)$이고, $G(K/F)$는 순환군이다.

증명 다항식 x^n-c의 근 전체의 집합은 $\{u, u\zeta, \cdots, u\zeta^{n-1}\}$이므로 $K=F(u)$이다. 이제, 임의의 $\sigma \in G(K/F)$에 대하여 $\sigma(u)=u\zeta^i$인 유일한 i $(0 \le i \le n-1)$가 있다. 다음과 같이 정의되는 함수를 생각하여 보자.

$$\phi : G(K/F) \to \{1, \zeta, \cdots, \zeta^{n-1}\}, \ \phi(\sigma)=\zeta^i$$

---

1) 사실, ϕ는 동형사상이다(389쪽 참조).

정리 17.10의 증명에서와 같이 이 함수 ϕ는 일대일인 군준동형사상임을 보일 수 있다. 그런데 $\{1, \zeta, \cdots, \zeta^{n-1}\}$는 순환군이므로 $G(K/F)$도 순환군이다. ■

과제 17.13 위 정리에 관하여 다음을 확인하여라.

가. $[K:F]$는 n의 약수이다.

나. 이 정리에서는 정리 17.10에서와는 달리 $\zeta \in F$임을 가정하고 있다.

≪정리 17.14≫ K가 F의 거듭제곱근 확대체라면 $F \leq K \leq N$인 갈로아 거듭제곱근 확대체 N이 있다.

[증명 밑 그림]

$F = F_0 \leq F_1 \leq \cdots \leq F_t = K$이고, $F_i = F_{i-1}(u_i)$, $u_i^{n_i} \in F_{i-1}$ ($i = 1, \cdots, t$)인 $u_i \in K$ ($i = 1, \cdots, t$)가 있다. 이제, $p_i(x) = \mathrm{irr}(u_i, F)$ ($i = 1, \cdots, t$), $p(x) = p_1(x) \cdots p_t(x)$, 그리고 N을 F 위에서의 $p(x)$의 분해체라고 하자. 그러면 N은 F의 갈로아 확대체이다. 더 나아가 N은 F의 거듭제곱근 확대체임을 보일 수 있다.

증명 위의 밑 그림에서 N이 F의 거듭제곱근 확대체임을 보이자. $G(N/F) = \{\sigma_1 = 1, \cdots, \sigma_n\}$이고 $L = F(u_1, \cdots, u_t, \sigma_2(u_1), \cdots, \sigma_2(u_t), \cdots, \sigma_n(u_1), \cdots, \sigma_n(u_t))$라고 하면, 정리 14.6과 정리 14.7에 의하여 $N = L$이다. 한편, $F_i = F_{i-1}(u_i)$, $u_i^{n_i} \in F_{i-1}$ ($i = 1, \cdots, t$)이므로 임의의 $j = 1, \cdots, n$에 대하여 $(\sigma_j(u_1))^{n_1} = \sigma_j(u_1^{n_1}) \in F$이고, 임의의 $i = 2, \cdots, t$에 대하여 $(\sigma_j(u_i))^{n_i} = \sigma_j(u_i^{n_i}) \in F(\sigma_j(u_1), \cdots, \sigma_j(u_{i-1}))$이다. ■

과제 17.15 다음을 확인하여라.

가. $K=\mathbb{Q}(\sqrt[3]{2}, \sqrt{3})$은 $\mathbb{Q}$의 거듭제곱근 확대체이다. 이제, N을 $f(x)=(x^3-2)(x^2-3)$의 $\mathbb{Q}$ 위에서의 분해체라고 하면, $N=\mathbb{Q}(\sqrt[3]{2}, \omega, \sqrt{3})$이 되고, 이는 $\mathbb{Q}$의 갈로아 거듭제곱근 확대체이다.

나. 위의 증명 마지막 부분에서 $\sigma_j(u_i^{n_i}) \in F(\sigma_j(u_1), \cdots, \sigma_j(u_{i-1}))$이므로 $\sigma_j(F(u_1, \cdots, u_{i-1}))=F(\sigma_j(u_1), \cdots, \sigma_j(u_{i-1}))$이다.

갈로아규준

갈로아이론의 또 하나의 핵심인 다음 정리를 두 부분으로 나누어 증명하자.

> **≪정리 17.16≫** (갈로아 규준 Galois' Criterion)
> $f(x)$가 가해다항식이면 $f(x)$의 갈로아군은 가해군이다. 또한 $f(x)$의 갈로아군이 가해군이면 $f(x)$는 가해다항식이다.

먼저, $f(x)$가 가해다항식이면 $f(x)$의 갈로아군이 가해군임을 보인다.

[증명 및 그림]

$f(x)$가 가해다항식이므로 $f(x)$의 분해체를 품는 F의 갈로아 거듭제곱근 확대체 K가 있다. K가 적절한 원시 제곱근을 가지도록 확대하여 갈로아군이 가해군이 되게 한다. 갈로아이론의 기본 정

리를 활용하여 $f(x)$의 갈로아군이 가해군임을 보인다.

증명 앞의 정리에 의하여 $f(x)$의 분해체를 품는 F의 갈로아 거듭제곱근 확대체 K가 있다. 즉, 다음과 같은 부분체 열이 있다.

$$F=F_0 \leq F_1 \leq \cdots \leq F_t=K,$$
$$F_i=F_{i-1}(u_i),\ u_i^{n_i}\in F_{i-1},\ i=1,\ \cdots,\ t$$

$n_1,\ n_2,\ \cdots,\ n_t$의 최소공배수를 n이라고 하고, 단위원의 원시n제곱근을 ζ라고 하자. 각각의 i $(i=0,\ 1,\ \cdots,\ t)$에 대하여 $E_i=F_i(\zeta)$로 정의하면 다음 관계를 얻는다.

$$E_0=F_0(\zeta)$$
$$\begin{aligned} E_i&=F_i(\zeta)=F_{i-1}(u_i)(\zeta)=F_{i-1}(u_i,\ \zeta)\\ &=F_{i-1}(\zeta)(u_i)=E_{i-1}(u_i),\ i\geq 1\end{aligned}$$

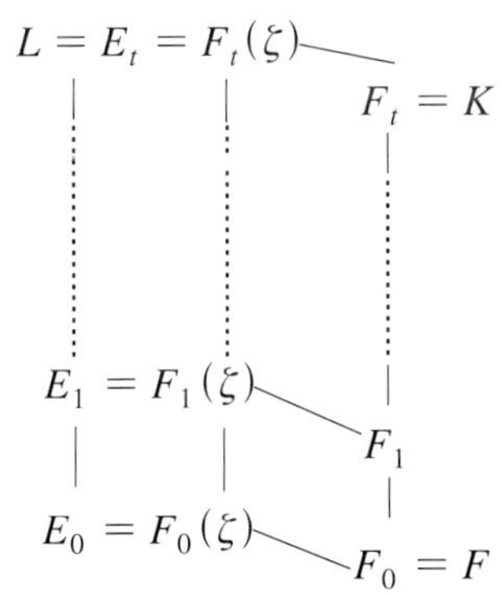

$u_i^{n_i} \in F_{i-1} \le E_{i-1}$, $\zeta^n \in F$이고 $F \le E_0 \le E_1 \le \cdots \le E_t$이므로 $L=E_t$는 K를 포함하는 F의 거듭제곱근 확대체이다. 한편, $K=F_t$는 F의 정규확대체이므로 어떤 다항식 $g(x) \in F[x]$의 분해체이다. 그런데 $L=E_t=F_t(\zeta)$이므로 L은 $g(x)(x^n-1) \in F[x]$의 분해체이다. 따라서 L은 F의 갈로아 확대체이다. 이제, $G(L/F)$는 다음과 같은 부분군 열을 갖는다.

$$G(L/F) \ge G(L/E_0) \ge G(L/E_1) \ge \cdots$$
$$\ge G(L/E_{t-1}) \ge G(L/L)=\{1\}$$

위의 부분군 열의 중간에 있는 각각의 부분군은 바로 앞 군의 정규부분군이고, 그 각각의 경우에 얻어지는 상군은 가환군임을 보인다.

먼저, ζ가 단위원의 원시n제곱근이므로, E_0는 F의 제n원분확대체이다. 따라서 $G(E_0/F)$는 가환군이다(정리 17.10). 갈로아이론의 기본정리에 의하여 $G(L/E_0)$는 $G(L/F)$의 정규부분군이고, 상군 $G(L/F)/G(L/E_0)$는 $G(E_0/F)$와 동형이므로 가환군이다. 이제, $i \ge 1$인 경우를 생각하여 보자. E_i는 $E_{i-1}(u_i)$이고, $u_i^{n_i} \in E_{i-1}$이며 E_{i-1}은 단위원의 원시n_i제곱근을 포함하므로 E_i는 E_{i-1}의 정규확대체이며 $G(E_i/E_{i-1})$은 가환군이다(정리 17.12). 갈로아이론의 기본정리에 의하여 $G(L/E_i)$는 $G(L/E_{i-1})$의 정규부분군이고, 상군 $G(L/E_{i-1})/G(L/E_i)$는 $G(E_i/E_{i-1})$와 동형이므로 가환군이다. 따라서 $G(L/F)$는 가해군이다. 한편, E를 $f(x) \in F[x]$의 분해체라고 하면, E는 $F \le E \le L$인 F의 정규확대체이다. 따라서 $G(L/E)$는 $G(L/F)$의 정규부분군이고, $G(L/F)/G(L/E)$는 $G(E/F)$와 동형이다. 그런데 $G(E/F)$는 가해군 $G(L/F)$의 준동형사상에 의한 상이므로 가해군이다. ■

과제 17.17 위 증명에서 L은 F의 거듭제곱근 확대체임을 설명하여라.

한편, $f(x) \in F[x]$의 갈로아군이 가해군이면, $f(x)$가 가해다항식임을 증명하기 위하여 다음 두 보조 정리를 증명하자.

> **≪정리 17.18≫** p가 소수이고, F가 단위원의 p제곱근을 모두 포함하고 있다고 하자. F의 갈로아 확대체 E에 대하여, $G(E/F)$가 순환군이고 $[E:F]=p$이면, $E=F(d)$이고 $d^p \in F$인 $d \in E$가 있다.

증명 먼저, $c \in E$, $c \notin F$이면 $E=F(c)$이다. 단위원의 p제곱근 전체의 집합을 $U=\{\zeta_1, \cdots, \zeta_p\}$라고 하고, $G(E/F)$의 한 생성원을 η라고 하자. 각각의 $1 \le i \le p$에 대하여, $c_i=\eta^{i-1}(c)$로 정의하면 다음과 같다.

$$c_1 = c,$$
$$\eta(c_i) = c_{i+1},\ 1 \le i \le p-1,$$
$$\eta(c_p) = c_1$$

이제, 다음과 같이 d_i를 정의하고, $c_1, \cdots, c_p$에 관한 연립일차방정식을 생각하자.

$$d_1 = c_1 + c_2\zeta_1 + c_3\zeta_1^2 + \cdots + c_p\zeta_1^{p-1}$$
$$d_2 = c_1 + c_2\zeta_2 + c_3\zeta_2^2 + \cdots + c_p\zeta_2^{p-1}$$
$$\cdots$$
$$d_p = c_1 + c_2\zeta_p + c_3\zeta_p^2 + \cdots + c_p\zeta_p^{p-1}$$

위 식에서, 계수 행렬의 행렬식은 Vandermonde 행렬식이므로 $\prod_{i>j}(\zeta_i-\zeta_j)\neq 0$이다. 따라서 $c_1, \cdots, c_p$들은 $d_1, \cdots, d_p$와 $\zeta_1, \cdots, \zeta_p$의 합과 곱으로 나타낼 수 있으므로 $E=F(c)=F(d_1, \cdots, d_p)$가 된다. 그런데 $c\notin F$이므로 어떤 i에 대하여, $d_i\notin F$이다. $d=d_i$로 두면 $[E:F]=p$이므로 $E=F(d)$이다. 한편, 다음이 성립한다: $\eta(d)=\zeta_i^{-1}d$, $\eta(d^p)=d^p$. E는 F의 갈로아 확대체이고 $\eta^k(d^p)=d^p$ $(0\le k\le p-1)$이므로 $d^p\in F$이다. ■

과제 17.19 가. 이 정리에서 E는 $x^p-d^p\in F[x]$의 분해체임을 설명하여라.

나. '자료: Vandermonde 행렬식'을 참고하여 Vandermonde 행렬식을 실제로 계산하여라.

> **≪정리 17.20≫** $F\le K$이고 $f(x)\in F[x]$일 때, K 위에서 $f(x)$의 갈로아군은 F 위에서 $f(x)$의 갈로아군의 부분군과 동형이다.

증명 E가 F 위에서 $f(x)\in F[x]$의 분해체이고, L이 K 위에서 $f(x)\in K[x]$의 분해체라고 하자. $F\le K$이므로 L은 E를 포함한다. $f(x)=a(x-r_1)(x-r_2)\cdots(x-r_n)\in F[x]$라고 하면 $L=K(r_1, \cdots, r_n)$이고 $E=F(r_1, \cdots, r_n)$이다. $R=\{r_1, \cdots, r_n\}$라고 하자. 임의의 $\eta\in G(L/K)$에 대하여 $\eta(R)=R$이다. 따라서 $\eta(E)=E$이다. 이 사실로부터 함수 $\eta\to\eta|_E$는 $G(L/K)$에서 $G(E/F)$로의 단사인 군준동형사상임을 보일 수 있다. 따라서 $G(L/K)$는 $G(E/F)$의 부분군과 동형이다. ■

이제, $f(x) \in F[x]$의 갈로아군이 가해군이면, $f(x)$가 가해다항식임을 증명하자.

증명 $f(x) \in F[x]$의 갈로아군이 가해군이라고 가정한다. E가 $f(x)$의 분해체이고 $G=G(E/F)$, $n=|G|=[E:F]$라고 하자. ζ가 단위원의 원시n제곱근일 때, $F_1=F$, $F_2=F(\zeta)$, $K=E(\zeta)$라고 하면 $G(K/F_2)$와 동형인 G의 부분군 H가 존재한다(정리 17.20). H가 유한 가해군이므로 H의 조성열 $H=H_1 \geq H_2 \geq \cdots \geq H_r=\{1\}$이 존재한다. 여기서 H_{i+1}은 H_i의 정규부분군이고 H_i/H_{i+1}은 소수인 위수 p_i를 갖는 순환군이다. 이에 대응하여 다음과 같은 부분체 열이 있다.

$$F_2 \leq F_3 \leq \cdots \leq F_{r+1}=K, \ H_i=G(K/F_{i+1})$$

이때, F_{i+1}은 F_i의 정규확대체이고, $G(F_{i+1}/F_i)$는 위수가 소수 p_i인 순환군이다. p_i가 $n(=|G|)$을 나누고, F_i는 단위원의 원시 n제곱근을 포함하므로, F_i는 단위원의 p_i 제곱근 모두를 포함한다. 따라서 $F_{i+1}=F_i(d_i)$, $d_i^{p_{i-1}} \in F_i$인 $d_i \in F_{i+1}$가 존재한다(정리 17.18). 결국, K가 $f(x) \in F[x]$의 분해체를 포함하는 거듭제곱근 확대체이므로 $f(x)$는 가해다항식이다. ■

과제 17.21 다음을 확인하여라.

가. 다항식 $(x^2-3)(x^2-5) \in \mathbb{Q}[x]$에 대하여 $G(\mathbb{Q}(\sqrt{5}, \sqrt{3})/\mathbb{Q})=V_4$이므로 가해다항식이다.

나. 다항식 $x^3-2 \in \mathbb{Q}[x]$에 대하여 $G(\mathbb{Q}(\sqrt[3]{2}, \omega)/\mathbb{Q})=S_3$이므로 가해다항식이다.

다. 다항식 $x^n-1 \in \mathbb{Q}[x]$의 갈로아군은 가환군이므로 x^n-1는

가해다항식이다.

가해다항식이 아닌 예를 살펴보자. 이를 위하여 다음 사실을 증명한다.

> **≪정리 17.22≫** 소수 p에 대하여 $f(x) \in \mathbb{Q}[x]$가 p차의 기약다항식이라고 하자. $f(x)$가 꼭 두 개의 허근만을 가지면 $f(x)$의 갈로아군은 S_p이다.

증명 먼저, 과제 14.19 '나'에 의하여 $p \mid |G_f|$이고 정리 8.9에 의하여 $f(x)$의 갈로아군 G_f는 위수가 p인 원소를 가진다. 한편, $f(x)$가 가지는 두 개의 허근은 켤레이므로 G_f는 위수가 2인 원소도 가진다. 따라서 대칭군의 부분군으로서의 G_f는 정리 8.33에 의하여 S_p와 동형이다. ■

아이젠슈타인규준(정리 11.5)에 의하여 다항식 $2x^5 - 10x + 5 \in \mathbb{Q}[x]$은 기약다항식이다. 한편, 이 다항식의 그래프를 그려보면 두 개의 허근을 가짐을 알 수 있다. 따라서 $f(x)$의 갈로아군은 S_5이다. 그런데 S_5는 가해군이 아니므로 다항식 $f(x)$는 가해다항식이 아니다.

이 사실로부터 일반적인 5차 다항식의 근의 공식이 없음을 알 수 있다.

과제 17.23 가. 다음 다항식의 갈로아군은 모두 S_5임을 설명하여라.

$$2x^5-5x^4+5\in\mathbb{Q}[x],\ x^5-4x+2\in\mathbb{Q}[x],\ x^5-10x+2\in\mathbb{Q}[x]$$

나. 위 세 다항식의 분해체는 $\mathbb{Q}$의 거듭제곱근 확대체가 아님을 설명하여라.

정다각형의 작도

3대 작도 불가능 문제를 논의하는 과정에서 정다각형의 작도에 관하여 개략적으로 언급한 바 있다. 이 절에서는 임의의 소수 p에 대하여 정p각형의 작도가능성에 관하여 살펴본 후 임의의 자연수 $n(n\geq 2)$에 대한 정n각형의 작도가능성 문제를 해결한다.

과제 17.24 가. 정삼각형과 정오각형을 작도하여라.

나. 다음을 확인하여라.

(1) 양의 정수 n에 대하여, 단위원의 n제곱근은 $e^{2k\pi i/n}$ $(k=1,\cdots,n)$으로 표시된다. 단위원의 n제곱근은 n개 있고 복소수 평면에서 단위원(unit circle)위에 있다.

(2) 단위원의 n제곱근의 집합은 곱셈에 관하여 순환군을 이루며 이 중에서 위수가 n인 것이 단위원의 원시 n제곱근이다. 단위원의 원시 n제곱근은 $\varphi(n)$개 있다.

단위원의 원시 n제곱근 전체의 집합을 P_n으로 표시할 때 제n 원분다항식(n-th cyclotomic polynomial)은 $\Phi_n(x)=\prod_{\zeta\in P_n}(x-\zeta)$로

정의된다. $\Phi_n(x)$은 $\varphi(n)$차 다항식이다.

≪정리 17.25≫ 양의 정수 n에 대하여, $x^n-1=\prod_{d|n}\Phi_d(x)$이다.

증명 단위원의 n제곱근 전체의 집합을 U_n이라고 하자. 그러면 $x^n-1=\prod_{\zeta\in U_n}(x-\zeta)$이 성립한다. P_d가 원시d제곱근의 집합이라고 하면, $\Phi_d(x)=\prod_{\zeta\in P_d}(x-\zeta)$이다. 그리고 $\{P_d|d|n\}$이 U_n의 분할이므로, 다음이 성립한다:

$$x^n-1=\prod_{\zeta\in U_n}(x-\zeta)=\prod_{d|n}\Big(\prod_{\zeta\in P_d}(x-\zeta)\Big)=\prod_{d|n}\Phi_d(x).$$ ■

과제 17.26 가. 다음을 확인하여라.

$$\Phi_1(x)=x-1$$

$$\Phi_2(x)=x+1$$

$$\Phi_3(x)=x^2+x+1$$

$$\Phi_4(x)=x^2+1$$

$$\Phi_5(x)=x^4+x^3+x^2+x+1$$

$$\Phi_6(x)=x^2-x+1$$

나. 위의 증명 과정과 정수론에서의 다음 사실과의 관계를 설명하여라.

모든 자연수 n에 대하여 $n=\sum_{d|n}\varphi(d)$이다.

다. 정리 17.25의 증명 과정을 x^8-1의 경우를 예로 들어 설명하여라.

라. 소수 p에 대하여 $\Phi_p(x)=x^{p-1}+x^{p-2}+\cdots+x+1$임을 설명하여라.

≪정리 17.27≫ 양의 정수 n에 대하여, $\Phi_n(x)\in\mathbb{Z}[x]$이다.

증명 n에 관한 수학적 귀납법을 이용하여 증명한다. 먼저 $\Phi_1(x)=x-1\in\mathbb{Z}[x]$. 이제 $1\le k<n$에 대하여 $\Phi_k(x)\in\mathbb{Z}[x]$라고 가정한다. $g(x)=\prod_{d\mid n,\ d<n}\Phi_d(x)$라고 하면, 가정에 의하여 $g(x)\in\mathbb{Z}[x]$이다. 그리고 $\mathbb{C}[x]$에서 $x^n-1=\prod_{d\mid n}\Phi_d(x)=g(x)\Phi_n(x)$이 성립한다. x^n-1과 $g(x)$가 $\mathbb{Z}[x]$의 원소이고, $g(x)$가 모닉이므로 x^n-1을 $g(x)$로 나누면, $\Phi_n(x)\in\mathbb{Z}[x]$임을 알 수 있다. ■

한편, $\Phi_n(x)\in\mathbb{Z}[x]$는 기약다항식이다. 이 사실을 증명하기 전에 다음 사실을 증명한다.

≪정리 17.28≫ 모닉 다항식 $f(x)\in\mathbb{Z}[x]$에 대하여 $f(x)=g(x)h(x)$, $g(x)$, $h(x)\in\mathbb{Q}[x]$이면 $g(x)$, $h(x)\in\mathbb{Z}[x]$이다.

증명 먼저, $ag(x)=m(x)\in\mathbb{Z}[x]$이고 $bh(x)=n(x)\in\mathbb{Z}[x]$인 최소 자연수 a, b를 찾고 $m(x)=a_rx^r+a_{r-1}x^{r-1}+\cdots+a_1x+a_0$, $n(x)=b_sx^s+b_{s-1}x^{s-1}+\cdots+b_1x+b_0$라고 하자. $\{a_r, a_{r-1}, \cdots, a_1, a_0\}$의 최대공약수와 $\{b_s, b_{s-1}, \cdots, b_1, b_0\}$의 최대공약수는

모두 1이다. 이제, $ab \neq 1$이라고 하자. ab의 약수인 소수 p에 대하여 a_i와 b_j가 p의 배수가 아닌 최소 i, j가 있다. p는 $abf(x) = m(x)n(x)$의 x^{i+j}항의 계수인 $\cdots + a_{i-2}b_{j+2} + a_{i-1}b_{j+1} + a_ib_j + a_{i+1}b_{j-1} + \cdots$의 약수이지만 $\cdots + a_{i-2}b_{j+2} + a_{i-1}b_{j+1} + a_ib_j + a_{i+1}b_{j-1} + \cdots$의 항 중에서 a_ib_j 외의 모든 항의 약수이다. 이는 모순이다. 따라서 $ab = 1$이다. ■

≪**정리 17.29**≫ 양의 정수 n에 대하여, $\Phi_n(x) \in \mathbb{Z}[x]$는 $\mathbb{Q}$ 위에서 기약다항식이다.

증명 단위원의 원시 n 제곱근 ζ의 최소다항식을 $f(x) \in \mathbb{Q}[x]$라고 하고, n의 약수가 아닌 소수 p에 대하여 단위원의 원시 n 제곱근 ζ^p의 최소다항식을 $g(x) \in \mathbb{Q}[x]$라고 하자. 위 정리에 의하여 $f(x)$, $g(x) \in \mathbb{Z}[x]$이다. 이제, $f(x) \neq g(x)$라고 가정하자. $f(x)$, $g(x)$는 서로소이므로 $x^n - 1 = f(x)g(x)h(x)$, $h(x) \in \mathbb{Z}[x]$이다. 한편, $g(x^p)$는 ζ를 근으로 가지므로 $g(x^p) = f(x)k(x)$, $k(x) \in \mathbb{Z}[x]$이다. 이제, $x^n - 1 = f(x)g(x)h(x)$와 $g(x^p) = f(x)k(x)$를 $\mathbb{Z}_p[x]$에서 생각하자. $g(x^p) = g(x)^p = f(x)k(x) \in \mathbb{Z}_p[x]$이므로 $f(x)$의 소인수 $q(x)$는 $g(x)$를 나누고 결과적으로 $x^n - 1$는 중근을 가지게 된다. 그러나 $x^n - 1$와 그 형식적미분 nx^{n-1}은 $\mathbb{Z}_p[x]$에서 서로소이므로 $x^n - 1$는 중근을 가질 수 없다(과제 13.18 가 (1)). 따라서 $f(x) = g(x)$이다. 이상으로부터 다음 사실을 알 수 있다. 즉, ζ가 $f(x)$의 근이면 $(p, n) = 1$인 소수 p에 대하여 ζ^p도 $f(x)$의 근이다. 따라서 $(r, n) = 1$인 임의의 r에 대하여 ζ^r도 $f(x)$의 근이다. 결국, $f(x)$는 모든 단위원의 원시n제곱근을 근으로 가지는 기약다항식이므로 $f(x) = \Phi_n(x)$이다. ■

이제, $\Phi_n(x)$는 기약다항식이므로 정리 14.7에 의하여 정리 17.10의 증명에 있는 함수 ϕ는 동형사상이다. 즉, 다항식 $x^n-1 \in \mathbb{Q}[x]$의 갈로아군은 $\mathbb{Z}_n^*$와 동형이다.

≪정리 17.30≫ 소수 p와 자연수 k에 대하여 K를 $\mathbb{Q}$ 위에서의 제 p^k 원분확대체라고 하면 $G(K/\mathbb{Q}) \cong \mathbb{Z}_{p^k}^*$이다.

과제 17.31 다음을 설명하여라.

가. $|G(K/\mathbb{Q})| = \varphi(p^k) = p^{k-1}(p-1)$

나. K가 $\mathbb{Q}$ 위에서의 제 n 원분확대체라고 할 때 $G(K/\mathbb{Q})$가 순환군이기 위한 필요충분조건은 n이 2, 4, p^k, $2p^k$ (p는 홀수 소수, $k \geq 1$) 중 하나와 같은 것이다.

이제, 정다각형의 작도가능성에 대하여 알아보자. 먼저 정 n 각형이 작도가능할 때 다음 사실을 쉽게 알 수 있다.

가. 임의의 각의 이등분은 항상 작도가능하므로 임의의 정수 $k \geq 0$에 대하여 정 $2^k n$ 각형은 작도가능하다.

나. 임의의 각의 자연수 배는 항상 작도가능하므로 n의 약수 $d \geq 3$에 대하여 정 d 각형은 작도가능하다.

다음 정리를 증명하자.

≪정리 17.32≫ 쌍마다 서로소인 양의 정수 $n_1, n_2, \cdots, n_t$ $(n_i \geq 3)$ 각각에 대하여 정n_i각형이 모두 작도가능하면 정 $n_1 n_2 \cdots n_t$각형도 작도가능하다.

증명 t에 관한 수학적 귀납법으로 증명한다. 먼저, $t=1$인 경우는 분명하고 $t \geq 2$일 때 $t-1$ 이하인 모든 경우에 정리가 성립한다고 하자. $n = n_1 n_2 \cdots n_{t-1}$에 대하여 $nr + n_t s = 1$을 만족시키는 정수 r, s가 있다. 이제, 두 각 $\frac{2\pi}{n}$과 $\frac{2\pi}{n_t}$가 작도가능하므로 $\frac{2\pi}{n_t}r + \frac{2\pi}{n}s = \frac{2\pi}{n_1 n_2 \cdots n_{t-1} n_t}$도 작도가능하다. 따라서 정 $n_1 n_2 \cdots n_t$ 각형은 작도 가능하다. ■

한 예로서 다음을 생각할 수 있다. 정삼각형과 정오각형은 작도가능하다. 즉, 두 각 $\frac{2\pi}{3}$과 $\frac{2\pi}{5}$가 작도가능하다. 그런데 $3 \cdot 2 + 5 \cdot (-1) = 1$이므로 $\frac{2\pi}{5} \cdot 2 + \frac{2\pi}{3} \cdot (-1) = \frac{2\pi}{15}$가 작도가능하다.

과제 17.33 n이 페르마소수일 때 $\varphi(n)$의 특징에 관하여 설명하여라.

≪정리 17.34≫ 홀수 소수 p에 대하여 다음이 성립한다.

가. 정수 $k \geq 2$에 대하여 정 p^k 각형은 작도 불가능하다.

나. 정 p 각형이 작도가능하기 위한 필요충분조건은 p가 $p = 2^m + 1 (m \geq 1)$인 꼴이다.

증명 가. 단위원의 원시 p^k 제곱근은 $\zeta=\cos\theta+i\sin\theta$, $\theta=\dfrac{2\pi}{p^k}$이다. $\mathbb{Q}(\zeta)$는 $\mathbb{Q}$의 갈로아 확대체이고 $|G(\mathbb{Q}(\zeta)/\mathbb{Q})|=[\mathbb{Q}(\zeta):\mathbb{Q}]=p^{k-1}(p-1)$이다. 한편, $f(x)=x^2-2\cos\theta x+1\in\mathbb{Q}(\cos\theta)[x]$의 모든 근은 허근이므로 $f(x)$는 $\mathbb{Q}(\cos\theta)$ 위에서 ζ의 최소다항식이다. 이제, $[\mathbb{Q}(\cos\theta):\mathbb{Q}]=\dfrac{p^{k-1}(p-1)}{2}$는 $k\geq 2$이므로 2의 거듭제곱이 아니고, 따라서 $\cos\theta$는 작도가능하지 않다.

나. 위의 증명에서 $k=1$인 경우에는 정리 17.30에 의하여 $G(\mathbb{Q}(\zeta)/\mathbb{Q})$는 위수가 $p-1$인 가환군이다. 따라서 $G(\mathbb{Q}(\zeta)/\mathbb{Q}(\cos\theta))$는 $G(\mathbb{Q}(\zeta)/\mathbb{Q})$의 정규부분군이고 갈로아이론의 기본 정리에 의하여 $\mathbb{Q}(\cos\theta)$는 $\mathbb{Q}$의 갈로아 확대체이다. 이제, 정 p 각형이 작도가능하다고 하자. $[\mathbb{Q}(\cos\theta):\mathbb{Q}]=\dfrac{p-1}{2}$가 2의 거듭제곱이므로 $p=2^m+1, m\geq 1$이다. 거꾸로, $p=2^m+1$, $m\geq 1$이라고 하자. $[\mathbb{Q}(\cos\theta):\mathbb{Q}]=2^{m-1}$이고, 갈로아이론의 기본 정리에 의하여 $H_0=G(\mathbb{Q}(\cos\theta)/\mathbb{Q})$는 가환군 $G(\mathbb{Q}(\zeta)/\mathbb{Q})$의 상군과 동형이므로 H_0도 가환군이다. 이제, 각각의 i, $i=0,\cdots,m-2$에 대하여 H_{i+1}은 H_i의 정규부분군이고 $|H_i/H_{i+1}|=2$인 부분군 열 $H_0\geq H_1\geq\cdots\geq H_{m-1}=\{e\}$가 있다. 이들 각각의 부분군의 $L=\mathbb{Q}(\cos\theta)$에서의 불변체를 $F_i=L_{H_i}$라고 하면 다음과 같은 확대체 열을 얻는다.

$$[F_i:F_{i-1}]=|H_{i-1}:H_i|=2,\ 1\leq i\leq m-1$$
$$\mathbb{Q}=F_0\leq F_1\leq\cdots\leq F_{m-1}=L=\mathbb{Q}(\cos\theta)$$

정리 17.18에 의하여 정 p 각형 즉, $\cos\theta$는 작도가능하다. ■

과제 17.35 가. $\cos\theta \in \mathbb{Q}(\zeta)$임을 설명하여라.

나. 위 증명에서 $[\mathbb{Q}(\cos\theta) : \mathbb{Q}] = \dfrac{p^{k-1}(p-1)}{2}$임을 설명하여라.

이상을 요약하면 다음과 같다.

> **≪정리 17.36≫** 정 n각형이 작도가능하기위한 필요충분조건은 n이 다음과 같은 꼴로 표시되는 것이다: $n=2^m$ 또는 $n=2^k p_1 p_2 \cdots p_r$. 단, 여기서 $m \geq 2$, $k \geq 0$이며 $p_1, p_2, \cdots, p_r$은 서로 다른 페르마소수이다.

과제 17.37 가. '자료: 정칠각형은 작도가능하지 않다'를 참고하여 정칠각형은 작도가능하지 않음을 위 정리를 이용하지 않고 직접 설명하여라.

나. '자료: 대칭성'을 참고하여 갈로아이론과 대칭성과의 관계를 조사하여라.

뒷 이야기

1. 작도가능성과 종이 접기 가능성과의 관계를 다음 자료를 중심으로 조사하여라.

가. 작도가능성의 정의

작도가능성의 다음 정의는 거듭제곱근 확대체의 정의와 유사성이 있음을 알 수 있다.

실수 $r \in \mathbb{R}$가 작도가능하다.

$\Leftrightarrow$ 다음 조건을 만족시키는 $u_1, u_2, \cdots, u_t$가 있다:

① $r \in \mathbb{Q}(\sqrt{u_1}, \cdots, \sqrt{u_t})$

② $u_1 \in \mathbb{Q},\ u_i \in \mathbb{Q}(\sqrt{u_1}, \cdots, \sqrt{u_{i-1}})\ (i=2, \cdots, t)$

$\Leftrightarrow$ 다음 조건을 만족시키는 $u_1, u_2, \cdots, u_t$가 있다:

① $r \in \mathbb{Q}(u_1, \cdots, u_t)$

② $u_1^2 \in \mathbb{Q},\ u_i^2 \in \mathbb{Q}(u_1, \cdots, u_{i-1})\ (i=2, \cdots, t)$

나. 종이 접기 가능성의 성질

종이 접기 가능성의 성질은 거듭제곱근 확대체의 정의와 비슷함을 알 수 있다. 이 때 차이는 작도가능성에서는 확대체의 차수가 1 또는 2이지만, 종이 접기에서는 확대체의 차수가 1 또는 2만 되는 것이 아니라 3도 가능하다는 것이다. 임의의 수 α가 종이 접기 가능하면 그의 세제곱근도 종이 접기 가능하기 때문이다.

다. 다음과 같은 정의와 주장은 타당한지 논의하여 보아라.

(1) 다음 조건을 만족시키는 $u_1, u_2, \cdots, u_t \in K$가 있을 때, K를 F의 작도가능 확대체라고 한다:

$$F = F_0 \le F_1 \le \cdots \le F_t = K \text{이고},$$

$$F_i = F_{i-1}(u_i),\ u_i^2 \in F_{i-1}\ (i = 1, \cdots, t)$$

(2) 다음 조건을 만족시키는 $u_1, u_2, u_3, \cdots, u_t \in K$와 $n_i \in \{2, 3\}$, $i = 1, \cdots, t$가 있을 때, K를 F의 종이 접기 확대체라고 한다:

$$F = F_0 \le F_1 \le \cdots \le F_t = K \text{이고},$$

$$F_i = F_{i-1}(u_i),\ u_i^{n_i} \in F_{i-1}\ (i = 1, \cdots, t)$$

(3) 작도가능 확대체와 종이 접기 확대체는 거듭제곱근 확대체이다.

2. 눈금 없는 자와 컴퍼스만을 사용하는 전통적인 의미에서 $\sqrt[3]{2}$, $\cos 20^\circ$, $\sqrt{\pi}$, 그리고 정칠각형은 작도할 수 없지만 그 외의 도구를 사용한다면 그러한 수나 도형을 작도할 수 있음은 이미 언급하였다. 다음을 참고하여 아래 주장을 확인하여라.

http: //mathworld.wolfram.com/QuinticEquation.html

가. 일반적으로 유리계수 다항식의 해를 구한다는 것은 그 해를 적당한 유리수들의 유한 번의 덧셈, 뺄셈, 곱셈, 나눗셈, 또는 거듭제곱근으로 나타내는 것을 뜻한다.

나. 아벨과 갈로아는 일반(general) 오차다항식의 해는 그렇게

나타낼 수 없다는 것을 보였다.

다. 해를 유한 번의 덧셈, 뺄셈, 곱셈, 나눗셈, 그리고 거듭제곱근으로 나타낼 수 있는 오차다항식이 물론 있다.

라. 에르미트(Hermite)나 크로네커(Kronecker)에 의하면 '야코비 쎄타 함수(Jacobi theta function)'를 이용하면 일반 오차다항식을 풀 수 있다.

3. Scimemi(2001) 등을 참고하여 다음에 관하여 알아보아라.

가. 종이 접기(paper-folding)의 대수적 정의와 성질

나. 종이 접기는 자와 컴퍼스의 기능을 모두 할 수 있다.

다. 종이 접기에 의하여 3차 대수방정식의 해를 구할 수 있다. 따라서 $\sqrt[3]{2}$ 는 종이 접기 가능하다.

라. 종이 접기에 의하여 각의 3등분이 가능하다.

4. 다음을 확인하여라.

가. 일차부정방정식에 관하여 다음 사항을 살핀다.

(1) 해가 있는가?

(2) 해가 있다면 해의 개수는 몇 개인가?

(3) 해는 어떠한 형태인가?

나. 유리계수다항식에 관하여도 마찬가지이다.

(1) 대수학의 기본 정리는 복소수 체 안에서 해의 존재를 보장한다.

(2) 해의 개수는 주어진 다항식의 차수와 같다.

(3) 갈로아이론은 주어진 다항식의 해의 형태(solvability by radicals)에 관련된다.

5. 체 $F \leq E \leq K$에 대하여 다음을 확인하여라.

가. K가 F의 거듭제곱근 확대체이면 K는 E의 거듭제곱근 확대체다.

나. E가 F의 거듭제곱근 확대체이고 K는 E의 거듭제곱근 확대체이면 K는 F의 거듭제곱근 확대체다.

다. K가 F의 거듭제곱근 확대체이지만 E는 F의 거듭제곱근 확대체가 아닌 예를 제시하여라. 이는 거듭제곱근 확대체의 부분체는 거듭제곱근 확대체가 아닐 수 있음과 함께 3차 다항식의 분해체가 거듭제곱근 확대체가 아닐 수 있음을 뜻한다.

라. 다음 다항식을 생각하여 보자: $f(x)=x^3-3x+1 \in \mathbb{Q}[x]$. 이 다항식의 세 근은 다음과 같이 주어진다.

$$\alpha_1=\omega^{\frac{1}{3}}+\omega^{-\frac{1}{3}},\ \alpha_2=\omega^{\frac{2}{3}}+\omega^{-\frac{2}{3}},\ \alpha_3=\omega^{\frac{4}{3}}+\omega^{-\frac{4}{3}}$$

여기서 $\omega^{\frac{1}{3}}$는 x^6+x^3+1의 한 근이며 $\alpha_1, \alpha_2, \alpha_3$은 모두 실수이다. 한편, 다음을 알 수 있다: $\mathbb{Q} < \mathbb{Q}(\alpha_1, \alpha_2, \alpha_3) < \mathbb{Q}(\omega^{\frac{1}{3}})$. 여기서 $K=\mathbb{Q}(\alpha_1, \alpha_2, \alpha_3)$라고 하면 K는 $\mathbb{Q}$의 거듭제곱근 확대체가 아니며 $G(K/\mathbb{Q}) \cong A_3$이다.

XVIII

마 무 리

지난 줄거리

1. 과제 내용 중 해결하지 못한 문제는 무엇인가?

2. 다음 용어를 모두 사용하여 작문하여라.
   다항식을 거듭제곱근을 이용하여 풀 수 있다, 거듭제곱근 확대체, 갈로아규준

3. 다음 정의를 기술하고 간단한 예를 통하여 설명하여라.
   가. 거듭제곱근 확대체
   나. 거듭제곱근을 이용하여 풀 수 있다.
   다. 제n원분확대체
   라. 제n원분 다항식

4. 정다각형의 작도가능성과 페르마소수와의 관계를 간단한 예를 통하여 설명하여라.

5. 기약다항식 $f(x)$의 갈로아군이 S_5이기 위한 충분조건을 기술하여라.

제2부의 전체 이야기

1. 이 강좌에서는 갈로아이론을 주로 다루되 다음 사항에 유념하였다.
   가. 표수가 0인 경우에 국한하여 비교적 쉽게 접근할 수 있게 하였다.
   나. 정리의 내용을 많은 예를 통하여 정확히 이해하게 하였다.
   다. 가급적 학교 수학을 의식하였다.
   라. 강좌의 전체 내용을 개관할 수 있도록 각 강의의 위치와 목적을 밝혔다.
   마. 갈로아이론에서 군 등 여러 가지 대수적구조의 역할에 주목하였다.

2. 군이나 일반적인 환, 그리고 벡터공간의 경우에는 부분구조와 상구조에 관하여 논의하였다. 그러나 체의 경우에는 부분구조나 상구조에 관한 논의보다 확대체에 관한 논의를 주로 하였다. 특히 확대체는 기초체 위에서 벡터공간으로 볼 수 있기 때문에 확대체를 연구할 때에는 군과 환의 구조와 성질은 물론 벡터공간 이론도 활용할 수 있음에 주목하였다. 특히 유한확대체의 차수는 유한벡터공간의 차원으로 정의된다.

3. 대수학적인 문제를 기하학적으로 이해하거나 해석하는 것이 유익하듯이 기하학적인 문제를 대수학적으로 해석하는 것도 유익하다. 작도가능성의 문제는 기하학적인 문제를 대수학적인 방법으로 해결할 수 있는 대표적인 예라고 할 수 있다. 다

음 절차에 따라 작도가능성 문제의 해결과정을 요약할 수 있다.

가. 이등분이나 삼등분 등을 $\frac{1}{2}$이나 $\frac{1}{3}$과 같은 수의 작도로 해석하고, 두 직선의 교점이나 직선과 원의 교점의 작도를 연립방정식의 해를 구하는 것으로 이해하여 작도의 문제를 대수적 문제로 변환시킨다.

나. 모든 유리수가 작도가능함을 보인다. 이때, 음수의 작도가능성은 대수적구조 측면에서는 중요한 의의가 있지만 특별한 기하학적 의미를 부여할 필요는 없다.

다. $\sqrt{2}$ 나 $\sqrt{3}$ 등 작도가능한 무리수가 있으므로 작도가능한 수 전체의 집합은 유리수의 집합보다 크다. 작도가능한 실수 전체의 집합에 관심을 기울인다. 사실 어떤 실수가 작도가능하지 않음을 보임으로써 작도가능한 실수 전체의 집합은 실수 전체의 집합의 진부분집합임을 알 수 있다. 더 나아가 작도가능한 수 전체의 집합은 가부번이므로 작도가능하지 않은 수 전체의 집합은 비가부번임을 알 수 있다. 더 나아가 작도가능한 수는 대수적인 수이고 대수적인 수 전체의 집합은 가부번이다. 따라서 초월 수 전체의 집합은 비가부번이다.

라. 유리수 전체의 집합은 체임에 유념하고, 작도가능한 실수 전체의 집합도 체임을 증명한다.

마. 유리수를 좌표로 가지는 좌표평면에서 작도를 시작하여 직선과 원의 교점을 나타내는 수는 차수 1이나 2인 확대체에 속함을 증명한다.

바. 결국 작도가능한 수는 유리수체 위에서 차수가 2의 거듭제곱인 확대체에 있음을 보임으로써 주어진 수가 작도가능

하기 위한 필요조건을 대수적으로 나타낼 수 있다.

사. 세 수 $\sqrt{\pi}$, $\sqrt[3]{2}$, 그리고 cos 20°는 유리수체 위에서 차수가 2의 거듭제곱인 확대체에 있지 않음을 보임으로써 작도가능하지 않음을 알 수 있다.

아. 정5각형의 작도가능은 18°의 작도가능을 뜻한다. 그런데 20°의 작도가 가능하지 않으므로, 임의의 자연수 n에 대하여 각 $n°$가 작도가능하기 위한 필요충분조건은 $n \equiv 0 \pmod 3$임을 알 수 있다. 또, 각 $n°$의 3등분이 가능하기 위한 필요충분조건은 $n \equiv 0 \pmod 9$임도 알 수 있다.

4. 다항식의 가해성에 관한 갈로아이론은 추상(현대)대수학의 꽃이라고 할 수 있다. 다항식의 해의 존재와 형태에 관하여 분해체 등의 대수적 개념으로 명확히 정의하고 군, 환, 체, 그리고 벡터공간 등 여러 대수적구조의 성질을 적절히 활용하여 궁극적인 해답을 얻는다. 이 강좌에서 소개한 갈로아이론을 다음과 같이 요약할 수 있다.

가. 주어진 다항식의 근을 모두 품는 확대체로서 분해체를 정의하고 분해체의 중요한 여러 가지 성질을 밝힌다.

나. 확대체의 문제는 갈로아군 등의 개념을 통하여 군론의 문제로 환원할 수 있다. 이 과정에서 갈로아이론의 기본 정리가 가교 역할을 한다.

다. 다음 갈로아규준을 증명한다: 주어진 다항식이 거듭제곱근을 이용하여 풀 수 있기 위한 필요충분조건은 그 다항식의 갈로아군이 가해군인 것이다.

라. 앞선 강좌(제1부)에서 오차 대칭군은 가해군이 아님을 밝

힌 바 있다. 이제 어떤 다항식의 갈로아군이 오차 대칭군인 것을 보일 수 있으면 그 다항식은 거듭제곱근을 이용하여 풀 수 없다는 것을 알 수 있다.

마. 임의의 소수 p에 대하여 p차 유리계수 다항식의 갈로아군이 S_p이기 위한 충분조건을 하나 제시한다. 이를 이용하여 거듭제곱근을 이용하여 풀 수 없는 5차 다항식을 구체적으로 제시할 수 있다.

5. 정다각형의 문제는 '3대 작도 불가능 문제' 중에 포함되지 않지만 작도가능성에 관한 한 또 하나의 중요한 문제이다. 3대 작도 불가능 문제는 원주율의 초월성 외에는 기본적인 확대체의 개념으로 해결할 수 있다. 그러나 정다각형의 작도가능성의 문제 해결은 다소 깊이 있는 갈로아이론을 요구한다. 이 강좌에서는 페르마소수와 관련하여 일반적인 정 n 각형의 작도가능성 문제를 해결한다.

6. 이 강좌에서는 강좌의 내용을 수학의 다른 분야와의 연계성에 주목하였다.

가. 강좌의 내용과 학교수학

나. 강좌의 내용과 집합론, 선형대수학, 정수론

다. 강좌의 내용과 기하학, 해석학, 위상수학, 확률론

과제 18.1 '자료: 수학과 새 교육과정'을 참고하여 이 강좌에서 다룬 내용과 학교 수학과의 관련성을 조사하여라.

제2부 내용 점검 문항

1. 적절한 예를 통하여 다음을 설명하여라.

   가. 단순확대체이나 유한확대체가 아니다.

   나. 대수적확대체이나 유한확대체가 아니다.

   다. 단순확대체이나 대수적확대체가 아니다.

2. 다음에 관하여 설명하여라.

   가. 해석기하학과 작도가능성의 문제를 통하여 기하학과 대수학의 관계

   나. 3대 작도 불가능의 문제

   다. 정다각형의 작도가능성

3. 위수가 9인 유한체를 구성하여라.

4. 다음을 증명하여라.

   가. 유한확대체는 대수적확대체이다.

   나. $K=\{a+b\sqrt{2} \mid a,\ b\in\mathbb{Q}\}$라고 하면, $[K:\mathbb{Q}]=2$이다.

   다. $F\leq K\leq L$이고 $[K:F]$, $[L:K]$이 각각 유한이면, L은 F의 유한확대체이고 $[L:F]=[L:K][K:F]$이다.

   라. 두 수 α와 β가 작도가능하면, $\alpha\beta$도 작도가능하다.

   마. $F\leq K$이고 u가 F 위에서 대수적이라고 하자. u의 최소다항식 $p(x)$의 차수가 n이면, 다음이 성립한다.

   (1) $F(u)\cong F[x]/<p(x)>$

   (2) $\{1,\ u,\ u^2,\ \cdots,\ u^{n-1}\}$이 F 위에서 벡터공간 $F(u)$의 기

저이다.

(3) $[F(u):F]=n$

마. 정오각형을 작도하고 그를 이용하여 3°를 작도하여라.

5. 다음에 관하여 요약하여라.

가. 유한체의 구성 방법

나. 작도가능성의 문제

다. 여러 가지 확대체

6. 다음을 설명하여라.

가. 유한확대체는 대수적확대체이다.

나. 대수적 원소에 의한 단순확대체는 유한확대체이다. 물론, 초월수에 의한 단순확대체는 유한확대체가 아니다.

다. 대수적확대체이나 유한확대체가 아닌 예를 제시하여라. 사실, $\mathbb{Q}$ 위에서 대수적인 수 전체의 집합 A라고 하면, A는 가부번 집합이며 $\mathbb{Q}$ 위에서 대수적확대체이나 유한확대체가 아니다.

라. 표수가 0인 경우에는 유한확대체는 단순확대체이다.

7. 다음 물음에 답하여라.

가. '분모의 유리화' 과정을 다음 체와 관련하여 설명하여라.

$$\mathbb{Q}(\sqrt{2})=\{a+b\sqrt{2} \mid a, b\in\mathbb{Q}\}$$

나. 다음을 설명하여라.

(1) 체 $\mathbb{Q}(\sqrt{2})$은 유리수체의 확대체이고 실수체의 부분

체이다.

(2) 체 $\mathbb{Q}(\sqrt{2})$는 유리수체 $\mathbb{Q}$ 위에서 2차원 벡터공간 이다.

다. 주어진 실수가 작도가능하기 위한 필요조건은 무엇인가? 이 조건에서 2차원 벡터공간의 중요성을 설명하여라.

라. 실수 $\sqrt[3]{2}$가 작도가능하지 않다는 것을 체 $\mathbb{Q}(\sqrt[3]{2})$가 유리수체 $\mathbb{Q}$ 위에서 3차원 벡터공간임을 보임으로 설명하여라.

8. 주어진 다항식을 거듭제곱근을 이용하여 풀 수 있는지에 관하여 다음을 중심으로 요약하여라.

가. 정의

(1) 분해체, 정규확대체, 갈로아 확대체, 거듭제곱근 확대체

(2) 갈로아군, 불변체

나. 갈로아이론의 기본 정리

(1) 중간체와 갈로아군의 부분군 사이의 관계

(2) 중간체 사이의 차수와 부분군 사이의 지수와의 관계

(3) 정규확대체와 정규부분군 사이의 관계

다. 갈로아규준

(1) 주어진 다항식을 거듭제곱근을 이용하여 풀 수 있기 위한 필요충분조건

(2) 오차 대칭군의 비가해성

9. 정다각형의 작도가능성에 관하여 다음을 중심으로 요약하여라.

가. 정의

(1) 단위원의 제곱근

(2) 단위원의 원시 제곱근

(3) 원분확대체

나. 정다각형의 작도가능성과 페르마소수와의 관계

(1) 페르마소수 각형의 작도가능성

(2) 정다각형이 작도가능하기 위한 필요충분조건

10. 다음을 확인하여라.

다항식 $x^2-2\in\mathbb{Q}[x]$의 근을 모두 품는 $\mathbb{Q}$의 확대체는 $\mathbb{Q}(\sqrt{2})$이고 $\mathbb{Q}(\sqrt{2})$의 원소는 $a+b\sqrt{2}$ $(a, b\in\mathbb{Q})$와 같은 꼴로서 유리수의 덧셈, 뺄셈, 곱셈, 나눗셈, 그리고 거듭제곱근을 사용하여 나타내어진다.

11. 제7차 교육과정에 의한 고등학교 1학년(제10학년) 교과서 모두에서는 '단, 0으로 나누는 것은 제외'라는 단서와 함께 '복소수 전체의 집합은 나눗셈에 관하여 닫혀있다'라고 한다. 환(체)의 정의에서는 덧셈과 곱셈 연산만을 언급함에 유의하며 교과서의 이 내용이 옳지 않음을 설명하여라.

12. 현행 수학과 교육과정에 '사칙 연산'이라는 용어가 사용된다. 이 용어가 초래할 수 있는 부작용에 관하여 논의하여라.

보충 문항

여기에서는 제1부와 제2부에서 논의한 내용을 여러 형태의 문항을 통하여 정리한다.

Ⅰ. 다음 선다형 문제를 풀면서 옳은 보기는 증명하고, 틀린 보기는 반증하여라.

1. 유한체에 관한 설명 중 옳지 못한 것은?

가. 위수가 4인 유한체는 서로 동형이 아닌 2가지가 있다.

나. 임의의 소수 p와 임의의 자연수 n에 대하여 $|F|=p^n$인 유한체 F가 항상 있다.

다. 유한체의 표수(characteristic)는 결코 0일 수 없다.

라. 어떤 특정한 다항식의 분해체를 구함으로써 유한체를 구성할 수 있다.

2. 작도 불가능한 것은?

가. 정 5각형　　나. 정 7각형

다. 정 17각형　　라. 정 257각형

3. 확대체에 관한 설명 중 틀린 것은?

가. 유한확대체는 대수적확대체다.

나. 대수적확대체는 꼭 유한확대체인 것은 아니다.

다. 단순확대체는 유한확대체다.

라. 복소수체 $\mathbb{C}$는 실수체 $\mathbb{R}$의 단순확대체다.

4. 군(group)에 관한 설명 중 틀린 것은?

가. 임의의 자연수 n에 대하여 $|G|=n$인 군 G가 항상 있다.

나. 임의의 소수 p에 대하여 $|G|=p$인 군 G는 항상 순환군이다.

다. 순환군의 부분군은 항상 순환군이다.

라. $|G|=4$인 군 G는 유일하다.

5. 군 G가 비가환군이면 G의 위수는 얼마 이상인가?

가. 6　　나. 7

다. 8　　라. 9

6. 옳은 것은?

가. 위수가 4인 모든 가환군은 동형이다.

나. 위수가 6인 모든 가환군은 동형이다.

다. 위수가 8인 모든 가환군은 동형이다.

라. 위수가 12인 모든 가환군은 동형이다.

7. 군 준동형사상 $f: G \to G'$에 대한 설명 중 틀린 것은?

가. $f(e)=e'$이다. 이때 e과 e'은 각각 G와 G'의 항등원이다.

나. $\mathrm{Ker}\, f$는 G의 정규부분군이다.

다. $\mathrm{Im}\, f$는 G'의 정규부분군이다.

라. f가 일대일이기 위한 필요충분조건은 $\mathrm{Ker}\, f=\{e\}$인 것이다.

8. 틀린 것은?

가. 군 준동형사상 $f: G \to G'$에서 $G/\text{Ker } f \cong \text{Im } f$이다.

나. 군 준동형사상 $f: G \to G'$에서 N이 G의 정규부분군이면 $f(N)$도 G'의 정규부분군이다.

다. N이 G의 정규부분군이고, H는 G의 부분군일 때 $H/H \cap N \cong HN/N$이다.

라. N과 H가 G의 정규부분군이고 $N \leq H$일 때 $\dfrac{G/N}{H/N} \cong G/H$이다.

9. 유한군 G의 부분군 H에 대한 설명 중 틀린 것은?

가. G의 임의의 두 원소 x, y에 대하여 관계 ~을 다음과 같이 정의하면: $x \sim y \Leftrightarrow x^{-1}y \in H$, ~는 동치관계이다.

나. G의 임의의 두 원소 x, y에 대하여 관계 ~을 다음과 같이 정의하면: $x \sim y \Leftrightarrow xy^{-1} \in H$, ~는 동치관계이다.

다. $|H|$는 $|G|$의 약수이다.

라. G의 H에 의한 좌잉여류들 사이에 다음과 같이 *를 정의하면, *는 잘 정의된(well-defined) 연산이다: $(aH)*(bH) = (ab)H$.

10. 비가환 유한 단순군의 최소 위수는?

가. 6　　나. 12

다. 17　　라. 60

11. **<u>틀린</u> 것은?**

가. 유한 정역(integral domain)은 항상 체(field)이다.

나. 유한 나눗셈 환(division ring)은 항상 체이다.

다. 정역의 단위원을 가지는 부분환은 역시 정역이다.

라. 나눗셈환의 부분환은 나눗셈환이다.

12. **R와 R'이 각각 단위원을 가지는 환일 때, 환준동형사상 $f:R\to R'$에 관한 설명 중 <u>틀린</u> 것은?**

가. $f(1)=1'$이다. 여기서 1과 $1'$은 각각 R와 R'의 곱셈에 관한 항등원이다.

나. Ker f는 R의 이데알이다.

다. Im f는 R'의 부분환이지만 일반적으로 R'의 이데알은 아니다.

라. $R/\text{Ker}\ f\cong\text{Im}\ f$이다.

13. **I, J가 환 R의 이데알(ideal)일 때**

$$IJ=\{a_1b_1+\cdots+a_mb_m \mid a_i\in I,\ b_j\in J,\ 1\le i,\ j\le m,\ m=1,\ 2,\ \cdots\}$$

은 다음 격자도에서 어느 위치인가?

가. ㄱ　　나. ㄴ

다. ㄷ　　라. ㄹ

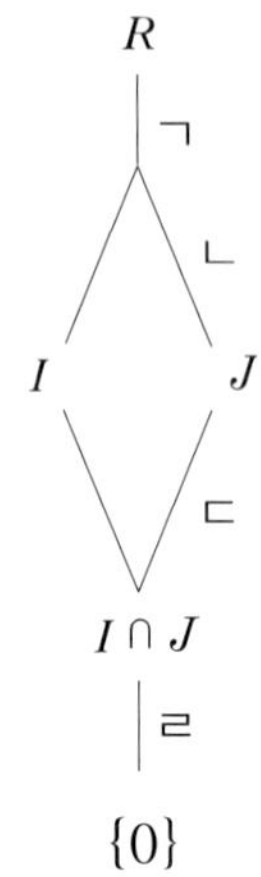

14. F가 체일 때 다항식환 $F[x]$에 관한 설명 중 옳지 <u>못한</u> 것은?

가. $F[x]$는 정역이다.

나. $F[x]$는 단항이데알 정역이다.

다. I가 $F[x]$의 한 이데알일 때 I가 소이데알(prime ideal)이면 I는 극대이데알(maximal ideal)이다.

라. 임의의 이데알 I에 대하여 $F[x]/I$는 정역이다.

15. 옳지 <u>않은</u> 것은?

가. R가 단위원을 가지는 가환환이고 I가 R의 한 이데알일 때 I가 극대 이데알이기 위한 필요충분조건은 R/I가 체가 되는 것이다.

나. R가 단위원을 가지는 가환환이고 I가 R의 한 이데알일 때 I가 소 이데알이기 위한 필요충분조건은 R/I가 정역이 되는 것이다.

다. F가 체이고 $F[x]$가 체 F 위의 다항식 환일 때, $F[x]$의 어떤 이데알 I에 대하여 $F[x]/I$가 체이기 위한 필요충분조건은 $F[x]/I$가 정역인 것이다.

라. R가 단위원을 가지는 가환환이고 I가 R의 한 이데알일 때 R/I가 체이기 위한 필요충분조건은 R/I가 정역인 것이다.

16. **유한체 $\mathbb{Z}_3$ 위의 다항식 환 $\mathbb{Z}_3[x]$에 관하여 옳은 것은? 여기서 $<f(x)>$는 $f(x) \in \mathbb{Z}_3[x]$로 생성되는 $\mathbb{Z}_3[x]$의 이데알을 뜻한다.**

가. $<x^2+x+1>$은 극대 이데알이다.

나. $<x^2-x-1>$은 극대 이데알이다.

다. $<x^2-x+1>$은 극대 이데알이다.

라. $<-x^2+x-1>$은 극대 이데알이다.

17. **F가 체일 때 $f(x)=a_0+a_1x+\cdots+a_nx^n \in F[x]$의 형식적 미분(formal derivative)을 다음과 같이 정의한다:**

$$f'(x)=a_1+2a_2x+\cdots+na_nx^{n-1}.$$

옳지 <u>못한</u> 것은?

가. $(f(x)+g(x))'=f'(x)+g'(x)$

나. $(cf(x))'=cf'(x),\ c \in F$

다. $(f(x)g(x))'=f'(x)g(x)+f(x)g'(x)$

라. $\deg f(x) \geq 1$이면 $f'(x) \neq 0$

18. $\mathbb{Q}$는 유리수체일 때, 옳지 못한 것은?

가. $\mathbb{Q}[x]/<x+1>$은 정역이다.

나. $\mathbb{Q}[x]/<2(x+1)>$은 정역이 아니다.

다. $<x+1>$는 $\mathbb{Q}[x]$의 극대이데알이다.

라. $<4(x+1)>$는 $\mathbb{Q}[x]$의 극대이데알이다.

19. 환의 이데알과 상환에 대한 설명 중 옳은 것은?

가. $\mathbb{Q}$는 $\mathbb{R}$의 이데알이다.

나. 모든 환의 부분환은 이데알이다.

다. 가환환의 모든 상환은 가환환이다.

라. 정역의 모든 상환은 정역이다.

20. 군 G가 G의 두 정규부분군 N_1, N_2의 직적(direct product) 일 때 옳지 못한 것은?

가. $N_1N_2=G$

나. $N_1 \cap N_2=\{e\}$. 여기서 e는 G의 항등원이다.

다. $x \in N_1,\ y \in N_2 \Rightarrow xy=yx$

라. $N_1 \cup N_2=G$

21. 유한체의 위수가 될 수 없는 것은?

가. 4 나. 5

다. 6 라. 7

22. 체 F에 관한 설명 중 틀린 것은?

가. $F^{*}=F-\{0\}$은 곱셈에 관한 순환군을 이룬다.

나. F의 표수가 p이면 다음이 성립한다:

$(\alpha+\beta)^{p}=\alpha^{p}+\beta^{p},\ \alpha,\ \beta\in F.$

다. F의 표수가 p이면 F의 소체(prime field)는 $\mathbb{Z}_{p}$이다.

라. F의 표수가 0이면 F의 소체는 유리수체 $\mathbb{Q}$이다.

23. 환 준동형 사상 $f: R\rightarrow R'$에 대한 설명 중 옳지 못한 것은?

가. $f(0)=0'$이다. 여기서, 0과 $0'$은 각각 R과 R'의 영원이다.

나. $f(-a)=-f(a),\ a\in R.$

다. $f(a^{-1})=(f(a))^{-1}$. 여기서, $a\in R$는 R의 단원(unit)이다.

라. $f(a+b)=f(a)+f(b),\ f(ab)=f(a)f(b),\ a,\ b\in R.$

24. 단위원을 가지는 가환 환 R에 대한 명제 중 다른 것과 동치가 아닌 것은?

가. R은 정역(integeral domain)이다.

나. 집합 $R^{*}=R-\{0\}$는 곱셈에 관하여 닫혀있다.

다. 소거법칙이 성립한다: $ab=ac,\ a\neq 0\Rightarrow b=c.$

라. 임의의 $a,\ b\in R$에 대하여 $a=0$ 또는 $b=0$이면 $ab=0$이다.

25. 체(field)의 표수(標數, characteristic)가 될 수 없는 수는?

가. 0　　나. 2

다. 3　　라. 4

26. **옳은 것은?**

가. 환 R의 부분집합 $S(\neq \varnothing)$가 부분환일 필요충분조건은 다음과 같다.

(1) $a,\ b \in S \Rightarrow a-b \in S$

(2) $a,\ b \in S \Rightarrow ab \in S$

나. 환 R의 두 부분환 S와 T에 대하여 $S \cup T$도 부분환이다.

다. 환 R의 두 부분환 S와 T에 대하여 $S+T=\{s+t \mid s \in S,\ t \in T\}$도 R의 부분환이다.

라. 환 R의 두 부분환 S와 T에 대하여 $ST=\{st \mid s \in S,\ t \in T\}$도 환 R의 부분환이다.

27. **R는 환이고, S가 R의 부분환일 때 옳지 못한 것을 모두 고르면?**

가. R가 가환이면 S도 가환이다.

나. R가 단위원을 가지면 S도 단위원을 가진다.

다. R가 유한이면 S도 유한이다.

라. R가 무한이면 S도 무한이다.

마. S는 R의 공집합이 아닌 부분집합이다.

28. **R가 환이고 $I(I \neq R)$는 R의 이데알일 때 상환 R/I에 대한 설명 중 옳지 못한 것을 모두 고르면?**

가. R가 가환이면 R/I도 가환이다.

나. R가 단위원을 가지면 R/I도 단위원을 가진다.

다. R가 유한이면 R/I도 유한이다.

라. R가 무한이면 R/I도 무한이다.

마. R/I는 R의 부분집합이다.

29. 정수환 $\mathbb{Z}$의 이데알 $n\mathbb{Z}$을 다음과 같이 정의하자.

$$n\mathbb{Z}=\{nk \mid k\in\mathbb{Z}\}$$

이때, $6\mathbb{Z}+n\mathbb{Z}=\mathbb{Z}$가 되는 n은?

가. 2　　나. 3

다. 4　　라. 5

30. 정역(integral domain)은?

가. $\mathbb{Z}_6=\{0, 1, 2, 3, 4, 5\}$

나. $\mathrm{Mat}_2(\mathbb{R})=\left\{\begin{bmatrix} a & b \\ c & d \end{bmatrix} \middle| \, a, b, c, d\in\mathbb{R}\right\}$

다. 사원수환 $\mathbb{H}=\{a+bi+cj+dk \mid a, b, c, d\in\mathbb{R}\}$

라. 유리계수 다항식 환 $\mathbb{Q}[x]$

31. 옳지 못한 것은?

가. PID이면 UFD이다.

나. $\mathbb{Z}[x]$는 UFD이다.

다. $\mathbb{Z}[x]$는 PID이다.

라. $\mathbb{Q}[x]$는 UFD이다.

32. 환 R의 이데알 I에 관한 다음의 두 명제가 동치가 아닌 경우는?

$I(\{0\} \subsetneq I \subsetneq R)$가 R의 극대이데알이다.
$I(\{0\} \subsetneq I \subsetneq R)$가 R의 소이데알이다.

가. $R=\mathbb{Z}$ 나. $R=\mathbb{Q}$

다. $R=\mathbb{Z}[x]$ 라. $R=\mathbb{Q}[x]$

33. **환 R가 세 개의 이데알 I_1, I_2, I_3의 직합이면 다음 두 조건을 만족시킨다.**

$$\begin{cases} (1)\ R=I_1+I_2+I_3 \\ (2)\ \square \end{cases}$$

□ 안에 맞는 것은?

가. $R=I_1 \cup I_2 \cup I_3$

나. $I_i \cap I_j=0,\ i \neq j$

다. $I_1 \cap I_2 \cap I_3=\{0\}$

라. $I_i \cap (I_j+I_k)=\{0\},\ \{i,\ j,\ k\}=\{1,\ 2,\ 3\}$

34. **체 F에 관한 설명 중 옳지 <u>못한</u> 것은?**

가. 이데알은 $\{0\}$과 F 두 개 뿐이다.

나. 표수가 p(소수)인 체는 무한체일 수가 없다.

다. 표수가 0인 체는 유한체일 수 없다.

라. 표수가 4인 체는 존재하지 않는다.

35. **K는 F의 확대체이고 $a \in K$일 때, $F(a)$는 F와 a를 포함하는 K의 최소부분체이고, $F[a]$는 F와 a를 포함하는 K의 최**

소 부분환이라고 하자. 항상 옳은 것은?

가. $F(a)=F[a]$ 나. $F(a)\subset F[a]$

다. $F(a)\supset F[a]$

36. K를 F의 확대체이고 $a\in K$일 때 단순확대체 $F(a)$에 관한 설명 중 옳지 <u>못한</u> 것은?

가. a가 F 위에서 대수적이면 $[F(a):F]<\infty$이다.

나. a가 F 위에서 초월적이면 $[F(a):F]=\infty$이다.

다. a가 F 위에서 대수적이면 $F(a)=F[a]$이다.

라. a가 F 위에서 초월적이면 $F(a)\cong F[x]$이다. 이때, $F[x]$은 부정원 x에 관한 다항식환을 나타낸다.

37. 다항식 환의 성질 중 <u>틀린</u> 것을 모두 고르면?

가. F가 체일 때 $F[x]$의 이데알 $\langle x\rangle$는 상수항이 0인 $F[x]$의 모든 다항식의 집합이다.

나. F가 체일 때 $F[x]$에 대해 $\langle f(x)\rangle=F[x]$이면 $f(x)$의 차수는 0이다.

다. 임의의 환 R에 대해 $f(x)$, $g(x)\in R[x]$인 두 다항식 $f(x)$, $g(x)$에 대해 $\deg(f(x)g(x))=\deg f(x)+\deg g(x)$이다.

라. 환 R가 정역이면 $R[x]$도 정역이고 R의 표수와 $R[x]$의 표수는 같다.

마. F가 체이면 $F[x]$도 체이다.

바. F가 체일 때 F의 단원군과 $F[x]$의 단원군은 다르다.

38. 환에 대한 설명 중 <u>틀린</u> 것은?

가. 두 정역의 직합은 정역이다.

나. 표수가 0인 모든 정역은 무한정역이다.

다. 두 가환환의 직합은 가환환이다.

라. 단위원을 가지는 가환환에서 영인자는 곱셈에 관한 역원을 가질 수 없다.

39. 수의 작도가능성에 관한 것 중에서 틀린 것은?

가. α, β가 작도가능하면 $\alpha \pm \beta$, $\alpha/\beta(\beta \neq 0)$, $\alpha\beta$가 작도가능하다.

나. a가 작도가능하면 $\sqrt{a}$가 작도가능하다.

다. 주어진 원의 원둘레와 같은 길이의 둘레를 갖는 정사각형의 작도는 불가능하다.

라. 모든 각의 3등분은 작도 불가능하다.

40. 사원수 환(ring of quaternions) $\mathbb{H}$에 대한 설명으로 틀린 것은?

가. 덧셈에 관하여 가환군이다.

나. 곱셈에 관하여 결합법칙이 성립한다.

다. $\mathbb{H}^* = \mathbb{H} - \{0\}$은 곱셈에 관하여 가환군이다.

라. 덧셈과 곱셈에 관하여 각각 항등원을 갖는다.

41. 다음 중 정역에 관한 설명 중 옳은 것은?

가. 임의의 자연수는 정역의 표수가 될 수 있다.

나. 표수가 소수인 정역은 체이다.

다. 유한 정역은 체이다.

라. 표수가 0인 정역은 체이다.

42. 환에 관한 성질 중 틀린 것은?

가. 정역의 표수가 소수이면 단위원만이 단원이다.

나. 유한 나눗셈환은 체이다.

다. 모든 정역은 적당한 어떤 체의 부분환으로 생각할 수 있다.

라. 어떤 체와 부분체의 곱셈에 관한 항등원은 항상 일치한다.

43. 잉여류환 $\mathbb{Z}_p$(p는 소수)가 체(field)가 됨을 증명한다고 하자. 이 증명 과정과 관계가 가장 깊은 정수론적 사실은?

가. $a\mathbb{Z}+b\mathbb{Z}=d\mathbb{Z}$. 여기서 d는 a와 b의 최대공약수이다.

나. $a\mathbb{Z}\cap b\mathbb{Z}=l\mathbb{Z}$. 여기서 l은 a와 b의 최소공배수이다.

다. $a\mathbb{Z}\subset a\mathbb{Z}+b\mathbb{Z}$이고 $b\mathbb{Z}\subset a\mathbb{Z}+b\mathbb{Z}$이다.

라. $a\mathbb{Z}\cap b\mathbb{Z}\subset a\mathbb{Z}$이고 $a\mathbb{Z}\cap b\mathbb{Z}\subset b\mathbb{Z}$이다.

44. 잉여류환 $\mathbb{Z}_n$($n\in\mathbb{N}$)에 관한 설명 중 옳지 않은 것을 모두 고르면?

가. $\mathbb{Z}_n$은 상환(quotient ring)의 일종이다.

나. $\mathbb{Z}_n$에는 영인자(zero divisor)가 없다.

다. $\mathbb{Z}_n$은 n이 소수일 때에만 체(field)이다.

라. $\mathbb{Z}_n$은 유한 가환환이다.

마. $\mathbb{Z}_n$는 $\mathbb{Z}$의 부분환이다.

45. 단위원을 가지는 환 R에 관한 설명 중 옳은 것은?

가. R가 자명하지 않은 이데알을 갖지 않는 환 즉 단순환이면 체이다.

나. R의 자명하지 않은 이데알의 원소 중에는 R의 단원(곱셈에 관한 역원을 갖는 원소)도 있을 수 있다.

다. 모든 이데알 I에 대하여 $RI=IR=R$이다.

라. 나눗셈환은 자명하지 않은 이데알을 갖지 않는 환 즉, 단순환이다.

46. 분모의 실수화와 가장 관계 깊은 수학적 개념은?

가. 조밀성(density) 나. 연속성(continuity)

다. 체(field) 라. 수렴성(convergence)

47. 명제 '$2^0=1$'에 관한 설명 중 가장 적절한 것은?

가. 단순히 약속이다.

나. 증명할 수 있다.

다. '$2^0=0$'이라고 약속하는 경우도 있다.

라. '$2^0=0$'임을 증명할 수도 있다.

48. '0^0'의 값에 관한 설명 중 가장 적절한 것은?

가. 0이다.

나. 1이다.

다. ∞이다.

라. 특정한 값으로 정의하면 불편하고 수학적으로 얻는 득이 많지 않으므로 일반적으로 정의하지 않는다.

49. '연산(operation)'과 관계가 가장 깊은 수학 분야는?

가. 기하학　　나. 위상수학
다. 해석학　　라. 대수학

50. 작도 불가능성 문제의 해결과 관계가 가장 깊은 수학 분야는?

가. 추상대수학　　나. 위상수학
다. 미분기하학　　라. 사영기하학

51. 다음 중 옳은 주장은?

(1) 복소수 전체의 집합에 정의된 뺄셈은 교환법칙과 결합법칙을 만족시킨다. (2) 나눗셈은 정수 전체의 집합에서는 잘 정의되지 아니하지만 유리수 전체의 집합에서는 잘 정의된다. (3) 실수 전체의 집합에서는 덧셈, 뺄셈, 곱셈, 나눗셈이 모두 잘 정의된다.

가. (1)　　나. (2)
다. (3)　　라. 없다

52. 정수환 $\mathbb{Z}$, 잉여류환 $\mathbb{Z}_6$, 또는 $\mathbb{Z}_7$ 중 다음 주장이 성립하지 <u>않는</u> 환은?

$xy=0$이면 $x=0$ 또는 $y=0$이다.

가. $\mathbb{Z}$　　나. $\mathbb{Z}_6$
다. $\mathbb{Z}_7$　　라. 없다

53. 정수환 $\mathbb{Z}$, 잉여류환 $\mathbb{Z}_6$, 또는 $\mathbb{Z}_7$ 중 다음 계산이 가능한 환은?

$$\frac{1}{2}+\frac{1}{3}$$

가. $\mathbb{Z}$　　나. $\mathbb{Z}_6$

다. $\mathbb{Z}_7$　　라. 없다

54. 방정식 $x^2+x+1=0$의 두 근은 켤레(conjugate)이다. 근이 켤레로 나타나지 <u>않을</u> 수 있는 경우는?

가. 정수계수다항식　　나. 유리계수다항식

다. 실수계수다항식　　라. 복소계수다항식

55. (임용고사 기출 문제) 군, 환, 체, 벡터공간에 관한 다음 설명 중에서 옳은 것을 모두 고르면?

(1) 위수가 4인 모든 군은 동형이다.
(2) 위수가 4인 모든 환은 동형이다.
(3) 위수가 4인 모든 체는 동형이다.
(4) 군 G의 임의의 부분군 H에 의한 상군(quotient group) G/H를 항상 구성할 수 있다.
(5) 환 R의 임의의 부분환 S에 의한 상환(quotient ring) R/S를 항상 구성할 수 있다.
(6) 벡터공간 V의 임의의 부분공간 W에 의한 상공간(quotient space) V/W를 항상 구성할 수 있다.

가. (1), (4)　　나. (2), (5)
다. (3), (6)　　라. (1), (2), (3)

56. (임용고사 기출문제) 복소수 전체의 집합 $\mathbb{C}$의 부분집합 집합 $G=\{i, a, b, c\}$ (단, $i^2=-1$)가 복소수의 곱셈에 관하여 군일 때, 설명 중 옳지 않은 것은?

가. $a^2+b^2+c^2=1$
나. G는 가환군이다.
다. G의 적당한 부분집합 H에 대하여 H가 덧셈에 관하여 군이다.
라. G의 적당한 진부분집합 H에 대하여 H가 곱셈에 관하여 군이다.

57. (임용고사 기출문제) 집합 $G=\{\varnothing, \{1\}, \{2\}, \{1, 2\}\}$에 다음과 같이 정의된 연산 $\triangle$는 잘 정의된다: 임의의 원소 $A, B \in G$에 대하여 $A\triangle B=(A\cup B)-(A\cap B)$. 연산 $\triangle$에 관한 $\{1\}$의 역원은?

가. $\{1, 2\}$　　나. $\{2\}$
다. $\{1\}$　　라. $\varnothing$

58. (임용고사 기출문제) 다항식환에 관한 다음 설명 중 옳은 것을 모두 고르면?

(1) 체 $\mathbb{Z}_2=\{0, 1\}$ 위에서의 다항식환 $\mathbb{Z}_2[x]$에서 기약인 이차 다항식은 x^2+x+1 뿐이다.
(2) $\mathbb{Z}_4=\{0, 1, 2, 3\}$ 위에서의 다항식환 $\mathbb{Z}_4[x]$는 정역이다.
(3) R가 가환환이면 R 위의 다항식환 $R[x]$도 가환환이다.
(4) R가 정역이면 R 위의 다항식환 $R[x]$도 정역이다.

가. (1), (2) 나. (3), (4)
다. (2), (3), (4) 라. (1), (3), (4)

59. (임용고사 기출문제) 다음에서 옳은 것을 모두 고르면?

(1) 실수체 $\mathbb{R}$와 복소수체 $\mathbb{C}$는 동형(isomorphic)이다.
(2) 5는 군 $\mathbb{Z}_{12}$의 생성자(generator)이다.
(3) 두 자연수 m과 n이 서로소이면 군 $\mathbb{Z}_m\times\mathbb{Z}_n$과 군 $\mathbb{Z}_{mn}$은 동형이다.
(4) 모든 군에서 결합법칙이 성립한다.

가. (1) 나. (2), (3)
다. (1), (4) 라. (2), (3), (4)

60. (임용고사 기출문제) 다항식 $f(x)=x^2+x+1\in\mathbb{Z}_2[x]$는 기약 다항식(irreducible polynomial)이므로 $f(x)$로 생성되는 이데알 $<f(x)>$는 ㉠이며, $\mathbb{Z}_2[x]/<x^2+x+1>$은 위수가 ㉡인 유한체이다. ㉠, ㉡에 모두 옳은 것은?

	㉠	㉡
가.	극대이데알(maximal ideal),	2
나.	극대이데알(maximal ideal),	4
다.	소이데알(prime ideal),	8
라.	소이데알(prime ideal),	16

61. (임용고사 기출문제) 두 실수 $\sqrt[4]{3}$ 와 $\sqrt[5]{3}$ 의 작도가능성에 관한 설명으로서 옳은 것은?

가. $\sqrt[4]{3}$: 작도가능, $\sqrt[5]{3}$: 작도가능

나. $\sqrt[4]{3}$: 작도불가능, $\sqrt[5]{3}$: 작도가능

다. $\sqrt[4]{3}$: 작도가능, $\sqrt[5]{3}$: 작도불가능

라. $\sqrt[4]{3}$: 작도불가능, $\sqrt[5]{3}$: 작도불가능

62. 제7차 교육과정에 의한 교과서 모두에서는 수직선의 양쪽 방향에 화살표를 하고 있다. 수직선을 나타내는 그림에 관하여 옳은 것을 모두 고르면?

가. 수직선은 양쪽으로 무한히 계속되므로 양쪽에 화살표를 하여야 한다.

나. 좌표 평면은 두 수직선을 수직으로 교차시킨 것이므로 좌·우·상·하 모두에 화살표를 하여야 한다.

다. 수직선에서 화살표는 무한을 나타내는 것이 아니고 양의 방향을 나타내는 것이므로 오른쪽에만 화살표를 하여야 한다.

라. 좌표 평면은 두 수직선을 수직으로 교차시킨 것이므로 위쪽과 오른쪽에만 화살표를 하여야 한다.

Ⅱ. 여러 가지 문제를 통하여 대수학 내용을 정리하여라.

1. 다음 물음에 답하여라.

(1) 라그랑쥬 정리를 쓰고 증명하고 적절한 예를 통하여 그 내용을 설명하여라.

(2) 군제1동형정리를 쓰고 증명하고 적절한 예를 통하여 그 내용을 설명하여라.

(3) 환제2동형정리를 쓰고 증명하고 적절한 예를 통하여 그 내용을 설명하여라.

(4) 벡터공간에서의 제3동형정리를 쓰고 증명하고 적절한 예를 통하여 그 내용을 설명하여라.

2. 다음을 기술하여라.

(1) 군에서의 제1, 제2, 제3 동형정리, 대응정리

(2) 환에서의 제1, 제2, 제3 동형정리, 대응정리

(3) 벡터공간에서의 제1, 제2, 제3 동형정리, 대응정리

3. 다음 용어를 모두 사용하여 작문하여라.

(1) 집합 X, 동치관계 $\sim$, 분할, 잉여류 전체의 집합 $X/\sim$

(2) 군 G, 부분군 H, 동치관계, 정규부분군 N, 상군

(3) 환 R, 이데알 I, 이데알 I에 의한 R 위의 동치관계, 분할, 잉여류 전체의 집합 R/I, 덧셈과 곱셈 연산, 상환

(4) 벡터공간 V, 부분공간 W, 부분공간 W에 의한 V 위의 동치관계, 분할, 잉여류 전체의 집합 V/W, 덧셈 연산과 스칼라 배, 상공간

(5) 함수에 의한 두 집합의 비교, 일대일대응, 대등(equipotent), 무한 집합의 비교, 가부번집합, 비가부번집합
(6) 군준동형사상, 동형사상, 핵(kernel)과 상(image), 군 제1 동형정리
(7) 환준동형사상, 동형사상, 핵(kernel)과 상(image), 환 제1 동형정리
(8) 선형사상, 동형사상, 핵(kernel)과 상(image), 벡터공간 제1동형정리
(9) 아벨, 갈로아, 갈로아이론의 기본 정리, 갈로아 확대체, 분해체, 정규확대체, 거듭제곱근 확대체, 다항식의 가해성(거듭제곱근을 써서 풀 수 있다), 군의 가해성, 5차 다항식, 단순군 A_5.
(10) 군, 준동형 사상, 핵, 정규부분군, 대응정리
(11) 체, 다항식 환, 기약다항식, 극대이데알, 유한체
(12) 가환군, 비가환군, 순환군의 존재성, 유일성
(13) 군(G), 부분군(H), 정규부분군(N), 동치관계, 상군(G/N), 군준동형사상(f), 핵($\mathrm{Ker}\, f$), 상($\mathrm{Im}\, f$), 제1동형정리
(14) 군, 정규부분군, 상군, 군준동형사상, 군제1동형정리, 환, 이데알, 상환, 환준동형사상, 환제1동형정리
(15) 집합, 동치관계, 분할, 군, 부분군, 정규부분군, 환, 부분환, 이데알
(16) 환 $\mathbb{Z}_n$, 군 $\mathbb{Z}_n^*$, 오일러 함수 $\varphi(n)$, 순환군, 원시근

4. 적절한 예를 통하여 다음을 설명하여라.

(1) 정규성(normality)은 추이적(transitive)이 아니다. 즉, N이 H의 정규부분군이고 H가 G의 정규부분군일 때, N이 G의 정규부분군이 아닐 수 있다.

(2) 가환군의 모든 부분군은 정규이다. 그러나 군 G의 모든 부분군이 정규부분군이더라도 G는 가환군이 아닐 수 있다.

(3) 위수가 4인 유한군은 유일하지 않다.

(4) 위수가 4인 유한환은 유일하지 않다.

(5) 위수가 4인 유한 벡터공간이 있다.

(6) 위수가 5인 유한군은 유일하지만 위수가 5인 유한환은 유일하지 않다.

(7) 임의의 자연수 n에 대하여 위수가 n인 유한군은 항상 있지만 위수가 n인 비가환군이 항상 있는 것은 아니다.

5. 다음을 증명하여라.

(1) 군 G의 부분군 H의 지수(index)가 2이면 H는 군 G의 정규부분군이다.

(2) 환준동형사상 $f: R \to R'$가 일대일(one-to-one)이기 위한 필요충분조건은 $\mathrm{Ker}\, f = \{0\}$이다.

(3) 일반선형군 $\mathrm{GL}_2(\mathbb{R})$은 무한 비가환군이다.

(4) 특수선형군 $\mathrm{SL}_2(\mathbb{R})$은 일반선형군 $\mathrm{GL}_2(\mathbb{R})$의 무한 비가환군 정규부분군이다.

(5) $\mathbb{Z}_n (n \in \mathbb{N})$이 체(field)가 되기 위한 필요충분조건은 n이 소수인 것이다.

6. 다음은 임용고사 기출문제이다.

(1) ϕ가 군준동형사상일 때, $\phi : H \to G$의 핵(kernel)이 H의 정규부분군임을 증명하여라.

(2) 3대 작도 불가능의 문제는 근대에 와서 해결되었다. 3대 작도 불가능의 문제가 무엇인지 설명하고 각각의 문제에 대하여 작도 불가능한지 그 이유를 간단히 설명하여라.

(3) 군 G의 임의의 원소 g에 대하여 $g^{-1}=g$이면, G는 가환군임을 증명하여라.

(4) $\mathbb{Z}_{11}^{*}=\mathbb{Z}_{11}-\{0\}$는 곱셈에 관하여 순환군(cyclic group)이다. 이 사실을 이용하여 단위원의 원시 10-제곱근(법 11에 관한 원시근, primitive 10th-root of unity)을 모두 구하여라.

(5) 체(field) F 위의 기약 다항식(irreducible polynomial) $f(x) = a_n x^n + a_{n-1}x^{n-1} + \cdots + a_1 x + a_0 \in F[x]$ (단, $a_n \neq 0$)에 대하여 $f(x)$의 한 개의 근(root)을 포함하는 F의 확대체(extension)가 존재함을 설명하여라.

(6) 체(field) F 위의 다항식환 $F[x]$에서 $p(x) \in F[x]$가 기약다항식(irreducible polynomial)이면 $p(x)$로 생성된 이데알 $<p(x)>$는 극대이데알(maximal ideal)임을 설명하여라.

(7) 무한 순환군(infinite cyclic group) G에 대하여 $\sigma : G \to G$를 다음과 같이 정의할 때, 물음에 답하여라.

$\sigma(g)=g^{-1}$ (단, g^{-1}는 g의 역원)

(가) σ는 동형사상(isomorphism)임을 증명하여라.

(나) G에서 G로의 동형사상은 항등사상(identity map)과 σ뿐임을 설명하여라.

(8) 체 K는 체 F의 대수적 확대체(algebraic extension)로서 $[K:F]=10$ 즉, $[K:F]=\dim_F K=10$이다. F 위의 기약다항식(irreducible polynomial) $f(x)$의 차수(degree)가 3일 때, $f(x)$의 어떤 근도 K에 포함되지 않음을 보여라.

(9) 다음과 같이 정의된 함수 $f:\mathbb{Z}\to\mathbb{Z}_3\times\mathbb{Z}_5\times\mathbb{Z}_7$는 환 준동형사상(ring homomorphism)이다:

$f(x)=(x+3\mathbb{Z},\ x+5\mathbb{Z},\ x+7\mathbb{Z})$.

다음 물음에 답하여라.

(가) f의 핵(kernel)을 구하여라.

(나) $f(x)=(2+3\mathbb{Z},\ 3+5\mathbb{Z},\ 4+7\mathbb{Z})$를 만족시키는 정수 x를 모두 구하여라.

(10) 환(ring) R의 원소 a가 적당한 양의 정수 m에 대하여 $a^m=0$으로 될 때, a를 R의 멱영원(nilpotent element)이라고 한다. 가환환(commutative ring) R의 멱영원 전체의 집합을 J라고 할 때, J는 R의 이데알(ideal)임을 보여라.

(11) E가 체 F 위에서 유한확대체(finite extension)이면, E는 F 위에서 대수적 확대체(algebraic extension)임을 증명하여라.

(12) F가 체일 때, $F[x]$의 모든 이데알(ideal)은 단항(principal) 이데알임을 증명하여라.

(13) 2차원 아핀공간 A^2에서 $A(0,\ 0)$, $B(1,\ 0)$, $C(1,\ 1)$인

$\triangle$ABC를 $A'(1, -2)$, $B'(2, 0)$, $C'(3, -1)$인 $\triangle A'B'C'$로 옮기는 아핀변환을 구하여라.

(14) 유한 정역(finite integral domain) D는 체(field)임을 증명하여라.

(15) 방정식 $x^3+ax+b=0$(a, b는 실수)의 한 근이 $x=u+v$이다. 이때, $\omega u+\omega^2 v$와 $\omega^2 u+\omega v$도 이 방정식의 근이 됨을 보여라. 단, $u=\sqrt[3]{-\frac{b}{2}+\sqrt{(\frac{b}{2})^2+(\frac{a}{3})^3}}$,

$v=\sqrt[3]{-\frac{b}{2}-\sqrt{(\frac{b}{2})^2+(\frac{a}{3})^3}}$, $\omega^3=1$, $\omega\neq 1$이다.

7. 아래 방정식을 푸는 과정에서 필요한 대수적 성질(항등원, 역원, 교환법칙, 결합법칙, 분배법칙, 군의 구조, 환의 구조)은 무엇인가?

$$x+3+x=2+3$$

8. 물음에 답하여라.

(1) 군 G의 두 정규부분군 N과 K에 대하여

(가) NK를 정의하여라.

(나) NK가 군 G의 정규부분군임을 보여라.

(다) 다음 부분군들 사이의 포함 관계를 격자도를 통하여 나타내어라:

$$G,\ N,\ K,\ NK,\ \{1\}.$$

(2) 환 R의 두 이데알 I와 J에 대하여

(가) IJ와 $I+J$를 정의하여라.

(나) IJ와 $I+J$가 환 R의 이데알임을 보여라.

(다) 다음 이데알 사이의 포함 관계를 격자도를 통하여 나타내어라: R, I, J, IJ, $I+J$, $\{0\}$.

(3) 벡터공간 V의 두 부분공간 U와 W에 대하여

(가) $U+W$를 정의하여라.

(나) $U+W$가 벡터공간 V의 부분공간임을 보여라.

(다) 다음 부분공간 사이의 포함 관계를 격자도를 통하여 나타내어라: V, U, W, $U+W$, $\{0\}$.

(4) 정수환 $\mathbb{Z}$에서 $4\in\mathbb{Z}$를 원소로 가지는 극대이데알과 $4\in\mathbb{Z}$를 원소로 가지는 소이데알을 제시하여라. 또, $6\in\mathbb{Z}$를 원소로 가지는 극대이데알과 소이데알을 제시하여라.

9. 환 $R=$ $\mathbb{H}$(사원수환), $\mathbb{C}$(복소수체), $\mathbb{Q}$, $\mathbb{Z}$, $\mathbb{Z}_6$, $\mathbb{Z}_7$에 관하여 다음 물음에 답하여라.

(1) 어느 환에서 다음 주장이 성립하는가?

$$xy=0\text{이면 } x=0 \text{ 또는 } y=0\text{이다.}$$

(2) 어느 환에서 $\dfrac{1}{2}+\dfrac{1}{3}$을 계산할 수 있는가? 계산할 수 있다면 그 값은 얼마인가?

(3) 각 환에서 이차방정식 $x^2+1=0$의 해를 가급적 많이 제시하여라.

10. 다항식 $(x^2-2)(x^2-3) \in \mathbb{Q}[x]$의 경우를 예로 들어 갈로아 이론의 기본 정리를 설명하여라.

11. 작도가능성과 거듭제곱근 확대체를 설명하여라.

12. 다음을 증명하여라.

F 위에서의 제n원분확대체 K에 관하여 $G(K/F)$는 가환군이다.

13. 다항식의 가해성에 관한 갈로아 규준(Galois Criterion)을 쓰고 다항식 $x^3-2 \in \mathbb{Q}[x]$의 경우를 예로 들어 설명하여라.

14. 잉여류 환 $\mathbb{Z}_{17}$에 대하여 답하여라.

(1) $\mathbb{Z}_{17}$의 소이데알과 극대이데알을 모두 구하여라.

(2) $\mathbb{Z}_{17}^* = \mathbb{Z}_{17} - \{0\}$은 곱셈에 관하여 순환군임을 설명하여라.

(3) 순환군 $\mathbb{Z}_{17}^*$의 생성자를 모두 나열하여라.

15. 라그랑쥬 정리를 쓰고 증명하여라.

16. 가해군(solvable group)의 정의를 쓰고, 적절한 가해군의 예를 제시하여라.

17. 환 R에서 S가 R의 부분환일 때, I가 R의 이데알이면 $S \cap I$는 S의 이데알임을 증명하여라.

18. 정수 전체의 집합 $\mathbb{Z}$와 그 위에 정의된 덧셈 연산 $+$과 곱셈 연산 $\times$을 생각하자.

가. $(\mathbb{Z}, +)$는 가환군이고 $2\mathbb{Z}=\{2k \mid k \in \mathbb{Z}\}$는 정규부분군이다. 상군 $\mathbb{Z}/2\mathbb{Z}$의 구성 절차를 설명하여라.

나. $(\mathbb{Z}, +, \times)$는 가환환이다. 극대 이데알 M과 극대가 아닌 이데알 I의 예를 각각 제시하여라.

다. 위에서 얻은 극대이데알 M에 의한 상환 $\mathbb{Z}/M$은 정역이다. 이 정역의 분수체는 무엇인가?

라. 정역 $(\mathbb{Z}, +, \times)$의 분수체는 무엇인가?

19. 군 G의 항등원은 유일하게 있음을 보여라.

20. $|G|=2$ 또는 3 즉, 위수가 2 또는 3인 군 G는 가환군임을 보여라.

21. R가 단위원을 가지는 환이고, a, $b \in R$이며 0은 R의 덧셈에 관한 항등원이라고 하자. 다음을 증명하여라. 단, $\cdot$은 곱셈 연산을 나타낸다.

가. $a \cdot 0=0$

나. 0은 곱셈에 관한 역원을 가지지 아니한다.

다. $(-a)\cdot b=-a\cdot b$

라. $(-a)\cdot(-b)=a\cdot b$

22. $\mathbb{Z}_4$는 정역이 아님을 설명하여라.

23. 단위원을 가지는 두 환 R에서 S에 대한 함수 $\phi : R \to S$가 환준동형사상이라고 하자. R의 표수가 n이면 $n\phi(r)=0$, $r \in R$임을 증명하여라. 단, $n\phi(r)$은 S의 원소 $\phi(r)$를 n번 더한 것으로 이해한다.

24. $\mathbb{Z}_3$에서 $\mathbb{Z}_7$으로의 환준동형사상의 개수를 구하여라.

25. 단위원을 가지는 가환환의 표수를 정의하고 표수가 3인 유한 가환환과 무한 가환환을 제시하여라.

26. 극대이데알과 소이데알을 정의하고 정수환 $\mathbb{Z}$에서의 극대이데알과 소이데알 예를 제시하여라.

27. 정이면체군 D_4와 사원수군 Q_8에 대하여 설명하여라.

28. $\mathbb{Z}$에서 $2\mathbb{Z}$으로의 환준동형사상에 대하여 설명하여라.

29. 환 R가 적어도 둘 이상의 원소를 갖고, 0이 아닌 모든 원소 a에 대하여 $aba=a$를 만족시키는 $b \in R$가 유일하게 있을 때, 다음을 증명하여라.
가. R는 영인자를 갖지 않는다.
나. $bab=b$이다.
다. R는 단위원을 갖는다.
라. R의 0이 아닌 모든 원소는 곱셈에 관한 역원을 갖는다.
위수가 4, 5, 6인 각각의 군에 대하여 논하시오.

30. **정수환 $\mathbb{Z}$와 유리수체 위에서의 다항식 환 $\mathbb{Q}[x]$의 공통점을 논하여라.**

31. **다음 물음에 답하여라.**

가. 정수환의 단원을 모두 찾아라.

나. $\mathbb{Z}_5$의 단원을 모두 찾아라.

32. **위수가 3인 환의 종류는 두 가지임을 증명하여라.**

33. **괄호 안을 적절한 용어, 수 또는 식으로 채워라.**

가. 정수군 $(\mathbb{Z}, +)$은 ( )군이다. 정수군의 모든 부분군도 ( )군이다. 따라서 정수군의 부분군을 H라고 하면, $H=m\mathbb{Z}$, $m\in\mathbb{N}\cup\{0\}$와 같이 된다. 그런데 모든 부분군은 ( )부분군이므로 상군 $\mathbb{Z}/m\mathbb{Z}$를 구성할 수 있다. 이 상군을 $\mathbb{Z}_m$이라고 나타낸다면 $\mathbb{Z}_m$은 유한( )군이다. 이 $\mathbb{Z}_m$이 단순군이 되기 위한 필요충분조건은 m이 ( )수인 것이다.

나. 법 m에 관한 잉여류환 $(\mathbb{Z}_m, +, \times)$에 대하여, $\mathbb{Z}_m^*=\{n\in\mathbb{Z}_m \mid (m, n)=1\}$는 가환군이다. 이 가환군의 위수는 ( )이다. 이 가환군이 ( )군이 되기 위한 필요충분조건은 $m=2, 4, p^k, 2p^k$ (p: 홀수 소수)인 것이다. 따라서 $\mathbb{Z}_8^*$는 ( )군이 아니며 위수는 ( )이다. 그러므로 $\mathbb{Z}_8^*$는 ( ) 군과 동형이다.

34. 다음 빈 칸을 적절히 채워라.

군의 위수	군의 개수	군의 예
2	1	$\mathbb{Z}_2$
3		
4		
5	1	$\mathbb{Z}_5$
6		
7	1	$\mathbb{Z}_7$
8		
9		

35. 실수 $\alpha \in \mathbb{R}$가 유리수체($\mathbb{Q}$) 위에서 대수적일 때 단순확대체 $\mathbb{Q}(\alpha)$의 $\mathbb{Q}$ 상에서의 차수(degree)는 α의 최소다항식의 차수와 같음을 증명하여라.

36. 다음을 증명하여라:

군 G의 두 정규부분군 N_1과 N_2가 다음 조건을 만족시킨다고 하자.

$$N_1N_2=G\text{이고 } N_1 \cap N_2=1\text{이다.}$$

그러면 임의의 $n_1 \in N_1$과 임의의 $n_2 \in N_2$에 대하여 $n_1n_2=n_2n_1$이다.

37. 군의 정의를 쓰고 $(\mathbb{Z}, \times)$는 군이 아님을 설명하여라.

38. 군 G의 두 정규부분군 N, K에 관하여 NK를 정의하고, 다음 부분군들 상호 간의 포함관계를 말하여라.

$$NK,\ N,\ K,\ N \cap K$$

39. 환 R의 두 이데알 I와 J에 관하여 IJ와 $I+J$를 정의하고, 다음 이데알들 사이의 포함관계를 말하여라.

$$IJ,\ I+J,\ I,\ J,\ I \cap J$$

40. 위수가 8과 9인 유한체를 각각 제시하여라.

41. 다항식 $f(x) \in \mathbb{Q}[x]$가 거듭제곱근을 써서 풀 수 있으면 $f(x)$의 갈로아군 G_f는 가해군임을 증명하여라.

42. 다음 물음에 답하여라.

가. 세 명제 p, q, r에 대한 다음 주장을 증명하여라.

$$p \rightarrow (q \vee r) \equiv (p \wedge \sim q) \rightarrow r$$
$$p \rightarrow q \equiv \sim q \rightarrow \sim p$$

나. 실수 전체의 집합 $\mathbb{R}$가 체(field)임을 이용하여 다음을 증명하여라.

임의의 두 실수 x, y에 대하여, $xy=0$이면 $x=0$ 또는 $y=0$이다.

다. 수학에서 흔히 사용하는 증명 기법 중의 하나인 귀류법의 논리적 정당성을 설명하여라.

43. 다음 물음에 답하여라.

가. 단위원을 가지는 환 R에 대하여 R^*를 다음과 같이 정의하자.

$$R^* = \{x \in R \mid x\text{는 } R \text{ 안에 곱셈에 관한 역원을 가진다.}\}$$

이 때, R^*은 곱셈에 관하여 군이 됨을 증명하여라.
이 군을 환 R의 단원군(group of units)이라고 부른다.

나. 행렬환 $\mathrm{Mat}_n(\mathbb{R})$의 단원군은 무엇인가?

다. 다음 환의 단원군은 각각 무엇인가?
유한체 $\mathbb{Z}_p$, p는 소수
정수환,
유리수체.

라. 다음을 확인하여라: 단위원을 가지는 가환환 R가 체이기 위한 필요충분조건은 $R^* = R - \{0\}$인 것이다.

마. 환 $\mathbb{Z}_n$의 단원군 $\mathbb{Z}_n^*$에 관하여 다음 물음에 답하여라.
(1) 법 n에 관한 원시근이 있다면 몇 개 있는가?
(2) 법 n이 12 이하인 경우 $\mathbb{Z}_n^*$을 규명하여라.

44. 다음 물음에 답하여라.

가. 두 정수 $a, b \in \mathbb{Z}$, $b \neq 0$에 대하여 $a = bq + r$, $0 \leq r < |b|$인 두 정수 $q, r \in \mathbb{Z}$가 있고 이와 같은 q, r은 단 각각 하나뿐이다. 이 나눗셈 알고리즘은 유리계수 다항식 전체의 집합 $\mathbb{Q}[x]$이나, 또는 실수계수 다항식 전체의 집합 $\mathbb{R}[x]$에서도 적절한 형태로 성립한다. 간단한 예를 통

하여 이를 설명하여라.

나. 두 정수 a, b에 대하여, $a\mathbb{Z}+b\mathbb{Z}=(a, b)\mathbb{Z}$가 성립함을 증명하여라. 여기서 (a, b)는 a와 b의 최대공약수를 나타낸다.

다. $\mathbb{Q}[x]$의 경우에 있어서 위 '나'에 해당하는 정리를 기술하여라.

라. 잉여환 $\mathbb{Z}/m\mathbb{Z}(\equiv \mathbb{Z}_m)$에서 다음 두 명제는 동치임을 증명하여라.

(1) $\mathbb{Z}_m$가 체이다.

(2) m이 소수이다.

마. $\mathbb{Q}[x]$의 경우에 있어서 위 '라'에 해당하는 정리를 기술하여라.

45. $f(n)=x^3-2\in\mathbb{Q}[x]$**의 분해체는 거듭제곱근 확대체임을 보여라.**

46. 다음을 증명하여라.

가. 유리계수다항식환 $\mathbb{Q}[x]$은 단항이데알 정역이다.

나. 유한확대체는 대수적확대체이다.

47. 군 G의 모든 원소의 위수가 2이면, 군 G는 가환군임을 증명하여라.

48. 다음을 증명하여라.

두 군 G, H에 대한 군준동형사상 $f : G \to H$가 일대일이기 위한 필요충분조건은 $\operatorname{Ker} f = \{e\}$이다.

49. **위수가 16인 비가환 환의 예를 하나를 설명과 함께 제시하여라.**

50. **갈로아(Galois) 이론의 기본정리를 한 예를 통하여 설명하여라.**

51. **다음 물음에 답하여라.**

가. 위수가 6인 비가환 군의 예를 제시하고 설명하여라.

나. 비가환 무한군의 예를 제시하고 설명하여라.

52. **무한 비가환 환의 예를 제시하고 설명하여라.**

53. **유한 군 G의 부분군 H에 대한 다음 주장 중 옳은 것은 증명하고, 틀린 것은 반증하여라.**

가. G의 임의의 두 원소 x, y에 대하여 관계 ~을 다음과 같이 정의하자:

$$x \sim y \Leftrightarrow x^{-1}y \in H.$$

관계 ~는 동치관계이다.

나. $|H|$는 $|G|$의 약수이다.

다. G의 H에 의한 좌잉여류들 사이에 다음과 같이 연산 *을 정의하면:

$$(aH)*(bH) = (ab)H,$$

*는 잘 정의된(well-defined) 연산이다.

54. 유한 환 G의 부분환 H에 대한 다음 주장 중 옳은 것은 증명하고, 틀린 것은 반증하여라.

가. G의 임의의 두 원소 x, y에 대하여 관계 ~을 다음과 같이 정의하자:

$$x \sim y \Leftrightarrow x - y \in H.$$

관계 ~는 동치관계이다.

나. $|H|$는 $|G|$의 약수이다.

다. G의 H에 의한 잉여류들 사이에 곱셈 연산 *을 다음과 같이 정의하자:

$$(a+H)*(b+H) = ab+H.$$

여기서 ab는 환 G에서의 곱을 나타낸다. 이 연산 *는 잘 정의된(well-defined) 연산이다.

55. 다음 물음에 답하여라.

가. 정규(normal)부분군을 정의하여라.

나. 상군(factor group, quotient group)의 구성을 예를 통하여 설명하여라.

56. 다음 물음에 답하여라.

가. 이데알(ideal)을 정의하여라.

나. 상환(factor ring, quotient ring)의 구성을 예를 통하여 설명하여라.

57. 가환환 R의 두 이데알 I와 J가 $I+J=R$의 조건을 만족시킨다. 이때 다음을 증명하여라. 여기서 $\oplus$는 두 환의 직합을 나타낸다.

$$R/(I\cap J)\simeq R/I\oplus R/J$$

58. 두 자연수 m과 n이 서로소라고 하자. 다음을 증명하여라. 여기서 $\oplus$는 두 환의 직합을 나타낸다.

가. $\mathbb{Z}/mn\mathbb{Z}\simeq\mathbb{Z}/m\mathbb{Z}\oplus\mathbb{Z}/n\mathbb{Z}$

나. 위 관계를 중국인의 나머지 정리로 해석하여라.

59. 다음 □ 안을 적당한 용어와 수로 채우시오.

단항식 $x^2+x+1\in\mathbb{Z}_2[x]$은 □ 다항식이므로 단항이데알 $<x^2+x+1>$은 □ 이데알이다. 따라서 $\mathbb{Z}_2[x]/<x^2+x+1>$은 체(field)이며 이 체의 위수는 □이다.

60. 유한체 $\mathbb{Z}_2[x]/<x^2+x+1>$의 위수를 말하고, 곱셈 연산표를 작성하시오.

61. 환 R의 임의의 이데알 I에 대하여 $R/I=\{a+I\mid a\in R\}$을 생각하고 여기에 다음과 같은 연산을 생각하자: $(a+I)\cdot(b+I)=ab+I$. 이 연산은 잘 정의됨(well-defined)을 보이라.

62. 다음 물음에 답하여라.

가. $\sqrt{2} \in \mathbb{R}$의 $\mathbb{Q}$ 위의 기약다항식을 구하여라.

나. 차수 $[\mathbb{Q}(\sqrt{2}) : \mathbb{Q}]$는 얼마인가?

63. $a=-1+i$는 $\mathbb{Q}$ 위에서 대수적이다. 다음 물음에 답하여라.

가. a를 근으로 가지는 이차식 $f(x) \in \mathbb{Q}[x]$를 구하여라.

나. 위에서 구한 $f(x)$가 기약다항식임을 아이젠슈타인(Eisenstein) 판정법을 사용하여 설명하라.

다. $[\mathbb{Q}(a) : \mathbb{Q}]$는 얼마인가?

64. 임의의 다항식 $f(x) \in \mathbb{R}[x]$에 의하여 생성된 이데알 $< f(x) >$가 극대이데알이기 위한 필요충분조건을 기술하고 증명하여라.

65. 다음을 증명하여라: 단위원을 갖는 가환환이 체가 될 필요충분조건은 가환환이 자명하지 않는 진부분 이데알을 갖지 않는다.

66. 다음 갈로아(Galois) 군을 계산하여라.

$$G(\mathbb{Q}(\sqrt{2}, \sqrt{3})/\mathbb{Q})$$

67. $\mathbb{Q}(\sqrt{2}+\sqrt{3})$과 $\mathbb{Q}(\sqrt{2}, \sqrt{3})$에 대하여 $\sqrt{2}+\sqrt{3} \in \mathbb{Q}(\sqrt{2}, \sqrt{3})$이므로 $\mathbb{Q}(\sqrt{2}+\sqrt{3}) \subset \mathbb{Q}(\sqrt{2}, \sqrt{3})$이다. 다음 물음에 답하여라.

가. $\sqrt{2} \in \mathbb{Q}(\sqrt{2}+\sqrt{3})$이고 $\sqrt{3} \in \mathbb{Q}(\sqrt{2}+\sqrt{3})$ 임을 보임

으로써 $\mathbb{Q}(\sqrt{2}+\sqrt{3})=\mathbb{Q}(\sqrt{2}, \sqrt{3})$임을 증명하여라(과제 14.10. 다 참조).

나. $[\mathbb{Q}(\sqrt{2}+\sqrt{3}):\mathbb{Q}]=4$이다. 이제, $\sqrt{2}+\sqrt{3}$의 최소다항식 $p(x)\in\mathbb{Q}[x]$의 차수가 4임을 보임으로써 $\mathbb{Q}(\sqrt{2}+\sqrt{3})=\mathbb{Q}(\sqrt{2}, \sqrt{3})$임을 증명하여라.

68. (모의임용고사)[1] **체 $\mathbb{Q}(\sqrt{2}, \sqrt{3})$는 유리수체 $\mathbb{Q}$ 위에서 벡터공간이다. 다음 물음에 답하여라.**

가. $\mathbb{Q}(\sqrt{2}, \sqrt{3})$의 $\mathbb{Q}$ 위에서의 기저 $\mathcal{B}$를 하나 제시하여라.

나. $\mathbb{Q}(\sqrt{2}, \sqrt{3})$의 $\mathbb{Q}$ 위에서의 차수(degree) $[\mathbb{Q}(\sqrt{2}, \sqrt{3}):\mathbb{Q}]$를 구하여라.

다. $\alpha=\sqrt{2}+\sqrt{3}$라고 할 때, 임의의 $v\in\mathbb{Q}(\sqrt{2}, \sqrt{3})$에 대하여 $T(v)=\alpha v$로 정의되는 함수 $T:\mathbb{Q}(\sqrt{2}, \sqrt{3})\to\mathbb{Q}(\sqrt{2}, \sqrt{3})$는 선형사상임을 보여라.

라. 위 '다'에서의 선형사상을 '가'에서의 기저 $\mathcal{B}$에 관한 행렬 M_T로 나타내어라.

마. 행렬 M_T의 고유다항식(특성다항식) $\lambda(t)$를 구하여라.

바. $\lambda(t)$는 α를 근으로 가짐을 보여라.

사. $\lambda(t)$는 일차인수를 가지지 않음을 설명하여라.

아. $\lambda(t)$는 이차인수를 가지지 않음을 보여 $\lambda(t)$는 α의 $\mathbb{Q}$ 위에서의 기약다항식임을 설명하여라.

---

1) 원래의 문제를 저자가 일부 수정하였다.

자. 이상의 결과에 근거하여 $\mathbb{Q}(\sqrt{2}+\sqrt{3})=\mathbb{Q}(\sqrt{2},\sqrt{3})$임을 증명하여라.

차. 위 '자'의 증명을 '문제 67'에서의 증명과 비교 논의하여라.

69. 다음 물음에 답하여라.

가. 유한확대체는 대수적확대체임을 증명하여라.

나. (모의임용고사) 위 '문제 68'에서의 논의를 이용하여 유한확대체는 대수적확대체임을 증명하여라.

다. 위의 두 증명을 비교 논의하여라.

70. 다음 물음에 답하여라.

가. 이차방정식 $x^2-2=0$의 양(positive)의 해를 작도하여라.

나. 이차방정식 $x^2-x-1=0$의 양의 해를 작도하여라.

다. 어떤 유리수 a,b에 대하여이차방정식 $x^2+ax+b=0$가 양의 해를 가진다고 할 때, 그 해를 작도하여라.

다. 삼차방정식 $x^3-2=0$의 실수해(real root)를 작도할 수 없음을 설명하여라.

71. 실수체 $\mathbb{R}$에는 $x^2=-1$의 해가 존재하지 않는다. 이제, $x^2=-1$의 해가 존재하도록 실수체 $\mathbb{R}$를 복소수체 $\mathbb{C}$로 확장할 수 있다. 사실, 다항식 $x^2+1\in\mathbb{R}[x]$은 기약다항식이므로 x^2+1로 생성되는이데알 $<x^2+1>$은 극대이데알이고, 상환 $\mathbb{R}[x]/<x^2+1>$는 체이다. 이 체가 복소수 체 $\mathbb{C}$로서

$\mathbb{C}=\mathbb{R}(i)=\{a+bi \mid a,b\in\mathbb{R},\ i^2=-1\}$와 같이 나타낼 수 있다. 한편, 복소수 개념을 더욱 확장할 수 있다. 사원수환은 $a_0+a_1 i+a_2 j+a_3 k\,(a_0,a_1,a_2,a_3\in\mathbb{R})$ 전체의 집합, 즉

$$\mathbb{H}=\{a_0+a_1 i+a_2 j+a_3 k \mid a_0,\ a_1,\ a_2,\ a_3\in\mathbb{R}\}$$

이다. 여기서, 세 수 i, j, k는 다음과 같은 조건을 만족시키는 것이다.

$$\begin{aligned}&i^2=j^2=k^2=-1,\\&ij=-ji=k,\\&jk=-kj=i,\\&ki=-ik=j\end{aligned}$$

$\mathbb{H}$는 곱셈에 관한 교환법칙이 성립하지 않는 나눗셈환이다.

가. 다음 물음에 답하여라.

(1) p가 소수일 때, $\mathbb{Z}_p$에서 $x^2\equiv-1\pmod{p}$가 해를 가지지 않을 필요충분조건은 무엇인가?

(2) $\mathbb{Z}_p$에서 $x^2\equiv-1\pmod{p}$가 해를 가지지 않을 때, $x^2=-1$가 해를 가지도록 $\mathbb{Z}_p$를 확장하는 방안을 제시하여라.

나. 실수체 $\mathbb{R}$는 대수적으로 닫혀있지 않지만, 복소수체 $\mathbb{C}=\mathbb{R}(i)$는 대수적으로 닫혀있다. 다음 물음에 답하여라.

(1) 임의의 소수 p에 대하여 유한체 $\mathbb{Z}_p$는 대수적으로 닫혀있지 않음을 증명하여라.

(2) 유한체 $\mathbb{Z}_p$를 대수적으로 닫혀있도록 확장하는 것이

가능하지 살펴라.

다. $p=4k+3$ 꼴의 소수 p에 대하여 $\mathbb{Z}_p$에는 $x^2 \equiv -1 \pmod{p}$의 해가 존재하지 않는다. 실수체 $\mathbb{R}$를 복소수체 $\mathbb{C}$로 확장하고, $\mathbb{C}$를 다시 $\mathbb{H}$로 확장하듯이, $\mathbb{Z}_p$를 확장하여 사원수환과 유사한 환, 즉 곱셈에 관한 교환법칙은 성립하지 않더라도 나눗셈환이 되는 그러한 환을 구성하는 것이 가능한지 논의하여라.

72. 다항식환 $\mathbb{Z}_2[x]$와 n차 기약다항식 $q(x)\in\mathbb{Z}_2[x]$에 대하여 유한체 $F=\mathbb{Z}_2[x]/<q(x)>$의 위수는 2^n이다. 다음을 증명하여라.

가. 적당한 원소 $\alpha\in F$가 존재하여 $F=\mathbb{Z}_2(\alpha)$이다. 즉, F는 $\mathbb{Z}_2$의 α에 의한 단순확대체이다.

나. $\alpha, \alpha^2, \alpha^3, \cdots, \alpha^{2^n-1}$은 모두 F의 원소이고 모두 다르다.

다. $\alpha, \alpha^2, \alpha^4, \cdots, \alpha^{2^{n-1}}$은 모두 $q(x)$의 근이다.

라. F는 $\mathbb{Z}_2$ 위에서 $q(x)$의 분해체이다.

마. $q(x)$는 $x^{2^n}-x=x^{2^n}+x\in\mathbb{Z}_2[x]$의 인수이다.

바. F는 $\mathbb{Z}_2$ 위에서 $x^{2^n}-x=x^{2^n}+x\in\mathbb{Z}_2[x]$의 분해체이다.

73. 정리 17.34의 증명을 다음과 같이 제시하면 어떨까?

단위원의 원시 p^k 제곱근은 $\zeta=\cos\theta+i\sin\theta$, $\theta=\dfrac{2\pi}{p^k}$이다.

$\mathbb{Q}(\zeta)$는 $\mathbb{Q}$의 갈로아 확대체이고 $|G(\mathbb{Q}(\zeta)/\mathbb{Q})|=[\mathbb{Q}(\zeta):$

$\mathbb{Q}]=p^{k-1}(p-1)$이다(정리 17.30). 한편, $\zeta^{-1}=\cos\theta-i\sin\theta$이므로 $\cos\theta=\frac{1}{2}(\zeta+\zeta^{-1})\in\mathbb{Q}(\zeta)$이다.

이제, $f(x)=x^2-2\cos\theta\ x+1\in\mathbb{Q}(\cos\theta)[x]$의 모든 근은 허근이므로 $f(x)$는 $\mathbb{Q}(\cos\theta)$ 위에서 ζ의 기약다항식이다. 따라서 $[\mathbb{Q}(\zeta):\mathbb{Q}(\cos\theta)]=2$이고 $[\mathbb{Q}(\cos\theta):\mathbb{Q}]=\frac{p^{k-1}(p-1)}{2}$이다.

가. $k\geq 2$이면 $[\mathbb{Q}(\cos\theta):\mathbb{Q}]=\frac{p^{k-1}(p-1)}{2}$는 2의 거듭제곱이 아니므로 $\cos\theta$는 작도가능하지 않다.

나. 정p각형이 작도가능하면 $\cos\theta$가 작도가능하다. 따라서 $[\mathbb{Q}(\cos\theta):\mathbb{Q}]=\frac{p-1}{2}$는 2의 거듭제곱이다. 따라서 $p=2^m+1$의 꼴이다. $k=1$이고 $p=2^m+1$이면 $[\mathbb{Q}(\cos\theta):\mathbb{Q}]=\frac{p-1}{2}=2^{m-1}$이므로 $\cos\theta$, 즉 각 θ가 작도가능하다. 따라서 정p각형은 작도가능하다.

74. 이 책에서는 실수의 작도가능성에 대하여 논의하였다. 사실, 실수 α가 작도가능하기 위한 필요조건은 $[\mathbb{Q}(\alpha):\mathbb{Q}]$가 1 또는 2의 거듭제곱인 것이다. 이제, 다음과 같은 정의를 생각하자.

> 두 실수 a, b가 작도가능할 때, 복소수 $a+bi$는 작도가능하다고 한다.

다음 물음에 답하여라.

가. 복소수 α가 작도가능하면 $[\mathbb{Q}(\alpha):\mathbb{Q}]$는 1 또는 2의 거

듭제곱임을 증명하여라.

*나. 다음 주장을 증명 또는 반증하여라.

복소수 $\alpha=a+bi(a,b\in\mathbb{R})$에 대하여 $[\mathbb{Q}(\alpha):\mathbb{Q}]$가 1 또는 2의 거듭제곱이면 복소수 α는 작도가능하다.

75. 유한군 G의 두 부분군 H와 K에 대하여 $|HK|=\dfrac{|H|\,|K|}{|H\cap K|}$임을 증명하여라.

76. 유한군 G의 위수가 p^k(p는소수, $k\in\mathbb{N}$) 일 때, G는 가해군임을 증명하여라.

77. 두 확대체 $\mathbb{Q}(\sqrt{2})$, $\mathbb{Q}(\sqrt{3})$는 $\mathbb{Q}$ 위에서의 벡터공간으로서는 동형이지만 체로서는 동형이 아님을 증명하여라. 마찬가지 방법으로, 두 확대체 $\mathbb{Q}(i)$, $\mathbb{Q}(\sqrt{3})$도 $\mathbb{Q}$ 위에서의 벡터공간으로서는 동형이지만 체로서는 동형이 아님을 증명하여라. 여기서 i는 허수단위이다.

Ⅲ. 교사의 전문성 중에서 평가전문성은 특히 중요하다. 학생에 대한 공정한 평가는 수업과 밀접히 관계되기 때문이다. 대수학과 관련된 내용을 중심으로 여러 가지 평가 문항을 제시한다.

1. 평가 내용: 치환

• 평가 유형: 모둠별 프로젝트

• 평가 목표: 실생활문제 해결

• 평가 기준:

(1) 상: 아래 문항 중 (1)과 (2) 외의 문항에도 답을 할 수 있다.

(2) 중: 아래 문항 중 (2)의 문항에 답을 할 수 있다.

(3) 하: 사다리타기 게임을 아는 경우 (1) 외의 문항에 답을 하지 못한다. 게임을 모르는 경우 게임에 관한 설명을 듣고 게임을 이해하지만 (1) 외의 문항에 답을 하지 못한다.

• 평가의 특징: 치환은 본 강좌에서 뿐만 아니라 앞 선 선형대수학 등 여러 강좌에서도 중요한 역할을 한다. 한편, 대부분의 수강생들은 사타리타기 게임을 잘 알고 또 해 본 경험이 있다. 아래에 제시하는 문항은 수학적 개념을 실생활에 적용할 수 있는 능력을 평가할 수 있게 한다.

• 평가 문항: 다음 물음에 답하여라.

(1) 사다리타기 게임에 대하여 알아보아라.

(2) 이 게임에서 여러 가지 수학적 문제를 도출하여 보자.

(3) 사다리타기 게임을 치환(특히 호환)을 이용하여 설명하여라.

(4) 게임을 하나의 치환으로 표현하여라.

(5) 각 입구에 대응하는 출구를 구하여라.

(6) 치환의 성질과 역원(inverse, inverse element) 개념을 이용하여 각 출구에 대응하는 입구를 구하여라.

2. 평가 내용: 대수학 전반

- **평가 유형**: 퀴즈
- **평가 목표**: 수학적 지식
- **평가의 특징**: 원주율이나 분모의 유리화 등과 같이 매우 익숙한 수나 개념에도 교사가 이해하여야 할 깊은 수학적 지식이 있다. 이 문항들은 대수학의 구체적이고 종합적인 지식을 평가한다. 이 평가는 강좌가 끝날 때 활용하면 좋을 것이다.
- **평가 문항**: 다음 물음에 답하여라.

(1) 원주율 π에 관한 다음 설명 중 <u>틀린</u> 것은?

가. 무리수이며 초월수이다.

나. 소수점 이하 다섯 자리까지의 근사 값을 지필로 계산하기 위해서는 중학교 수준 이상의 수학이 필요하다.

다. 자연 현상이나 실생활에서 자연스럽게 발견되고 활용되므로 자연수(natural number)이다.

(2) 다음 중 분모의 유리화와 가장 관계 깊은 수학적 개념은 무엇인가?

가. 조밀성(density)　　나. 연속성(continuity)

다. 체(field)　　라. 수렴성(convergence)

(3) 2차 다항식 $ax^2+bx+c=0$, $a\neq 0$의 근의 공식은 다음과

같다: $x=\dfrac{-b\pm\sqrt{b^2-4ac}}{2a}$. 다음 중에서 <u>틀린</u> 것은?

가. 1차 다항식의 경우에도 2차 다항식의 경우처럼 근의 공식이 있다.

나. 3차 다항식의 경우에도 2차 다항식의 경우처럼 근의 공식이 있지만 다소 복잡하다.

다. 4차 다항식의 경우에도 2차 다항식의 경우처럼 근의 공식이 있지만 다소 복잡하다.

라. 5차 다항식의 경우에도 2차 다항식의 경우처럼 근의 공식이 있지만 다소 복잡하다.

(4) 항이 무수히 많은 경우의 덧셈과 곱셈을 할 때 아무런 제약 조건 없이 적용할 수 있는 성질이나 개념은?

가. 교환법칙　　나. 결합법칙

다. 분배법칙　　라. 항등원

(5) 다음 개념이나 성질 중에서 일차 방정식 $x+3+x=2+3$의 풀이 과정과 관계가 가장 <u>적은</u> 것은?

가. 항등원　　나. 역원

다. 교환법칙　　라. 대수학의 기본 정리

3. 평가 내용: 다항식의 해

• **평가의 특징**: 다항식의 해에 관한 이론은 추상대수학에서는 물론 선형대수학이나 정수론에서도 유사한 형태로 등장하며 중요한 역할을 한다. 아래 평가 문항은 이러한 연계성에 주목하게 한다.

• 평가 문항: 다음 물음에 답하여라.

(1) 일차방정식의 일반적인 형태는 $ax=b$이다. 여기서 $a=0$이고 $b=0$이면 해는 무수히 많으나, $a=0$이지만 $b\neq 0$이면 해는 없다. 그러나 $a\neq 0$인 경우에는 b의 값에 무관하게 유일한 해 $a^{-1}b=\dfrac{b}{a}$를 가진다. 이 경우 해의 존재성과 유일성에 관한 한 a의 값이 중요한 역할을 한다.

(2) 미지수가 두 개인 일차방정식 두 개로 이루어진 연립방정식은 다음과 같은 행렬로 표현이 가능하다: $AX=B$. 이 연립방정식의 해에 관하여 위의 일차방정식의 경우와 비교하여 논의하여라.

(3) 자연수 n을 법(modulus)으로 하는 일차 합동식 $ax\equiv b \pmod{n}$의 해의 존재성과 해의 개수에 관하여 알아보아라.

(4) 위 세 문제를 통하여 일차방정식, 일차연립방정식, 그리고 일차합동식의 해의 존재성, 해의 개수 등에 관하여 비교 설명하여라.

4. 평가 내용: 다항식 환

• 평가의 특징: 수학적 사실을 다양한 표현을 사용하여 표현할 수 있게 한다.

• 평가문항:

(1) 다음 사실을 확인하여라: $\varnothing\neq S\subset\mathbb{Z}$인 집합 S를 생각하자. 이 집합 S가 덧셈과 뺄셈에 관하여 닫혀있으면 적당한 음수가 아닌 정수 m에 대하여 $S=m\mathbb{Z}$이다. 이러한 조건

을 만족시키는 정수 m은 유일하게 결정된다.

(2) 위 사실을 순환군 등 군론 용어를 사용하여 표현하여라.

(3) 위 (1)의 사실을 단항이데알 정역 등의 환론 용어를 사용하여 표현하여라.

5. 평가 내용: 수 체계

- **평가의 특징**: 수의 집합을 집합론적 또는 대수적 성질로 비교할 수 있다.
- **평가문항**: 자연수 집합 $\mathbb{N}$, 정수 전체의 집합 $\mathbb{Z}$, 유리수 전체의 집합 $\mathbb{Q}$, 실수 전체의 집합 $\mathbb{R}$, 복소수 전체의 집합 $\mathbb{C}$, 그리고 사원수 전체의 집합 $\mathbb{H}$에 대하여 다음 관점에서 비교하여라.

(1) 집합의 농도

(2) 구체적인 정렬 가능성

(3) 다항식의 해 존재성

(4) 대수적구조

(5) 조밀성과 완비성

(6) 집합론에서의 기수(cardinal number)와 서수(ordinal number)를 수의 확장과 관련하여 논의하여라. 이 때, 대수적인 성질(예를 들어, 교환 법칙, 역원, 분배 법칙 등)은 만족스럽지 못함을 확인하여라.

(7) 환 R가 $\mathbb{Q}$, $\mathbb{Z}$, $\mathbb{Z}_6$, 또는 $\mathbb{Z}_7$일 때, 다음 물음에 답하여라.

(가) 어떤 환 R에서 다음 주장이 성립하는가?

$$xy=0\text{이면 } x=0 \text{ 또는 } y=0\text{이다.}$$

(나) 어떤 환 R에서 $\frac{1}{2}+\frac{1}{3}$을 계산할 수 있는가? 계산할 수 있다면 그 값은 얼마인가?

(다) 각 환 R에 대하여 다음 이차방정식의 해에 관하여 알아보아라.

$$x^2=a, \ a\in R$$

6. 평가 내용: 상(quotient) 구조

- 평가의 특징: 여러 가지 대수적구조(군, 환, 벡터공간)에 대하여 상 구조를 종합적이고 일관되게 이해한다.
- 평가 문항:

(1) 집합론에서 동치관계와 분할을 설명하여라.

(2) 군론에서 정규부분군에 의한 동치관계, 분할, 상군을 설명하여라.

(3) 상군의 구성 과정에서 정규부분군이 왜 필요한지 설명하여라.

(4) 환론에서 이데알에 의한 동치관계, 분할, 상환을 설명하여라.

(5) 상환의 구성 과정에서 이데알이 왜 필요한지 설명하여라.

(6) 벡터공간에서 부분공간에 의한 동치관계, 분할, 상공간을 설명하여라.

(7) 벡터공간에서 상공간을 구성하기 위해 특수한 부분공간을 요구하지 않는다. 이를 통하여 벡터공간의 특징을 논하여라.

7. 평가 내용: 준동형사상

- 평가의 특징: 해석학, 기하학, 그리고 대수학에서는 각각의 수학적 구조에 따라 다른 형태의 함수를 요구한다. 함수의 기능을 종합적으로 이해할 수 있다.
- 평가 문항:

(1) 함수의 정의는 무엇인가?

(2) 무한 집합을 분류함에 있어서 함수의 기능을 논하여라.

(3) 미적분학이나 해석학에서는 왜 연속함수가 중요한가?

(4) 군, 환, 벡터공간 등 대수적구조에 따라 어떠한 형태의 함수를 요구하는지 설명하여라.

(5) 대수학에서 사용하는 함수(군준동형사상, 환준동형사상, 선형사상)들의 공통적인 성질을 종합적으로 설명하여라.

8. 평가 내용: 수 체계

- 해당 영역: 수와 연산
- 평가 유형: 모둠별 프로젝트
- 평가 목표: 수학적 지식
- 평가의 특징: 수 체계의 확장에 관한 수학적 기법을 이해한다.
- 평가 문항: 자연수(양의 정수) 전체의 집합을 $\mathbb{N}$, 정수 전체의 집합을 $\mathbb{Z}$, 유리수 전체의 집합을 $\mathbb{Q}$, 실수 전체의 집합을 $\mathbb{R}$, 그리고 복소수 전체의 집합을 $\mathbb{C}$로 나타낼 때 다음 물음에 답하여라.

(1) $\mathbb{N}$에서 $\mathbb{Z}$를 얻는 방법을 대수적으로 설명하여라.

(2) $\mathbb{Z}$에서 $\mathbb{Q}$를 얻는 대수적인 방법을 설명하여라.

(3) 다음 책을 참고하여 $\mathbb{Q}$에서 $\mathbb{R}$를 얻는 여러 가지 수학적인 방법에 대하여 조사하여라: 정상권 (2004). 교사를 위한 해석학, 교우사.

(4) $\mathbb{R}$에서 $\mathbb{C}$를 얻는 방법을 설명하여라.

9. 평가 내용: 작도가능성

- 해당 영역: 문자와 식
- 평가의 특징: 수 체계의 확장에 관한 수학적 기법을 이해한다.
- 평가 문항:

(1) '분모의 유리화'란 무엇인가?

(2) 분모의 유리화는 다음 집합이 체임을 증명하는 과정에서 어떠한 역할을 하는가?

$$\mathbb{Q}(\sqrt{2})=\{a+b\sqrt{2} \mid a,\ b\in\mathbb{Q}\}.$$

(3) 체 $\mathbb{Q}(\sqrt{2})$은 유리수체의 확대체이고 실수체의 부분체임에 주목하여라.

(4) 체 $\mathbb{Q}(\sqrt{2})$는 유리수체 $\mathbb{Q}$ 위에서 2차원 벡터공간임을 설명하여라.

(5) 주어진 실수가 작도가능하기 위한 필요조건은 무엇인가? 이 조건에서 2차원 벡터공간의 중요성을 설명하여라.

(6) 체 $\mathbb{Q}(\sqrt[3]{2})$는 유리수체 $\mathbb{Q}$ 위에서 3차원 벡터공간임을 설명하여라. 결국, $\sqrt[3]{2}$은 작도가능하지 않다.

10. 평가 내용: 수 체계

- 해당 영역: 수와 연산
- 평가의 특징: 여러 가지 수 집합의 특징을 비교할 수 있다.
- 평가 문항: 자연수(양의 정수) 전체의 집합을 $\mathbb{N}$, 정수 전체의 집합을 $\mathbb{Z}$, 유리수 전체의 집합을 $\mathbb{Q}$, 실수 전체의 집합을 $\mathbb{R}$라고 나타낼 때 다음 물음에 답하여라.

(1) $\mathbb{Z}$에서는 해를 가지나 $\mathbb{N}$에서는 해를 가지지 않는 정수계수 일차방정식을 제시하여라.

(2) $\mathbb{Q}$에서는 해를 가지나 $\mathbb{Z}$에서는 해를 가지지 않는 정수계수 일차방정식을 제시하여라.

(3) $\mathbb{R}$에서는 해를 가지나 $\mathbb{Q}$에서는 해를 가지지 않는 정수계수 일차방정식을 제시하여라.

(4) 다음 명제가 참임을 확인하여라: 두 실수 사이에는 무수히 많은 무리수가 있다.

(5) 위 (4)에서 확인한 명제에 근거하여 수직선 위에는 정수보다 무리수가 더 많이 있음을 설명하여라.

(6) 10명의 친구들을 대상으로 다음과 같은 실험을 하여라.

(가) 사전에 아무런 언질을 주지 말고 '아무 수나 하나를 쓰라'고 부탁한다. 아무런 생각 없이 쓰도록 한다.

(나) 그렇게 얻은 10개의 수 중에서 정수는 몇 개이며 무리수는 몇 개인가?

(다) 위 (5)에서 살펴본 바에 의하면 정수의 개수가 무리수의 개수보다 더 적어야 할 것 같은데 실험 결과는 어떠한가?

(라) 위 실험 결과에 대하여 논의하여라.

Ⅳ. 다음 문제들을 자세히 풀어 봄으로써 집합론 등의 수학기초론, 선형대수학과 응용, 정수론과 응용, 그리고 추상대수학 등 대수학 전반에 걸쳐 종합적으로 정리하도록 한다.

다음 문항을 통하여 그 연계 정도를 확인하여라. 각 문항에는 '모르겠다'가 아닌 적절한 답이 있다. '모르겠다'의 경우에는 그 답을 찾을 수 있도록 하여라.

1. 일차 방정식 '$x+3+x=2+3$'의 풀이 과정에서 필요한 개념이나 성질이 아닌 것은?

가. 항등원　　나. 역원
다. 교환법칙　　라. 대수학의 기본 정리
마. 모르겠다.

2. 일반적으로 '아름다운 꽃들의 모임은 집합이 아니다'라고 한다. 이 주장과 가장 관계 깊은 개념은?

가. 연속체 가설　　나. 선택공리
다. 러셀의 역설　　라. 공집합
마. 모르겠다.

3. 공집합은 모든 집합의 부분집합이다. 이 주장과 가장 관계 깊은 것은?

가. 조건명제의 참과 거짓　　나. 대우명제의 참과 거짓
다. 역명제의 참과 거짓　　라. 항진명제의 뜻

마. 모르겠다.

4. 행렬 $A=\begin{bmatrix} a_{11} & a_{12} \\ a_{21} & a_{22} \end{bmatrix}$의 행렬식 $|A|$를 다음과 같이 정의한다.

$$|A|=a_{11}a_{22}-a_{12}a_{21}$$

이 행렬식의 정의 과정과 관계가 가장 적은 것은?

가. 우치환(even permutation) 나. 기치환(odd permutation)

다. 부호(sign) 함수 라. 벡터공간(vector space)

마. 모르겠다.

5. 주어진 자연수가 9의 배수인지 아닌지를 판정할 때 활용되는 개념으로 가장 적절한 것은?

가. 최소공배수 나. 최대공약수

다. 소수(素數, prime number) 라. 합동식

마. 모르겠다.

6. 무리수 $\frac{1}{1+\sqrt{2}}$는 분모의 유리화 과정을 통하여 다음 집합의 원소임을 알 수 있다: $\mathbb{Q}(\sqrt{2})=\{a+b\sqrt{2} \mid a, b\in\mathbb{Q}\}$. 다음 중 분모의 유리화와 가장 관계 깊은 수학적 개념은?

가. 조밀성(density) 나. 연속성(continuity)

다. 체(field) 라. 수렴성(convergence)

마. 모르겠다.

7. 일반적으로 '최소공약수'는 정의하지 않는다. 그 까닭을 가장 잘 설명한 것은?

가. 모순을 유발한다.

나. 수학적 의미가 별로 없다.

다. 난해하다.

라. 유일하게(일의적으로) 정의되지 않는다.

마. 모르겠다.

8. 명제 '0!=1'에 관한 다음 설명 중 가장 적절한 것은?

가. 단순히 약속이다.

나. 증명할 수 있다.

다. '0!=0'이라고 약속하는 경우도 있다.

라. '0!=0'임을 증명할 수도 있다.

마. 모르겠다.

9. '$ax=b$'와 같은 모양의 방정식에서 $a=0$이고 $b=0$이면 해는 무수히 많으나, $a=0$이지만 $b\neq 0$이면 해는 존재하지 않는다. 그러나 $a\neq 0$인 경우에는 b의 값에 무관하게 유일한 해 $a^{-1}b=\dfrac{b}{a}$를 가진다. 이 경우, 해의 존재성과 유일성에 관한 한 a의 값이 중요한 역할을 한다는 사실을 알 수 있다. 이제, 미지수가 두 개인 일차방정식 두 개로 이루어진 일차연립방정식은 $AX=B$와 같은 모양의 행렬 표현이 가능하다. 여기서 A는 2×2 행렬이고, X와 B는 2×1 행렬이다. 이 연립방정식의 해에 관하여, '$ax=b$'와 같은 모양의 방정식의 경우와

비슷한 사실을 알 수 있다. 이 연립방정식 $AX=B$의 해의 존재성과 유일성에 관하여 가장 중요한 역할을 하는, 행렬 A에 관한 개념은?

가. 행렬식(determinant) 나. 트레이스(trace)
다. 고유치(eigenvalue) 라. 고유벡터(eigenvector)
마. 모르겠다.

10. '$ax=b$'와 같은 모양의 방정식에서 $a=0$이고 $b=0$이면 해는 무수히 많으나, $a=0$이지만 $b\neq0$이면 해는 존재하지 않는다. 그러나 $a\neq0$인 경우에는 b의 값에 무관하게 유일한 해 $a^{-1}b=\dfrac{b}{a}$를 가진다. 이 경우, 해의 존재성과 유일성에 관한 한 a의 값이 중요한 역할을 한다는 사실을 알 수 있다. 이제, 자연수 n을 법(modulus)으로 하는 일차 합동식 $ax\equiv b \pmod{n}$의 해의 존재성과 개수에 관하여 가장 중요한 역할을 하는 것은?

가. a와 n의 최대공약수
나. b와 n의 최대공약수
다. a와 b의 최대공약수
라. 세 수 a, b, 그리고 n의 최대공약수
마. 모르겠다.

11. 다음과 같이 무수히 많은 항을 더할 때 아무런 제약 조건 없이 적용할 수 있는 대수적 성질이나 개념은?

$$1+(-1)+1+(-1)+1+(-1)+1+(-1)+\cdots$$

가. 교환법칙　　나. 결합법칙
다. 분배법칙　　라. 항등원
마. 모르겠다.

12. 좌표 평면 위에 세 점의 좌표가 주어졌다고 하자. 이 세 점을 꼭지점으로 하는 삼각형의 넓이를 간단한 공식으로 나타내려고 한다. 이때 가장 유용한 개념이나 성질은?

가. 행렬식　　나. 판별식
다. 고유다항식　　라. 대칭식
마. 모르겠다.

13. 이차방정식 $ax^2+bx+c=0(a\neq 0)$의 근의 공식은 다음과 같다.

$$x=\frac{-b\pm\sqrt{b^2-4ac}}{2a}$$

틀린 것은?

가. 임의의 일차방정식의 경우에도 이차방정식의 경우처럼 근의 공식이 있다.
나. 임의의 삼차방정식의 경우에도 이차방정식의 경우처럼 근의 공식이 있지만 다소 복잡하다.
다. 임의의 사차방정식의 경우에도 이차방정식의 경우처럼 근의 공식이 있지만 다소 복잡하다.
라. 임의의 오차방정식의 경우에도 이차방정식의 경우처럼 근의 공식이 있지만 다소 복잡하다.
마. 모르겠다.

14. 복소수 전체의 집합을 '대수적 폐체(algebraic closure)' 라고 한다. 대수적폐체와 관계가 가장 깊은 것은?

가. 집합의 비가부번(non-denumerable)성

나. 해(solution)의 존재성

다. 벡터공간의 차원(dimension)

라. 함수의 연속(continuous)성

마. 모르겠다.

15. 유한 집합 X의 원소의 개수가 n이면 X의 부분집합 전체의 개수는 2^n이다. 이 사실을 설명하는 과정과 관계가 가장 적은 것은?

가. 함수의 개수

나. 경우의 수

다. 지수의 법칙

라. 공집합은 X의 부분집합이다.

마. 모르겠다.

16. 세 수 12, 30, 70의 최소공배수를 구하기 위하여 다음과 같은 과정을 거쳤다.

$$\begin{array}{r|rrr} 2 & 12 & 30 & 70 \\ \hline & 6 & 15 & 35 \end{array}$$

$$\downarrow$$

$$\begin{array}{r|rrr} 3 & 6 & 15 & 35 \\ \hline & 2 & 5 & 35 \end{array}$$

$$\begin{array}{c|ccc} & & \downarrow & \\ 5 & 2 & 5 & 35 \\ \hline & 2 & 1 & 7 \end{array}$$

첫 단계에서는 세 수 모두의 약수인 2를 사용하였고, 두 번째 단계와 세 번째 단계에서는 두 수만의 약수인 3과 5를 각각 사용했다. 이 과정에 관한 설명 중에서 가장 적절한 것은?

가. 위 과정은 옳지 않다.

나. 네 개 이상의 수의 최소공배수를 구할 때에도 두 개 이상의 수의 공약수 모두의 경우에 대해서 꼭 위와 같은 과정을 거쳐야 한다.

다. 네 개 이상의 수의 최소공배수를 구할 때에는 세 개 이상의 수의 공약수에 대해서만 위와 같은 과정을 거쳐도 옳은 답을 얻게 된다.

라. 모르겠다.

17. 다음 중에서 나눗셈이 잘 정의되는 집합의 개수는?

$\mathbb{Q}$(유리수 전체의 집합), $\mathbb{R}$(실수 전체의 집합), $\mathbb{Q}^* = \mathbb{Q} - \{0\}$

가. 없다　　나. 1개

다. 2개　　라. 3개

마. 모르겠다.

18. 다음은 유한체(finite field) {0, 1}에서의 덧셈과 곱셈의 정의와 성질이다.

+	0	1
0	0	1
1	1	0

·	0	1
0	0	0
1	0	1

(1) 위 덧셈과 곱셈은 각각 이진법에서의 덧셈과 곱셈이다.
(2) 덧셈에 관한 곱셈의 분배 법칙이 성립한다.
(3) 덧셈과 곱셈 모두에 관하여 결합법칙이 성립한다.

위 세 성질 중에서 <u>틀린</u> 것은?

가. 없다. 나. (1)
다. (2) 라. (3)
마. 모르겠다.

19. 식 $101_{(2)}+101_{(5)}$에 관한 설명 중에서 옳은 것은?

가. 진법이 다르므로 계산할 수 없다.
나. 진법이 다르지만 계산할 수 있다.
다. 모르겠다.

20. 진법에 관한 다음 설명 중에서 옳은 것을 모두 고르면?

(1) 십진법으로 표현된 자연수만 이진법으로 나타낼 수 있다.

(2) 십진법으로 표현된 분수 $\frac{1}{3}$은 이진법으로 나타낼 수 없다.

(3) 십진법으로 표현된 분수 $\frac{1}{5}$을 이진법으로 나타내면 무한 소수(小數)가 된다.

(4) 십진법으로 표현된 분수 $\frac{1}{2}$을 이진법으로 나타내면 무한 소수(小數)가 된다.

가. (1)과 (2)　　나. (3)과 (4)

다. (3)　　라. (4)

마. 모르겠다.

21. 이차방정식의 근의 공식은 복소수 계수 이차방정식에서도 성립하는가?

가. 그렇다.　　나. 아니다.

다. 모르겠다.

22. 다음 문제를 푸는데 유용한 정리는?

5로 나누면 나머지가 1, 7로 나누면 나머지가 3, 11로 나누면 나머지가 5인 자연수 중에서 가장 작은 수를 구하여라.

가. 소수 정리　　　　　　　　나. 인수 정리
다. 중국인의 나머지 정리　　　라. 대수학의 기본 정리
마. 모르겠다

23. 두 복소수의 덧셈은 $(a+bi)+(c+di)=(a+c)+(b+d)i$과 같이 정의하지만, 두 복소수의 곱셈은 $(a+bi)(c+di)=ac+bdi$과 같이 정의하지 않고, 다음과 같이 정의한다: $(a+bi)(c+di)=(ac-bd)+(bc+ad)i$. 복소수의 곱셈 연산 정의와 관계가 가장 적은 것은?

가. 복소수 전체의 집합은 체(field)를 이룬다.
나. 복소함수 $f(a+bi)=a+bi$가 연속이다.
다. 복소수의 곱셈에 관한 여러 가지 성질을 복소평면 위에 기하학적으로 표현하는 것이 용이하다.
라. 모르겠다.

24. 수 집합에서의 순서에 관한 다음 설명 중에서 틀린 것은?

(1) 정수 전체의 집합에는 전순서(total order)는 물론 정렬(well-order)도 구체적으로 정의할 수 있다.
(2) 유리수 전체의 집합에는 전순서는 물론 정렬도 구체적으로 정의할 수 있다.
(3) 실수 전체의 집합에는 정렬은 물론 전순서도 구체적으로 정의할 수 없다.
(4) 복소수 전체의 집합에는 정렬은 물론 전순서도 구체적으로 정의할 수 없다.

가. (1)과 (2) 나. (2)

다. (3)과 (4) 라. (2), (3), 그리고 (4)

마. 모르겠다.

25. 다음 증명을 생각하여 보자.

(문제) $\frac{1}{1\cdot 2}+\frac{1}{2\cdot 3}+\cdots+\frac{1}{n\cdot(n+1)}=\frac{n}{n+1}$이 성립함을 증명하여라.

(증명) $n=1$일 때, (좌변)$=\frac{1}{2}=$(우변)이므로 주어진 명제가 성립한다.

이제 $n=k$일 때 성립한다고 가정하면 $n=k+1$일 때, 다음이 성립한다.

$$\frac{1}{1\cdot 2}+\frac{1}{2\cdot 3}+\cdots+\frac{1}{k\cdot(k+1)}+\frac{1}{(k+1)\cdot(k+2)}=\frac{k+1}{k+2}$$

따라서 임의의 자연수 n에 대하여 주어진 명제가 성립한다.

위의 증명에 적용된 수학적 귀납법과 가장 관계 깊은 것은?

가. 급수의 수렴성(convergence)

나. 유리수의 조밀성(density)

다. 자연수에 관한 페아노의 공리(Peano's axioms)

라. 실수의 완비성(completeness)

마. 모르겠다.

26. 다음 주장을 증명하고자 할 때 가장 유용한 것은?

임의의 두 실수 x, y에 대하여, $xy=0$이면 $x=0$ 또는 $y=0$이다.

가. 세 명제 p, q, r에 대하여 $(p \to q) \wedge (q \to r)$이면 $p \to r$이다.

나. 명제 p가 거짓이면 명제 $p \to q$는 참이다.

다. 세 명제 p, q, r에 대하여 $p \to (q \vee r) \equiv (p \wedge \sim q) \to r$이다.

라. 수학적 귀납법

마. 모르겠다.

27. $x=1$**일 때** $\dfrac{x^2-1}{x-1}$**의 값은?**

가. 2　　　나. 0

다. ∞　　　라. 정의되지 않는다.

마. 모르겠다.

28. 어떤 명제 p가 성립하기 위한 필요조건은 '$x \geq 0$'이고, 어떤 명제 q가 성립하기 위한 충분조건은 '$y < 0$'이다. 참인 명제는?

가. p가 성립하지 않으면 $x < 0$이다.

나. q가 성립하면 $y < 0$이다.

다. $x < 0$이면 p는 성립하지 않는다.

라. $y \geq 0$이면 q가 성립하지 않는다.

마. 모르겠다.

29. 정수론에서 다루는 '소수정리(Prime Number Theorem)'에 관한 설명 중 가장 부적절한 것은?

가. 1과 주어진 자연수 사이에 있는 소수(prime number)의 개수에 관한 정리이다.

나. 처음에는 정수론의 기본적인 개념만을 이용하는 증명(elementary number theoretic proof)이 발표되었고, 그 후에 해석학적 기법 등 수학의 여러 개념을 활용하는 증명이 발표되었다.

다. 이 정리를 증명한 어떤 수학자는 필즈(Fields)메달을 받았다.

라. 이 정리의 형성 과정에 가우스는 중요한 역할을 하였다.

마. 모르겠다.

30. 추상대수학(Abstract Algebra)에서 다루는 '갈로아 이론(Galois Theory)'에 관한 설명 중 가장 부적절한 것은?

가. 다항식의 해(root, solution)의 개수에 관한 이론이다.

나. 군론(Group Theory)의 개념들이 중요한 역할을 한다.

다. 분해체(splitting field) 등 확대체(extension) 개념이 중요한 역할을 한다.

라. 어떤 유리계수 5차 다항식은 거듭제곱근을 이용하여 풀 수 없음을 증명한다.

마. 모르겠다.

참고문헌

계영희 (1984). 수학과 미술, 전파과학사.

김명환·김홍종 (2000). 현대수학입문, 경문사.

김성숙 (2005). 음악 속의 수학이야기, 대한수학회소식, 제99호.

김연수 역 (2000). 프랑스 수학자 갈루아 1, 2, 이끌리오.

김응태·박승안 (2005a). 현대대수학 제5판, 경문사.

김응태·박승안 (2005b). 선형대수학, 경문사.

김응태·박승안 (2005c). 정수론 제5판, 경문사.

김진수 역 (2000), 사라와 함께 하면 수학이 즐겁다, 나노미디어.

박병철 역 (1999). 페르마의 마지막 정리, 영림카디널.

박병철 역 (2002). 엘레건트 유니버스, 승산.

박병철 역 (2003). 파인만의 여섯 가지 물리 이야기, 승산.

박승안 (1999). 대수학과 암호학, 경문사.

박승안 (2003). 암호학과 부호이론, 경문사.

박승안·이민섭·이재학·신현용 (1991). 대수적부호이론, '90전기 통신학술연구과제 보고서'.

박영훈 역 (2002). 파이의 역사, 경문사.

박정일 역 (2002). 괴델, 몸과 마음.

박평우·김운규·정광택 역 (2002). 수학이란 무엇인가, 경문사.

배식한 역 (1997). 괴델의 삶, 사이언스북스.

서봉건 (2003). 괴델의 불완전성 정리의 수학교수학적 의의와 활용, 한국교원대학교 석사학위 논문.

신현용 역 (1999). 우리 수학자 모두는 약간 미친 겁니다, 승산.

신현용 (2007). 교사를 위한 집합론, 한국수학교육학회 수학교사 시리즈 4, 교우사.

신현용 (2008a). 교사를 위한 정수론, 한국수학교육학회 수학교사 시리즈 6, 교우사.

신현용 (2008b). 교사를 위한 선형대수학, 한국수학교육학회 수학교사 시리즈 7, 교우사.

신현용·한인기·서봉건·최선희 (2002). 종이 접기의 대수학적 의미와 교수학적 활용. 한국수학교육학회지 시리즈 E, 13권.

신현용·승영조 역 (2002a). 무한의 신비, 승산.

신현용·승영조 역 (2002b). 초등학교 수학 이렇게 가르쳐라, 승산.

심재관 역 (2003). 케플러의 추측, 영림카디널.

윤태일 역 (1998). 플랫랜드 이야기, 늘봄.

임승원 역 (2000). 괴델 불완전성 정리, 전파과학사.

조영수·강주호·신현용 (2005). 선형대수학 제3판, 경문사.

한인기 (2003). 교사를 위한 수학사, 교우사.

허민 역 (2000). 오일러가 사랑한 수 e, 경문사.

Booth, T. L. (1971). Digital Networks and Computer Systems, John Wiley and Sons, INC.

Burton, D. M. (1970). A First Course in Rings and Ideals, Addison-Wesley Publishing Company.

Dörrie, H. (1965). 100 Great Problems of Elementary Mathematics, Dover.

Euclid (1956). The Elements Vol. Ⅰ-Ⅲ, Dover.

Fenn, R. (2001). Geometry, Springer.

Gardiner, C. F. (1980). A First Course in Group Theory, Springer-Verlag.

Goldstein, R. (2005). Incompleteness: The proof and paradox of Kurt Gödel, Atlas Books, W. W. Norton & Company.

Goodaire, E. & Parmenter, M. (1998). Discrete Mathematics with Graph Theory, Prentice Hall.

Gowers, T. (2002). Mathematics A Very Short Introduction, Oxford.

Greenberg, M. J. (1972). Euclidean and Non-Euclidean geometries, W. H. Freeman and Company.

Halmos, P. R. (1974). Measure Theory, Springer-Verlag.

Herstein, I. N. (1975). Topics in Algebra, Wiley.

Hill, R. (1986). A First Course in Coding Theory, Clarendon.

Hofstadter, D. R. (1999). Gödel, Escher, Bach: an Eternal Golden Braid, Basic Books.

Hungerford, T. W. (1990). Abstract Algebra, Saunders College Publishing.

Klein, F. (1924) (Translated by Hedrick, E. R. & Noble, C. A.). Elementary Mathematics From An Advanced Standpoint: Arithmetic, Algebra, Analysis, Dover.

Koblitz, N. (1994). A Course in Number Theory and Cryptography, Springer-Verlag.

Koblitz, N. (1998). Algebraic Aspects of Cryptography, Springer.

Kranakis, E. (1986). Primality and Cryptography, John Wiley &

Sons.

Lidle, R. & Pilz, G. (1984). Applied Abstract Algebra, Springer.

Mazur, B. (2003). Imagining Numbers, Ferrar Straus Giroux.

Mosteller, F. (1965). Fifty Challenging Problems in Probability with Solutions, Dover.

Munkres, J. R. (1975). Topology A First Course, Prentice-Hall, Inc.

Nagel, E. & Newman, R. (1958). Gödel's Proof. New York University Press.

Robinson, D. J. S. (1982). A Course in the Theory of Groups, Springer.

Rotman, J. J. (1984). The Theory of Groups, Allyn and Bacon, Inc.

Row, T. S. (1966). Geometric Exercises in Paper Folding, Dover.

Schechter, B. (1988). My brain is open, Simon & Schuster.

Schneier, B. (1996). Applied Cryptography, John Wiley & Sons, Inc.

Scimemi, B. (2001). Algebra and Geometry by Paper-Folding, manuscript.

Shankar, R. (1980). Principles of Quantum Mechanics, Plenum Press.

Shankar, R. (1995). Basic Training in Mathematics, Plenum Press.

Silverman, H.(1975). Complex Variables, Houghton Mifflin Company.

Wilson, R. (2002). Four Colors Suffice, Princeton.

Wilson, R. & Watkins, J. (1990). Graphs, John Wiley & Sons, Inc..

http: //home.freechal.com/parksahn/

http: //teacheredu.co.kr

초/중등학교 수학 교과서

영문 찾아보기

[A]

Abel 347
abelian group 51
abstraction 367
action 210
algebraic 113
algebraic closure 25, 328, 465
algebraic code 240
algebraic extension 297, 430
algebraic over 293
algebraic structure 49, 256
algebraically closed 25, 328
alternating group 223
axiom of choice 70

[B]

basis 17
binary sequence 140
binary system 140
Buffon's needle 44

[C]

canonical epimorphism 145
canonical inclusion 145
cardinal number 45, 261, 455
cardinality 21, 113, 118, 237
Cartesian product 28
Cayley 71, 232
center 138
chain 252
characteristic 162, 406, 413
closed 28, 328
closed set 328
closure 328
coding theory 72, 136, 140
coin flipping by telephone 41
commutative 29
commutative ring 53, 430
complete 24
completeness 470
composition series 217
congruence 115
conjugate 138, 422

continuity 420, 452, 461
continuous 160, 465
convergence 420, 452, 461, 470
Correspondence Theorem 154
coset 111
cryptology 40
cyclic code 240
cyclic group 191, 429

[D]
decoding 136
degree 289, 361, 430, 437
density 23, 420, 452, 461, 470
denumerable 13, 143, 159, 303
Descartes 39
determinant 463
deterministic 44
diagonalizable 115
diagonalization 139
digital signature 41
dihedral 61
dimension 17, 465
direct factor 171
direct product 412
direct sum 177
direct summand 177
discrete logarithm 40, 110
distance preserving 277
distributive 31
division ring 54, 409
dual space 136, 206

[E]
eigenvalue 463
eigenvector 463
Eisenstein 444
Eisenstein Criterion 273
electronic money 41
encoding 136
equipotent 20, 23, 114, 159, 167, 427
equivalence class 12
equivalence relation 12
Euclidean algorithm 250
Euclidean domain 206
Euler 310
Euler's 36 officers problem 277
even permutation 223, 461
exponential 26, 168
extension 288, 320, 348, 367, 429, 472
external direct product 170

[F]
factor 139
factor group 442
factor ring, quotient ring 442
factoring 40

Fermat prime 277, 306
Fermat's Little Theorem 203
field 22, 54, 409, 413, 419, 420, 428, 452, 461
field of fractions 72, 252
Fields 347
finite abelian normal series 216
finite extension 289, 430
finite field 467
finite group 51
finite integral domain 431
finite ring 54
fixed field 342
fixed point 213
formal derivative 324, 411
Four Color Problem 45
four group 59
function 12
fundamental group 184
Fundamental Theorem of Algebra 25
Fundamental Theorem of Galois Theory 362

[G]
Galois 331
Galois group 333
Galois Theory 472
Galois' Criterion 378, 433
gamma 310
Gaussian integers 26
general linear group 57
generate, span 17
generator 191, 276, 424
Germain 39
greatest common divisor 239
ground field 288
group 22, 50, 51, 407
group action 182
group homomorphism 144
group isomorphism 144
group of units 201, 439
group theoretical property 193
Group Theory 472

[H]
Halmos 43
Hermite 395
homeomorpism 160

[I]
ideal 132, 409, 430, 442
identity 14, 32
identity map 430
identity matrix 17, 32
image 136, 218, 427
index 109, 110, 361, 428
infinite cyclic group 429

infinite group 51
infinite ring 54
inner product 136
integral domain 54, 409, 415
internal direct product 171, 176
inverse, inverse element 19, 33, 452
irreducible 324
irreducible polynomial 239, 424, 429, 430
isomorphic 144, 156, 424
isomorphism 429

[J]
Jacobi theta function 395

[K]
Kavli 347
Kepler's conjecture 45
kernel 427, 429, 430
key distribution 41
Klein 25, 59
Kronecker 20, 395

[L]
Lagrange 110
lattice diagram 82, 110
least common multiple 239
least upper bound 190, 328
left coset 111
Lindermann 310
linear code 136
linear combination 17
linear independence 198
linear mapping 143
linearly depenent 17
linearly independent 17
logarithm 168
logarithmic 26

[M]
maximal 233, 243
maximal ideal 410, 425, 429
maximality principle 70
Mersenne prime 306
metric 136
minimal polynomial 293
modulus 58, 261
MOLS 277
monic 293
monoid 84
monotonic law 45
multiple root 324
Möbius Inversion Formula 274

[N]
n-th cyclotomic extension 375
n-th cyclotomic polynomial 385

n-th root of unity 374
natural number 452
Nevalina 347
nilpotent element 137, 430
non-commutative ring 54
non-constructive 43
non-denumerable 23, 465
non-deterministic verification 45
non-measurable 43
non-singular 16
normal 442
normal extension 322
normal subgroup 124
normality 125, 356, 428
number 283, 286

[O]
octonion 277
odd permutation 223, 461
one-to-one 14, 369, 428
one-way function 40
operation 421
orbit 212
order 51, 54
ordinal number 45, 261, 455

[P]
paper-folding 395
partial order 83, 252
partition 12
Peano 20
Peano's axioms 470
permutation 62
polynomial 159
primality test 40
prime 242
prime field 163, 413
prime ideal 410, 425
prime number 461
Prime Number Theorem 44, 472
primitive n-th root of unity 374
primitive root 192, 375
principal 430
principal ideal 195
principal ideal domain 197
probabilistic 44
product 184

[Q]
quadratic residue 41
quaternion 68, 277
quaternion group 63
quotient 129, 136, 288
quotient group 129, 422, 442
quotient ring 134, 419, 422
quotient space 135, 422

[R]

r-cycle 221
radical extension 373
rank 136
real 72
reflection 61
reflexive 12
relation 12
restriction 320, 348, 367
right 31
right coset 111
right identity 84
right inverse 84
ring 22, 50, 430
ring homomorphism 156, 430
ring isomorphism 156
ring of quaternions 68, 418
ring with identity 53
root 429, 472
rotation 61, 71
Ruffini 267

[S]

semigroup 83
separated 221
series 216
sign 461
similarity 115
simple extension 291
simple group 224
simple ring 234
solvability by radicals 395
solvable 373
solvable by radicals 373
solvable group 216
special linear group 57
split 315
splitting field 316, 472
stabilizer 211
subgroup 90
subring 95
surjective 13
Sylow 182, 233
Sylow-subgroup 233
symmetric 12
symmetric group 62
symmetry 269
syndrome 136

[T]

The 1st Isomorphism Theorem 149
The 2nd Isomorphism Theorem 151
The 3rd Isomorphism Theorem 153
topology 115, 160, 328
total order 469

totally-ordered set 69
trace 463
transcendental number 309
transcendental over 293
transfinite 45
transitive 12, 137, 428
transposition 221
trivial subgroup 90
try-and-error 36

[U]
unique factorization domain 206
unit 413
unit circle 385
universal set 32
upper bound 252, 314

[V]
vector product 278
vector space 50, 461
Venn diagram 82

[W]
Wantzel 305
Wedderburn 69
well-ordered set 69
well-defined 408, 442
well-order 469
well-ordering principle 70
Wilson 202

[Z]
zero divisor 54
zero element 53
zero matrix 32
zero-knowledge proof 41
Zorn's lemma 70, 252

한글 찾아보기

[ㄱ]
가부번 13, 143, 303
가부번집합 159
가우스정수 26
가해군 216
가해다항식 373
가환군 51
가환환 53, 430
갈로아 331
갈로아군 333
갈로아규준 378, 433
갈로아이론 472
갈로아이론의 기본 정리 362
거듭제곱근확대체 373
거리함수 136
격자도 82, 110
결정론적 44
결합 30
계수 136
고유벡터 463
고유치 463
곱 184
공액 138
관계 12
교대군 223
군 22, 50, 51, 407
군동형사상 144
군론 472
군론적 성질 193
군의 작용 182
군준동형사상 144
궤도 212
극대 233, 243
극대원리 70
극대이데알 410, 425, 429
근 429
기수 45, 261, 455
기약 324
기약다항식 239, 424, 429
기저 17

기초군 184
기초체 288
기치환 223, 461

[ㄴ]

나눗셈환 54
내적 136
내적직적 171, 176
네발리나 상 347
농도 21, 113, 118, 237

[ㄷ]

다항식의 해 472
다항함수 159
단사 13
단순확대체 291
단순군 224
단순환 234
단원 413
단원군 201, 439
단위원 385
단위행렬 17, 32
단조법칙 45
단항 430
단항이데알 195
단항이데알정역 197
닫혀있다 28
닫힌 집합 328
대각화 139
대각화가능한 행렬 115
대등 23, 114, 167, 427
대등하다 159
대수적구조 49, 256
대수적부호 240
대수적폐체 25, 328, 465
대수적확대체 297, 430
대수적으로 닫혀있다 25, 328
대수적인 113
대수학의 기본 정리 25
대응정리 154
대칭군 62
대칭성 269
대칭적 12
데카르트 39
데카르트곱 28
동치관계 12
동치류 12
동형 144, 424
동형사상 160, 429

[ㄹ]

라그랑쥬 110
로그함수 168
루피니 267

린데만 310

[ㅁ]
메르센소수 306
멱영원 137, 430
모노이드 84
모닉 293
뫼비우스의 반전 공식 274
무한 순환군 429
무한군 51
무한환 54
미적분학 25

[ㅂ]
반군 83
반사 61
반사적 12
반순서 83, 252
반첼 305
방진 204
법 58, 261
벡터곱 278
벡터공간 50, 461
벤다이어그램 82
복호화 136
부동점 213
부분군 90, 211
부분환 95
부호 461
부호이론 72, 136, 140
부호화 136
분리되었다 221
분배 31
분할 12
분해 315
분해체 316, 472
불변체 342
뷰퐁의 바늘 44
비가부번 23, 465
비가측 43
비가환환 54
비결정론적 정당화 45
비구성적 43

[ㅅ]
사상 156
사색문제 45
사원군 59
사원수 68, 277
사원수군 63
사원수환 68
상 129, 136, 218, 288, 427
상계 252
상공간 135, 422

상군 129, 422, 442
상환 134, 419, 422, 442
생성자 191, 276, 424
생성한다 17
서로 수직인 라틴방진 277
서수 45, 261, 455
선택공리 70
선형부호 136
선형사상 143
소수 461
소수 판정 40
소수정리 44, 472
소이데알 410, 425
소인수분해 40
소체 163, 413
수 283, 286, 310
수렴성 420, 452, 461, 470
순환군 191, 429
순환부호 240
순환치환 221
실로우 182, 233
실로우 부분군 233
쌍대공간 136, 206

[ㅇ]
아벨상 347
아이젠슈타인 444
아이젠슈타인 규준 273
암호학 40
야코비 쎄타 함수 395
에르미트 310, 395
역원 19, 33
연산 421
연속 160
연속성 420, 452, 461, 465
연쇄 252
열 216
열쇠 분배 41
영원 53
영인자 54, 419
영지식 증명 41
영행렬 32
오일러의 36장교 문제 277
오증 136
완비 24
완비성 470
외적직적 170
우잉여류 111
우측역원 84
우측항등원 83
우치환 223, 461
원분확대체 375
원시 제곱근 374
원시근 192, 375

위로의(전사) 13
위상 160
위상수학 115, 328
위수 51, 54
유일인수분해 정역 206
유클리드 알고리즘 250
유클리드 정역 206
유한 가환 정규열 216
유한 나눗셈환 409
유한 전순서 집합 69
유한 정역 409, 431
유한군 51
유한체 467
유한확대체 289, 430
유한환 54
이데알 132, 409, 430, 442
이산로그 40, 110
이진법 140
이진수열 140
인수 139
일대일 14, 428
일대일(단사) 함수 369
일대일대응 20
일반선형군 57
일방향 함수 40
일차결합 17
일차독립 17
일차독립성 198
일차종속 17
잉여류 111

[ㅈ]

자연수 452
작용 210
잘 정의된 442
전순서 469
전자서명 41
전자화폐 41
전화로 동전던지기 41
정규 442
정규부분군 124
정규성 125, 356, 428
정규확대체 322
정역 54, 415
정역의 분수체 72, 252
정열 469
정열원리 70
정열집합 69
정이면체 61
정칙 16
제1동형정리 149
제2동형정리 151
제3동형정리 153
제곱잉여 41

제르맹 39
조른의 보조정리 70, 252
조밀성 23, 420, 452, 461, 470
조성열 217
종이 접기 395
좌잉여류 111
준동형사상 145
중근 324
중심 138
지수 26, 109, 110, 361, 428
지수함수 168
직적 412
직적인자 171
직합 177
직합인자 177

[ㅊ]

차수 289, 361, 430, 437
차원 17, 465
체 22, 54, 409, 413, 419, 420, 428, 452, 461
초월수 309
초한 45
최대공약수 239
최소공배수 239
최소다항식 293
최소상계 190, 328
추상화 367
추이적 12, 137, 428
축소 320, 348
치환 62

[ㅋ]

카블리상 347
케일리 71, 232
케플러의 추측 45
켤레 422
크로네커 20, 395
클라인 25, 59

[ㅌ]

트레이스 463
특수선형군 57

[ㅍ]

팔원수 277
페르마정리 203
페르마소수 277, 306
페아노 20
페아노의 공리 470
표수 162, 406, 413
표준주입사상 145
필즈메달 347

[ㅎ]

함수 12

함수의 축소 367

함수의 확대 367

합동 115

항등(단위)함수 14

항등사상 430

항등원 32

해 465

핵 427, 429, 430

행렬식 463

행렬의 닮음 115

형식적미분 324, 411

호환 221

확대체 288, 430, 472

확률론적 44

확장 320, 348

환 22, 50, 53, 430

환준동형사상 430

회전 61, 71

신 현 용

서울대학교 (학사)
서울대학교 대학원 (석사)
University of Alabama (U.S.A.) (박사)
국립수학연구소 (Netherlands) (박사후)
한국수학교육학회장
수학과교육과정심의위원회(교육인적자원부) 위원장
제12차 국제수학교육대회(ICME12) 조직위원장
한국교원대학교 수학교육과 교수

[제 2 판]
교사를 위한 추상대수학

2007년 3월 10일 초 판 인쇄
2023년 10월 8일 제2판 2쇄 발행

지 자 / 신현용
발행자 / 오판근
발행처 / 교우사

주 소 / 서울 동대문구 제기2동 148-19
전 화 / 925-2861(代), 편집부 / 925-2825
팩 스 / 925-2860

E-mail / kyowoo@kyowoo.co.kr
http://www.kyowoo.co.kr

등록 / 1994. 3. 24 제6-0256호

ISBN 978-89-8172-657-1 (93410)

값 30,000 원